텐서와 연속체역학

개정판

Tensor & Continuum Mechanics

김영석 · 박준영 지음

도서출판 홍릉

김영석

Kobe 대학 공학박사
(현) 경북대학교 기계공학부 교수

박준영

Purdue Univ. 공학박사
(현) 금오공과대학 기계공학부 교수

[개정판]

텐서와 연속체 역학

인　쇄: 2014년　2월 20일 초　판 1쇄
발　행: 2020년 10월 20일 개정판 1쇄

저　자: 김영석 · 박준영
발행인: 송 준
발행처: 도서출판 홍릉
주　소: 01093 서울시 강북구 인수봉로 50길 10
등　록: 1976년 10월 21일 제5-66호

전　화: 02-999-2274~5, 903-7037
팩　스: 02-905-6729
e-mail: hongpub@hongpub.co.kr
http://www.hongpub.co.kr
ISBN: 979-11-5600-631-2(93550)

정　가: 26,000원

머리말

이 책은 공학계 대학 학부 고학년 또는 대학원 과정 학생을 대상으로 최근 여러 산업분야에서 널리 사용되고 있는 유한요소해석, 경계요소해석 등의 공학수치해석 기술의 기본을 이루고 있는 텐서를 기반으로 한 연속체 역학에 대한 기초적인 개념과 관련 지식을 갖도록 하는 것을 목적으로 하고 있다. 따라서 대학과정에서 다루고 있는 수학적 기초 지식을 갖고 있는 공학계 학생들이 쉽게 이해할 수 있도록 연속체 역학의 기초적인 내용을 중심으로 저술하였고 그 내용을 바탕으로 유한요소해석 기술에 대한 이해를 돕도록 하였다.

이 책의 주요내용으로는 제1장에서는 연속체의 정의 및 연속체 역학에 대한 기본적인 개념에 대해서 설명하였고 제2장에서는 매트릭스 대수의 개요 및 연속체 역학의 기초이론 전개에 있어서 필요한 총합규약에 대하여 설명하였다. 제3장과 제4장에서는 각각 벡터 연산과 직교 Cartesian 좌표계에서 텐서의 정의와 제 성질에 대하여 설명하였다. 제5장에서는 연속체의 변위, 변형률 및 변형률속도에 대해 설명하였고 제6장에서는 응력 및 응력 불변량의 개념과 물체의 평형방정식에 대해 설명하였다. 또한 제7장에서는 연속체에 대하여 일반적으로 성립하는 질량, 운동량 및 에너지 등의 보존법칙과 경계값 문제에 있어서 변위, 변형률 및 응력 등의 변수결정에 필요한 지배방정식에 대해 설명하였다. 제8장에서는 각종 유체와 고체의 변형응답을 나타내는 대표적인 선형 구성식들을 소개하였고 각각의 특성에 대하여 설명하였다. 제9장에서는 앞장들에서 설명한 각종 변수의 지배방정식과 구성식으로부터 Newton 점성유체에 대한 Navier-Stokes의 식, 선형 탄성체에 대한 Navier의 식 그리고 열전도 방정식 등을 도출하여 각각의 경계값 문제를 정식화하는 방법에 대하여 설명하였다. 제10장에서는 경계값 문제에 대응하는 변분원리의 개념에 대하여 설명하였고 연속체 역학에 있어서 각종 근사 해석법의 정식화와 변분원리와의 관계를 설명하였다. 한편 제11장에서는 유한요소법의 개념과 탄성문제와 열전달문제에 대한 적용에 대하여 설명하였다. 이 책에서는 각 장마다 연습문제를 두어 학생들의 이해 정도를 파악할 수 있도록 하였다.

한편 이 책은 대학의 교양과정 정도의 수학적 기초 지식을 갖고 있는 자연계 및 공학계 학부 고학년 및 대학원생들을 대상으로 한 연속체 역학의 입문서이지만 대학에서 공학을 전공한 연구자 및 산업현장 기술자들도 이 책을 통하여 최근 널리 이용되고 있는 유한요소해석 및 경계요소해석 등의 기본을 이루고 있는 연속체 역학의 이해에 많은 도움이 되기를 기대한다.

이 책은 1997년에 처음 발간되어 1998년에 일부 교정을 거쳤으며 2014년 개정판에서는 일반 좌표계에서의 텐서표시와 변분 문제의 수치해석 방법 그리고 각 장의 핵심내용을 이해할 수 있도록 예제를 추가하였다. 그러나 저자의 미숙으로 본문 내용과 그림에 많은 에러를 포함하고 있어서 금번 2020년 개정판에는 이들 에러의 교정과 더불어 연습문제를 영문으로 작성하여 관련 전문 용어의 영어 표현에 독자들이 익숙해지도록 하였다. 아울러 제 11장의 유한요소해석 부분에서는 텐서 표현이 어떻게 매트릭스 형태로 나타나는 지를 명확히 하여 유한요소 방정식의 텐서표현과 매트릭스 표현에 혼동이 없도록 노력하였다.

이 책은 그동안 저자의 대학 강의교재와 Kobe 대학의 Tomita 교수의 강의 자료를 중심으로 저술되었음을 밝혀두며 자료의 일부 사용을 허락하여 주신 Tomita 교수께 감사드린다.

끝으로 이 책의 출판을 맡아주신 도서출판 홍릉의 송준 사장님과 편집에 애써주신 여러분들께 감사드린다.

2020년 8월 대구 복현골에서

대표저자 김 영 석

차 례

차례

차례

07 보존법칙과 지배방정식

08 선형 구성식

09 연속체의 경계값 문제

차례

10 경계값 문제와 변분원리

11 유한요소해석

부록 I

차례

부록 Ⅱ

부록 Ⅲ

부록 Ⅳ

부록 Ⅴ

부록 Ⅵ

차례

부록 Ⅶ

부록 Ⅷ

01 연속체 역학의 개요

본 장에서는 연속체의 의미와 연속체 역학을 배우는 목적에 대하여 서술한다.

1.1 | 연속체

일반적으로 물질은 미시적으로는 불연속이고 분자, 원자 혹은 작은 입자에 의해 구성되어 있다고 알려져 있다. 그러나 우리들이 통상 다루고 있는 물질은 이들 입자보다도 매우 큰 경우가 많다. 이런 경우 개개의 분자나 원자의 운동보다도 이들의 평균적인 거동에 관심이 모아진다. 물론, 우리가 미시적인 스케일에서 물질의 거동에 대하여 충분히 알고 있다면 이론적으로는 적당한 통계적 과정을 적용함으로써 거시적인 스케일에서 물질의 거동을 예측하는 것이 가능하다. 그렇지만 그런 계산은 매우 복잡하고 물질의 역학적 거동에 대한 대부분의 지식은 물질의 비교적 큰 스케일의 거동관찰 혹은 실험에 의해 얻어진다고 하여도 과언이 아니다.

연속체에 대한 물리적 정의를 위해 그림 1.1에 나타낸 것과 같이 어떤 공간을 차지하고 있는 체적 V_0 내에서 물질이 연속적으로 분포하고 있는 경우에 대해서 고찰해 보자. V_0 내의 임의 점 P를 고려하여 그림에서와 같이 점 P를 포함하도록 체적을 V_1, V_2, V_3 …, V_n으로 한다. 단, $V_{n-1} \supset V_n$이 되도록 체적 V_n을 정의한다. 체적이 V_n인 물질의 질량을 M_n으로 표시하면 점 P의 평균적인 밀도 ρ는 다음 식으로 정의된다.

$$\rho = \lim_{\substack{n \to \infty \\ V_n \to 0}} \frac{M_n}{V_n} \tag{1.1}$$

이와 같이 평균적인 밀도 ρ가 연속함수로서 정의될 수 있는 물체를 연속체(continuum)라고 한다.

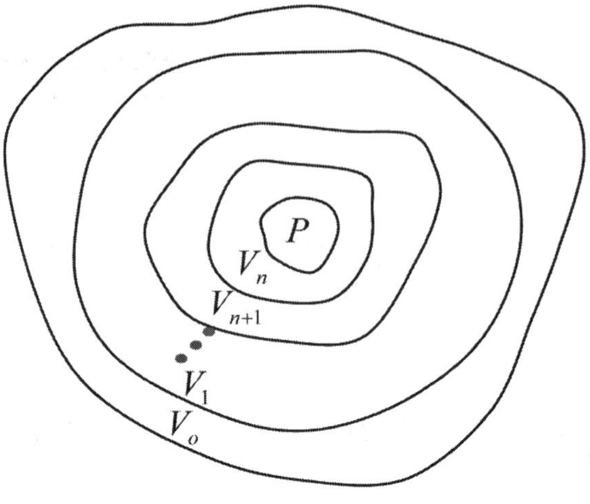

그림 1.1 밀도의 정의

지금 그림 1.2에 나타낸 것과 같이 금속과 같은 다결정체를 예로서 식 (1.1)에서 정의된 평균밀도를 고려해 보자. 다결정 금속(polycrystalline metal)에서는 서로 다른 결정방위(crystal orientation)를 갖는 단결정들이 결정입계를 경계로 하여 상호 결합된 금속을 구성하고 있다. 각각의 결정 및 입계에서는 단위 체적당의 질량이 다르기 때문에 질량분포는 불연속이 된다. 따라서 밀도를 정의하는 체적이 결정립의 크기와 동일한 정도가 되면 밀도 ρ는 연속이 아니다. 또한, 결정 혹은 결정입계는 분자 혹은 원자에 의해 구성되어 있으므로 밀도를 정의하는 체적이 분자 혹은 원자 정도의 크기가 되면 밀도는 그들이 존재하는 곳에서는 정의가 가능하지만 그 이외의 위치에서는 밀도를 정의할 수 없게 된다.

그림 1.3에 재료의 체적크기와 평균밀도 변화를 개념적으로 나타내었다. 그림에 나타낸 바와 같이 밀도가 거의 일정하게 되는 영역이 연속체로서 취급 가능한 영역이 된다. 이런 영역을 대상으로 하는 경우에는 물질의 이산적인 성질은 무시하고 재료는 전 영역에서 걸쳐 연속적으로 분포하고 있다고 볼 수 있다.

따라서 밀도와 동일하게 변위, 속도 등의 양도 위치의 연속(적어도 구간적으로 연속)인 함수로써 정의가 가능하다. 즉, 대상으로 하고 있는 물체의 크기가 미시적인 특성길이(예를 들면 결정에 있어서 원자 간 거리나 가스의 평균 자유행정)에 비하여 큰 경우는 물체는 연속체로 간주할 수 있으므로 연속체를 구성하고 있는 물질의 기본입자의 각종 결합력을 개별적으로 고려하지 않고 그것을 평균화한 것을 물질 고유의 재료특성으로 간주하는 것이 가능하다. 여기서 미시적인 스케일은 반드시 원자의 크기일 필요는 없고, 예를 들면 모래와 같은 경우에 있어서 고려하고 있는 영역의 크기가 개개의 입자크기에 비하여 큰 경우에 모래는 연속체로서 취급할 수 있다.

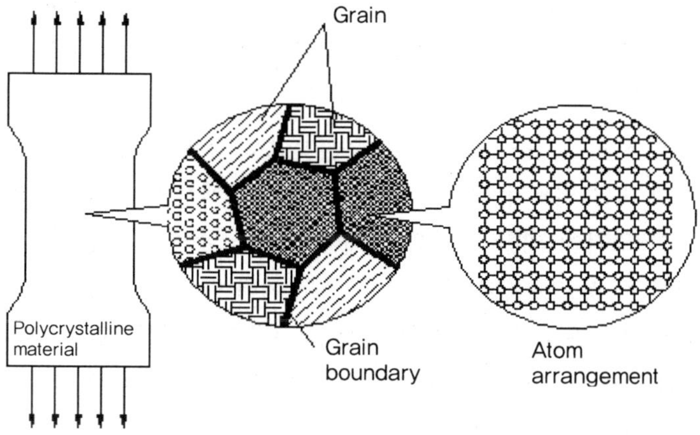

그림 1.2 다결정 금속

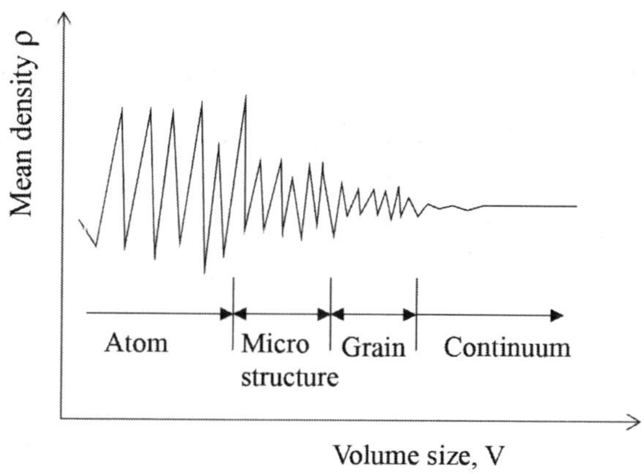

그림 1.3 평균밀도와 체적의 관계

1.2 | 연속체 역학의 개념

연속체 역학(continuum mechanics)은 고체, 유체 및 기체를 연속체로서 다룰 수 있는 영역에 대한 거시적 스케일의 역학적 거동에 관한 학문이다. 따라서 연속체 역학에서는 대상을 고체, 유체, 기체 등으로 구별하지 않고 통일적으로 다루는 것에 의해 개별적으로 다루면 이해하기 곤란한 상호관계를 명확하게 하며 필요한 지배방정식 및 경계조건 등을 통일적으로 나타낸다. 또한, 대상을 재료적 혹은 시공적으로 특수화하는 것에 의해 계통적으로 특별한 이론을 구축할 수는 장점이 있다. 즉, 전자는 개개의 연속체에 고유의 성질을 나타내는 구성식을 도입하는 것에 의해 연속체 역학을 각종 고체, 액체, 기체로 특수화하는 것이고, 후자는 공간적으로 3차원으로부터 2차원, 1차원 혹은 시간의존으로부터 무의존으로의 단순화 조작에 의한 특수화이다.

금후의 산업 사회에서는 여러 공학 분야의 상호 경계영역을 횡단하는 융합분야의 연구 및 기술개발에 대한 필요가 증가할 것이다. 이 경우에는 연속체 역학에 대한 일반론의 계통적인 특수화 조작에 의한 개별화가 대상 영역을 횡단하는 문제를 통일적으로 다루기 위한 지름길이 될 것으로 생각한다. 독자들은 여러 다른 분야의 응용역학을 배울 때에 연속체 역학의 일반론으로부터 특수화 혹은 단순화가 어떠한 형태로 이루어지고 있는가를 확인할 수 있다. 또한, 연속체 역학이 현실적으로 물리현상을 해명하기 위해 필요 불가결한 기초학문이라는 것이 이해될 것이다.

이와 같이 연속체 역학에서 통일적으로 다룰 수 있는 영역이 매우 광범위하나 우리 주변에 있는 물질은 궁극에 있어서는 입자상인 구조를 가지고 있기 때문에 검토 대상이 되는 영역이 입자의 크기 혹은 미시적인 특성길이와 같은 정도의 크기가 되면 연속체 역학을 적용하기 어렵게 된다. 현대 눈부신 기술의 발전에 의해 지금까지 연속체로서 다루어진 문제 중에서도 희박유체, 미립화, 초정밀가공 등을 다루는 경우와 같이 입자의 크기 혹은 그들의 상호작용을 개별적으로 검토하는 것이 필요한 문제로 자주 나타난다. 따라서 연속체 역학을 올바르게 사용하기 위해서는 그것이 대상으로 하고 있는 경계값 문제에 적용 가능한지 아닌지를 정확하게 판단하는 것이 매우 중요하다.

02 행렬대수의 개요

본 장에서는 연속체 역학을 배우는 데 필요한 행렬대수의 기초를 정리하여 나타내었다. 독자들은 이미 행렬의 가감승산, 역 및 전치에 대한 기초 지식을 가지고 있을 것으로 생각하고, 그 외의 행렬 성질에 대해서도 여기에 나타낸 것은 초보적인 것이기 때문에 증명없이 이용하는 것으로 한다. 필요한 증명은 행렬대수에 관한 교과서들을 참고하길 바란다.

2.1 행렬(matrix)

$m \times n$ 행렬 $\boldsymbol{A}$는 mn 요소의 정렬된 사각행렬(ordered rectangular matrix)로 다음과 같이 표시된다.

$$\boldsymbol{A} = (A_{ij}) = \begin{bmatrix} A_{11} & A_{12} & \cdots & A_{1n} \\ A_{21} & A_{22} & \cdots & A_{2n} \\ \cdot & \cdot & \cdots & \cdot \\ \cdot & \cdot & \cdots & \cdot \\ A_{m1} & A_{m2} & \cdots & A_{mn} \end{bmatrix} \cdots \text{행}\,(row) \qquad \text{열}\,(column) \tag{2.1}$$

여기서 A_{ij}는 행렬 A의 i행 j열에 있는 요소이다. 지수(index) i는 1, 2, ⋯, m을 취하고 j는 1, 2,⋯, n을 취한다. 연속체 역학에 있어서는 3차원 공간에서의 물체의 거동을 다루기 때문에 거기서 나타나는 많은 행렬은 통상 3×3 정방행렬(square matrix), 3×1 열의 행렬(column matrix) 및 1×3의 행의 행렬(row matrix)이다. 이하에서는 3×3의 정방행렬을 로마자로 A, B, C와 같이, 3×1 열의 행렬은 소문자의 로마자로 a, b, c와 같이 표시한다. 한편, 1×3의 행의 행렬은 3×1 열의 행렬의 전치(transpose)로 a^T, b^T, c^T으로 표시한다. 특히, 별도의 지시가 없는 한 지수는 1, 2, 3을 취하는 것으로 한다. 물론, 지수를 임의의 범위에서 변화시켜도 이하의 사항들은 거의 모든 경우에 적용된다.

정방행렬 $\boldsymbol{A}$는 다음의 식 (2.2)를 만족하면 대칭(symmetric)이고

$$\boldsymbol{A} = \boldsymbol{A}^T, \quad A_{ij} = A_{ji} \tag{2.2}$$

식 (2.3)을 만족하면 반대칭(anti-symmetric)이다.

$$\boldsymbol{A} = -\boldsymbol{A}^T, \quad A_{ij} = -A_{ji} \tag{2.3a}$$

여기서 $\boldsymbol{A}^T (= A_{ji})$는 행렬 $\boldsymbol{A}$의 전치를 나타내는 것으로 행렬 $\boldsymbol{A}$에서 행과 열의 위치를 모두 바꾼 행렬을 의미한다.

한편 $\boldsymbol{C} = \boldsymbol{A}\boldsymbol{B}$, $C_{ij} = A_{ik}B_{kj}$라고 하면 $(C_{ij})^T = (A_{ik}B_{kj})^T$, $C_{ji} = A_{jk}B_{ki}$이므로 $\boldsymbol{C}^T$는

$$\boldsymbol{C}^T = (\boldsymbol{A}\boldsymbol{B})^T = \boldsymbol{B}^T\boldsymbol{A}^T \tag{2.3b}$$

가 된다.

3×3의 단위행렬(unit matrix)은 통상 $\boldsymbol{I}$로 표시하고 그 요소는 δ_{ij}로 표시한다. 즉,

$$\begin{aligned} \boldsymbol{I} &= (\delta_{ij}) \qquad (i, j = 1, 2, 3) \\ &= \begin{bmatrix} 1 & 0 & 0 \\ 0 & 1 & 0 \\ 0 & 0 & 1 \end{bmatrix} \end{aligned} \tag{2.4}$$

여기서

$$\delta_{ij} = \begin{cases} 1, & i = j : (\delta_{11} = \delta_{22} = \delta_{33} = 1) \\ 0, & i \neq j : (\delta_{23} = \delta_{31} = \delta_{12} = 0) \end{cases} \tag{2.5}$$

따라서 명백하게 $\delta_{ij} = \delta_{ji}$이다. 기호 δ_{ij}는 크로네커 델타(Kronecker delta)이다. δ_{ij}와 행렬 A_{jk} 혹은 A_{kj}의 곱(product)을 취하여 j에 대하여 총합을 취하면 다음 관계가 얻어진다.

$$\sum_{j=1}^{3} \delta_{ij} A_{jk} = A_{ik}, \quad \sum_{j=1}^{3} \delta_{ij} A_{kj} = A_{ki} \tag{2.6}$$

정방행렬 $\boldsymbol{A}$의 궤적(trace)은 tr $\boldsymbol{A}$로 표시되고 $\boldsymbol{A}$의 주대각(leading diagonal)상에 있는 요소의 총합을 나타낸다. 즉, 3×3 행렬 $\boldsymbol{A}$에 대하여

$$\mathrm{tr}\, \boldsymbol{A} = A_{11} + A_{22} + A_{33} = \sum_{i=1}^{3} A_{ii} \tag{2.7}$$

으로 정의되고, 특히

$$tr\ \boldsymbol{I} = \sum_{i=1}^{3} \delta_{ii} = 3 \tag{2.8}$$

이 된다. 정방행렬 $\boldsymbol{A}$에 대하여 그 행렬식(determinant)을 det $\boldsymbol{A}$로 나타내면 3×3 행렬 $\boldsymbol{A}$의 행렬식은 다음과 같이 표현된다.

$$\det A = \det(A_{ij}) = \begin{vmatrix} A_{11} & A_{12} & A_{13} \\ A_{21} & A_{22} & A_{23} \\ A_{31} & A_{32} & A_{33} \end{vmatrix}$$

$$= (-1)^{1+1} A_{11} \begin{vmatrix} A_{22} & A_{23} \\ A_{32} & A_{33} \end{vmatrix} + (-1)^{1+2} A_{12} \begin{vmatrix} A_{21} & A_{23} \\ A_{31} & A_{33} \end{vmatrix} + (-1)^{1+3} A_{13} \begin{vmatrix} A_{21} & A_{22} \\ A_{31} & A_{32} \end{vmatrix} \tag{2.9}$$

$$= A_{11}A_{22}A_{33} + A_{12}A_{23}A_{31} + A_{13}A_{21}A_{32} - A_{11}A_{23}A_{32} - A_{12}A_{21}A_{33} - A_{13}A_{22}A_{31}$$

$$= \frac{1}{6} \sum_{i=1}^{3} \sum\sum\sum\sum\sum e_{ijk} e_{rst} A_{ir} A_{js} A_{kt}$$

여기서 e_{ijk}는 교대기호(permutation symbol 또는 alternating symbol)로 다음과 같이 정의된다.

$$e_{ijk} = \frac{1}{2}(i-j)(j-k)(k-i) \tag{2.10}$$

(a) $e_{ijk} = 1 : (i,\ j,\ k)$가 서로 다르고, (1, 2, 3)의 순서가 짝수 회만큼 바뀌었을 때 (even permutation), 즉 $e_{123} = e_{231} = e_{312} = 1$

(b) $e_{ijk} = -1 : (i,\ j,\ k)$가 서로 다르고, (1, 2, 3)의 순서가 홀수 회만큼 바뀌었을 때 (odd permutation)일 때, 즉 $e_{321} = e_{132} = e_{213} = -1$

(c) $e_{ijk} = 0 : (i,\ j,\ k)$ 중에서 두 개 이상이 동등일 때, 즉 $e_{112} = e_{333} = \cdots = 0$

이와 같은 정의로부터 e_{ijk}는 다음과 같은 대칭성을 가진다.

$$e_{ijk} = e_{jki} = e_{kij} = -e_{kji} = -e_{ikj} = -e_{jik}$$

한편, 정방행렬 $\boldsymbol{A}$는 각 열의 성분의 제곱합이 1이고 다른 두 열의 대응성분의 곱의 합이 0인 성질을 가질 때 직교(orthogonal)라고 한다. 즉,

$$a_{1i}a_{1j} + a_{2i}a_{2j} + \cdots + a_{ni}a_{nj} = \delta_{ij} \qquad (i,\ j = 1,\ 2,\ \cdots,\ n) \tag{2.11}$$

이것은 다음과 같이 표현할 수 있다.

$$\boldsymbol{A}\boldsymbol{A}^T = \boldsymbol{I} \tag{2.12a}$$

또는

$$\boldsymbol{A}^{-1} = \boldsymbol{A}^T \tag{2.12b}$$

행렬 $\boldsymbol{A}$의 역(inverse) $\boldsymbol{A}^{-1}$가 존재하기 위한 필요충분조건은 $\det \boldsymbol{A} \neq 0$이다. $\boldsymbol{A}$가 직교이면 다음 관계도 성립한다.

$$\det \boldsymbol{A} = \pm 1 \tag{2.13a}$$

본서에서는 별도로 지정된 경우를 제외하고

$$\det \boldsymbol{A} = 1 \tag{2.13b}$$

인 고유직교행렬(proper orthogonal matrix)만을 다룬다. 만일 $\boldsymbol{A}_1$과 $\boldsymbol{A}_2$가 2개의 직교행렬일 때 그들의 곱 $\boldsymbol{A}_1\boldsymbol{A}_2$도 역시 직교행렬임이 자명하다.

전치행렬, 역행렬과 행렬식에 대해서 다음 관계가 성립한다.

$$\left.\begin{aligned} &(\boldsymbol{A}\boldsymbol{B})^T = \boldsymbol{B}^T\boldsymbol{A}^T, \quad (\boldsymbol{A}^T)^T = \boldsymbol{A} \\ &(\boldsymbol{A}\boldsymbol{B})^{-1} = \boldsymbol{B}^{-1}\boldsymbol{A}^{-1}, \quad (\boldsymbol{A}^{-1})^{-1} = \boldsymbol{A} \\ &\det(\boldsymbol{A}\boldsymbol{B}) = \det(\boldsymbol{A})\det(\boldsymbol{B}), \quad \det(\boldsymbol{A}^{-1}) = \frac{1}{\det(\boldsymbol{A})} \end{aligned}\right\} \tag{2.13c}$$

참고로 이하 본서에서는 행렬은 [ ]으로, 행렬식은 | | 으로 나타내기로 한다.

2.2 | 총합규약

행렬 및 다음 장들에서 공부할 벡터, 텐서의 연산에 있어서 편리한 Einstein의 표기법이 총합규약(Einstein's summation convention)이다. 이것을 이용하면 동일한 지수가 임의의 표시식에서 2회씩 반복하여 나타날 때는 그 지수가 1, 2, 3으로 변화할 때의 값을 자동적으로 합하는 것을 나타내고 총합의 기호 Σ는 생략한다. 예를 들면 식 (2.7)에서 총합의 기호를 생략하면 다음과 같이 표시된다.

$$tr\ \boldsymbol{A} = A_{ii}$$

마찬가지로 식 (2.6)과 식 (2.8)은 각각

$$\delta_{ij}A_{jk} = A_{ik}\,, \quad \delta_{ij}A_{kj} = A_{ki}$$

$$\delta_{ii} = 3$$

으로 표시된다. 즉, 이와 같이 총합규약을 사용할 때, δ_{ij}의 주된 역할은 수식 중에서 어떤 한 첨자를 다른 첨자로 바꾸는 것이다. 이런 성질 때문에 크로네커 델타를 치환연산자(substitution operator)라고 부르기도 한다.

이 규약을 이용하면 식 (2.9)는

$$\det \boldsymbol{A} = \frac{1}{6} e_{ijk} e_{rst} A_{ir} A_{js} A_{kt} = e_{rst} A_{1r} A_{2s} A_{3t} \tag{2.14}$$

이 되어 표시가 매우 간결하게 된다. 식 (2.14)의 우변에는 전부 $3^6 = 729$개의 항을 포함하고 있는데, 그중에서 e_{ijk}의 성질에 의해 6개항만이 영이 아닌 값을 가진다. 그 밖의 총합규약의 사용 예를 아래에 표시한다.

(a) $\boldsymbol{A} = (A_{ij})$, $\boldsymbol{B} = (B_{ij})$일 때 곱 AB의 i행 j열 요소는 $\sum_{k=1}^{3} A_{ik}B_{kj}$이고 이 식은 다음과 같이 표시된다.

$$A_{ik}B_{kj} \quad (= A_{i1}B_{1j} + A_{i2}B_{2j} + A_{i3}B_{3j})$$

(b) 상기(a)에 있어서 $\boldsymbol{B} = \boldsymbol{A}^T$을 가정하면 이 경우 $B_{ij} = A_{ji}$이므로 $\boldsymbol{AA}^T$의 i행 j열 성분은 $A_{ik}A_{jk}$이다. 특히, A가 직교행렬 $\boldsymbol{Q} = (Q_{ij})$의 경우 식 (2.12a)로부터 다음 식이 얻어진다.

$$Q_{ik}Q_{jk} = \delta_{ij}\,, \quad Q_{ki}Q_{kj} = \delta_{ij} \tag{2.15}$$

(c) 두 개의 열의 행렬 $\boldsymbol{x}$와 $\boldsymbol{y}$간의 선형관계는 다음 식으로 표시된다.

$$\boldsymbol{x} = \boldsymbol{A}\boldsymbol{y} \tag{2.16a}$$

이것은 또 성분표시로

$$x_i = A_{ij}\,y_j \qquad (\text{또는} \ \ x_i = \sum_{j=1}^{3} A_{ij}y_j) \tag{2.16b}$$

으로 나타내진다. 여기서 한 방정식의 오른쪽 또는 왼쪽 항에서 반복되어 나타나는 첨자지수에 대해서는 1, 2, 3으로 합을 취할 수 있으므로 이런 지수를 의지수(dummy index)라 하고, 한편 반복되지 않고 독립적인 지수에 대해서는 자유로운 값을 택할 수 있으므로 이런 지수를 자유지수(free index)라고 하며 자유지수에 대해서는 총합을 취하지 않는다. 의지수는 $A_{ii} = A_{jj}$, $\sigma_{ij} = D_{ijkl}\epsilon_{kl} = D_{ijpq}\epsilon_{pq}$와 같이 다른 임의의 의지수로 치환할 수 있으며, 자유지수는 $\sigma_{ij} = D_{ijkl}\epsilon_{kl} \Leftrightarrow \sigma_{pq} = D_{pqkl}\epsilon_{kl}$과 같이 임의 값을 택할 수 있다.

총합규약을 적용할 때에는 표시가 혼동되기 쉬우므로 임의 이 표시식 중에 동일한 지수가 2회 이상 나타나지 않도록 항상 주의하여야 한다. 다음 장에서는 특히 별도로 제약조건이 없는 한 벡터, 텐서의 성분이나 행렬요소를 나타내는 지수에 대하여도 총합규약을 적용하는 것으로 한다.

식 (2.16b)에서 i는 자유지수, j는 의지수이므로 i에 대해서는 임의의 자유로운 값을 택할 수 있고, j에 대해서는 1, 2, 3에 대해서 합을 취한다. 따라서 이 식을 구체적으로 성분별로 나타내면 다음과 같다.

$$\left.\begin{aligned} i=1,\ j=1\sim3;\quad x_1 &= A_{1j}y_j = A_{11}y_1 + A_{12}y_2 + A_{13}y_3 \\ i=2,\ j=1\sim3;\quad x_2 &= A_{2j}x_j = A_{21}y_1 + A_{22}y_2 + A_{23}y_3 \\ i=3,\ j=1\sim3;\quad x_3 &= A_{3j}x_j = A_{31}y_1 + A_{32}y_2 + A_{33}y_3 \end{aligned}\right\} \tag{2.16c}$$

만일 $\boldsymbol{A}$가 특이가 아닌 경우는(non-singular 또는 정칙(正則)이라고 함), 즉 $\boldsymbol{A}$의 행렬식이 영이 아닌 경우, 즉 $\det(\boldsymbol{A}) \neq 0$인 경우는 식 (2.16a)로부터 $\boldsymbol{y} = \boldsymbol{A}^{-1}\boldsymbol{x}$가 된다. 특히, $\boldsymbol{A}$가 직교행렬 $\boldsymbol{Q}$인 경우는

$$\begin{aligned} \boldsymbol{x} &= \boldsymbol{Q}\boldsymbol{y}, \quad x_i = Q_{ij}y_j \\ \boldsymbol{y} &= \boldsymbol{Q}^{-1}\boldsymbol{x} = \boldsymbol{Q}^T\boldsymbol{x}, \quad y_i = Q_{ji}x_j \end{aligned} \tag{2.17}$$

으로 표시된다.

(d) $\boldsymbol{AB}$의 궤적은 (a)의 표시에서 $i=j$로 하는 것에 의해 얻어진다.

$$tr\ \boldsymbol{AB} = A_{ik}B_{ki} \tag{2.18}$$

이것을 확장하면

$$tr\ \boldsymbol{ABC} = A_{ij}B_{jk}C_{ki}$$

이 된다.

(e) $\boldsymbol{a}$, $\boldsymbol{b}$가 3×1의 열의 행렬일 때

$$\boldsymbol{a}^T = (a_1\, a_2\, a_3), \quad \boldsymbol{b}^T = (b_1\, b_2\, b_3)$$

$\boldsymbol{a}^T\boldsymbol{b}$는 1×1 행렬이고 그 요소는 다음과 같이 표시된다.

$$a_1 b_1 + a_2 b_2 + a_3 b_3 = \sum_{i=1}^{3} a_i b_i = a_i b_i \tag{2.19}$$

(f) $\boldsymbol{a}$가 (e)에서와 같은 열의 행렬, $\boldsymbol{A}$는 3×3 행렬이라면 $\boldsymbol{Aa}$는 3×1 열의 행렬이고 그 중 i번째 행의 요소는 $\sum A_{ir}a_r$이고 $A_{ir}a_r$로 표시된다.

(g) 크로네커 델타와 교대기호 간에는 다음과 같은 2개의 유용한 관계가 존재한다.

$$e_{ijp}e_{rsp} = \delta_{ir}\delta_{js} - \delta_{is}\delta_{jr} \tag{2.20a}$$

$$e_{ijp}e_{ijq} = 2\delta_{pq} \tag{2.20b}$$

이들 식은 i, j, p, q, r, s의 모든 조합을 고려하는 것에 의해 직접적으로 증명할 수 있다. 사실 식 (2.20a)와 (2.20b)는 δ_{ij}와 e_{ijk}간의 보다 일반적인 관계로부터 유도가 가능하고 다음 관계가 성립한다.

$$\begin{vmatrix} \delta_{r1} & \delta_{r2} & \delta_{r3} \\ \delta_{s1} & \delta_{s2} & \delta_{s3} \\ \delta_{t1} & \delta_{t2} & \delta_{t3} \end{vmatrix} = e_{ijk}\delta_{ri}\delta_{sj}\delta_{tk} = e_{rst} \tag{2.21a}$$

$$\begin{vmatrix} \delta_{ir} & \delta_{is} & \delta_{ik} \\ \delta_{jr} & \delta_{js} & \delta_{jt} \\ \delta_{kr} & \delta_{ks} & \delta_{kt} \end{vmatrix} = e_{ijk}e_{rst} \tag{2.21b}$$

한편, 식 (2.14)와 식 (2.21)로부터 다음 관계가 얻어진다.

$$e_{mpq}\det \boldsymbol{A} = e_{ijk}A_{im}A_{jp}A_{kq} \tag{2.22}$$

2.3 | 고유값과 고유벡터

경계값 문제를 다루는 연속체 역학에 있어서 다음과 같은 형식의 선형방정식이 자주

나타난다.

$$\boldsymbol{A}\,\boldsymbol{x} = \lambda\,\boldsymbol{x} \tag{2.23}$$

여기서 $\boldsymbol{A}$는 이미 알고 있는 정방행렬, $\boldsymbol{x}$는 미지의 열의 행렬, λ는 미지의 스칼라량이다. 이 식은 $\boldsymbol{x}$ 행렬(통상 벡터로 간주함)에 정방행렬 $\boldsymbol{A}$를 작용시켰을 때 $\boldsymbol{Ax}$로 정의되는 어떤 물리량이 $\boldsymbol{x}$에 비례하는 크기, $\lambda\boldsymbol{x}$를 갖는 경우에 대한 문제로 해석할 수 있다. 이하에서는 설명을 위해 편리상 $\boldsymbol{A}$를 3×3 행렬이라고 가정하지만 $n\times n$ 행렬로의 일반화도 물론 가능하다.

식 (2.23)은 다음 식으로 표현될 수 있다.

$$(\boldsymbol{A} - \lambda\boldsymbol{I})\boldsymbol{x} = 0 \tag{2.24}$$

또는

$$(\lambda\boldsymbol{I} - \boldsymbol{A})\boldsymbol{x} = 0$$

윗 식에서 $\boldsymbol{x}$가 비자명해를 가질 조건은

$$\det(\boldsymbol{A} - \lambda\boldsymbol{I}) = |\boldsymbol{A} - \lambda\boldsymbol{I}| = 0 \tag{2.25a}$$

이를 성분표시하면

$$\begin{vmatrix} A_{11}-\lambda & A_{12} & A_{13} \\ A_{21} & A_{22}-\lambda & A_{23} \\ A_{31} & A_{32} & A_{33}-\lambda \end{vmatrix} = 0 \tag{2.25b}$$

이 식은 행렬 $\boldsymbol{A}$에 대한 특성방정식(characteristic equation)을 나타낸다. 이 행렬식을 전개하면 식 (2.25b)는 다음과 같이 λ에 대한 3차 방정식이 된다.

$$C(\lambda) = \lambda^3 - I_1\lambda^2 + I_2\lambda - I_3 = 0 \tag{2.26}$$

여기서 I_1, I_2, I_3는 각각 다음 식으로 표시되는 값이다.

$$\begin{aligned} I_1 &= A_{11} + A_{22} + A_{33} = A_{ii} = \mathrm{tr}\,\boldsymbol{A} \\ I_2 &= \begin{vmatrix} A_{11} & A_{12} \\ A_{21} & A_{22} \end{vmatrix} + \begin{vmatrix} A_{22} & A_{23} \\ A_{32} & A_{33} \end{vmatrix} + \begin{vmatrix} A_{33} & A_{31} \\ A_{13} & A_{11} \end{vmatrix} \\ &= A_{11}A_{22} + A_{22}A_{33} + A_{33}A_{11} - A_{12}A_{21} - A_{23}A_{32} - A_{31}A_{13} \\ &= \frac{1}{2}(A_{ii}A_{jj} - A_{ij}A_{ji}) = \frac{1}{2}\{(tr\ \boldsymbol{A})^2 - tr\boldsymbol{A}^2\} \end{aligned} \tag{2.27}$$

$$I_3 = \begin{vmatrix} A_{11} & A_{12} & A_{13} \\ A_{21} & A_{22} & A_{23} \\ A_{31} & A_{32} & A_{33} \end{vmatrix} = \frac{1}{6} e_{ijk} e_{rst} A_{ir} A_{js} A_{kt} = e_{ijk} A_{1i} A_{2j} A_{3k} = \det \boldsymbol{A}$$

이들 I_1, I_2, I_3는 좌표축의 회전에 대해서도 그 값이 변하지 않는 불변량(frame indifferent invariant)으로 다음 장에서 논할 좌표변환 행렬 Q_{ij}를 이용하면 쉽게 증명할 수 있다. 이 방정식은 3개의 근 λ_1, λ_2, λ_3를 갖고 그들을 $\boldsymbol{A}$의 고유값(eigen value) 혹은 주값(principal value)이라고 한다. 여기서 $\lambda_i (i=1, 2, 3)$를 각각 다른 값이라고 하면 λ_i에 대응하는 다음의 식에서 구해지는

$$(\boldsymbol{A} - \lambda_i \boldsymbol{I}) \boldsymbol{x}_{(i)} = 0 \tag{2.28}$$

$\boldsymbol{x}_{(i)}$는 비자명해를 가진다. 그러나 $\boldsymbol{x}_{(i)}$의 값은 스칼라 승수(scalar multiples) 내에서 유일하게 정의될 수 없다. 이 열의 행렬 $\boldsymbol{x}_{(i)}$를 λ_i에 관련한 A의 고유벡터(eigen vector) 혹은 주방향(principal direction)이라고 한다.

예제 2-1

고유값 및 고유벡터를 구하는 문제의 간단한 예로서 다음의 대칭행렬 $\boldsymbol{A}$에 대해 검토해 보자.

$$\boldsymbol{A} = \begin{bmatrix} 2 & 2 & 0 \\ 2 & 5 & 0 \\ 0 & 0 & 3 \end{bmatrix}$$

풀이 그러면 식 (2.25)로부터

$$C(\lambda) = \begin{vmatrix} 2-\lambda & 2 & 0 \\ 2 & 5-\lambda & 0 \\ 0 & 0 & 3-\lambda \end{vmatrix} = (2-\lambda) \begin{vmatrix} 5-\lambda & 0 \\ 0 & 3-\lambda \end{vmatrix} - 2 \begin{vmatrix} 2 & 0 \\ 0 & 3-\lambda \end{vmatrix}$$

$$= -\lambda^3 + 10\lambda^2 - 27\lambda + 18$$

$$= -(\lambda - 6)(\lambda - 3)(\lambda - 1)$$

$$= 0$$

가 얻어진다. 따라서 이 식의 해로서 $\boldsymbol{A}$의 고유값은 $\lambda_1 = 6$, $\lambda_2 = 3$, $\lambda_3 = 1$이 되고 각각에 대응하는 고유벡터는 식 (2.28)로부터 구할 수 있다.

먼저 $\lambda_1 = 6$에 대응하는 고유벡터 $x_{(1)}$을 구해보면 식 (2.28)로부터

$$\begin{bmatrix} 2-6 & 2 & 0 \\ 2 & 5-6 & 0 \\ 0 & 0 & 3-6 \end{bmatrix} \begin{Bmatrix} x_{11} \\ x_{12} \\ x_{13} \end{Bmatrix} = \begin{Bmatrix} 0 \\ 0 \\ 0 \end{Bmatrix}$$

가 되고 이 식을 전개하여

$$-4 \times x_{11} + 2 \times x_{12} + 0 \times x_{13} = 0$$

$$2 \times x_{11} - 1 \times x_{12} + 0 \times x_{13} = 0$$

$$0 \times x_{11} + 0 \times x_{12} - 3 \times x_{13} = 0$$

x_{11}, x_{12}, x_{13}를 구하면

$$\frac{x_{11}}{1} = \frac{x_{12}}{2} = \frac{x_{13}}{0} = \beta_1$$

따라서 고유값 $\lambda_1 = 6$에 대응하는 고유벡터 $\boldsymbol{x}_{(1)}$은

$$\boldsymbol{x}_{(1)} = \beta_1 [1\ 2\ 0]^T$$

으로 구해지고 동일한 방법으로 $\lambda_2 = 3$, $\lambda_3 = 1$에 대응하는 고유벡터 $\boldsymbol{x}_{(2)}$, $\boldsymbol{x}_{(3)}$는 각각

$$\boldsymbol{x}_{(2)} = \beta_2 [0\ \ 0\ \ 1]^T$$

$$\boldsymbol{x}_{(3)} = \beta_3 [-2\ \ 1\ \ 0]^T$$

으로 구해진다. 고유벡터 $\boldsymbol{x}_{(i)}$ $(i=1,\ 2,\ 3)$에 있어서 β_i $(i=1,\ 2,\ 3)$는 임의의 스칼라량이므로 β_i에 대응하는 고유벡터 $\boldsymbol{x}_{(i)}$는 무수히 많고 유일하지 않음을 알 수 있다. 일반적으로는 표시를 간단하게 하기 위하여 $\beta_1 = \beta_2 = \beta_3 = 0$, $\beta_1 = \beta_2 = \beta_3 = 1$로 하는 경우가 많다.

한편, 여기서 λ_i과 $\boldsymbol{x}_{(i)}$이 반드시 실수(real)일 필요는 없다. 이들이 복소수(complex)로 각각 공역인 복소수 λ'_1과 $\boldsymbol{x}'_{(1)}$을 갖는다고 하자. 그러면 실대칭행렬(real symmetric matrix) $\boldsymbol{A}$에 대해 다음의 공역관계가 성립한다.

$$\boldsymbol{A}' \boldsymbol{x}'_{(1)} = \lambda'_1 \boldsymbol{x}'_{(1)} \tag{2.29a}$$

그런데 행렬 $\boldsymbol{A}$의 성분이 모두 실수이므로 $\boldsymbol{A}' = \boldsymbol{A}$이고 따라서

$$\boldsymbol{A}\boldsymbol{x}'_{(1)} = \lambda'_1\boldsymbol{x}'_{(1)} \tag{2.29b}$$

여기서 식 (2.29b)의 전치를 취하면 다음 식이 성립한다.

$$\boldsymbol{x}'^T_{(1)}\boldsymbol{A} = \lambda'_1\boldsymbol{x}'^T_{(1)} \tag{2.29c}$$

$\boldsymbol{A}\boldsymbol{x}_{(1)} = \lambda_1 x_{(1)}$ 식의 앞에 $\boldsymbol{x}'^T_{(1)}$을 곱하고 식 (2.29c)의 뒤에 $\boldsymbol{x}_{(i)}$를 곱하여 빼면

$$(\lambda_1 - \lambda'_1)\boldsymbol{x}'^T_{(1)}\boldsymbol{x}_{(1)} = 0 \tag{2.30}$$

이 된다.

$\boldsymbol{x}'^T_{(1)}$는 식 (2.24)의 비 자명해이기 때문에 $\boldsymbol{x}'^T_{(1)}\boldsymbol{x}_{(1)} \neq 0$이고, 따라서 $\lambda_1 = \lambda'_1$가 된다. 그러므로 대칭행렬의 고유값들은 실수이어야 한다.

또한,

$$\boldsymbol{A}\boldsymbol{x}_{(1)} = \lambda_1\boldsymbol{x}_{(1)} \tag{2.31a}$$

$$\boldsymbol{A}\boldsymbol{x}_{(2)} = \lambda_2\boldsymbol{x}_{(2)} \tag{2.31b}$$

관계로부터 식 (2.31a)에 $\boldsymbol{x}^T_{(2)}$, 식 (2.31b)에 $\boldsymbol{x}^T_{(1)}$를 식 앞에 곱하면

$$\boldsymbol{x}^T_{(2)}\boldsymbol{A}\,\boldsymbol{x}_{(1)} = \lambda_1\boldsymbol{x}^T_{(2)}\boldsymbol{x}_{(1)} \tag{2.31c}$$

$$\boldsymbol{x}^T_{(1)}\boldsymbol{A}\,\boldsymbol{x}_{(2)} = \lambda_2\boldsymbol{x}^T_{(1)}\boldsymbol{x}_{(2)} \tag{2.31d}$$

이 얻어진다. 여기서 식 (2.31c)의 전치를 취하여 식 (2.31d) 를 빼면 다음 식이 얻어진다.

$$(\lambda_2 - \lambda_1)\boldsymbol{x}^T_{(1)}\boldsymbol{x}_{(2)} = 0 \tag{2.32}$$

이와 같이 대칭행렬 $\boldsymbol{A}$의 두 개의 서로 다른 고유값 λ_1, λ_2에 관련한 고유벡터들은 $\boldsymbol{x}^T_{(1)}\boldsymbol{x}_{(2)} = 0$인 직교성질(orthogonal property)을 가진다. 따라서 일반적으로 고유값이 다른 경우

$$\boldsymbol{x}^T_{(r)}\boldsymbol{x}_{(s)} = 0 \quad (r \neq s) \tag{2.33}$$

이 성립한다. 한편, 적당한 스칼라 승수의 선택에 의해 고유벡터 $\boldsymbol{x}_{(1)}$는 $\boldsymbol{x}^T_{(1)}\boldsymbol{x}_{(1)} = 1$을 만족하도록 표준화(normalization)할 수 있다. 이것을 일반식으로 표시하면

$$\boldsymbol{x}^T_{(r)}\boldsymbol{x}_{(s)} = 1 \quad (r = s) \tag{2.34}$$

이 된다. 엄밀하게 말하면 식 (2.33), (2.34)의 우변은 1×1 행렬이다. 그러나 대부분의 경우에 스칼라량으로 취급된다.

3×3 행렬 $\boldsymbol{P}$의 각각의 열이 식 (2.35)와 같이 표준화된 서로 독립인 고유벡터 $\boldsymbol{x}_{(1)}$, $\boldsymbol{x}_{(2)}$, $\boldsymbol{x}_{(3)}$로 구성된 경우에 $\boldsymbol{P}$를 모달행렬(modal matrix)이라고 한다.

$$\boldsymbol{P} = (\boldsymbol{x}_{(1)}\,\boldsymbol{x}_{(2)}\,\boldsymbol{x}_{(3)}) \tag{2.35}$$

그러면 식 (2.33)과 (2.34)의 고유벡터 간의 직교관계로부터 $\boldsymbol{PP}^T = \boldsymbol{I}$, 즉 $P^T = P^{-1}$가 성립하므로 $\boldsymbol{P}$는 직교행렬(orthogonal matrix) 임을 알 수 있다. 이 직교행렬 P의 행렬식은 $|P| = 1$ 또는 -1이 된다($|PP^T| = |P||P^T| = |P^2| = 1$). 또한, 식 (2.31a)와 $\boldsymbol{x}_{(2)}$와 $\boldsymbol{x}_{(3)}$에 대해 유사한 관계를 이용하면

$$\begin{aligned}(\boldsymbol{Ax}_{(1)}\,\boldsymbol{Ax}_{(2)}\,\boldsymbol{Ax}_{(3)}) &= (\lambda_1\boldsymbol{x}_{(1)}\,\lambda_2\boldsymbol{x}_{(2)}\,\lambda_3\boldsymbol{x}_{(3)}) \\ &= (\boldsymbol{x}_{(1)}\,\boldsymbol{x}_{(2)}\,\boldsymbol{x}_{(3)})\begin{bmatrix}\lambda_1 & 0 & 0\\ 0 & \lambda_2 & 0\\ 0 & 0 & \lambda_3\end{bmatrix}\end{aligned}$$

이 식을 다시 표현하면

$$\boldsymbol{AP} = \boldsymbol{P\Lambda} \tag{2.36}$$

이 된다. 여기서 Λ는 다음과 같이 나타내지는 대각행렬(diagonal matrix)이다.

$$\Lambda = \begin{bmatrix}\lambda_1 & 0 & 0\\ 0 & \lambda_2 & 0\\ 0 & 0 & \lambda_3\end{bmatrix} \tag{2.37}$$

따라서 식 (2.36)으로부터 다음의 관계가 성립함을 알 수 있다.

$$\boldsymbol{P}^{-1}\boldsymbol{AP} = \Lambda \tag{2.38a}$$

한편, $\boldsymbol{P}$는 직교행렬이므로 이 식은

$$\boldsymbol{P}^T\boldsymbol{AP} = \Lambda \tag{2.38b}$$

으로 나타낼 수 있다. 그러므로 $\boldsymbol{P}^T\boldsymbol{AP}$는 주 대각선 상에 행렬 $\boldsymbol{A}$의 고유값을 갖는 대각행렬이 된다. 이것은 정방행렬 $\boldsymbol{A}$에 $\boldsymbol{A}$의 고유벡터에 의해 구성되는 직교행렬 $\boldsymbol{P}$를 식 (2.38b)와 같이 곱하는 것에 의해 정방행렬 $\boldsymbol{A}$를 대각선화(diagonalize)할 수 있음을 의미한다. 식 (2.38a)로 부터 $\boldsymbol{A}$ 행렬을 구해보면

$$\boldsymbol{A} = \boldsymbol{P}\boldsymbol{\Lambda}\boldsymbol{P}^{-1} \tag{2.39}$$

이 얻어진다.

한편, 식 (2.23)으로부터 다음의 관계가 얻어진다.

$$\begin{aligned} \boldsymbol{A}^2\boldsymbol{x} &= \lambda\boldsymbol{A}\boldsymbol{x} = \lambda^2\boldsymbol{x} \\ \boldsymbol{A}^3\boldsymbol{x} &= \lambda\boldsymbol{A}^2\boldsymbol{x} = \lambda^3\boldsymbol{x} \\ &\vdots \end{aligned} \tag{2.40}$$

여기서 만약 λ가 $\boldsymbol{A}$의 고유값이고 $\boldsymbol{x}$는 대응하는 고유벡터라고 하면, λ^2은 $\boldsymbol{A}^2$의 고유값이고 $\boldsymbol{x}$는 대응하는 고유벡터가 된다. 일반화하면 λ^n은 $\boldsymbol{A}^n$의 고유값이고 $\boldsymbol{x}$는 대응하는 고유벡터다. 만약 $\boldsymbol{A}$가 특이(singular)가 아니면, 양의 정수 n의 경우와 마찬가지로 음의 정수 n에 대해서도 이 결과는 성립한다.

2.4 | Cayley-Hamilton의 정리

식 (2.26)의 특성방정식이 3개의 다른 실근 λ_1, λ_2, λ_3를 가질 때 $C(\lambda)$는 다음 식으로 표시될 수 있다.

$$C(\lambda) = \det(\boldsymbol{A} - \lambda\boldsymbol{I}) = (\lambda - \lambda_1)(\lambda - \lambda_2)(\lambda - \lambda_3) = 0 \tag{2.41}$$

이 식으로부터 정방행렬 $\boldsymbol{A}$는 식 (2.38b)에서와 같이 주 값 λ_1, λ_2, λ_3만의 대각행렬로 표시 가능하다는 것을 알 수 있다. 특성방정식 (2.41)을 전개하여 식 (2.26)과 비교하면 불변량 I_1, I_2, I_3는

$$\begin{aligned} I_1 &= \lambda_1 + \lambda_2 + \lambda_3 \\ I_2 &= \lambda_1\lambda_2 + \lambda_2\lambda_3 + \lambda_3\lambda_1 \\ I_3 &= \lambda_1\lambda_2\lambda_3 \end{aligned} \tag{2.42}$$

으로 정의된다. 따라서 정방행렬 $\boldsymbol{A}$를 주 값만의 대각행렬로 표시 가능할 때 식 (2.27)과 식 (2.42)는 동등이다. 식 (2.26)으로부터 임의의 주 값 λ_i에 대하여

$$\lambda_i^3 - I_1\lambda_i^2 + I_2\lambda_i - I_3 = 0 \tag{2.43}$$

이 성립하므로 식 (2.40) 관계를 이용하면

$$\boldsymbol{A}^3 - I_1\boldsymbol{A}^2 + I_2\boldsymbol{A} - I_3\boldsymbol{I} = 0 \tag{2.44}$$

이 얻어진다. 이 식은 정방행렬도 그 자신의 특성방정식을 만족하는 것을 나타내고 있고 Cayley-Hamilton의 정리라고 부른다. 이 정리를 이용하면 3×3 정방행렬 $\boldsymbol{A}$에 대한 $\boldsymbol{A}^n$ $(n > 3)$ 값은 다음 식과 같이 $\boldsymbol{A}^2$, $\boldsymbol{A}$, $\boldsymbol{I}$의 선형결합에 의해 구해지는 것을 알 수 있다.

$$\boldsymbol{A}^n = \alpha_1\boldsymbol{A}^2 - \alpha_2\boldsymbol{A} + \alpha_3\boldsymbol{I} \tag{2.45}$$

여기서 상수 α_1, α_2, α_3는 I_1, I_2, I_3의 함수이다.

이 정리에 대한 예로서 다음의 2×2 대칭행렬 $\boldsymbol{A}$에 대해 검토해 보자.

$$\boldsymbol{A} = \begin{bmatrix} 2 & 1 \\ 1 & 2 \end{bmatrix}$$

그러면 식 (2.25b)로부터

$$C(\lambda) = \begin{vmatrix} 2-\lambda & 1 \\ 1 & 2-\lambda \end{vmatrix} = \lambda^2 - 4\lambda + 3 = 0$$

이므로 Caylay-Hamilton 정리에 의해 다음 식이 성립한다.

$$\boldsymbol{A}^2 - 4\boldsymbol{A} + 3\boldsymbol{I} = 0 \tag{2.46}$$

즉

$$\begin{bmatrix} 5 & 4 \\ 4 & 5 \end{bmatrix} - \begin{bmatrix} 8 & 4 \\ 4 & 8 \end{bmatrix} + \begin{bmatrix} 3 & 0 \\ 0 & 3 \end{bmatrix} = \begin{bmatrix} 0 & 0 \\ 0 & 0 \end{bmatrix}$$

따라서 $\boldsymbol{A}^2$과 $\boldsymbol{A}^3$은 각각

$$\boldsymbol{A}^2 = 4\boldsymbol{A} - 3\boldsymbol{I}$$

$$\boldsymbol{A}^3 = 4\boldsymbol{A}^2 - 3\boldsymbol{A} = 4(4\boldsymbol{A} - 3\boldsymbol{I}) - 3\boldsymbol{A} = 13\boldsymbol{A} - 12\boldsymbol{I}$$

으로 구해진다. 한편, 식 (2.46)을 $\boldsymbol{A}$ 행렬로 나누는 것에 의해

$$\boldsymbol{A} - 4\boldsymbol{I} + 3\boldsymbol{A}^{-1} = 0$$

이 되므로 $\boldsymbol{A}$의 역행렬 $\boldsymbol{A}^{-1}$는 다음 식과 같이 계산할 수 있다.

$$\boldsymbol{A}^{-1} = -\frac{1}{3}\boldsymbol{A} + \frac{4}{3}\boldsymbol{I}$$

연습문제

1 Prove the following relationship:

(a) $\delta_{ij}\delta_{ij} = 3$ (b) $\delta_{ij}\delta_{jk} = \delta_{ik}$

(c) $\delta_{ij}\delta_{kl}a_j b_l = a_i b_k$ (d) $e_{ijk}e_{ijk} = 6$

(e) $e_{ijk}a_j a_k = 0$ (f) $e_{ijp}e_{rsp} = \delta_{ir}\delta_{js} - \delta_{is}\delta_{jr}$

2 For any $n \times n$ matrix $\boldsymbol{A}$ and unit matrix $\boldsymbol{I}$, Show that the following relation is satisfied.

$$\boldsymbol{IA} = \boldsymbol{A} \tag{2.46}$$

3 Answer the below questions for the following matrices $\boldsymbol{A}$ and $\boldsymbol{B}$:

$$\boldsymbol{A} = \begin{bmatrix} 1 & 4 & 0 \\ 4 & 1 & 3 \\ 0 & 3 & 1 \end{bmatrix} \quad \boldsymbol{B} = \begin{bmatrix} 1 & 3 & 2 \\ 3 & 2 & 1 \\ 2 & 1 & 3 \end{bmatrix}$$

(a) tr $\boldsymbol{A}$, tr $\boldsymbol{B}$ (b) det $\boldsymbol{A}$, det $\boldsymbol{B}$

(c) tr $\boldsymbol{AB}$ (d) det $\boldsymbol{AB}$

(e) $(\boldsymbol{AB})^T = \boldsymbol{B}^T\boldsymbol{A}^T$ (f) $(\boldsymbol{AB})^{-1} = \boldsymbol{B}^{-1}\boldsymbol{A}^{-1}$

4 A general method of determining the determinant of a square matrix of $\boldsymbol{A} = (A_{ij})$ is given by the Cramer's law:

$$\begin{aligned} \det(\boldsymbol{A}) &= \sum_{i=1}^{n} A_{ij}C_{ij}(\boldsymbol{A}) \\ C_{ij}(\boldsymbol{A}) &= (-1)^{i+j}M_{ij}(\boldsymbol{A}) \end{aligned} \tag{2.47}$$

Where $M_{ij}(\boldsymbol{A})$ is a determinant for an $(n-1)\times(n-1)$ partial matrix (submatrix) excluding the jth column and i row in the $\boldsymbol{A}$ matrix. This is called the minor determinant for element $\boldsymbol{A}$. $\mathrm{C_{ij}}(\mathrm{A})$ is called the cofactor of the element $\mathrm{A_{ij}}$. Using the equation (2.47), find the determinant of the next matrix.

$$A = \begin{bmatrix} 2 & -5 & -1 \\ 1 & 4 & 3 \\ 2 & -3 & 5 \end{bmatrix}$$

5 The inverse matrix $\boldsymbol{A}^{-1}$ of the 2x2 square matrix $\boldsymbol{A}$ is obtained by the following equation when the determinant is not zero, i.e. $\det(\boldsymbol{A}) \neq 0$

$$\boldsymbol{A} = \begin{bmatrix} A_{11} & A_{12} \\ A_{21} & A_{22} \end{bmatrix}$$

$$\boldsymbol{A}^{-1} = \frac{1}{\det(\boldsymbol{A})} Adj(\boldsymbol{A}) \ , \quad Adj(\boldsymbol{A}) = \begin{bmatrix} A_{22} & -A_{12} \\ -A_{21} & A_{11} \end{bmatrix} \tag{2.48}$$

Here, $Adj(\boldsymbol{A})$ of matrix $\boldsymbol{A}$ is an adjoint matrix obtained by replacing each component of A with a cofactor. Using the equation (2.48), find the inverse of matrix $\boldsymbol{A}$ of problem 4. Also show that the result is $\boldsymbol{A}\boldsymbol{A}^{-1} = \boldsymbol{I}$.

6 Find the I_1, I_2, I_3 values for the $\boldsymbol{A}$ and $\boldsymbol{B}$ in Problem 3.

7 Find the eigen values and eigen vectors I_1, I_2, I_3 values for the $\boldsymbol{A}$ and $\boldsymbol{B}$ in Problem 3.

8 Use the equation (2.44) to express det $\boldsymbol{A}$ as tr $\boldsymbol{A}$, tr $\boldsymbol{A}^2$, tr $\boldsymbol{A}^3$

9 Find the inverse of the matrix $\boldsymbol{A}^{-1}$ of Problem 3 using the Gauss–Jordan elimination method

10 Find the eigen values and eigen vectors of the following matrix A and show that $\boldsymbol{P}^{-1}\boldsymbol{A}\boldsymbol{P} = \Lambda$ is satisfied by the definition of the equation (2.38a), and also show that the modal matrix is a orthogonal matrix. Here a modal matrix $\boldsymbol{P}$ consists of column vectors of eigen vectors of matrix $\boldsymbol{A}$.

$$\boldsymbol{A} = \begin{bmatrix} 1 & 1 & -2 \\ 0 & -2 & 0 \\ 0 & -\frac{1}{2} & -1 \end{bmatrix}$$

03 벡터연산

독자들이 3차원 유클리드 공간(Euclid space) 내의 벡터의 기본적인 연산에 대한 기초 지식을 이미 갖고 있을 것으로 생각하고 본 장에서는 벡터기호와 주요 연산에 대하여 개략적으로 설명한다. 벡터는 일반적으로 소문자로 $\boldsymbol{a}$, $\boldsymbol{b}$, $\boldsymbol{c}$, …와 같이 표기된다. 한편 열벡터와 행벡터의 차이는 전자가 완전히 대수학적인 양인데 반하여 후자는 변위, 속도 등 역학에서 다루는 물리적인 양을 나타내는 점이다. 필요한 경우를 제외하면 양자 간의 표시에 구별을 하지 않고 사용하나 본서에서는 벡터라고 하면 보통 열벡터를 나타내는 것으로 한다.

3.1 | 벡터의 가법

벡터(vector)는 크기와 방향을 갖고 그 크기는 통상 $|\boldsymbol{a}|$, a, $|\boldsymbol{b}|$, b 등과 같이 나타내진다. 요소가 종방향으로 1열로 나열된 열벡터와 요소가 횡방향으로 1열로 나열된 행벡터는 각각 다음과 같이 정의된다.

$$\boldsymbol{a} = \begin{Bmatrix} a_1 \\ a_2 \\ a_3 \end{Bmatrix}, \quad \boldsymbol{b}^T = (b_1 \, b_2 \, b_3) \tag{3.1}$$

통상 힘, 가속도 변위, 속도 등의 벡터를 나타낼 때에는 열벡터를 기본으로 한다.

열벡터 크기가 1인 벡터를 단위벡터(unit vector)라고 한다. 두 개의 벡터의 합벡터는 평행사변형 합성법칙(parallelogram law)에 따라 합성되어 구해진다. 즉, 벡터 $\boldsymbol{a}$, $\boldsymbol{b}$의 합벡터를 $\boldsymbol{c}$라고 하면 벡터의 가법은 다음과 같이 나타낼 수 있다.

$$c = a + b \tag{3.2}$$

$\boldsymbol{c}$는 그림 3.1에 나타낸 것과 같이 $\boldsymbol{a}$, $\boldsymbol{b}$를 변으로 하는 평행사변형의 대각선의 방향과 크기에 의해 나타낸다. 벡터의 감법은 음의 벡터에 대해 가법을 적용하면 되고 그것을 $\boldsymbol{b}$라고 하면 $\boldsymbol{d} = \boldsymbol{a} - \boldsymbol{b} = \boldsymbol{a} + (-\boldsymbol{b})$로 나타내진다.

이것으로부터 벡터의 가법에 대한 교환법칙(commutative law) 및 결합법칙(associative law)이 성립하는 것을 알 수 있다. 즉,

$$\boldsymbol{a} + \boldsymbol{b} = \boldsymbol{b} + \boldsymbol{a}, \quad (\boldsymbol{a} + \boldsymbol{b}) + \boldsymbol{c} = \boldsymbol{a} + (\boldsymbol{b} + \boldsymbol{c}) \tag{3.3}$$

벡터 $\boldsymbol{a}$와 스칼라 α의 곱은 $\alpha\boldsymbol{a}$으로 표시되어 크기가 α배의 새로운 벡터가 정의된다. 여기서 α의 부호에 따라 $\alpha\boldsymbol{a}$는 $\boldsymbol{a}$와 같은 방향 혹은 반대방향의 벡터가 된다. α가 0인 경우는 영벡터(zero vector)가 되어 통상 0로 표시한다.

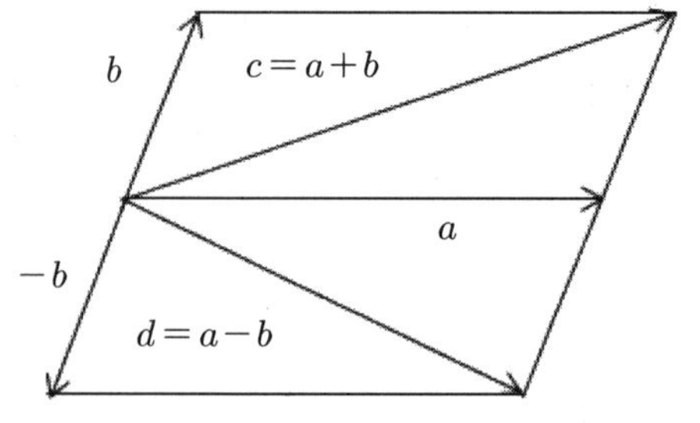

그림 3.1 벡터의 합

벡터 $\boldsymbol{a}$, $\boldsymbol{b}$와 스칼라 α, β의 곱에 대해서는 결합법칙과 분배법칙이 성립한다.

$$\begin{aligned} &\alpha(\beta\boldsymbol{a}) = (\alpha\beta)\boldsymbol{a} = \beta(\alpha\boldsymbol{a}), \\ &(\beta + \alpha)\boldsymbol{a} = (\alpha + \beta)\boldsymbol{a} = \alpha\boldsymbol{a} + \beta\boldsymbol{a}, \\ &\alpha(\boldsymbol{a} + \boldsymbol{b}) = \alpha(\boldsymbol{b} + \boldsymbol{a}) = \alpha\boldsymbol{a} + \alpha\boldsymbol{b} \end{aligned} \tag{3.4}$$

3.2 | 좌표계와 기본벡터

그림 3.2에 나타낸 것과 같이 원점을 O로 하는 오른손의 직교 좌표계(right-handed orthogonal coordinate system)(O-x_1, x_2, x_3) 내에 벡터 $\boldsymbol{a}$를 고려하자. 이 세 좌표축 x_1, x_2, x_3의 방향에서 단위벡터를 $\boldsymbol{e}_1$, $\boldsymbol{e}_2$, $\boldsymbol{e}_3$로 표시하면 이들을 좌표계의 기본벡터

(base vector)라고 한다. 벡터의 가법에 의해 벡터 $\boldsymbol{a}$는 이들 3개의 기본벡터에 의해 다음 식으로 표시될 수 있다.

$$\boldsymbol{a} = a_1\boldsymbol{e}_1 + a_2\boldsymbol{e}_2 + a_3\boldsymbol{e}_3 = a_i\boldsymbol{e}_i \tag{3.5}$$

여기서 a_1, a_2, a_3는 벡터 $\boldsymbol{a}$의 성분(components)이라고 하고 이들은 $\boldsymbol{a}$벡터를 x_1, x_2, x_3 좌표축에 투영한 크기를 나타낸다. 벡터 $\boldsymbol{a}$의 크기 a는 다음과 같이 나타낸다.

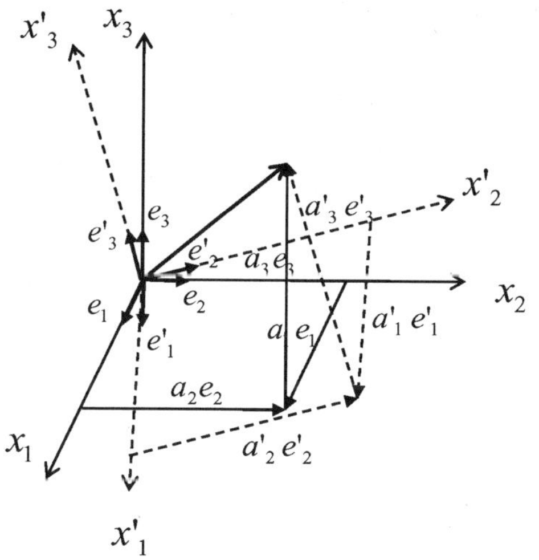

그림 3.2 벡터의 성분

$$a^2 = a_1^2 + a_2^2 + a_3^2 = a_ia_i \tag{3.6}$$

특히 $\boldsymbol{x}$가 원점 O로부터 점 P에 달하는 벡터일 경우는 $\boldsymbol{x}$를 위치벡터(position vector)라고 부르고 그 성분 x_1, x_2, x_3는 점 P의 좌표(coordinate)이고 $\boldsymbol{x}$의 크기는 길이 OP가 된다.

3.3 | 벡터의 스칼라 곱과 벡터 곱

두 개의 벡터 $\boldsymbol{a}$, $\boldsymbol{b}$의 스칼라 곱(scalar product 또는 dot product)은 그림 3.3과 같이 표시된다.

$$\boldsymbol{a} \cdot \boldsymbol{b} = ab\cos\theta \tag{3.7}$$

여기서 θ는 벡터 $\boldsymbol{a}$, $\boldsymbol{b}$가 이루는 각이다. 두 벡터가 평행할 때($\theta = 0°$)는 그 크기는 $\boldsymbol{a} \cdot \boldsymbol{b} = |\boldsymbol{a}|\ |\boldsymbol{b}| = ab$, 직교할 때($\theta = 90°$)는 $\boldsymbol{a} \cdot \boldsymbol{b} = 0$이 된다. 이것으로부터 기본벡터 $\boldsymbol{e}_i$과 $\boldsymbol{e}_j$의 스칼라 곱은 식 (2.5)의 크로네커 델타기호를 이용하면

$$\boldsymbol{e}_i \cdot \boldsymbol{e}_j = \delta_{ij} \tag{3.8}$$

이 된다. 따라서 벡터 $\boldsymbol{a}$, $\boldsymbol{b}$의 스칼라 곱은 다음과 같이 나타낼 수 있다.

$$\boldsymbol{a} \cdot \boldsymbol{b} = a_i\boldsymbol{e}_i \cdot b_j\boldsymbol{e}_j = a_i b_j \boldsymbol{e}_i \cdot \boldsymbol{e}_j = a_i b_j \delta_{ij} = a_i b_i \tag{3.9}$$

한편 스칼라 곱의 성질을 이용하면 벡터 $\boldsymbol{a}$의 성분 a_i는

$$\boldsymbol{a} \cdot \boldsymbol{e}_j = a_i\boldsymbol{e}_i \cdot \boldsymbol{e}_j = a_i\delta_{ij} = a_j \tag{3.10a}$$

그리고 벡터 $\boldsymbol{a}$는

$$\boldsymbol{a} = a_i\boldsymbol{e}_i = (\boldsymbol{a} \cdot \boldsymbol{e}_i)\boldsymbol{e}_i \tag{3.10b}$$

으로 표시할 수 있다. 스칼라 곱에 대해서는 다음의 관계가 항상 성립한다.

$$\boldsymbol{a} \cdot \boldsymbol{b} = \boldsymbol{b} \cdot \boldsymbol{a}, \quad \boldsymbol{a} \cdot (\boldsymbol{b} + \boldsymbol{c}) = \boldsymbol{a} \cdot \boldsymbol{b} + \boldsymbol{a} \cdot \boldsymbol{c}$$

$$(\alpha\boldsymbol{a}) \cdot (\beta\boldsymbol{b}) = (\alpha\beta)\boldsymbol{a} \cdot \boldsymbol{b}, \quad \boldsymbol{a} \cdot \boldsymbol{a} \geq 0$$

두 개의 벡터 $\boldsymbol{a}$와 $\boldsymbol{b}$의 벡터 곱(vector product 또는 cross product)은 $\boldsymbol{a} \times \boldsymbol{b}$로 표현되는 벡터량이다.

$$\boldsymbol{a} \times \boldsymbol{b} = ab\sin\theta\, \boldsymbol{c}, \quad |\boldsymbol{c}| = 1 \tag{3.11}$$

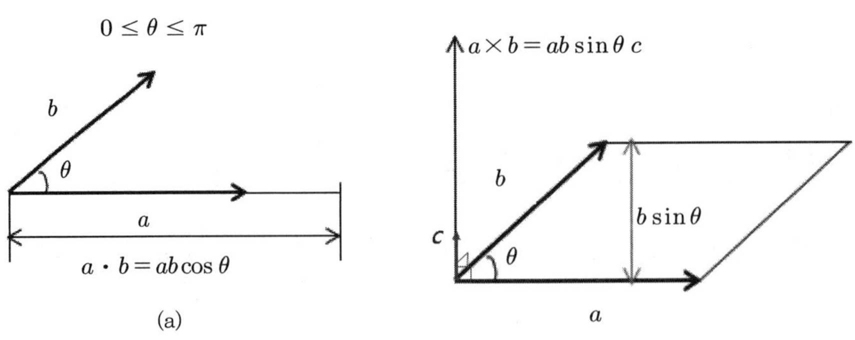

그림 3.3 (a) 벡터의 스칼라 곱과 (b) 벡터 곱

여기서 θ는 그림 3.3에 나타낸 것과 같이 벡터 $\boldsymbol{a}$와 $\boldsymbol{b}$가 이루는 각이고 기본벡터 $\boldsymbol{c}$는 $\boldsymbol{a}$에서 $\boldsymbol{b}$로 회전하는 오른손 나사의 진행방향에 평행한 기본벡터다. 벡터 $\boldsymbol{a}$, $\boldsymbol{b}$에 기본벡터 e_1, e_2, e_3를 대응시키면 다음의 관계가 얻어진다.

$$\begin{aligned}\boldsymbol{e}_1\times\boldsymbol{e}_2 &= -\boldsymbol{e}_2\times\boldsymbol{e}_1 = \boldsymbol{e}_3\\ \boldsymbol{e}_2\times\boldsymbol{e}_3 &= -\boldsymbol{e}_3\times\boldsymbol{e}_2 = \boldsymbol{e}_1\\ \boldsymbol{c}_3\times\boldsymbol{c}_1 &= -\boldsymbol{c}_1\times\boldsymbol{c}_3 = \boldsymbol{c}_2\end{aligned} \tag{3.12}$$

혹은 윗 식은 교대기호 e_{pkl}을 이용하면 다음과 같이 나타낼 수 있다.

$$\boldsymbol{e}_k\times\boldsymbol{e}_l = e_{pkl}\boldsymbol{e}_p$$

따라서 식 (3.11)은

$$\boldsymbol{a}\times\boldsymbol{b} = a_k\boldsymbol{e}_k\times b_l\boldsymbol{e}_l = e_{pkl}a_kb_l\boldsymbol{e}_p(= c_p e_p) \tag{3.13}$$

이 된다. 여기서 $c_p = e_{pkl}a_ka_l$은 벡터 곱 $\boldsymbol{a}\times\boldsymbol{b}$의 성분이다. 벡터 $\boldsymbol{a}$, $\boldsymbol{b}$가 평행일 때는 $\boldsymbol{a}\times\boldsymbol{b}=0$이 된다. 이 식에서 e_{pkl}이 영이 아닌 값을 갖는 것은 $e_{123}=e_{231}=e_{312}=1$과 $e_{321}=e_{132}=e_{213}=-1$인 6가지의 경우로 식 (3.13)을 전개하면

$$\boldsymbol{a}\times\boldsymbol{b} = (a_2b_3-a_3b_2)\boldsymbol{e}_1 + (a_3b_1-a_1b_3)\boldsymbol{e}_2 + (a_1b_2-a_2b_1)\boldsymbol{e}_3 \tag{3.14a}$$

따라서 식 (3.13)의 $\boldsymbol{a}\times\boldsymbol{b}$ 벡터 곱은 다음의 행렬식(determinant)으로 나타낼 수 있다.

$$\boldsymbol{a}\times\boldsymbol{b} = \begin{vmatrix} e_1 & e_2 & e_3\\ a_1 & a_2 & a_3\\ b_1 & b_2 & b_3\end{vmatrix} \tag{3.14b}$$

한편, 스칼라 곱 $(\boldsymbol{a}\times\boldsymbol{b})\cdot\boldsymbol{c}$는 다음과 같이 표현된다.

$$(\boldsymbol{a}\times\boldsymbol{b})\cdot\boldsymbol{c} = \begin{vmatrix} a_1 & a_2 & a_3\\ b_1 & b_2 & b_3\\ c_1 & c_2 & c_3\end{vmatrix} = e_{ijk}a_ib_jc_k \tag{3.14c}$$

3.4 | 벡터 및 좌표의 변환

앞에서 설명한 직교 Cartesian 좌표계($O-x_1, x_2, x_3$)에 추가하여 그림 3.2와 같이 동일한 원점 O를 가지며 구 좌표계를 강체 회전(rigid rotation)하여 얻어지는 신 좌표계($O-x'_1, x'_2, x'_3$)를 정의한다. 신 좌표계의 기본벡터를 e'_i로 표시하고 e'_i와 구 좌표계의 기본벡터 e_j 사이의 방향여현(direction cosine) Q_{ij}는 다음과 같이 정의된다.

$$
\begin{aligned}
Q_{ij} &= e'_i \cdot e_j \\
&= |e'_i||e_j|\cos(e'_i,\ e_j) = \cos(e'_i,\ e_j) \qquad (3.15a) \\
|e'_i| &= 1, \quad |e_j| = 1
\end{aligned}
$$

여기서 기본벡터 e'_i과 e_i는 크기가 1인 단위벡터(unite vector)이다. 각각의 성분을 표시하면 다음과 같이 구체적으로 나타낼 수 있다.

표 3.1 e'_i과 e_j가 이루는 방향여현

Q_{ij}	x_1	x_2	x_3
x'_1	$Q_{1'1} = \cos(e'_1,\ e_1)$	$Q_{1'2} = \cos(e'_1,\ e_2)$	$Q_{1'3} = \cos(e'_1,\ e_3)$
x'_2	$Q_{2'1} = \cos(e'_2,\ e_1)$	$Q_{2'2} = \cos(e'_2,\ e_2)$	$Q_{2'3} = \cos(e'_2,\ e_3)$
x'_3	$Q_{3'1} = \cos(e'_3,\ e_1)$	$Q_{3'2} = \cos(e'_3,\ e_2)$	$Q_{3'3} = \cos(e'_3,\ e_3)$

이때 Q_{ij}의 첫 번째 첨자 i는 신 좌표축 방향을 나타내고, 두 번째 첨자 j는 구 좌표축 방향을 의미한다. 엄밀히는 $Q_{i'j}$로 표시하여야 하나 보통 간단히 표시하기 위하여 Q_{ij}만으로 나타냄을 주의하여야 한다. 한 벡터는 다른 벡터의 선형결합(linear combination)으로 나타내는 것이 가능하므로 신, 구 좌표계의 기본벡터 간에는 다음의 관계가 성립하는 것을 알 수 있다.

$$
e'_i = Q_{ij}\, e_j \quad \begin{cases} e'_1 = (e'_1 \cdot e_1)e_1 + (e'_1 \cdot e_2)e_2 = (e'_1 \cdot e_3)e_3 \\ e'_2 = \quad \cdots \end{cases} \qquad (3.16a)
$$

이 식을 성분별로 풀어 쓰면

$$\left.\begin{aligned} e'_1 &= Q_{1j}e_j = Q_{11}e_1 + Q_{12}e_2 + Q_{13}e_3 \\ e'_2 &= Q_{2j}e_j = Q_{21}e_1 + Q_{22}e_2 + Q_{23}e_3 \\ e'_3 &= Q_{3j}e_j = Q_{31}e_1 + Q_{32}e_2 + Q_{33}e_3 \end{aligned}\right\} \tag{3.16b}$$

또한, 식 (3.16a)의 역 관계는

$$e_i = Q_{ji}e'_j \qquad (i\text{와 } j\text{를 교환하면 } e_j = Q_{ij}e'_i) \tag{3.16c}$$

$$\begin{cases} e_1 = (e_1 \cdot e'_1)e'_1 + (e_1 \cdot e'_2)e'_2 = (e_1 \cdot e'_3)e'_3 \\ e_2 = \quad \cdot \cdot \cdot \end{cases}$$

으로 나타낼 수 있다.

식 (3.16c)의 관계가 성립하므로 신, 구 좌표계에서 좌표 간에는 $\boldsymbol{x} = x_i\boldsymbol{e}_i = x'_j e'_j$으로부터 다음 관계가 성립한다.

$$x'_i = Q_{ij}\, x_j \quad (\because\ x'_i = \boldsymbol{x} \cdot e'_i = \boldsymbol{x} \cdot Q_{ij}e_j = Q_{ij}x_j) \tag{3.17a}$$

$$x_i = Q_{ji}\, x'_j \quad (\because\ x_i = \boldsymbol{x} \cdot e_i = \boldsymbol{x} \cdot Q_{ji}e'_j = Q_{ji}x'_j) \tag{3.17b}$$

여기서 방향여현은

$$Q_{ij} = \frac{\partial x'_i}{\partial x_j} \tag{3.18a}$$

$$Q_{ji} = \frac{\partial x_i}{\partial x'_j} \tag{3.18b}$$

으로 나타낼 수 있다.

좌표축의 회전을 나타내는 변환행렬(rotation matrix) $\boldsymbol{Q}$의 구체적인 형태는 그림 3.4와 같이 2차원 직교 좌표계에서 원점을 고정하고 좌표축이 반시계 방향으로 θ만큼 회전하는 경우를 고려하면 다음과 같이 주어진다.

$$\begin{Bmatrix} x'_1 \\ x'_2 \end{Bmatrix} = \begin{bmatrix} \cos\theta & \sin\theta \\ -\sin\theta & \cos\theta \end{bmatrix} \begin{Bmatrix} x_1 \\ x_2 \end{Bmatrix} \tag{3.19a}$$

$$\boldsymbol{x}' = \boldsymbol{Q}\boldsymbol{x} \tag{3.19b}$$

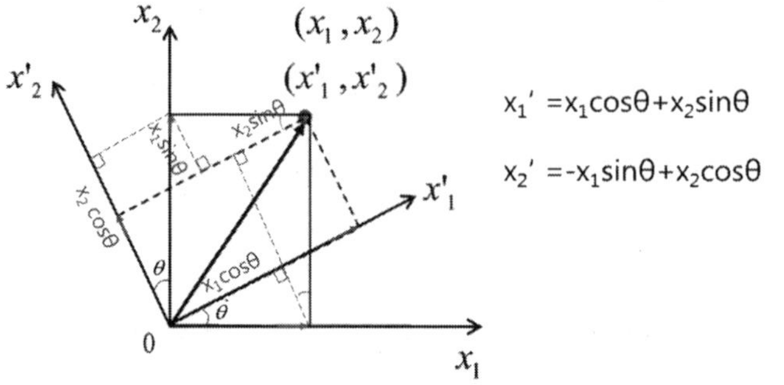

그림 3.4 Cartesian (x_1, x_2) 축과 회전된 (x'_1, x'_2) 축의 관계

또한, 이 식들의 역관계는 다음과 같다.

$$\begin{Bmatrix} x_1 \\ x_2 \end{Bmatrix} = \begin{bmatrix} \cos\theta & -\sin\theta \\ \sin\theta & \cos\theta \end{bmatrix} \begin{Bmatrix} x'_1 \\ x'_2 \end{Bmatrix} \tag{3.20a}$$

$$\boldsymbol{x} = \boldsymbol{Q}^{-1}\boldsymbol{x}' \; (= \boldsymbol{Q}^T \boldsymbol{x}') \tag{3.20b}$$

그런데 식 (3.20b)의 $\boldsymbol{Q}^{-1}$는 $\boldsymbol{Q}^T$와 같으므로 앞 절의 식 (2.12b)에 의해 직교 좌표축의 회전을 나타내는 변환행렬 $\boldsymbol{Q}$는 직교행렬임을 알 수 있다. 직교행렬 $\boldsymbol{Q}$를 이용하여 좌표 변환하는 조작을 직교변환(orthogonal transformation)이라고 한다.

또한, 신 좌표계의 기본벡터 $\boldsymbol{e}'_i$도 식 (3.8)과 같이 $\boldsymbol{e}'_i \cdot \boldsymbol{e}'_j = \delta_{ij}$ 관계를 가지므로 여기에 식 (3.16a)의 관계를 고려하면

$$\begin{aligned} \boldsymbol{e}'_m \cdot \boldsymbol{e}'_n &= Q_{mi}\boldsymbol{e}_i \cdot Q_{nj}\boldsymbol{e}_j = Q_{mi}Q_{nj}\boldsymbol{e}_i \cdot \boldsymbol{e}_j = Q_{mi}Q_{nj}\delta_{ij} = Q_{mi}Q_{ni} \\ &= \delta_{mn} \end{aligned} \tag{3.21}$$

이 된다. 따라서 다음 관계가 성립한다.

$$Q_{mi}Q_{ni} = \delta_{mn}, \qquad Q_{im}Q_{in} = \delta_{mn} \tag{3.22a}$$

또한,

$$\boldsymbol{Q}\boldsymbol{Q}^T = \begin{bmatrix} \cos\theta & \sin\theta \\ -\sin\theta & \cos\theta \end{bmatrix} \begin{bmatrix} \cos\theta & -\sin\theta \\ \sin\theta & \cos\theta \end{bmatrix} = \begin{bmatrix} 1 & 0 \\ 0 & 1 \end{bmatrix} = \mathrm{I} \tag{3.22b}$$

이 식은 기하학적으로 중요한 의미를 가진다. 즉 x'_i축 방향의 단위벡터 $\boldsymbol{e}'_i$가 x_1축과 x_2축에 대해 방향여현 Q_{i1}, Q_{i2}를 갖는다고 할 때 벡터 $\boldsymbol{e}'_i$는 Q_{i1}과 Q_{i2}를 직교성분으로

하여 식 (3.16a)로 부터

$$\boldsymbol{e}'_i = Q_{i1}\,\boldsymbol{e}_1 + Q_{i2}\,\boldsymbol{e}_2 \tag{3.23}$$

으로 나타낼 수 있다. 따라서 그 크기는 $\boldsymbol{e}'_i \cdot \boldsymbol{e}'_i = 1$로 부터

$$(Q_{i1})^2 + (Q_{i2})^2 = 1 \qquad (i = 1,\, 2) \tag{3.24}$$

으로 표시된다. 한편 $i \neq j$에 대해 x'_i축 방향의 단위벡터는 x'_j축 방향의 단위벡터와 수직을 이루므로 $\boldsymbol{e}'_i \cdot \boldsymbol{e}'_j = 0$로 부터

$$Q_{i1}\,Q_{j1} + Q_{i2}\,Q_{j2} = 0 \qquad (i \neq j) \tag{3.25}$$

이 성립한다. 식 (3.24)와 식 (3.25)는 간단히 식 (3.22a)로 나타낼 수 있다.

벡터 $\boldsymbol{a}$를 각각 구좌표계와 신좌표계의 기본벡터로 표시하면 $\boldsymbol{a} = a_m\,\boldsymbol{e}_m = a'_k e'_k$가 된다. 따라서 식 (3.16b)와 식 (3.16c)의 관계를 이용하면

$$\left.\begin{aligned} \boldsymbol{a} &= a_m\,\boldsymbol{e}_m = a'_k\,Q_{km}\,\boldsymbol{e}_m \\ \boldsymbol{a} &= a'_k\,\boldsymbol{e}'_k = a_m\,Q_{km}\,\boldsymbol{e}'_k \end{aligned}\right\} \tag{3.26}$$

윗 식에서 기본벡터는 0이 아니므로 다음 관계가 얻어진다.

$$a'_k = Q_{km}\,a_m\,, \qquad a_m = Q_{km}\,a'_k \tag{3.27}$$

윗 식은 2개의 좌표 간에 벡터성분의 좌표변환법칙(coordinate transformation law)을 나타낸다. 따라서 벡터는 이와 같은 변환법칙에 따르는 크기와 방향을 갖는 양으로 정의될 수 있다.

3.5 | 미분연산자 ▽

직교 Cartesian 좌표계에서 미분연산자 ▽는 $\partial()/\partial x_i$를 성분으로 하는 벡터이고 다음과 같이 나타낼 수 있다. 미분연산자의 작용에 대한 보다 상세한 내용에 대해서는 부록 I을 참고하라.

$$\nabla = \frac{\partial}{\partial x_i}\boldsymbol{e}_i \tag{3.28}$$

이 미분연산자를 스칼라함수 f에 작용하여 얻어지는 벡터는 f의 구배라 하고 ∇f 또는

$grad\ f$(gradient f)로 표기한다.

$$grad\ f = \nabla f = \frac{\partial f}{\partial x_i}\boldsymbol{e}_i = f_{,i}\boldsymbol{e}_i \tag{3.29}$$

여기서 ( ), i는 $\partial()/\partial x_i$를 나타낸다. 한편, 벡터 $\boldsymbol{a}$와 ∇의 스칼라 곱을 $\boldsymbol{a}$의 발산이라고 하고 $\nabla \cdot \boldsymbol{a}$ 혹은 div $\boldsymbol{a}$(divergence a)라고 표기한다.

$$\begin{aligned} div\ \boldsymbol{a} = \nabla \cdot \boldsymbol{a} &= \left(\frac{\partial}{\partial x_i}\boldsymbol{e}_i\right)\cdot(a_j\boldsymbol{e}_j) = \frac{\partial a_j}{\partial x_i}\delta_{ij} \\ &= \frac{\partial a_i}{\partial x_i} = a_{i,i} \end{aligned} \tag{3.30}$$

벡터 $\boldsymbol{a}$와 ∇의 벡터 곱을 $\boldsymbol{a}$의 회전이라고 하고 $\nabla\times\boldsymbol{a}$ 혹은 $curl\ \boldsymbol{a}$, $rot\ \boldsymbol{a}$(curl a, rotation a)로 표기한다.

$$\begin{aligned} curl\, \boldsymbol{a} = \nabla\times\boldsymbol{a} &= \left(\frac{\partial}{\partial x_j}\boldsymbol{e}_j\right)\times(a_k\boldsymbol{e}_k) \\ &= \frac{\partial a_k}{\partial x_j}e_{ijk}\boldsymbol{e}_i = e_{ijk}a_{k,j}\boldsymbol{e}_i \end{aligned} \tag{3.31}$$

물리학에 있어서 자주 나타나는 라플라스 연산자(Laplacian operator) ∇^2은 스칼라함수 f에 작용하는 2계 미분연산자로

$$\nabla^2 f = div\ grad\ f = \nabla\cdot\nabla f = \frac{\partial^2 f}{\partial x_i \partial x_i} = f_{,ii} \tag{3.32}$$

와 같이 정의된다.

직교 Cartesian 좌표계가 아닌 다른 좌표계-극좌표계(polar coordinate)-에서의 미분연산자에 대한 정의는 부록 II를 참고하라.

3.6 | 3차원 회전변환

3차원 회전변환이 유용하게 사용되는 예를 검토해 보자. 그림 1.2에 나타낸 다결정 금속재료의 경우에 각 결정립 내에서 단결정 재료의 결정방위를 정의하기 위해서는 공간좌표계(시편좌표계라고도 불림)와 결정의 구조에 의해 결정되는 결정좌표계의 두 종류의 좌표계를 정의해야 한다. 예를 들면 그림 3.5에 나타낸 것과 같이 냉간 압연된 판재(cold rolled sheet)의 경우에는 공간좌표계의 세 좌표축을 압연방향, 압연방향에 수직인 방향 그리고 두께방향으로 잡는다. 그리고 결정좌표계의 세 좌표축은 입방정의 경우에 결정의 주축방향을 잡는다.

이와 같이 두 좌표계를 정의하면 다결정 금속의 결정립 내의 단결정의 방위들은 공간좌표계를 결정좌표계로 변환시키는 강체 회전을 정의하는 것에 의해 표현할 수 있다.

즉, 그림 3.5의 각 결정립 내에서 단결정의 방위를 나타내는 결정좌표계 (x, y, z)은 공간좌표계 (X, Y, Z)를 그림 3.6에 나타낸 것 같이 3번의 연이은 강체 회전을 하는 것에 의해 나타낼 수 있다. 이때 x_3축, x_1'축 및 x_3''축으로의 회전각 (ϕ, θ, ψ)를 오일러 각(Euler angle)이라고 한다. 결국 이 3개의 오일러 각은 공간좌표계에 대한 결정좌표계의 축 방향, 즉 결정의 방위를 완전히 결정해 주는 것이 된다.

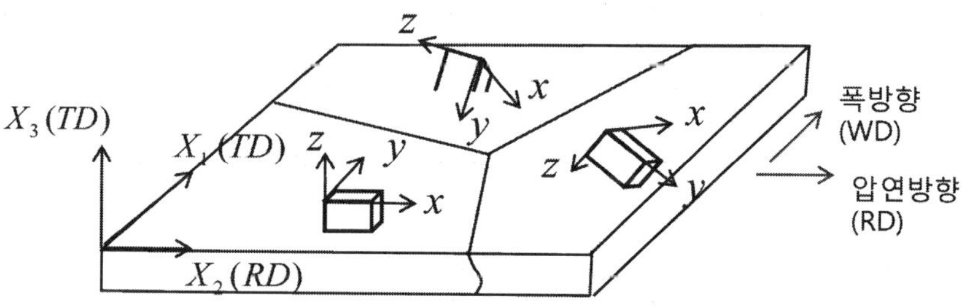

그림 3.5 공간좌표계와 결정좌표계

이하에 공간좌표계의 강체 회전에 의해 결정좌표계가 얻어지는 것을 설명한다.

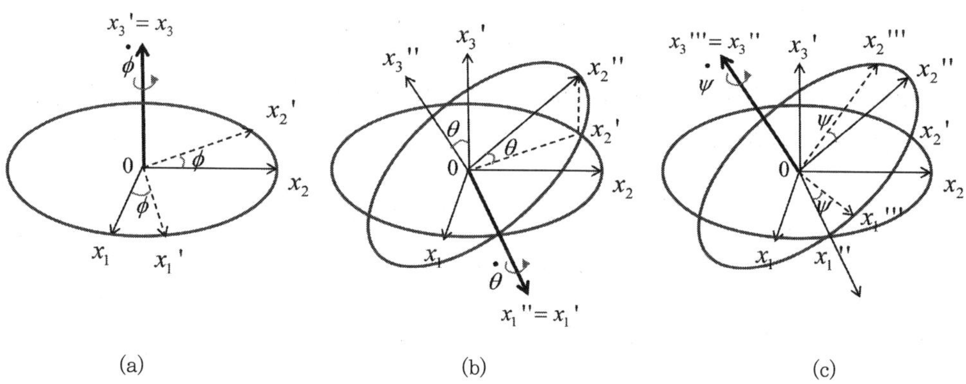

그림 3.6 오일러 각(Euler angle)의 정의.
여기서 $X = x_1$, $Y = x_2$, $Z = x_3$ 및 $x = x_1'''$, $y = x_2'''$, $z = x_3'''$이다.

(a) 먼저 공간좌표계 $\boldsymbol{x} = (x_1, x_2, x_3)$를 x_3축 주위로 반시계 방향으로 각 ϕ만큼 회전하여 얻어지는 좌표계를 $\boldsymbol{x}' = (x_1', x_2', x_3')$라고 하면

$$\boldsymbol{x}' = \lambda(\phi)\,\boldsymbol{x}$$

$$\lambda(\phi) = \begin{bmatrix} \cos\phi & \sin\phi & 0 \\ -\sin\phi & \cos\phi & 0 \\ 0 & 0 & 1 \end{bmatrix} \tag{3.33}$$

(b) 다음에는 새로운 좌표축 $x_1{}'$축 주위로 반시계 방향으로 각 θ만큼 회전하여 얻어지는 좌표계를 $\boldsymbol{x}'' = (x_1{}'',\ x_2{}'',\ x_3{}'')$라고 하면

$$\boldsymbol{x}'' = \lambda(\theta)\,\boldsymbol{x}'$$

$$\lambda(\theta) = \begin{bmatrix} 1 & 0 & 0 \\ 0 & \cos\theta & \sin\theta \\ 0 & -\sin\theta & \cos\theta \end{bmatrix} \tag{3.34}$$

(c) 끝으로 새로운 좌표축 $x_3{}''$축 주위로 반시계 방향으로 각 ψ만큼 회전하여 얻어지는 좌표계를 $\boldsymbol{x}''' = (x_1{}''',\ x_2{}''',\ x_3{}''')$라고 하면

$$\boldsymbol{x}''' = \lambda(\psi)\,\boldsymbol{x}''$$

$$\lambda(\psi) = \begin{bmatrix} \cos\psi & \sin\psi & 0 \\ -\sin\psi & \cos\psi & 0 \\ 0 & 0 & 1 \end{bmatrix} \tag{3.35}$$

이와 같이 결정좌표축은 공간좌표축을 오일러 각만큼 연이은 3번의 회전에 의해 얻어진다. 이들 식으로부터

$$\begin{aligned} \boldsymbol{x}''' &= \lambda(\psi)\,\boldsymbol{x}'' = \lambda(\psi)\lambda(\theta)\lambda(\phi)\,\boldsymbol{x} \\ &= \lambda(\phi,\ \theta,\ \psi)\boldsymbol{x} \end{aligned} \tag{3.36}$$

여기서 $\lambda(\phi,\ \theta,\ \psi)$ 행렬의 성분은 다음과 같다.

$$\left.\begin{aligned}
\lambda_{11} &= \cos\phi\cos\psi - \cos\theta\sin\phi\sin\psi \\
\lambda_{12} &= \sin\phi\cos\psi - \cos\theta\cos\phi\sin\psi \\
\lambda_{13} &= \sin\theta\sin\psi \\
\lambda_{21} &= -\cos\phi\sin\psi - \cos\theta\sin\phi\cos\psi \\
\lambda_{22} &= -\sin\phi\sin\psi + \cos\theta\cos\phi\cos\psi \\
\lambda_{23} &= \sin\theta\cos\psi \\
\lambda_{31} &= \sin\theta\sin\phi \\
\lambda_{32} &= -\sin\theta\cos\phi \\
\lambda_{33} &= \cos\theta
\end{aligned}\right\} \tag{3.37}$$

연습문제

1 Prove the following relationship for vectors $\boldsymbol{a}$, $\boldsymbol{b}$ and $\boldsymbol{c}$.

(a) $\boldsymbol{a} \cdot (\boldsymbol{b} \times \boldsymbol{c}) = \boldsymbol{b} \cdot (\boldsymbol{c} \times \boldsymbol{a}) = \boldsymbol{c} \cdot (\boldsymbol{a} \times \boldsymbol{b})$
$= (\boldsymbol{b} \times \boldsymbol{c}) \cdot \boldsymbol{a} = (\boldsymbol{c} \times \boldsymbol{a}) \cdot \boldsymbol{b} = (\boldsymbol{a} \times \boldsymbol{b}) \cdot \boldsymbol{c}$

(b) $(\boldsymbol{a} \times \boldsymbol{b}) \times \boldsymbol{c} = -\boldsymbol{a}(\boldsymbol{b} \cdot \boldsymbol{c}) + \boldsymbol{b}(\boldsymbol{a} \cdot \boldsymbol{c})$

(c) $(\boldsymbol{a} \times \boldsymbol{b}) \cdot (\boldsymbol{c} \times \boldsymbol{d}) = \boldsymbol{a} \cdot \boldsymbol{b} \times (\boldsymbol{c} \times \boldsymbol{d}) = (\boldsymbol{a} \cdot \boldsymbol{c})(\boldsymbol{b} \cdot \boldsymbol{d}) - (\boldsymbol{a} \cdot \boldsymbol{d})(\boldsymbol{b} \cdot \boldsymbol{c})$

2 Prove the following relationship: Where $\boldsymbol{a}$ and $\boldsymbol{b}$ are vectors and ψ and ϕ are scalar.

(a) $\nabla^2 x^n = n(n+1)x^{n-2}$, $x^2 = x_i x_i$

(b) $\nabla \cdot (x^n x) = (n+3)x^n$

(c) $\nabla \cdot (\psi a) = (\nabla \psi) \cdot a + \psi(\nabla \cdot a)$

(d) $\nabla(\psi\phi) = (\nabla \psi)\phi + \psi(\nabla \phi)$

(e) $\nabla \cdot (a \times b) = b \cdot (\nabla \times a) - a \cdot (\nabla \times b)$

3 Prove the following relationship:

(a) $\nabla \times (\nabla \psi) = 0$

(b) $\nabla \cdot (\nabla \times a) = 0$

(c) $\nabla \times (\nabla \times a) = \nabla(\nabla \cdot a) - \nabla^2 a$

4 Prove that ∇f is a vector perpendicular to the surface of $f(x_i) = c$.

5 Equation (3.19b) shows the relationship in which the coordinate axes are rigidly rotated θ angle in anti-clockwise direction from (x_1, x_2) to (x'_1, x'_2). Find the relational expression when the (x'_1, x'_2) axis is further rotated by ϕ again in anti-clockwise direction by using homogeneous coordinate.

6 When arbitrary vectors a, b and linear transformation(second order tensor) T have the following relationship

$$\begin{aligned} b &= Ta \\ &= (a_1 T)e_1 + (a_2 T)e_2 + (a_3 T)e_3 \\ &= b_1 e_1 + b_2 e_2 + b_3 e_3 \end{aligned}$$

and $b_i = b \cdot e_1$

prove the following relationship.

$T_{ij} = e_i \cdot Te_j$, $b_j = T_{ij} a_j$

04 텐서

물리법칙이나 연속체 역학에서 다루는 여러 방정식들의 형태는 어떤 기준 좌표계를 선택하여도 일관성이 있어야 한다. 텐서는 좌표계의 선택에 따라 변하지 않기 때문에 연속체의 각종 기초식을 기술하는 데 적합하다. 여기서는 텐서의 성질, 각종 연산 및 Gauss의 발산정리에 대하여 서술한다.

4.1 텐서의 정의

먼저 텐서(tensor)를 정의하자. 일반적으로 물리량들을 앞 절에서 논한 스칼라 곱 또는 벡터 곱으로 표시하는 것과는 달리 표현해야 할 때가 있다. 이해를 쉽게 하기 위하여 예를 들면 어떤 단위 면적에 작용하는 힘을 표시하고자 할 때는 힘의 방향과 크기 그리고 그 힘이 작용하는 면의 방향을 알아야 한다. 이것은 이미 잘 알고 있는 바와 같이 응력으로 정의되는 것으로 이런 물리량은 2중 곱(diadic product) 혹은 텐서 곱(tensor product)으로 나타내진다.

2개의 벡터 $\boldsymbol{a} = a_i e_i$, $\boldsymbol{b} = b_i e_i$의 2중 곱은

$$\begin{aligned} \boldsymbol{A} &= \boldsymbol{a} \otimes \boldsymbol{b} \\ &= (a_i \boldsymbol{e}_i) \otimes (b_j \boldsymbol{e}_j) = A_{ij} \boldsymbol{e}_i \otimes \boldsymbol{e}_j \end{aligned} \tag{4.1a}$$

여기서 $A_{ij} = a_i b_j$이고 일반적으로 $\boldsymbol{a} \otimes \boldsymbol{b} \neq \boldsymbol{a} \otimes \boldsymbol{b}$이므로 $A_{ij} \neq A_{ji}$이다. 기본벡터의 2중 곱 $e_i \otimes e_j$를 단위 diads라고 한다. 2중 곱은 일반적으로는 $\otimes$ 기호를 생략하여 간단히

$$\boldsymbol{A} = \boldsymbol{ab} = A_{ij} \boldsymbol{e}_i \boldsymbol{e}_j \tag{4.1b}$$

으로 표기된다.

식 (4.1b)의 형태는 좌표계의 선택에 무관하다는 것을 쉽게 알 수 있다. 즉, 신, 구 좌표계의 변환에 대한 식 (3.16a), (3.17a)를 이용하면

$$\begin{aligned} a'_i b'_j \boldsymbol{e}'_i \boldsymbol{e}'_j &= Q_{ip} a_p Q_{jq} b_q (Q_{ir} \boldsymbol{e}_r)(Q_{js} \boldsymbol{e}_s) \\ &= Q_{ip} Q_{jq} Q_{ir} Q_{js} a_p b_q \boldsymbol{e}_r \boldsymbol{e}_s \\ &= \delta_{pr} \delta_{qs} a_p b_q \boldsymbol{e}_r \boldsymbol{e}_s \\ &= a_r b_s \boldsymbol{e}_r \boldsymbol{e}_s \\ &= a_i b_j \boldsymbol{e}_i \boldsymbol{e}_j \end{aligned} \tag{4.2}$$

가 성립한다. 이와 같이 텐서는 좌표계가 달라도 표현형식이 변하지 않는 특성을 갖는다는 것을 알 수 있다(텐서의 성질).

식 (4.1)과 같이 단위 diads의 결합으로 정의되는 양을 텐서(tensor)라 하고, 특히 이 경우와 같이 기본벡터의 2중 곱으로 표시되는 텐서를 2계 텐서(2nd order tensor)라고 한다. 이때 계수 A_{ij}를 텐서 A의 성분(component)이라고 한다. 이 개념을 확장하면 3계 텐서는 $C = a_i b_j c_k e_i e_j e_k = C_{ijk} e_i e_j e_k$으로, 그리고 4계 텐서는 $D = a_i b_j c_k d_l e_i e_j e_k e_l = D_{ijkl} e_i e_j e_k e_l$으로 각각 기본벡터의 3중 곱 및 4중 곱의 형식으로 정의할 수 있다.

2계 텐서 A의 성분 A_{ij}는 좌표계가 정해지면 결정할 수 있는 양으로 성분 값은 좌표계의 선택에 따라 변한다. 즉, 기본벡터가 e'_i인 신 좌표계에서 $A'_{ij}(= a'_i b'_j)$는 식 (4.2)로부터 다음과 같이 나타낼 수 있다.

$$\boldsymbol{A} = a_i b_j \boldsymbol{e}_i \boldsymbol{e}_j = a'_i b'_j \boldsymbol{e}'_i \boldsymbol{e}'_j \tag{4.3a}$$

또는

$$\boldsymbol{A} = A_{ij} \boldsymbol{e}_i \boldsymbol{e}_j = A'_{ij} \boldsymbol{e}'_i \boldsymbol{e}'_j = A'_{pq} \boldsymbol{e}'_p \boldsymbol{e}'_q \tag{4.3b}$$

윗 식은 다시 식 (3.16c)로부터

$$\boldsymbol{A} = A_{ij} \boldsymbol{e}_i \boldsymbol{e}_j = A_{ij} Q_{pi} Q_{qj} \boldsymbol{e}'_p \boldsymbol{e}'_q \tag{4.4}$$

으로 나타낼 수 있고 식 (4.3b)와 식 (4.4)를 비교하면 기본벡터는 0이 아니므로

$$A'_{pq} = Q_{pi} Q_{qj} A_{ij}\,, \quad \text{또는 } A'_{ij} = Q_{ik} Q_{jl} A_{kl} \tag{4.5}$$

가 성립한다. 이것을 텐서 A_{ij}의 변환법칙(transformation law)이라고 한다. 이와 같은 변환법칙을 따르는 양을 2계 텐서로 정의하기도 한다.

식 (4.5)를 성분 별로 전개하면 다음과 같다.

$$
\begin{aligned}
i=1,\ j=1;\quad A'_{11} = Q_{1p}Q_{1q}A_{pq} &= Q_{11}Q_{11}A_{11} + Q_{11}Q_{12}A_{12} + Q_{11}Q_{13}A_{13} \\
&\quad + Q_{12}Q_{11}A_{21} + Q_{12}Q_{12}A_{22} + Q_{12}Q_{13}A_{23} \\
&\quad + Q_{13}Q_{11}A_{31} + Q_{13}Q_{12}A_{32} + Q_{13}Q_{13}A_{33} \\
i=1,\ j=2;\quad A'_{12} = Q_{1p}Q_{2q}A_{pq} &= Q_{11}Q_{21}A_{11} + Q_{11}Q_{22}A_{12} + Q_{11}Q_{23}A_{13} \\
&\quad + Q_{12}Q_{21}A_{21} + Q_{12}Q_{22}A_{22} + Q_{12}Q_{23}A_{23} \\
&\quad + Q_{13}Q_{21}A_{31} + Q_{13}Q_{22}A_{32} + Q_{13}Q_{23}A_{33} \\
&\quad \vdots \\
i=2,\ j=2;\quad A'_{22} = Q_{2p}Q_{2q}A_{pq} &= Q_{21}Q_{21}A_{11} + Q_{21}Q_{22}A_{12} + Q_{21}Q_{23}A_{13} \\
&\quad + Q_{22}Q_{21}A_{21} + Q_{22}Q_{22}A_{22} + Q_{22}Q_{23}A_{23} \\
&\quad + Q_{23}Q_{21}A_{31} + Q_{23}Q_{22}A_{32} + Q_{23}Q_{23}A_{33} \\
&\quad \vdots
\end{aligned}
$$

또한, 식 (4.5)를 행렬로 표시하면 다음과 같다.

$$A' = Q\,A\,Q^T \tag{4.6a}$$

$$\begin{bmatrix} A'_{11} & A'_{12} & A'_{13} \\ A'_{21} & A'_{22} & A'_{23} \\ A'_{31} & A'_{32} & A'_{33} \end{bmatrix} = \begin{bmatrix} Q_{11} & Q_{12} & Q_{13} \\ Q_{21} & Q_{22} & Q_{23} \\ Q_{31} & Q_{32} & Q_{33} \end{bmatrix} \begin{bmatrix} A_{11} & A_{12} & A_{13} \\ A_{21} & A_{22} & A_{23} \\ A_{31} & A_{32} & A_{33} \end{bmatrix} \begin{bmatrix} Q_{11} & Q_{21} & Q_{31} \\ Q_{12} & Q_{22} & Q_{32} \\ Q_{13} & Q_{23} & Q_{33} \end{bmatrix} \tag{4.6b}$$

식 (4.5)의 결과를 일반화하면

$$A'_{pq\cdots t} = Q_{pi}Q_{qj}\cdots Q_{tm}\,A_{ij\cdots m} \tag{4.7}$$

이 된다. 여기서 $A'_{pq\ldots t}$와 $A_{ij\ldots m}$는 m계 텐서(m−th order tensor)로 정의된다. 따라서 m계 텐서 $\boldsymbol{A}$는 같이 다음과 같이 나타낼 수 있다.

$$\boldsymbol{A} = A_{ij\cdots m}\,\boldsymbol{e}_i\boldsymbol{e}_j\cdots\boldsymbol{e}_m = A'_{ij\cdots m}\,\boldsymbol{e}'_i\boldsymbol{e}'_j\cdots\boldsymbol{e}'_m \tag{4.8}$$

식 (4.5), (4.7)의 역 관계로

$$A_{ij} = Q_{pi}Q_{qj}A'_{pq} \tag{4.9a}$$

$$A_{ij\cdots m} = Q_{pi}Q_{qj}\cdots Q_{tm}A'_{pq\cdots t} \tag{4.9b}$$

이 성립하는 것은 자명하다. 통상 벡터는 1계 텐서이고 좌표변환에도 관계없이 항상 하나의 성분 값만을 갖는 스칼라는 0계 텐서로 간주할 수 있다.

본서에서는 Cartesian 좌표계에서 정의되는 Cartesian 텐서(Cartesian tensor)만을 대상으로 하고 있기 때문에 이하에서는 통상 텐서라고만 명명하기로 한다.

4.2 | 텐서의 연산(합, 차와 곱)

텐서의 합과 차는 동일계의 텐서에 대해 정의된다. 따라서 각 성분은 대응하는 성분들의 합과 차이다.

$$\boldsymbol{A} = \boldsymbol{B} \pm \boldsymbol{C} = A_{ij}\boldsymbol{e}_i\boldsymbol{e}_j = (B_{ij} \pm C_{ij})\boldsymbol{e}_i\boldsymbol{e}_j \tag{4.10a}$$

또한, 텐서의 스칼라 α곱은 동일한 계수의 새로운 텐서가 된다. 따라서 각 성분은 원래 텐서의 성분에 스칼라 곱을 한 것이 된다.

$$\boldsymbol{A} = \alpha\boldsymbol{B} = A_{ij}\boldsymbol{e}_i\boldsymbol{e}_j = \alpha\boldsymbol{B}_{ij}\boldsymbol{e}_i\boldsymbol{e}_j \tag{4.10b}$$

1계 텐서(벡터) $\boldsymbol{a}$와 2계 텐서 $\boldsymbol{B}$의 외곱(outer product)에 의한 $\boldsymbol{C}$는 다음과 같이 정의된다.

$$\begin{aligned} \boldsymbol{C} &= \boldsymbol{a}\boldsymbol{B} = (a_i\boldsymbol{e}_i)(B_{jk}\boldsymbol{e}_j\boldsymbol{e}_k) = a_iB_{jk}\boldsymbol{e}_i\boldsymbol{e}_j\boldsymbol{e}_k \\ \boldsymbol{C} &= C_{ijk}\boldsymbol{e}_i\boldsymbol{e}_j\boldsymbol{e}_k \end{aligned} \tag{4.10c}$$

여기서 $C_{ijk} = a_iB_{jk}$이다. 이것으로부터 n계 텐서와 m계 텐서의 외곱은 $m+n$계의 새로운 텐서가 되는 것을 알 수 있다.

한편, 텐서의 내곱(inner product)은 다음과 같이 정의된다.

$$C = \boldsymbol{a} \cdot \boldsymbol{b} = (a_i \boldsymbol{e}_i) \cdot (b_j \boldsymbol{e}_j) = a_i b_j \delta_{ij} = a_i b_i$$

$$\boldsymbol{C} = \boldsymbol{A} \cdot \boldsymbol{B} = (A_{ij} \boldsymbol{e}_i \boldsymbol{e}_j) \cdot (B_{kl} \boldsymbol{e}_k \boldsymbol{e}_l) = A_{ij} B_{kl} \delta_{jk} \boldsymbol{e}_i \boldsymbol{e}_l = A_{ij} B_{jl} \boldsymbol{e}_i \boldsymbol{e}_l$$

$$(= A_{pj} B_{jq} \boldsymbol{e}_p \boldsymbol{e}_q)$$

$$C = \boldsymbol{A} \cdot\cdot \boldsymbol{B} = (A_{ij} \boldsymbol{e}_i \boldsymbol{e}_j) \cdots (B_{kl} \boldsymbol{e}_k \boldsymbol{e}_l) = A_{ij} B_{kl} \delta_{il} \delta_{jk} = A_{ij} B_{ji} \tag{4.11}$$

$$C = \boldsymbol{A} : \boldsymbol{B} = (A_{ij} \boldsymbol{e}_i \boldsymbol{e}_j) : (B_{kl} \boldsymbol{e}_k \boldsymbol{e}_l) = A_{ij} B_{kl} \delta_{ik} \delta_{jl} = A_{il} B_{il}$$

$$\boldsymbol{C} = \boldsymbol{D} : \boldsymbol{E} = D_{ijkl} \boldsymbol{e}_i \boldsymbol{e}_j \boldsymbol{e}_k \boldsymbol{e}_l : E_{pq} \boldsymbol{e}_p \boldsymbol{e}_q = A_{ijkl} B_{pq} \delta_{ip} \delta_{jq} \boldsymbol{e}_k \boldsymbol{e}_l$$

$$= D_{pqkl} E_{kl} \boldsymbol{e}_k \boldsymbol{e}_l$$

이와 같이 두 개 이상의 텐서로 표시된 항에 의지수가 있으면 그 항의 계수는 의지수의 2배만큼 낮아진다. 이것을 텐서의 축약(contraction)이라 한다.

4.3 | 텐서의 지수법칙

식 (3.16a)의 좌표변환 관계를 만족하는 e_i, e'_i를 각각 기본벡터로 하는 3계 텐서 A_{ijk}, A'_{ijk}와 1계 텐서 b_k, b'_k의 곱이 다음과 같은 2계 텐서 C_{ij}, C'_{ij}가 된다고 하자.

$$C_{ij} = A_{ijk} b_k \tag{4.12a}$$

$$C'_{ij} = A'_{ijk} b'_k \tag{4.12b}$$

그러면 텐서의 변환법칙에 따라 $A'_{pqr} = Q_{pi} Q_{qj} Q_{rk} A_{ijk}$과 $b'_r = Q_{rs} b_s$ 관계가 성립하므로 이들 식을 식 (4.12b)에 대입하면

$$A'_{pqr} b'_r = Q_{pi} Q_{qj} Q_{rk} Q_{rs} A_{ijk} b_s$$

$$= Q_{pi} Q_{qj} \delta_{ks} A_{ijk} b_s$$

$$= Q_{pi} Q_{qj} A_{ijk} b_k$$

이 얻어진다. 이 식의 좌변을 C'_{pq}, 우변 $A_{ijk} b_k$를 C_{ij}로 나타내면 결국 다음 관계가 성립함을 알 수 있다.

$$C'_{pq} = Q_{pi} Q_{qj} C_{ij} \tag{4.12c}$$

앞 식에서 2계 텐서 C_{ij}와 C'_{ij}는 식 (4.5)와 같이 변환법칙에 의해 관련되어 있다. 따라서 텐서의 변환법칙을 만족하는 임의의 두 텐서의 곱으로 표시되는 텐서는 역시 텐서의 변환법칙을 만족함을 알 수 있다.

이것을 확장하면 x_i좌표계에서 정의된 임의의 함수 $A(i,\ j,\ k)$가 텐서인지 아닌지를 다음과 같이 판별할 수 있다. 즉, 먼저 함수 $A(i,\ j,\ k)$와 1계 텐서 b_k의 곱이 2계 텐서 C_{ij}라고 가정한다. 그러면

$$C_{ij} = A(i,\ j\ ,k)\, b_k \tag{4.13a}$$

와 같이 표시할 수 있고 다른 x'_i 좌표계에서 이들 관계는

$$A'(i,\ j,\ k)\, b'_k = C'_{ij} \tag{4.13b}$$

으로 나타내진다. 그런데 C_{ij}는 2계 텐서이므로 텐서의 변환법칙 식 (4.5)에 따르며 식 (4.13a) 관계로부터

$$\begin{aligned} A'(i,\ j,\ k)b'_k &= C'_{ij} \\ &= Q_{ip}Q_{jq}\, C_{pq} = Q_{ip}Q_{jq}\, A(p,\ q,\ r)\, b_r \end{aligned} \tag{4.13c}$$

이 성립한다. 한편, 1계 텐서 b_r은 식 (3.27)로부터 $b_r = Q_{kr}b'_k$의 관계를 가지므로 윗식은 다시 다음과 같이 정리된다.

$$[A'(i,\ j,\ k) - Q_{ip}Q_{jq}Q_{kr}A(p,\ q,\ r)]b'_k = 0$$

여기서 b'_k는 임의의 벡터이므로 위의 식이 항상 성립하기 위해서는 괄호 안이 0이 되지 않으면 안 된다.

$$A'(i\ ,j,\ k) = Q_{ip}Q_{jq}Q_{kr}\, A(p,\ q,\ r) \tag{4.14}$$

이 식은 식 (4.7)에서와 같이 정의되는 3계 텐서 A_{ijk}의 변환법칙과 동일한 형태를 하고 있음을 알 수 있다. 따라서 $A(i,\ j,\ k)$로 정의되는 함수는 3계 텐서 A_{ijk}인 것을 알 수 있다. 상기 형식을 일반화하는 것에 의해 임의의 물리량 $A(i,\ j,\ \cdots,\ n)$과 k계 텐서 $B_{ij\ldots k}$의 곱을 취하여 $l=(n-k)$계의 텐서 $C_{ij\ldots l}$이 얻어진다고 하자. 이때 $A(i,\ j,\ \cdots,\ n)$이 n계 텐서인 것을 위와 동일하게 하여 증명할 수 있다. 이것을 텐서의 지수법칙(quotient rule)이라 하고, 지수법칙에 의해 주어진 물리량이 텐서인지 아닌지를 판단할 수 있다.

4.4 | 특수한 텐서

2계 텐서 A, A_{ij}의 전치(transpose)를 A^T, A_{ji}로 표시하면 대칭 텐서(symmetric tensor)는

$$\boldsymbol{A} = \boldsymbol{A}^T, \quad A_{ij} = A_{ji} \tag{4.15a}$$

을 만족하는 텐서이고 독립인 성분은 6개이다. 한편, 반대칭 텐서(anti-symmetric tensor)는

$$\boldsymbol{A} = -\boldsymbol{A}^T, \quad A_{ij} = -A_{ji} \tag{4.15b}$$

을 만족하고 독립한 성분은 3개이다.

일반적으로 임의의 텐서 $\boldsymbol{A}$는 다음과 같이 대칭 텐서 $\boldsymbol{A}^S$와 반대칭 텐서 $\boldsymbol{A}^A$의 합으로 나타낼 수 있다.

$$\begin{aligned} \boldsymbol{A} &= \boldsymbol{A}^S + \boldsymbol{A}^A = \frac{1}{2}(\boldsymbol{A} + \boldsymbol{A}^T) + \frac{1}{2}(\boldsymbol{A} - \boldsymbol{A}^T) \\ A_{ij} &= A_{ij}^S + A_{ij}^A = \frac{1}{2}(A_{ij} + A_{ji}) + \frac{1}{2}(A_{ij} - A_{ji}) \end{aligned} \tag{4.16a}$$

텐서 $\boldsymbol{A}$의 역텐서 $\boldsymbol{A}^{-1}$는 다음과 같이 정의된다.

$$\boldsymbol{A}^{-1}\boldsymbol{A} = \boldsymbol{A}\boldsymbol{A}^{-1} = \boldsymbol{I} \tag{4.16b}$$

$\boldsymbol{I}$는 항등텐서(identity tensor)이고 그 성분은 δ_{ij}에 의해 나타낼 수 있다. 역 텐서 $\boldsymbol{Q}^{-1}$가 전치 $\boldsymbol{Q}$와 같을 때

$$\boldsymbol{Q}^{-1} = \boldsymbol{Q}^T \tag{4.17a}$$

$\boldsymbol{Q}$를 직교텐서(orthogonal tensor)라고 부른다. 따라서 직교텐서에 대해서는 다음 관계가 성립한다.

$$\begin{aligned} &\boldsymbol{Q}^{-1}\boldsymbol{Q} = \boldsymbol{Q}^T\boldsymbol{Q} = \boldsymbol{I}, \quad Q_{ik}Q_{jk} = Q_{ki}Q_{kj} = \delta_{ij} \\ &\det(\boldsymbol{Q}^{-1}\boldsymbol{Q}) = 1, \quad \det \boldsymbol{Q} = \pm 1 \end{aligned} \tag{4.17b}$$

지금 벡터 $\boldsymbol{a}$, $\boldsymbol{b}$의 직교변환 $\boldsymbol{Qa}\,(=Q_{ij}a_j)$, $\boldsymbol{Qb}\,(=Q_{ij}b_j)$를 고려하면 각각은 $Q_{ij}a_j\,Q_{im}a_m=\delta_{jm}a_ja_m=a_ma_m$, $Q_{ij}b_j\,Q_{im}b_m=b_mb_m$, $Q_{ij}a_j\,Q_{im}b_m=a_mb_m$가 되어 a와 b 간에 각도와 크기가 변화하지 않은 것을 알 수 있다. 이와 같이 직교변환은 벡터를 회전(rotation) 혹은 투영(reflection)할 뿐이다.

등방텐서(isotropic tensor)는 기본벡터의 어떤 회전에 대해서도 텐서 성분 값이 변하지 않는 등방(isotropic)성질을 갖는 텐서로 정의된다. 다음은 대표적인 2, 3, 4계 등방텐서이다.

$$
\begin{aligned}
\boldsymbol{A} &= \alpha\delta_{ij}\boldsymbol{e}_i\boldsymbol{e}_j \\
\boldsymbol{B} &= \beta e_{ijk}\boldsymbol{e}_i\boldsymbol{e}_j\boldsymbol{e}_k \\
\boldsymbol{C} &= \gamma\delta_{ij}\delta_{kl}\boldsymbol{e}_i\boldsymbol{e}_j\boldsymbol{e}_k\boldsymbol{e}_l \qquad (4.18)\\
\boldsymbol{D} &= \eta(\delta_{ik}\delta_{kl}+\delta_{il}\delta_{jk})\boldsymbol{e}_i\boldsymbol{e}_j\boldsymbol{e}_k\boldsymbol{e}_l \\
\boldsymbol{E} &= \mu(\delta_{ik}\delta_{kl}-\delta_{il}\delta_{jk})\boldsymbol{e}_i\boldsymbol{e}_j\boldsymbol{e}_k\boldsymbol{e}_l
\end{aligned}
$$

이들 등방텐서는 재료의 등방성과 등방성 재료의 응력-변형률 관계인 구성식(constitutive equation)을 도출하는 데 유용하게 이용된다. 이들 등방텐서 성분 값은 좌표축의 회전 및 투영에 대하여 변하지 않는다는 것을 다음 절에서와 같이 용이하게 증명할 수 있다. 물론 물체의 강체이동에 대해서는 당연히 텐서 값은 변하지 않는다.

4.5 | 등방텐서

재료의 물리적 특성이 방향에 의존하지 않는 재료는 등방이라고 하고 또는 등방성을 갖는다고 한다. 예를 들면, 금속재료의 인장실험 결과가 인장시편의 방향에 의존하지 않고 폭방향 수축이 모든 방향에서 같은 경우 이런 금속재료는 등방이라고 한다. 보다 명확히 하기 위해서 고체의 경우 응력-변형률 관계를 나타내는 구성식에 대해서 고찰하면 재료가 등방인 경우는 구성식이 좌표의 직교변환에 의해 변하지 않는 것을 의미한다. 따라서 재료의 구성식이 $\sigma_{ij}=E_{ijkl}\varepsilon_{kl}$이면 등방성 재료는 직교변환 후에도 신 좌표계에서 $\sigma'_{ij}=E'_{ijkl}\varepsilon'_{kl}=E_{ijkl}\varepsilon_{kl}$관계가 성립한다.

직교변환은 회전 또는 투영으로 구성되어 있으므로 좌표가 어떻게 회전 또는 투영되어도 구성식의 수학적 표현은 변하지 않아야 하고, 특히 재료정수들은 어떤 오른손방향의 직교 좌표계에 있어서도 동일한 값을 가져야 한다.

구 좌표계(x_1, x_2, x_3)로부터 신 좌표계(x'_1, x'_2, x'_3)로의 직교변환은 앞 절에서와 같이

$$x'_i = Q_{ij} x_j \tag{3.17a}$$

$$Q_{ik} Q_{jk} = \delta_{ij} \tag{3.22a}$$

으로 나타낼 수 있다. 여기서 Q_{ij}는 앞 절에서 정의한 직교성을 갖는 좌표변환 행렬이다.

신 좌표 x'_i와 구 좌표 x_i 간에는 물론 1:1 대응관계에 있으므로 다음과 같이 좌표변환 행렬의 행렬식의 값으로 정의되는 야코비안의 행렬식(Jacobian determinant)이 영이 아닌 값을 가지며 국소적으로 서로 역변환이 가능하다.

$$J = \det\left(\frac{\partial x'_i}{\partial x_j}\right) = \frac{\partial(x'_1, x'_2, x'_3)}{\partial(x_1, x_2, x_3)} = \begin{vmatrix} \frac{\partial x'_1}{\partial x_1} & \frac{\partial x'_1}{\partial x_2} & \frac{\partial x'_1}{\partial x_3} \\ \frac{\partial x'_2}{\partial x_1} & \frac{\partial x'_2}{\partial x_2} & \frac{\partial x'_2}{\partial x_3} \\ \frac{\partial x'_3}{\partial x_1} & \frac{\partial x'_3}{\partial x_2} & \frac{\partial x'_3}{\partial x_3} \end{vmatrix} \tag{4.19}$$

직교변환의 경우는 $J = \pm 1$이 된다. 여기서 +1인 경우는 직교변환에 있어서 구 좌표계와 신 좌표계의 방향이 오른손 좌표계에 일치하는 정규인(proper) 경우이고, −1인 경우는 신, 구 좌표계의 방향이 서로 반대인 비정규인(improper) 경우이다.

예를 들면, x_3축에 대한 좌표축의 180°회전의 경우 직교변환 행렬 Q_{ij}는 다음과 같이 나타내지는 정규이고

$$\left.\begin{array}{l} x'_1 = -x_1 \\ x'_2 = -x_2 \\ x'_3 = x_3 \end{array}\right\} \tag{4.20}$$

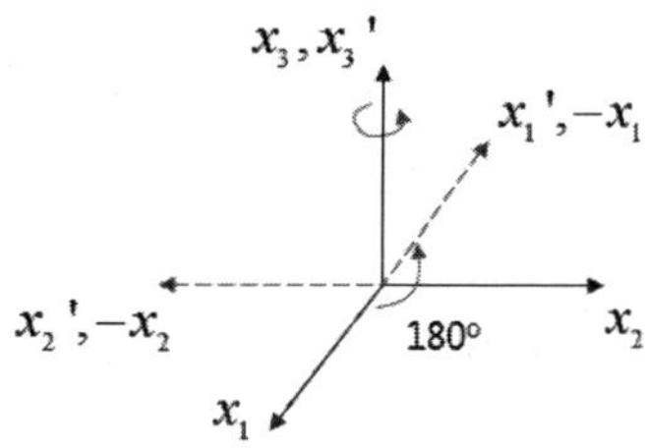

그림 4.1a x_3축에 대한 회전

$$(Q_{ij}) = \begin{bmatrix} -1 & 0 & 0 \\ 0 & -1 & 0 \\ 0 & 0 & 1 \end{bmatrix}, \quad |Q_{ij}| = 1$$

$x_2 x_3$ 면에 대한 투영의 경우는 다음과 같이 나타내지는 비정규이다.

$$\left.\begin{aligned} x'_1 &= -x_1 \\ x'_2 &= x_2 \\ x'_3 &= x_3 \end{aligned}\right\} \tag{4.21}$$

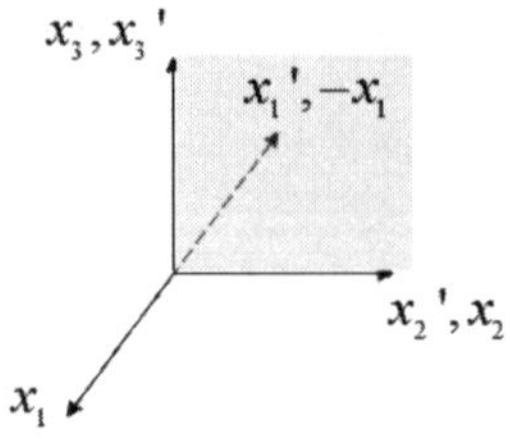

그림 4.1b x_2x_3축에 대한 투영

$$Q_{ij} = \begin{bmatrix} -1 & 0 & 0 \\ 0 & 1 & 0 \\ 0 & 0 & 1 \end{bmatrix}, \quad |Q_{ij}| = -1$$

0계 텐서로 취급되는 모든 스칼라는 물론 등방텐서이다. 그러나 1계 텐서의 경우는 등방텐서가 존재하지 않는다. 1계 텐서 A_i가 등방이라면 모든 가능한 직교변환에 대해

$$\begin{aligned} A'_i &= Q_{ij}A_j \\ &= A_i \end{aligned} \tag{4.22}$$

이 성립해야 한다. 그런데 x_1축에 대해 180° 회전한 경우에 대해서 검토하면

$$\left.\begin{aligned} x'_1 &= x_1 \\ x'_2 &= -x_2 \\ x'_3 &= -x_3 \end{aligned}\right\} \tag{4.23}$$

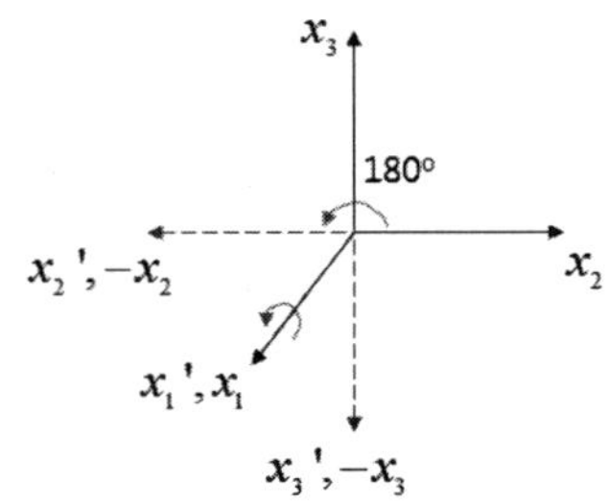

그림 4.1c x_1축에 대한 회전

$$Q_{ij} = \begin{bmatrix} 1 & 0 & 0 \\ 0 & -1 & 0 \\ 0 & 0 & -1 \end{bmatrix}, \quad |Q_{ij}| = 1$$

가 되므로 식 (4.23)을 식 (4.22)에 대입하면

$$A_1 = A_1, \ A_2 = -A_2, \ A_3 = -A_3 \tag{4.24}$$

이 된다. 이 식을 만족하기 위해서는 $A_2 = A_3 = 0$이어야 한다. 동일한 방법으로 x_1, x_2, x_3의 역할을 바꾸면 $A_1 = 0$이 되어 결국 1계 등방텐서는 존재하지 않는 것을 의미한다.

한편, 2계 텐서에 대해서 고려하면 크로네커 델타 δ_{ij}는 대표적인 등방텐서이다. 이것은 2계 텐서의 좌표변환법칙의 식 (4.5)와 식 (3.22a)에 의해 다음 식으로 증명할 수 있다.

$$\begin{aligned} \delta'_{ij} &= Q_{im} Q_{jn} \delta_{mn} \\ &= Q_{im} Q_{jm} \\ &= \delta_{ij} \end{aligned} \tag{4.25}$$

따라서 모든 2계 등방텐서는 $p\delta_{ij}$(p는 스칼라함수)로 나타낼 수 있고 만약 어떤 2계 텐서 B_{ij}가 등방이면 그것은 대각텐서이어야 한다. 증명을 위해 식 (4.22)와 식 (4.23)에서와 같이 x_1축에 대해 180° 회전을 생각하면 2계 텐서 B_{ij}는

$$B'_{12} = Q_{1m} Q_{2n} B_{mn} = -B_{12}$$

가 되나 등방성질($B'_{12} = B_{12}$)을 만족하기 위해서는 $B_{12} = 0$이어야 한다. 따라서 일반적으로 $B_{ij} = 0 (i \neq j)$이기 때문에 B_{ij}는 대칭이고 대각텐서이어야 한다.

다음에 x_3축 주위로 $d\theta$만큼 미소회전하는 경우에 대한 변환을 검토하여 보자.

$$x'_j = (\delta_{ij} + d\theta\, e_{3ij})\, x_i$$

$$Q_{ij} = \begin{bmatrix} \cos\theta & \sin\theta & 0 \\ -\sin\theta & \cos\theta & 0 \\ 0 & 0 & 1 \end{bmatrix} \approx \begin{bmatrix} 1 & d\theta & 0 \\ -d\theta & 1 & 0 \\ 0 & 0 & 1 \end{bmatrix} \tag{4.26}$$

$$Q_{ij} = \begin{bmatrix} 1 & 0 & 0 \\ 0 & 1 & 0 \\ 0 & 0 & 1 \end{bmatrix} + \begin{bmatrix} 0 & d\theta & 0 \\ -d\theta & 0 & 0 \\ 0 & 0 & 0 \end{bmatrix}$$

이 되므로 텐서의 정의에 의해

$$\begin{aligned} B'_{ij} &= Q_{im} Q_{jn} B_{mn} \\ &= (\delta_{im} + d\theta\, e_{3im})(\delta_{jn} + d\theta\, e_{3jn}) B_{mn} \\ &= B_{ij} + d\theta (e_{3im} B_{mj} + e_{3jn} B_{in}) + 0(d\theta^2) \end{aligned} \tag{4.27}$$

이 된다. B_{ij}가 등방이라면 $B'_{ij} = B_{ij}$이어야만 하고 따라서 미소 회전각 $d\theta$에 대해서

$$e_{3im} B_{mj} + e_{3jn} B_{in} = 0 \tag{4.28}$$

이 성립하여야 한다. 여기서 $i = 1$, $j = 1$일 때는

$$e_{312} B_{21} + e_{312} B_{12} = B_{21} + B_{12} = 0$$

이지만 B_{ij}는 대칭이므로 $B_{21}=B_{12}=0$이 성립한다. 또한 $i=1$, $j=2$일 때는

$$e_{312}B_{22}+e_{312}B_{11}=B_{22}-B_{11}=0$$

즉, $B_{22}=B_{11}$이 성립하고 유사하게 $B_{23}=0$, $B_{22}=B_{33}$의 관계가 구해진다. 한편, x_2축 주위의 회전에 대해서는 $B_{31}=0$, $B_{33}=B_{11}$의 관계가 얻어진다. 따라서 등방텐서 B_{ij}는 $B_{11}\delta_{ij}$ 형태로 나타낼 수 있으며 여기서 p를 B_{11}으로 표시하면 $B_{ij}=p\delta_{ij}$로 나타낼 수 있다. 이상으로부터 $B_{ij}=p\delta_{ij}$로 표시되는 모든 2계 등방텐서는 좌표의 직교변환, 즉 회전 또는 투영에 대해서 텐서 값이 변하지 않는다.

한편 3계 텐서는 일반적으로 등방텐서가 아니나 교환텐서 e_{ijk}는 좌표회전에 대해서만은 유일하게 등방임을 알 수 있다. 투영에 대해서 e_{ijk}가 $e'_{123}=-e_{123}$관계를 가지므로 등방이 아님은 쉽게 증명할 수 있다. 위에서와 같이 u_{ijk}를 3계 등방텐서라고 하고 좌표축을 임의의 ξ축의 주위로 미소 회전시킨 변환에 대해 고려하여 보자.

$$x'_j=(\delta_{ij}+d\theta\,\xi_k e_{kij})\,x_i \tag{4.29}$$

텐서의 변환법칙에 의해

$$\begin{aligned} u'_{ijk} &= (\delta_{im}+d\theta\,\xi_s e_{sim})(\delta_{jn}+d\theta\xi_s e_{sjn})(\delta_{kp}+d\theta\xi_s e_{skp})\,u_{mnp} \\ &= u_{ijk}+d\theta\,(\xi_s e_{sim}u_{mjk}+\xi_s e_{sjn}u_{ink}+\xi_s e_{skp}u_{ijp})+0(d\theta^2) \end{aligned} \tag{4.30}$$

이 되고 u_{ijk}가 등방이라면 이 경우도 식 (4.27)에서와 같이 미소 회전각 $d\theta$에 대해서

$$\xi_s e_{sim}u_{mjk}+\xi_s e_{sjn}u_{ink}+\xi_s e_{skp}u_{ijp}=0 \tag{4.31}$$

이 성립하여야 한다. 여기서 $i=1$, $j=1$, $k=2$일 때는 임의의 ξ_1, ξ_2, ξ_3에 대하여 다음의 식이 얻어진다.

$$u_{212}+u_{122}=u_{111} \tag{4.32a}$$

$$u_{312}+u_{132}=0 \tag{4.32b}$$

$$u_{113}=0 \tag{4.32c}$$

식 (4.32c)와 u_{ijk}의 대칭성으로부터 첨자 i, j, k 중에서 2개가 동일하면 $u_{ijk}=0$가 성립하는 것을 알 수 있다. 또한, 식 (4.32a)로부터 첨자 i, j, k가 모두 같은 경우도 $u_{ijk}=0$가 된다. 한편 식 (4.32b)로부터는 다음 관계가 성립한다.

$$u_{ijk} = -u_{jik}$$

그러나 식 (4.31)에서 i, j, k가 앞에서 검토한 경우와 다른 값을 갖는 경우는 u_{ijk}에 대한 어떤 유용한 정보도 제공하지 못한다. 따라서 좌표축의 회전에 대해 등방인 3계 등방텐서는 교환텐서 e_{ijk}의 스칼라 곱으로 표시된다.

한편, 4계 등방텐서는 뒤에서 연속체의 구성식을 유도하는 데 자주 이용된다. 앞에서 논한 바와 같이 단위텐서 δ_{ij}는 등방이므로 다음의 4계 텐서들도 등방텐서란 것을 쉽게 증명할 수 있다.

$$\left.\begin{aligned} &\delta_{ij}\delta_{kl} \\ &\delta_{ik}\delta_{jl} + \delta_{il}\delta_{jk} \\ &\delta_{ik}\delta_{jl} - \delta_{il}\delta_{jk} \end{aligned}\right\} \tag{4.33}$$

만일 u_{ijkl}이 4계의 등방텐서라고 하면, u_{ijkl}은 식 (4.33)의 등방텐서들의 조합으로 다음과 같이 나타낼 수 있다.

$$u_{ijkl} = \lambda\delta_{ij}\delta_{kl} + \mu(\delta_{ik}\delta_{jl} + \delta_{il}\delta_{jk}) + \nu(\delta_{ik}\delta_{jl} - \delta_{il}\delta_{jk}) \tag{4.34}$$

여기서 μ, λ, ν는 스칼라 양이다.

한편, u_{ijkl}이 대칭성을 가지면,

$$u_{ijkl} = u_{jikl}, \quad u_{ijkl} = u_{ijlk}$$

이므로 다음 식이 성립한다.

$$u_{ijkl} = \lambda\delta_{ij}\delta_{kl} + \mu(\delta_{ik}\delta_{jl} + \delta_{il}\delta_{jk}) \tag{4.35}$$

식 (4.35)가 좌표축의 회전과 투영에 대해 등방인 것은 다음과 같이 증명할 수 있다. 먼저 좌표축은 임의로 붙여지기 때문에 첨자 1, 2, 3의 순서는 등방텐서의 성분 값에 영향을 미치지 않는다. 따라서

$$\left.\begin{aligned} &u_{1111} = u_{2222} = u_{3333} \\ &u_{1122} = u_{2233} = u_{3311} = u_{1133} = u_{2211} = u_{3322} \\ &u_{1212} = u_{2323} = u_{3131} = u_{1313} = u_{2121} = u_{3232} \\ &u_{1221} = u_{2332} = u_{3113} = u_{2112} = u_{3223} = u_{1331} \end{aligned}\right\} \tag{4.36}$$

또한, 앞에서와 같이 x_1축에 대해 180° 회전한 경우에 대해서 검토하면

$$u_{1222} = u_{1223} = u_{2212} = 0 \tag{4.37}$$

가 된다. 이상과 같은 조건들에 의해 u_{ijkl} 중에서 영이 아닌 서로 다른 성분은 u_{1111}, u_{1122}, u_{1212}, u_{1221}의 4성분이 된다.

여기에 x_3축 주위의 미소 회전에 대한 변환을 검토하면 텐서의 변환법칙에 의해

$$u'_{pqrs} = u_{pqrs} + d\theta(e_{3ip}u_{iqrs} + e_{3iq}u_{pirs} + e_{3ir}u_{pqis} + e_{3is}u_{pqri}) + 0(d\theta^2) \tag{4.38}$$

이 되고 따라서 u_{pqrs}가 등방텐서이기 위해서는

$$e_{3ip}u_{iqrs} + e_{3iq}u_{pirs} + e_{3ir}u_{pqis} + e_{3is}u_{pqri} = 0 \tag{4.39}$$

이 성립하여야 한다. 4개의 첨자 p, q, r, s의 각각에 대해서 1, 2, 3을 취할 수 있으므로 적어도 2개의 첨자는 같아야 한다. 따라서 다음의 4경우, (i) 4개의 첨자가 모두 같은 경우, (ii) 3개의 첨자가 같은 경우, (iii) 2개의 첨자가 같고 2개가 다른 경우 (iv) 2개의 첨자가 같고 다른 2개가 같은 경우에 대해서 각각 검토해 보기로 한다.

(i)의 경우에 $p=q=r=s=j(j=1,\ 2,\ 3)$일 때는 식 (4.39)의 모든 항은 0이 된다. 따라서 u_{ijkl}에 대해 어떤 정보도 얻을 수 없다.

(ii)의 경우에 $p=q=r=1$, $s=2$일 때는 다음 식이 얻어진다.

$$-u_{2112} - u_{1212} - u_{1122} + u_{1111} = 0 \tag{4.40}$$

한편 $p=q=r=2$, $s=1$일 때는 u_{ijkl}에 대해 어떤 정보도 얻을 수 없고 $p=q=r=3$일 때 $e_{3ip}=0$이므로 무의미하다.

(iii)과 (iv)의 경우에 대한 정보는 식 (4.36)과 식 (4.37)에 포함되어 있다.

여기서

$$\left.\begin{aligned} u_{1122} &= \lambda \\ u_{1212} &= \mu + \nu \\ u_{2112} &= \mu - \nu \end{aligned}\right\} \tag{4.41}$$

이라고 놓으면 식 (4.40)에서 다음 관계가 얻어진다.

$$\begin{aligned} u_{1111} &= u_{2112} + u_{1212} + u_{1122} \\ &= \lambda + 2\mu \end{aligned} \tag{4.42}$$

따라서 4계 등방텐서 u_{ijkl} 중에서 독립인 3개의 성분은 λ, μ, ν를 순서대로 1 그리고 나머지 두 개를 0으로 택하는 것에 의해 구할 수 있다. 즉, $\lambda = 1$, $\mu = \nu = 0$인 경우 $i = j$, $k = l$이면 $u_{ijkl} = 1$이고 다른 모든 경우는 0이 된다. 이 조건은

$$u_{ijkl} = \delta_{ij}\delta_{kl} \tag{4.43}$$

과 동등이다. 또한, $\mu = 1$, $\lambda = \nu = 0$인 경우 $i = k$, $j = l$, $i \neq j$ 또는 $i = l$, $j = k$, $i \neq j$이면 $u_{ijkl} = 1$이고 $i = j = k = l$이면 $u_{ijkl} = 2$이고 다른 모든 경우는 0이 된다. 이 조건은

$$u_{ijkl} = \delta_{ik}\delta_{jl} + \delta_{il}\delta_{jk} \tag{4.44a}$$

과 동등이다. 한편, $\lambda = \mu = 0$, $\nu = 1$인 경우 $i = k$, $j = l$, $i \neq j$이면 $u_{ijkl} = 1$이고 $i = l$, $j = k$, $i \neq j$이면 $u_{ijkl} = -1$이고 다른 모든 경우는 0이 된다. 이 조건은

$$u_{ijkl} = \delta_{ik}\delta_{jl} - \delta_{il}\delta_{jk} \tag{4.44b}$$

과 동등이다. 그러므로 일반적인 4계 등방텐서는 식 (4.34)로 표현됨을 알 수 있고 대칭성으로부터 식 (4.35)가 성립한다.

4.6 | 극분해

일반적으로 2계 텐서 $\boldsymbol{T}$가 영이 아닌 값을 가지며, 즉 $\det \boldsymbol{T} \neq 0$이라면 다음과 같이 분해가능하다.

$$\boldsymbol{T} = \boldsymbol{Q}\boldsymbol{U} = \boldsymbol{V}\boldsymbol{Q} \tag{4.45}$$

여기서 $\boldsymbol{Q}$는 직교텐서($\boldsymbol{Q} \cdot \boldsymbol{Q}^T = \boldsymbol{I}$), $\boldsymbol{U}$, $\boldsymbol{V}$는 양형 대칭텐서이다. 이 경우 $\boldsymbol{QU}$를 오른쪽 극분해(right polar decomposition), $\boldsymbol{VQ}$를 왼쪽 극분해(left polar decomposition)라고 부른다. 기하학적인 의미는 그림 4.1과 같이 $\boldsymbol{QU}$는 먼저 $\boldsymbol{U}$ 변형을 시킨 후 $\boldsymbol{Q}$ 회전시키는 것이고, $\boldsymbol{VQ}$는 먼저 $\boldsymbol{Q}$ 회전시킨 후에 $\boldsymbol{V}$ 변형을 시켜서 $\boldsymbol{T}$를 구하는 것이다.

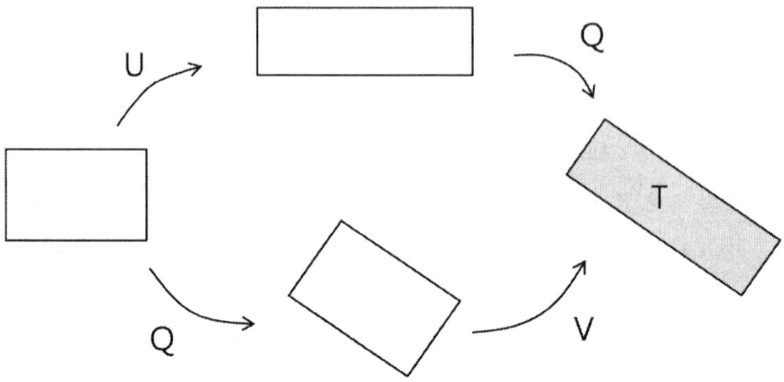

그림 4.2 2계 텐서의 극분해과정

4.7 | 텐서의 고유값과 고유벡터

2계 대칭텐서 $\boldsymbol{A}$의 고유값(eigen value)과 고유벡터(eigen vector)에 대해서는 제2.3절에서 논하였고 그대로 적용이 가능하므로 다시 설명하지 않는 것으로 한다. $\boldsymbol{A}$가 텐서인 경우에 식 (2.27)의 I_1, I_2, I_3는 텐서 $\boldsymbol{A}$의 주값(principal value)에 의해 표현되므로 기본벡터의 회전에 대해서도 변화하지 않는 것을 알 수 있다. 이로부터 I_1, I_2, I_3를 각각 제1, 2, 3 불변량(invariant) 혹은 주 불변량(principal invariant)이라 한다. 한편, 제2.4절의 Cayley-Hamilton의 정리에 따라 고차의 불변량은 상기 3개의 불변량으로 표현할 수 있기 때문에 좌표에 의존하지 않는 물리적 특성들은 이들 3개 텐서의 불변량에 의해 표현되어야만 한다. 이 이론은 뒤에서 재료의 등방성 구성식(constitutive equation)에 대해 설명할 때 이용된다.

4.8 | 텐서의 미분

2계 텐서 $\boldsymbol{A}$를 Cartesian 직교좌표 x'_k에 대해 편미분하면

$$\begin{aligned}\frac{\partial A'_{ij}}{\partial x'_k} &= \frac{\partial}{\partial x'_k}(Q_{ip}Q_{jq}A_{pq}) = Q_{ip}Q_{jq}\frac{\partial A_{pq}}{\partial x'_k} = Q_{ip}Q_{jq}\frac{\partial A_{pq}}{\partial x_r}\frac{\partial x_r}{\partial x'_k} \\ &= Q_{ip}Q_{jq}Q_{kr}\frac{\partial A_{pq}}{\partial x_r}\end{aligned} \tag{4.46}$$

으로 나타낼 수 있고 이것은 다시 다음과 같이 표시할 수 있다.

$$A'_{ij,k} = Q_{ip}Q_{jq}Q_{kr}\,A_{pq,r} \tag{4.47}$$

이 식은 3계 텐서에 대한 변환법칙으로 따라서 $A'_{ij,k}$ 및 $A_{pq,r}$은 3계 텐서인 것을 알 수 있다. 이것으로부터 임의의 텐서를 좌표 x_i에 대하여 편미분하는 것에 의해 텐서의 계수가 1계 증가하는 것을 알 수 있다.

4.9 | Gauss의 발산정리

가우스의 발산정리(Gauss divergence theorem)는 한 닫힌 폐곡면 S로부터 어떤 벡터장의 전체 유출량(flux)을 폐곡면 S로 둘리싸인 체적 V에 내한 벡터상의 발산적분으로 평가하는 것이다. 매끄러운 표면 S를 갖는 영역 V 내에서 정의된 미분 가능한 함수, 벡터장을 $\boldsymbol{a} = a(x_1, x_2, x_3) = a_1\boldsymbol{e}_1 + a_2\boldsymbol{e}_2 + a_3\boldsymbol{e}_3$로 표시하면 이 경우에 다음의 적분관계가 성립한다.

$$\int_V \frac{\partial a_1}{\partial x_1} dx_1 dx_2 dx_3 = \int_S (a_1^+ - a_1^-) dx_2 dx_3 \tag{4.48a}$$

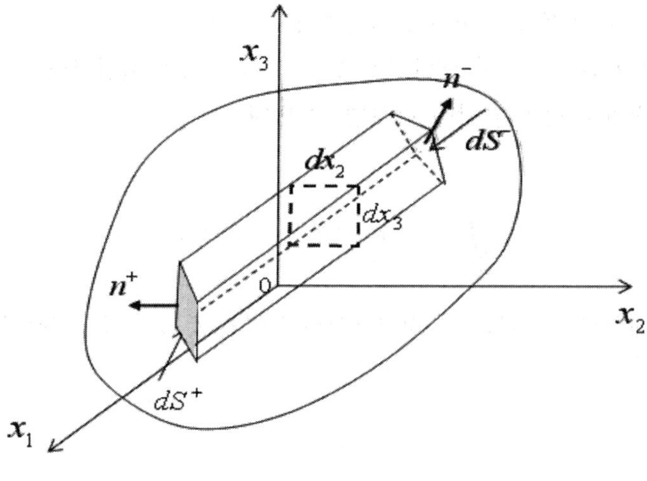

그림 4.3a Gauss의 발산정리의 설명도

여기서 a_1^+, a_1^-은 각각 그림 4.3a에 나타낸 x_1 축에 평행한 직선의 오른쪽 단과 왼쪽 단에 있어서 함수 a의 값을 나타낸다. 즉, $a_1^+ = (a)_{x+dx}$, $a_1^- = (a)_x$이다.

그런데 앞 식에서 면적적분을 나타내는 항 $dx_2 dx_3$는 각각 그림에 나타낸 것과 같이 단위법선 벡터 $\boldsymbol{n}^+$, $\boldsymbol{n}^-$을 갖는 면적 dS^+, dS^-을 이용하면 $dx_2 dx_3 = n_1^+ dS^+$, $dx_2 dx_3 = - n_1^- dS^-$이 된다. 따라서

$$\int_S (a_1^+ - a_1^-) dx_2 dx_3 = \int_S (a_1^+ n_1^+ dS^+ + a_1^- n_1^- dS^-) = \int_S a_1 n_1 dS \tag{4.48b}$$

으로 정리되고 따라서 이 식과 식 (4.48a)로부터

$$\int_V \frac{\partial a_1}{\partial x_1} dV = \int_S a_1 n_1 dS \tag{4.48c}$$

이 식으로부터 세 방향에 대하여도 동일한 관계가 성립하므로 다음 식이 성립한다.

$$\int_V \frac{\partial a_i}{\partial x_i} dV = \int_S a_i n_i dS \tag{4.48c}$$

또는 이 식을 벡터로 표시하면

$$\int_V \nabla \cdot \boldsymbol{a} dV = \int_S \boldsymbol{a} \cdot \boldsymbol{n} dS \tag{4.48d}$$

식 (4.48c), (4.48d)를 Gauss의 발산정리라고 한다.
여기서 3차원 곡면을 일정한 폐단면을 갖는 단위 높이의 실린더와 같이 생각하면 2차원 형태의 발산정리를 다음과 같이 나타낼 수 있다.

$$\int_D \nabla \cdot a dA = \int_C a \cdot n dl \tag{4.48e}$$

여기서 D는 폐경계 C를 갖는 xy 평면에서의 영역이고, n은 곡선 C에 수직인 외향 단위벡터이다.

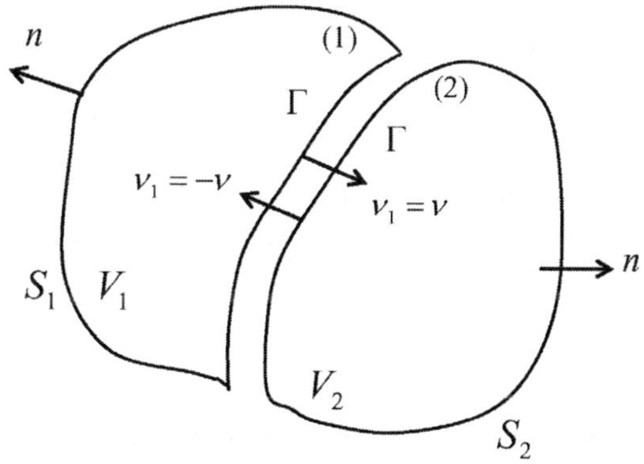

그림 4.3b 불연속면

그림 4.3b에 나타낸 것과 같이 함수가 면 Γ에 따라 연속이 아닌 경우는 식 (4.48c)에 불연속면(discontinuity surface) Γ상에서의 적분 항을 추가해야 한다. 이 경우 그림 4.3에 나타낸 것과 같이 영역을 불연속면 Γ를 경계로 두 개의 영역으로 분할하여 각각에 첨자 1, 2를 붙여 표시하자. Γ상에서 a의 값을 각각 a_1, a_2으로 하고 이 두 개의 영역에 가우스의 발산정리 식 (4.48c)를 적용하면

$$\left.\begin{aligned} \int_{V_1} \frac{\partial a_i}{\partial x_i} dV &= \int_{S_1} a_i n_i dS + \int_{\Gamma} v_i a_1 \, d\Gamma \\ \int_{V_2} \frac{\partial a_i}{\partial x_i} dV &= \int_{S_2} a_i n_i dS - \int_{\Gamma} v_i a_2 \, d\Gamma \end{aligned}\right\} \tag{4.49a}$$

이 된다. 이들 식을 더하여 $V = V_1 + V_2$, $S = S_1 + S_2$, $a_1 - a_2 = [a]$으로 표시하면 다음 식이 얻어진다.

$$\int_{V} \frac{\partial a_i}{\partial x_i} dV = \int_{S} a_i n_i dS + \int_{\Gamma} v_i [a] \, d\Gamma \tag{4.49b}$$

식 (4.48c), (4.49b)에 있어서 a를 스칼라, 벡터 및 텐서의 성분으로 하는 것에 의해 각각의 경우에 대한 가우스의 발산정리가 유도된다. 가우스의 발산정리는 변분원리(variational principle)나 극한정리(extremum principle)의 도출 및 연속체 역학의 기초 관계식들을 유도하는 데 이용되는 매우 중요한 정리로 이후의 장에서 자주 이용된다.

일반 좌표계에서의 텐서를 부록 Ⅶ에 나타내었다.

연습문제

1 Show that all components of the tensor are zero in all other coordinate systems if all components of the tensor are zero in one coordinate system.

2 Let A_{ij} be a second order tensor, a_i and b_i are vectors. Show that $A_{ij}a_ib_j$ is a scalar.

3 When A_{ij} is a second order tensor, show that A_{ii} is a scalar.

4 Show that the scalar multiplication, $A_{ij}B_{ij}=0$ for the symmetric tensor $A_{ij}$and the anti–symmetric tensor B_{ij}i.

5 Show that tensor $w_{ij}=e_{ijk}u_k$ is an anti–symmetric tensor, where u_k is a vector.

6 Show that $\delta_{ik}\delta_{jl}+\delta_{il}\delta_{jk}$ is an isotropic tensor.

7 As a special form of equation (4.6a), the coordinate transformation matrix Q_{ij} for the case where the coordinate axis rotates counter clockwise direction by θ about the $\boldsymbol{e}_3$ axis as shown in Fig. 4.4 is expressed as follows in equation (3.19a).

$$\boldsymbol{Q}=\begin{bmatrix} Q_{11} & Q_{12} & 0 \\ Q_{21} & Q_{22} & 0 \\ 0 & 0 & 1 \end{bmatrix}=\begin{bmatrix} \cos\theta & \sin\theta & 0 \\ -\sin\theta & \cos\theta & 0 \\ 0 & 0 & 1 \end{bmatrix} \tag{4.50}$$

In this case, the tensor A'_{ij} in the new coordinate system can be expressed as A_{ij} in the old coordinate system as follows.

$$\left.\begin{aligned} A'_{11} &= A_{11}\cos^2\theta+A_{22}\sin^2\theta+(A_{12}+A_{21})\cos\theta\sin\theta \\ A'_{12} &= A_{12}\cos^2\theta-A_{21}\sin^2\theta-(A_{11}-A_{22})\cos\theta\sin\theta \\ A'_{21} &= -A_{12}\sin^2\theta+A_{21}\cos^2\theta-(A_{11}-A_{22})\cos\theta\sin\theta \\ A'_{22} &= A_{11}\sin^2\theta+A_{22}\cos^2\theta-(A_{12}+A_{21})\cos\theta\sin\theta \\ A'_{33} &= A_{33} \end{aligned}\right\} \tag{4.51}$$

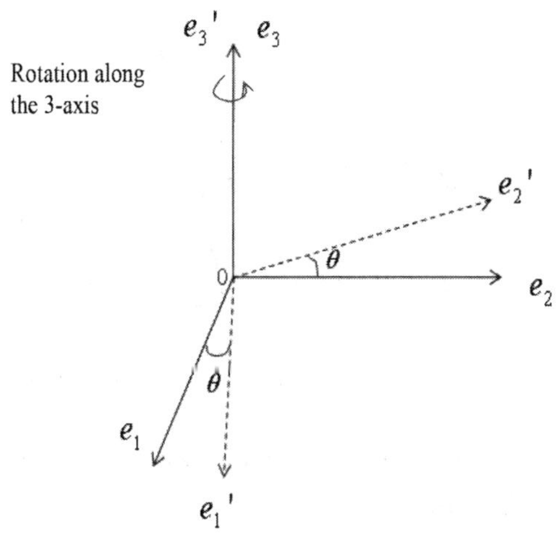

Fig. 4.4 Rotation of axes

8 For two tensors $\boldsymbol{A}$ and $\boldsymbol{B}$. Answer the following questions.

$$\boldsymbol{A}=\begin{bmatrix} 3 & 2 & 1 \\ 0 & 2 & 0 \\ 1 & 0 & 2 \end{bmatrix} \qquad \boldsymbol{B}=\begin{bmatrix} 2 & 1 & 2 \\ 1 & 2 & 1 \\ 0 & 1 & 2 \end{bmatrix}$$

(a) Find the symmetric components of $\boldsymbol{A}$ and $\boldsymbol{B}$, and the symmetric components A^S, B^S and anti-symmetric components A^A, B^A.

(b) Find the engenvalues and eigenvectors of $A^S$and B^S.

(c) Find invariants I_1, I_2, and I_3.

(d) prove that $A^S : B = A^S : B^S$, $A : B^S = A^S : B^S$

9 Show that the invariants I_1, I_2, and I_3 in equation (2.27) do not change for the rotation of the coordinates.

10 Prove that partial derivatives for the first order tensor (e.g. displacement tensor) and the second order tensor (e.g. stress tensor) defined in the Cartesian coordinate system are second order tensor and third order tensor, respectively.

11 Prove the following relationship using the equation (4.48c).

$$\int_V grad\, f\, dV = \int_S n\, f\, dS \tag{4.52}$$

$$\int_V div\, v\, dV = \int_S n \cdot v\, dS \tag{4.53}$$

$$\int_V curl\, v\, dV = \int_S n \times v\, dS \tag{4.54}$$

where f is a scalar, v is a vector, and n is a unit normal vector.

12 In equation (4.53), $v = \psi$ gradϕ $-$ ϕ gradψ, where ψ and ϕ are scalar, Green's 1st equation is obtained as follows.

$$\int_V (\psi \nabla^2 \phi - \phi \nabla^2 \psi) dV = \int_S (\psi \frac{\partial \phi}{\partial n} - \phi \frac{\partial \psi}{\partial n}) dS \tag{4.55}$$

Where $\partial()/\partial n$ represents the derivative of the normal direction n of (). Show that the second formula of Green of the following equation (Green's 2nd equation) is obtained when $v = \phi$gradϕ.

$$\int_V (grad\phi)^2 dV + \int_V \phi \nabla^2 \phi dV = \int_S \phi \frac{\partial \phi}{\partial n} dS \tag{4.56}$$

where

$$\nabla^2 \phi = \frac{\partial^2 \phi}{\partial x_1^2} + \frac{\partial^2 \phi}{\partial x_2^2} + \frac{\partial^2 \phi}{\partial x_3^2} = 0 \tag{4.57}$$

This relation is called Laplace's equation. A function satisfying this equation is called a harmonic function.

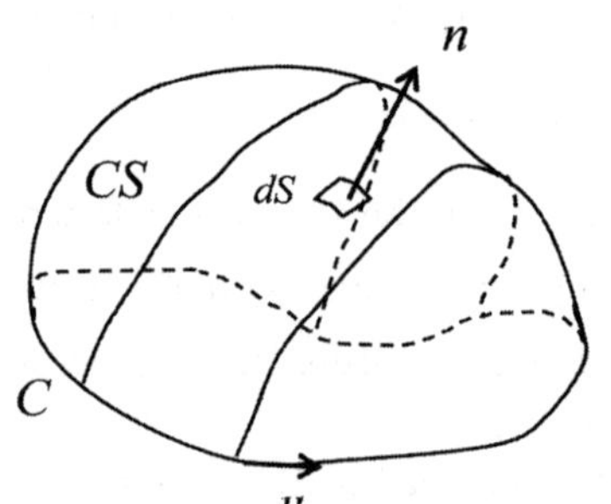

Fig. 4.5 Schematics of Stokes theorem

13 Problems 11 and 12 are various integral theorems that show the relationship between volume integral and area integral. Prove the following Stokes' theorem, which shows the relationship between the area integral and the line integral, and discuss its meaning

$$\int_{CS}(curl\ v)\cdot n\, dS = \oint_{C} v \cdot ds \tag{4.58}$$

Where CS is the capping surface covering the closed boundary curve C as shown in Figure 4.5, where the unit normal of the surface element dS is n, v is the vector function defined on the surface S, dl is the line element of the boundary curve C. On the other hand, if v is a vector function defined on the xy-plane S with closed curve C, the Stokes theorem (4.56) is expressed as follows.

$$\left.\begin{aligned} &\int_S (curl\ v)\cdot n\, dS = \int_S (curl\ v)\cdot k\, dS = \int_S \left(\frac{\partial v_2}{\partial x_1} - \frac{\partial v_1}{\partial x_2}\right) dS \\ &\int v \cdot dl = v_1 dx_1 + v_2 dx_2 \end{aligned}\right\} \tag{4.59}$$

therefore

$$\int_S \left(\frac{\partial v_2}{\partial x_1} - \frac{\partial v_1}{\partial x_2}\right) dS = \int_l (v_1 dx_1 + v_2 dx_2) \tag{4.60}$$

This equation is called Green's theorem. Green Theorem is a special case defining the Stokes theorem on a plane.

14 Derive the Green's theorem of equation (4.60) by considering Gauss divergence theorem (4.48c) and (4.48d) in two-dimensional space as shown in Figure 4.6.

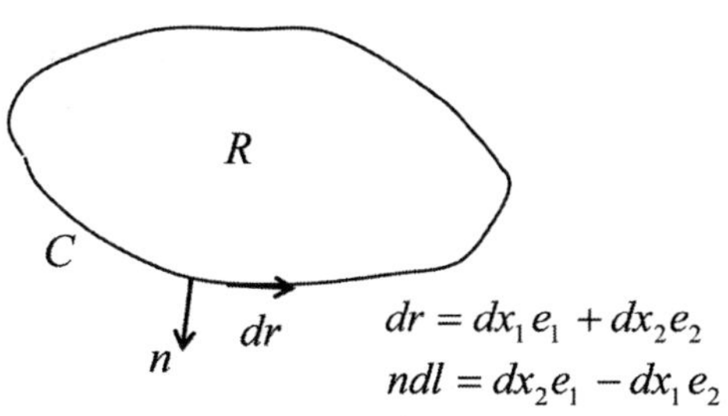

Fig. 4.6 Schematics of Gauss theorem on 2 dimension

05 변형과 변형률

물체가 어떤 작용을 받으면 물체 중의 각 점의 위치가 이동한다. 이것을 연속체 역학에서는 운동이라고 하며 고체역학 등에서는 변형이라고 한다. 본 장에서는 연속체의 운동을 기술하는 좌표계, 변위, 가속도, 각종 변형률, 변형률속도 및 변형률의 불변량에 대하여 설명한다.

5.1 입자의 운동과 좌표계

여기서는 물체를 구성하고 있는 개개의 입자운동을 근접한 입자의 운동과는 독립적으로 고려한다. 물체의 변형, 형상변화는 개개의 입자들 주위의 입자에 대한 상대적인 운동에 의해 결정되지만 이것에 대해서는 다음 절에서 설명하기로 한다. 입자의 운동을 기술하기 위해 그림 5.1에 나타낸 기본벡터 e_i를 갖는 직교 좌표계 $O-x_i$를 도입한다. 이하의 장에서는 특히 별도로 지정하지 않는 한 물체의 운동 및 벡터, 텐서의 성분은 이 좌표계를 기준좌표계(reference coordinate system)로 하여 기술하는 것으로 한다.

기준시간(reference time) $t=0$에 있어서 공간상의 물체 입자들로 구성된 영역 R_0를 고려해 보자. 이 영역으로 표시되는 물체 형상을 통상 물체의 기준형상(reference configuration)이라고 한다. 영역 R_0 내 물체입자의 집합은 물체 B를 구성하고 재료는 R_0 내에서 연속적으로 분포하고 있다고 가정한다. 여기서 R_0 내 임의의 입자를 P_0라고 하면 이 입자의 위치벡터 X는 직교 좌표축에서 기본벡터 e_i에 의해 표시된다. 그러면 X의 성분 X_i는 입자의 좌표(coordinates)를 나타낸다. 영역 R_0 내 각각의 점은 물체 B의 입자에 대응하고, 물체 B는 이와 같은 입자의 집합체로 간주할 수 있다.

시간 $t=0$에서 영역 R_0를 점하고 있던 물체가 변형하여 시간 $t=t$에서 새로운 영역 R을 점하고 있고 재료는 연속적으로 분포하고 있다고 하자. 이것을 물체 B의 운동(motion)이라고 한다.

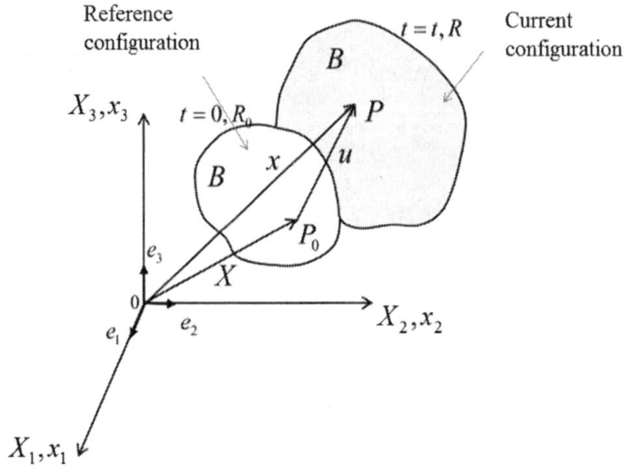

그림 5.1 입자의 운동

시간 $t=0$에서 물체 B의 점 P_0는 시간 $t=t$에서 동일한 기본벡터에서 위치벡터 x를 갖는 점 P로 이동한다. 그러면 물체의 운동은 시간 $t=t$에서 위치 x와 시간 $t=0$에서 위치 X의 상대적인 관계에 의해 나타낼 수 있다. 즉,

$$\left.\begin{aligned} \boldsymbol{x} &= \boldsymbol{x}(\boldsymbol{X},\ t) \\ x_i &= x_i(X_j,\ t) = x_i(X_1,\ X_2,\ X_3,\ t) \end{aligned}\right\} \tag{5.1a}$$

또한, 연속체의 운동에 의해 재료가 분리되거나 중첩되지 않는다고 가정하면, X와 x는 1 대 1 대응관계를 가지므로 그 역이 존재하기 때문에 식 (5.1a)의 역관계로 다음 식이 성립한다.

$$\left.\begin{aligned} \boldsymbol{X} &= \boldsymbol{X}(\boldsymbol{x},\ t) \\ X_i &= X_i(x_j,\ t) = X_i(x_1,\ x_2,\ x_3,\ t) \end{aligned}\right\} \tag{5.1b}$$

수학적으로 식 (5.1)은 R_0 영역에서 R 영역으로의 변환(transformation) 또는 사상(寫像, mapping)을 나타낸다. 이 관계가 성립하기 위한 조건, 즉 연속체의 운동이 존재하기 위한 필요충분조건은 야코비안의 행렬식이 영이 아니어야 한다. 즉,

$$J = \det\left(\frac{\partial x_i}{\partial X_j}\right) = \frac{\partial(x_1,\ x_2,\ x_3)}{\partial(X_1,\ X_2,\ X_3)} = \begin{vmatrix} \dfrac{\partial x_1}{\partial X_1} & \dfrac{\partial x_1}{\partial X_2} & \dfrac{\partial x_1}{\partial X_3} \\ \dfrac{\partial x_2}{\partial X_1} & \dfrac{\partial x_2}{\partial X_2} & \dfrac{\partial x_2}{\partial X_3} \\ \dfrac{\partial x_3}{\partial X_1} & \dfrac{\partial x_3}{\partial X_2} & \dfrac{\partial x_3}{\partial X_3} \end{vmatrix} \neq 0 \tag{5.2}$$

이 경우 주어진 입자는 시간 $t=0$에 있어서 좌표 X_i에 의해 지정된다. 이와 같이 좌표 X_i는 물체 B의 개개의 입자를 식별하게 해주는 라벨(label)역할을 한다. 즉, 물체의 변형 중에도 같은 X_i를 갖는 입자는 동일한 입자를 나타내는 것을 의미한다. 한편, 좌표 x_i는 시간 $t=t$에 있어서 입자의 공간위치를 나타낸다. 따라서 좌표 x_i가 동일하여도 일반적으로는 동일 입자를 나타내지 않는 점에 주의해야 한다. 시간 $t=t$에서 영역 R로 표시되는 물체 형상을 물체의 현재 형상(current configuration)이라고 한다.

일반적으로 X_i를 물질 좌표(material coordinates) 혹은 라그랑지 좌표(Lagrangian coordinates), x_i를 공간 좌표(spatial coordinates) 혹은 오일러 좌표(Eulerian coordinates)라고 부른다. 연속체 역학에서 수식들이 물질 좌표 X_i를 독립변수로 하여 표현되는 경우를 물질 표시(material description) 또는 라그랑지 표시(Lagrangian description)라 하고, 공간 좌표 x_i를 독립변수로 하여 표현되는 경우를 공간 표시(spatial description) 또는 오일러 표시(Eulerian description)라고 한다. 물질 좌표는 때로는 기준 좌표(reference coordinate)라고 불리기도 한다.

물질 표시에서는 물체에 고정된 특정 입자 및 그 주위에서 일어나고 있는 상황에 대해서 관심이 주어지고 공간표시에서는 공간의 특정점 혹은 그 주위에서 일어나고 있는 상황에 대해 관심이 집중된다. 통상 일반적인 물리법칙의 수학적 표현이나 재료의 물리적 특성을 묘사하기 위해서는 물질 좌표가 자주 이용되나 유체역학(hydrodynamic)에서와 같이 특정한 문제를 해결하기 위해서는 공간표현을 이용하는 것이 편리한 경우도 있다. 본서에서는 각종 물리량들을 물질 좌표에서 표시할 때는 대문자를, 공간 좌표에서 표시할 때는 소문자를 사용하기로 한다.

5.2 | 변위와 변위속도

기준 상태에 있어서 X 위치로부터 시간 t에 있어서 x 위치로 변형한 물체점의 변위(displacement) u는

$$\left.\begin{aligned} \boldsymbol{u} &= \boldsymbol{x} - \boldsymbol{X} \\ u_i &= x_i - X_i \end{aligned}\right\} \tag{5.3}$$

으로 정의된다. 이 변위는 다음에 나타낸 것과 같이 물질 좌표를 이용한 물질 표시에서 X, t의 함수로 또는 공간 좌표를 이용한 공간 표시에서 x, t의 함수로 각각 표시가 가능

하다. 즉,

$$\boldsymbol{u}(\boldsymbol{X},\ t) = \boldsymbol{x}(\boldsymbol{X},\ t) - \boldsymbol{X} \tag{5.4a}$$

$$\boldsymbol{u}(\boldsymbol{x},\ t) = \boldsymbol{x} - \boldsymbol{X}(\boldsymbol{x},\ t) \tag{5.4b}$$

식 (5.4a)는 물질 좌표 X_i에 의해 정의되는 입자의 시간 t에서의 변위를 나타내고, (5.4b)는 시간 t에서 x_i의 위치를 점하고 있는 입자에 의해 행해진 변위를 나타낸다. 한 입자에 대한 변위속도(velocity) v는 입자의 변위 u에 대한 순간 시간 도함수로 정의된다. 고정된 입자에 대해서 X_i는 일정하므로 시간미분은 물질 표시를 이용하는 것이 편리하다.

물질 표시에 의한 식 (5.4a)로부터 속도는

$$\begin{aligned} \boldsymbol{v}(\boldsymbol{X},\ t) &= \frac{\partial \boldsymbol{u}(\boldsymbol{X},\ t)}{\partial t} \\ &= \frac{\partial \boldsymbol{x}(\boldsymbol{X},\ t)}{\partial t} - \frac{\partial \boldsymbol{X}}{\partial t} \end{aligned} \tag{5.5a}$$

으로 표시되나 미분은 X를 고정하고 행해지므로 $\partial X/\partial t = 0$가 되어 결국

$$\left.\begin{aligned} \boldsymbol{v}(\boldsymbol{X},\ t) &= \frac{\partial \boldsymbol{u}(\boldsymbol{X},\ t)}{\partial t} = \frac{\partial \boldsymbol{x}(\boldsymbol{X},\ t)}{\partial t} \\ v_i(X_j,\ t) &= \frac{\partial u_i(X_j,\ t)}{\partial t} = \frac{\partial x_i(X_j,\ t)}{\partial t} \end{aligned}\right\} \tag{5.5b}$$

가 된다. 이 속도는 시간 $t=0$에서 X에 있었던 입자에 대해 시간 $t=t$에서의 속도를 나타낸다. 이 식에서 만약 공간 좌표 x에 있어서 속도의 계산이 필요하면 식 (5.5b)의 X를 식 (5.3)의 x로 치환하면 된다.

임의의 공간점 x에 있어서 속도 v가 시간에 의존하지 않을 때는 $v = v(x)$이고 이때의 운동을 정상운동(steady motion)이라고 한다. 동일 입자의 괘적을 입자의 경로(particle path)라 하고 속도벡터와 그 접선이 일치하고 있는 곡선을 유선(stream line)이라고 한다. 정상운동의 경우 입자의 경로와 유선은 일치하지만 일반적인 경우는 다르다

예제 5-1

식 (5.4) 와 식 (5.5)에 대한 이해를 돕기 위해서 $x_1 = X_1(1+c^2t^2)$, $x_2 = X_2$, $x_3 = X_3$로 정의되는 입자의 운동을 검토해 보자. 여기서 c는 상수이다. 그러면 물질 표시에서 시간 t일 때 변위는 식 (5.4a)에 의해

$$u_1 = x_1 - X_1 = X_1 c^2 t^2, \quad u_2 = x_2 - X_2 = 0, \quad u_3 = x_3 - X_3 = 0$$

가 된다. 또한, 공간 표시에 의한 변위는 이 식과 $X_1 = x_1/(1+c^2t^2)$ 관계로부터

$$u_1 = \frac{x_1 c^2 t^2}{(1+c^2t^2)}, \quad u_2 = 0, \quad u_3 = 0$$

가 된다. 한편, 물질 표시에 의한 속도는 식 (5.5a)에서

$$v_1 = 2c^2 X_1 t, \quad v_2 = 0, \quad v_3 = 0$$

가 되고, 공간 표시에 의한 속도는 이 식에 $X_1 = x_1/(1+c^2t^2)$ 관계를 대입하여

$$v_1 = \frac{2c^2 x_1 t}{(1+c^2t^2)}, \quad v_2 = 0, \quad v_3 = 0$$

가 된다. 이와 같이 시간 $t = t$에서 x에 있는 입자의 변위 및 속도를 나타낼 수 있다.

5.3 | 물질도함수

운동하고 있는 연속체의 한 입자에 주목하여 그 입자가 갖는 물리량 ϕ의 시간변화율을 구하고자 할 때에는 그 입자에 대한 물리량의 시간의존성뿐만 아니라 주목하고 있는 입자의 운동에 대한 기여도 고려하여야 한다. 이와 같이 구해진 시간도함수를 물질도함수(material time derivative 또는 substantial time derivative)라 하고 $\dot{\phi} = D\phi/Dt$로 표시한다. ϕ가 스칼라, 벡터 혹은 텐서의 성분으로 주어지는 물리량이라고 생각하면 이때 ϕ는 물질 좌표 X_i, 혹은 공간 좌표 x_i에 의해 각각 다음과 같이 표시할 수 있다.

$$\phi = G(X_i, t) = g(x_i, t) \tag{5.6}$$

(i) ϕ가 물질 좌표에 의해 표시되는 경우에는 시간도함수가 그대로 물질도함수를 나타낸다. 즉,

$$\frac{D\phi}{Dt} = \frac{\partial G(X_i, t)}{\partial t} \Big|_{X_i - fixed} \tag{5.7}$$

(ii) 한편, ϕ가 공간 좌표에 의해 표시되는 경우에 대하여 식 (5.7)에 대응하는 표시식

을 구해보자. 이때는

$$\phi = g\{x_i(X_j,\ t),\ t\} \tag{5.8}$$

이므로 윗 식에서 X_j를 고정하고 시간 t에 대하여 체인법칙(chain rule)에 따라 미분하고 식 (5.5b)를 이용하면 다음 식이 얻어진다(연습문제 3 참고).

$$\begin{aligned} \frac{D\phi}{Dt} &= \frac{\partial g(x_i,\ t)}{\partial t}\ \Big|_{X_i-fixed} \\ &= \frac{\partial g(x_i,\ t)}{\partial x_k}\frac{\partial x_k(X_j,\ t)}{\partial t} + \frac{\partial g(x_i,\ t)}{\partial t} \\ &= v_k \frac{\partial g(x_i,\ t)}{\partial x_k} + \frac{\partial g(x_i,\ t)}{\partial t} \end{aligned} \tag{5.9}$$

윗 식에서 첫 번째 항은 비균질장에서 입자의 운동에 따른 물리량의 변화를 나타내고, 두 번째 항은 고정된 입자에 대한 물리량의 시간의존성을 나타낸다. 각각을 convective time derivative와 local time derivative라고 한다.

앞에서 논한바와 같이 ϕ의 함수형은 변수 X_i를 취하는 경우와 x_i를 취하는 경우에는 식 (5.6)에 나타낸 것과 같이 다른 것이 된다. 그러나 인수를 명시하면 어떤 함수형을 취해야 하는지에 대한 혼란이 발생하지 않으므로 이하에서는 $\phi(X_i,\ t) = G(X_i,\ t)$ 혹은 $\phi(x_i,\ t) = g(x_i,\ t)$를 이용하는 것으로 한다. 따라서 이때에는 식 (5.7), (5.9)를 대신하여 물질도함수는 다음 식들로 나타내어진다.

$$\frac{D\phi}{Dt} = \frac{\partial \phi(\boldsymbol{X},\ t)}{\partial t} \tag{5.10}$$

$$\frac{D\phi}{Dt} = \boldsymbol{v} \cdot \nabla \phi(\boldsymbol{x},\ t) + \frac{\partial \phi(\boldsymbol{x},\ t)}{\partial t} \tag{5.11}$$

이와 같은 시간도함수 $D\phi/Dt$를 ϕ에 대한 물질도함수라고 한다. 물질도함수 $D\phi/Dt$와 구분하여 $\partial\phi/\partial t$를 공간도함수(spatial time derivate)라고 한다.

한편, 입자의 가속도(acceleration) a는 속도 v의 시간변화율이므로 v에 대한 물질도함수를 구하는 것에 의해 계산할 수 있다. 식 (5.10) 및 식 (5.11)에서 ϕ를 v_i로 각각 치환하는 것에 의해

$$a_i = \frac{Dv_i}{Dt} = \frac{\partial v_i(X_j,\ t)}{\partial t} = \frac{\partial^2 x_i(X_j,\ t)}{\partial t^2} \tag{5.12}$$

$$a_i = \frac{Dv_i}{Dt} = \frac{\partial v_i(x_j,\ t)}{\partial t} \\ = v_k \frac{\partial v_i(x_j,\ t)}{\partial x_k} + \frac{\partial v_i(x_j,\ t)}{\partial t} \tag{5.13}$$

과 같이 물질 표시 및 공간 표시에 의한 물질도함수로 가속도 a를 구할 수 있다. 이상으로부터 물질도함수에 대한 미분연산자는 다음 식으로 표시할 수 있다.

$$\frac{D}{Dt} = v \cdot \nabla + \frac{\partial}{\partial t} \tag{5.14}$$

앞에서 다룬 예제에 대해 가속도 a를 구해 보자. 앞에서 $v_1 = 2c^2 X_1 t = 2c^2 x_1 t/(1+c^2t^2)$, $v_2 = 0$, $v_3 = 0$이므로 식 (5.12), (5.13)에 대응하는 가속도는 각각

$$a_1 = \frac{\partial v_1(X_j,\ t)}{\partial t} = 2c^2 X_1, \quad a_2 = 0, \quad a_3 = 0 \tag{5.15a}$$

$$a_1 = v_k \frac{\partial v_1(x_j,\ t)}{\partial x_k} + \frac{\partial v_1(x_j,\ t)}{\partial t} \\ = \frac{2c^2 x_1 t}{1+c^2t^2} \frac{\partial}{\partial x_1}\left\{\frac{2c^2 x_1 t}{1+c^2t^2}\right\} + \frac{\partial}{\partial t}\left\{\frac{2c^2 x_1 t}{1+c^2t^2}\right\} \\ = \frac{2c^2 x_1 t}{1+c^2t^2}, \quad a_2 = 0, \quad a_3 = 0 \tag{5.15b}$$

으로 주어진다. 그런데 $x_1 = X_1(1+c^2t^2)$인 관계가 있으므로 물질도함수로 표현된 가속도 a에 대한 식 (5.15a)와 식 (5.15b)의 표현은 동일하다는 것을 알 수 있다.

5.4 | 변형률 및 변형률속도

물체의 변형은 고정된 두 물체점 사이의 거리의 시간에 따른 변화를 고려하는 것으로 평가할 수 있다. 그림 5.2에 나타낸 바와 같이 변형 전에 임의의 물체점 P_0 근방에 물체점 Q_0를 선택하고 점 P_0의 좌표 X_i에 대해서 점 Q_0의 좌표를 $X_i + dX_i$로 나타낸다. 또한, 물체의 변형 후 점 P의 좌표 x_i에 대해서 점 Q의 좌표를 $x_i + dx_i$로 나타낸다.

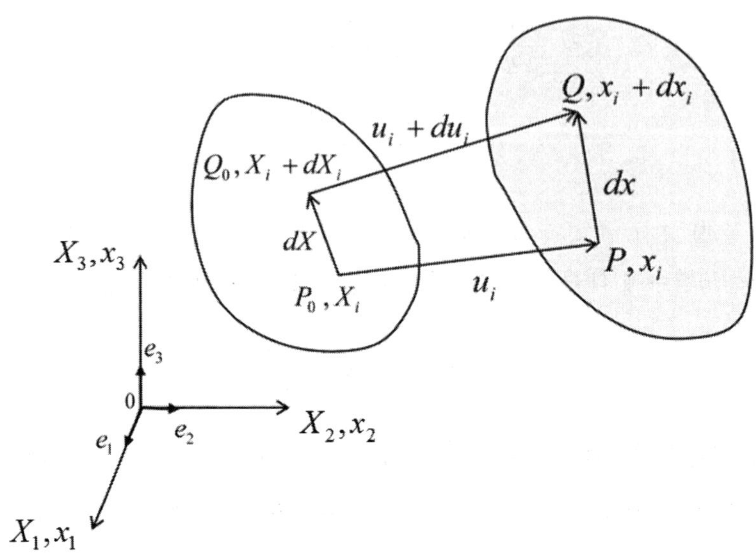

그림 5.2 두 개의 근접한 물체점의 운동

그러면 식 (5.1)에 의해 다음 식이 성립한다.

$$dx_i = \frac{\partial x_i}{\partial X_j} dX_j = F_{ij}\, dX_j\,, \qquad d\boldsymbol{x} = \boldsymbol{F} d\boldsymbol{X} \tag{5.16a}$$

$$dX_i = \frac{\partial X_i}{\partial x_j} dx_j = F_{ij}^{-1}\, dx_j\,, \qquad d\boldsymbol{X} = \boldsymbol{F}^{-1} d\boldsymbol{x} \tag{5.16b}$$

여기서 F_{ij}, F_{ij}^{-1}는 각각 다음 식으로 정의되는 2계 텐서로 변형구배텐서(deformation gradient tensor)라고 한다.

$$\left.\begin{aligned} F_{ij} &= \frac{\partial x_i}{\partial X_j}\,, \qquad \boldsymbol{F} = \frac{\partial \boldsymbol{x}}{\partial \boldsymbol{X}} \\ F_{ij}^{-1} &= \frac{\partial X_i}{\partial x_j}\,, \qquad \boldsymbol{F}^{-1} = \frac{\partial \boldsymbol{X}}{\partial \boldsymbol{x}} \end{aligned}\right\} \tag{5.17a}$$

이것이 텐서인 것은 텐서의 직교변환에 의해 쉽게 설명할 수가 있다. 변형구배텐서 $\boldsymbol{F}$를 행렬로 표시하면

$$F = (F_{ij}) = (\frac{\partial X_i}{\partial X_j}) = \begin{bmatrix} \frac{\partial x_1}{\partial X_1} & \frac{\partial x_1}{\partial X_2} & \frac{\partial x_1}{\partial X_3} \\ \frac{\partial x_2}{\partial X_1} & \frac{\partial x_2}{\partial X_2} & \frac{\partial x_2}{\partial X_3} \\ \frac{\partial x_3}{\partial X_1} & \frac{\partial x_3}{\partial X_2} & \frac{\partial x_3}{\partial X_3} \end{bmatrix} = \begin{bmatrix} F_{11} & F_{12} & F_{13} \\ F_{21} & F_{22} & F_{23} \\ F_{31} & F_{32} & F_{33} \end{bmatrix} \tag{5.17b}$$

다음에 변형 전, 후의 미소요소 P_0Q_0, PQ의 길이를 각각 dS, ds로 나타내면 아래 관계가 얻어진다.

$$\left.\begin{aligned} ds^2 &= dx_i dx_i \\ ds^2 &= d\boldsymbol{x} \cdot d\boldsymbol{x} = dx^T dx = (\boldsymbol{F}d\boldsymbol{X})^T \boldsymbol{F}d\boldsymbol{X} = d\boldsymbol{X}^T \boldsymbol{F}^T \boldsymbol{F} d\boldsymbol{X} \\ &= d\boldsymbol{X}^T \boldsymbol{C} d\boldsymbol{X} \quad , \qquad \boldsymbol{C} = \boldsymbol{F}^T \boldsymbol{F} \end{aligned}\right\} \tag{5.18a}$$

$$\left.\begin{aligned} dS^2 &= dX_i dX_i \\ dS^2 &= d\boldsymbol{X} \cdot d\boldsymbol{X} = d\boldsymbol{X}^T d\boldsymbol{X} = (\boldsymbol{F}^{-1} d\boldsymbol{x})^T \boldsymbol{F}^{-1} d\boldsymbol{x} = d\boldsymbol{x}^T (\boldsymbol{F}^{-1})^T \boldsymbol{F}^{-1} d\boldsymbol{x} \\ &= d\boldsymbol{x}^T \boldsymbol{B}^{-1} d\boldsymbol{x} \quad , \qquad \boldsymbol{B} - \boldsymbol{F}\boldsymbol{F}^T \end{aligned}\right\} \tag{5.18b}$$

여기서 $\boldsymbol{C}$와 $\boldsymbol{B}$는 다시

$$\boldsymbol{C} = \boldsymbol{F}^T \boldsymbol{F}, \quad \boldsymbol{B} = \boldsymbol{F}\boldsymbol{F}^T \tag{5.18c}$$

으로 나타내지는 2계 텐서이다. 식 (5.18c)의 $\boldsymbol{C}$와 $\boldsymbol{B}$는 변형과정에서 이웃하는 물체점 사이의 거리가 어느 정도 변화하는가를 계량하는 텐서임을 알 수 있다. 이 $\boldsymbol{C}$와 $\boldsymbol{B}$는 Truesdell과 Noll에 의해 각각 오른쪽 Cauchy-Green 변형텐서(right Cauchy-Green deformation tensor), 왼쪽 Cauchy-Green 변형텐서(left Cauchy-Green deformation tensor)라고 불렀다.

따라서 변형 전, 후의 인접한 두 물체점 간의 변형은

$$ds^2 - dS^2 = dx_i dx_i - dX_i dX_i \,,$$

$$ds^2 - dS^2 = dX^T C dX - dX^T dX = dX^T (C - I) dX = dX^T (2E) dX$$

으로 표시된다. 윗 식에서 오른쪽 항을 변형 전의 길이 dX_i 또는 변형 후의 길이 dx_i로 각각 나타내면

$$ds^2 - dS^2 = \left(\frac{dx_r}{dX_i}\frac{dx_r}{dX_j} - \delta_{ij}\right)dX_i dX_j \tag{5.19a}$$

$$ds^2 - dS^2 = \left(\delta_{ij} - \frac{dX_r}{dx_i}\frac{dX_r}{dx_j}\right)dx_i dx_j \tag{5.19b}$$

가 되고 이 식으로부터 다음과 같이 변형률 텐서를 정의할 수 있다.

$$ds^2 - dS^2 = 2E_{ij}dX_i dX_j \tag{5.20a}$$

$$ds^2 - dS^2 = 2e_{ij}dx_i dx_j \tag{5.20b}$$

여기서

$$E_{ij} = \frac{1}{2}\left(\frac{dx_r}{dX_i}\frac{dx_r}{dX_j} - \delta_{ij}\right), \qquad \boldsymbol{E} = \frac{1}{2}(\boldsymbol{C} - \boldsymbol{I}) \tag{5.21a}$$

$$e_{ij} = \frac{1}{2}\left(\delta_{ij} - \frac{dX_r}{dx_i}\frac{dX_r}{dx_j}\right), \qquad \boldsymbol{e} = \frac{1}{2}(\boldsymbol{I} - \boldsymbol{B}^{-1}) \tag{5.21b}$$

여기서 변형구배텐서 $\boldsymbol{F}$를 식 (4.45)에서와 같이 오른쪽 극분해하는 것으로 생각하면 2계 텐서 $\boldsymbol{C}$는

$$\left.\begin{aligned} &\boldsymbol{C} = \boldsymbol{F}^T\boldsymbol{F} = (\boldsymbol{QU})^T(\boldsymbol{QU}) = \boldsymbol{U}^T\boldsymbol{Q}^T\boldsymbol{QU} = \boldsymbol{U}^T\boldsymbol{U} = \boldsymbol{U}^2 \\ &\boldsymbol{U} = \sqrt{\boldsymbol{C}} \end{aligned}\right\} \tag{5.21c}$$

또한, $\boldsymbol{F}$를 식 (4.45)에서와 같이 왼쪽 극분해하는 것으로 생각하면 2계 텐서 $\boldsymbol{B}$는

$$\left.\begin{aligned} &\boldsymbol{B} = \boldsymbol{FF}^T = (\boldsymbol{VQ})(\boldsymbol{VQ})^T = \boldsymbol{VQQ}^T\boldsymbol{V}^T = \boldsymbol{VV}^T = \boldsymbol{V}^2 \\ &\boldsymbol{V} = \sqrt{\boldsymbol{B}} \end{aligned}\right\} \tag{5.21d}$$

으로 나타내진다. 따라서 식 (5.21c)와 (5.21d)에서 $\boldsymbol{U}$, $\boldsymbol{V}$를 구하면 식 (4.45)의 관계, $\boldsymbol{F} = \boldsymbol{QU} = \boldsymbol{VQ}$로부터 직교변환 텐서인 $\boldsymbol{Q}$를 다음 식으로 계산할 수 있다.

$$\boldsymbol{Q} = \boldsymbol{FU}^{-1} = \boldsymbol{V}^{-1}\boldsymbol{F} \tag{5.21e}$$

한편, 식 (5.3)의 관계를 도입하면 dx_i, dX_i는 각각

$$dx_i = \left(\delta_{ij} + \frac{\partial u_i}{\partial X_j}\right)dX_j, \quad dX_i = \left(\delta_{ij} - \frac{\partial u_i}{\partial x_j}\right)dx_j \tag{5.22}$$

또는

$$\frac{\partial u_i}{\partial X_j} = \frac{\partial x_i}{\partial X_j} - \delta_{ij} = F_{ij} - \delta_{ij} \tag{5.23a}$$

$$\frac{\partial u_i}{\partial x_j} = \delta_{ij} - \frac{\partial X_i}{\partial x_j} = \delta_{ij} - F_{ij}^{-1} \tag{5.23b}$$

으로 표시할 수 있다. 여기서 $\partial u_i/\partial X_j$는 변위구배텐서(displacement gradient tensor)이고 이것도 역시 2계 텐서이다. 따라서 식 (5.23)을 이용하여 식 (5.18)을 변위구배의 함수로 표시하면 다음과 같이 된다.

$$dS^2 = dX_i dX_i = \left(\delta_{ij} - \frac{\partial u_j}{\partial x_i} - \frac{\partial u_i}{\partial x_j} + \frac{\partial u_r}{\partial x_i}\frac{\partial u_r}{\partial x_j}\right) dx_i dx_j \tag{5.24a}$$

$$ds^2 = dx_i dx_i = \left(\delta_{ij} + \frac{\partial u_j}{\partial X_i} + \frac{\partial u_i}{\partial X_j} + \frac{\partial u_r}{\partial X_i}\frac{\partial u_r}{\partial X_j}\right) dX_i dX_j \tag{5.24b}$$

따라서 식 (5.21a), (5.21b)의 E_{ij}, e_{ij}는 각각 다음과 같이 표현된다.

$$E_{ij} = \frac{1}{2}\left(\frac{\partial u_j}{\partial X_i} + \frac{\partial u_i}{\partial X_j} + \frac{\partial u_r}{\partial X_i}\frac{\partial u_r}{\partial X_j}\right), \quad E = \frac{1}{2}\left(\frac{\partial u}{\partial X} + (\frac{\partial u}{\partial X})^T + \frac{\partial u}{\partial X}(\frac{\partial u}{\partial X})^T\right) \tag{5.25a}$$

$$e_{ij} = \frac{1}{2}\left(\frac{\partial u_j}{\partial x_i} + \frac{\partial u_i}{\partial x_j} - \frac{\partial u_r}{\partial x_i}\frac{\partial u_r}{\partial x_j}\right), \quad e_{ij} = \frac{1}{2}\left(\frac{\partial u}{\partial x} + (\frac{\partial u}{\partial x})^T - \frac{\partial u}{\partial x}(\frac{\partial u}{\partial x})^T\right) \tag{5.25b}$$

E_{ij}, e_{ij}는 각각 물체의 두 물체점 간의 거리의 변화를 변형 전, 후의 상태를 기준으로 하여 표현한 것이다. 식 (5.21a)와 식 (5.25a)의 E_{ij}를 Green 변형률텐서(Green's strain tensor) 또는 Lagrange의 유한 변형률텐서(finite Lagrangian strain tensor)라 하고, 식 (5.21b)와 식 (5.25b)의 e_{ij}를 Almansi 변형률텐서(Almansi's strain tensor) 또는 Euler 변형률텐서(Euler strain tensor)라고 한다. 식 (5.20a), (5.20b)의 좌변은 스칼라량이고 우변의 $dX_i dX_j$, $dx_i dx_j$는 2계 텐서이므로 텐서의 지수법칙에 따라 변형률 E_{ij}, e_{ij}는 2계 텐서이고 대칭임을 알 수 있다. 그러므로 변형률텐서는 앞장에서 언급한 2계 텐서의 각종 관계를 만족하게 된다.

기계부품 등에 사용되는 많은 일반재료들은 적당한 크기의 하중 아래서 오직 미소 형상변화만을 일으키고 있다. 이 경우 시간 $t=0$와 $t=t$ 간의 변형은 미소변형으로, $|\partial u_i/X_j| \ll 1$이라고 간주할 수 있으므로 변위구배는

$$\frac{\partial u_i}{\partial X_j} = \frac{\partial u_i}{\partial x_k}\frac{\partial x_k}{\partial X_j} = \frac{\partial u_i}{\partial x_k}\left(\delta_{kj} + \frac{\partial u_k}{\partial X_j}\right) = \frac{\partial u_i}{\partial x_j} + \frac{\partial u_i}{\partial x_k}\frac{\partial u_k}{\partial X_j}$$
$$\cong \frac{\partial u_i}{\partial x_j} \tag{5.26}$$

가 성립하고 또한 식 (5.25a), (5.25b)의 변위구배의 2차항은 다른 항에 비하여 매우 작으므로 무시 가능하다. 이때는

$$E_{ij} \cong e_{ij} \cong \frac{1}{2}\left(\frac{\partial u_i}{\partial x_j} + \frac{\partial u_j}{\partial x_i}\right) \cong \frac{1}{2}\left(\frac{\partial u_i}{\partial X_j} + \frac{\partial u_j}{\partial X_i}\right)$$
$$= \epsilon_{ij}\left\{= \frac{1}{2}\left(\frac{\partial u_i}{\partial x_j} + \frac{\partial u_j}{\partial x_i}\right)\right\} \tag{5.27}$$

으로 간주할 수 있으며 식 (5.27)은 식 (5.23)을 이용하면

$$\epsilon_{ij} = \frac{1}{2}(F_{ij} + F_{ji}) - \delta_{ij},\ \epsilon_{ij} = \frac{1}{2}(F^T + F) - I \tag{5.28}$$

으로 표현할 수 있다. 여기서 ϵ_{ij}를 Cauchy의 미소 변형률텐서(Cauchy's infinitesimal strain tensor) 혹은 간단히 변형률텐서(strain tensor)라고 한다. 이와 같이 물체의 변형이 작은 경우에는 변위구배를 계산하는 데 있어서 기준좌표를 변형 전 혹은 변형 후로 하여도 차이가 없기 때문에 Lagrange 변형률이나 Euler 변형률이 일치한다. 일반적으로 공학문제에서는 Euler 변형률에 대한 정의를 이용하고 있다. 그러나 물체가 큰 소성변형을 받는 경우를 대상으로 하는 경우는 Lagrange의 유한 변형률에 대한 정의를 사용하는 경우도 있다.

x_1, x_2, x_3를 x, y, z에 대응시키면 ϵ_{ij}는 다음과 같이 전개할 수 있다.

$$\epsilon_{xx} = \frac{\partial u_x}{\partial x},\quad \epsilon_{yy} = \frac{\partial u_y}{\partial y},\quad \epsilon_{zz} = \frac{\partial u_z}{\partial z}$$
$$\epsilon_{xy} = \epsilon_{yx} = \frac{1}{2}\left(\frac{\partial u_y}{\partial x} + \frac{\partial u_x}{\partial y}\right) = \frac{1}{2}\gamma_{xy}$$
$$\epsilon_{yz} = \epsilon_{zy} = \frac{1}{2}\left(\frac{\partial u_z}{\partial y} + \frac{\partial u_y}{\partial z}\right) = \frac{1}{2}\gamma_{yz} \tag{5.29a}$$
$$\epsilon_{zx} = \epsilon_{xz} = \frac{1}{2}\left(\frac{\partial u_x}{\partial z} + \frac{\partial u_z}{\partial x}\right) = \frac{1}{2}\gamma_{zx}$$

이 Cauchy 변형률텐서를 행렬로 표시하면

$$\epsilon = (\epsilon_{ij}) = \begin{bmatrix} \epsilon_{xx} & \epsilon_{xy} & \epsilon_{xz} \\ \epsilon_{yx} & \epsilon_{yy} & \epsilon_{yz} \\ \epsilon_{zx} & \epsilon_{zy} & \epsilon_{zz} \end{bmatrix} \tag{5.29b}$$

여기서 γ_{xy}, γ_{yz}, γ_{zx}는 공학전단변형률(engineering shear strain)이라고 한다. ϵ_{ij}의 물리석 의미에 대해서는 연습문제 7을 참고하라. 참고로 극좌표에 대한 변형률의 정의를 부록 Ⅲ에 나타내었다.

한편 체적변형률(volumetric strain) ϵ_v는

$$\epsilon_v = \epsilon_{ij}\delta_{ij} = \epsilon_{ii} = \epsilon_{xx} + \epsilon_{yy} + \epsilon_{zz} \tag{5.30}$$

으로 그리고 편차변형률(deviatoric strain) $\epsilon_{ij}{}'$은

$$\epsilon_{ij}{}' = \epsilon_{ij} - \frac{1}{3}\delta_{ij}\epsilon_v \tag{5.31}$$

으로 정의된다. 여기서 2계 텐서 $A_{ij}{}'$는 A_{ij}의 편차성분을 나타내는 것으로 제3장의 텐서의 좌표변환에서 사용한 기호 A'_{ij}와 혼동하지 않도록 주의하여야 한다.

다음에 식 (5.20b)를 미소변형률로 표시하고 시간미분을 행하면 다음의 관계가 성립한다.

$$\frac{d}{dt}(ds^2 - dS^2) = 2d_{ij}dx_i dx_j \tag{5.32}$$

여기서 d_{ij}는 변형률속도 텐서(strain rate tensor 또는 rate of deformation)로 미소 요소의 길이의 제곱차의 변화율을 시간 $t = t$에 있어서 좌표를 기준으로 하여 나타낸 것이다. 앞 식에서는 간단하게 하기 위해서 미소 변형률텐서를 이용하였지만 이와 같은 근사를 도입하지 않고 동일한 관계를 얻을 수 있다(연습문제 8 참조). 식 (5.32)에서 정의되는 변형률속도 d_{ij}는

$$\begin{aligned} d_{ij} &= \frac{1}{2}\left(\frac{\partial v_i}{\partial x_j} + \frac{\partial v_j}{\partial x_i}\right) = \frac{1}{2}(v_{i,j} + v_{j,i}) \\ &= \frac{1}{2}(L_{ij} + L_{ji}) \end{aligned} \tag{5.33}$$

으로 나타내진다. 여기서 L_{ij} 다음 식으로 정의되는 속도구배텐서(velocity gradient

tensor)이다.

$$L_{ij} = \frac{\partial v_i}{\partial x_j} \quad \left(= \frac{\partial v_i}{\partial X_k}\frac{\partial X_k}{\partial x_j}\right), \qquad \boldsymbol{L} = \frac{\partial \boldsymbol{v}}{\partial \boldsymbol{x}} = \dot{\boldsymbol{F}}\boldsymbol{F}^{-1} \tag{5.34}$$

속도구배(velocity gradient) $v_{i,j}$도 2계 텐서이므로 식 (4.16a)에서와 같이 대칭부분과 반대칭부분으로 분해(decomposition)가 가능하다. 즉,

$$\begin{aligned} v_{i,j} &= \frac{1}{2}\left(\frac{\partial v_i}{\partial x_j} + \frac{\partial v_j}{\partial x_i}\right) + \frac{1}{2}\left(\frac{\partial v_i}{\partial x_j} - \frac{\partial v_j}{\partial x_i}\right) \\ &= d_{ij} + \omega_{ij} \end{aligned} \tag{5.35a}$$

변형률속도 d_{ij}는 $v_{i,j}$의 대칭부분을 나타내고 있음을 알 수 있다. $v_{i,j}$의 반대칭부분을 ω_{ij}로 표시하면

$$\begin{aligned} \omega_{ij} &= \frac{1}{2}(v_{i,j} - v_{j,i}) \\ &= \frac{1}{2}(L_{ij} - L_{ji}) \end{aligned} \tag{5.35b}$$

은 순간적인 강체 회전을 나타내는 스핀텐서(spin tensor)로 정의된다.

한편, 식 (5.30), (5.31)과 같이 체적 변형률속도(volumetric strain rate) d_v와 편차 변형률속도(deviatoric strain rate) d_{ij}'는 각각 다음과 같이 정의된다.

$$d_v = d_{ii} = d_{xx} + d_{yy} + d_{zz} \tag{5.36a}$$

$$d_{ij}' = d_{ij} - \frac{1}{3}\delta_{ij}d_v \tag{5.36b}$$

이상에서와 같이 변형구배텐서 F_{ij}, 변형률텐서 e_{ij}, 변형률 속도텐서 d_{ij} 등은 2계 텐서이므로 텐서의 변환법칙 식 (4.5)를 따른다는 것을 알 수 있다. 즉,

$$\left.\begin{aligned} F'_{ij} &= Q_{ik}Q_{jl}F_{kl} \\ \epsilon'_{ij} &= Q_{ik}Q_{jl}\epsilon_{kl} \\ &\vdots \end{aligned}\right\} \tag{5.37}$$

5.5 | 변형률의 불변량

위의 변형률 및 편차변형률은 2계 대칭텐서이므로 식 (2.26), (2.27)에서와 같이 주값과 3개의 변형률 불변량(strain invariant)을 정의할 수 있다. 변형률 ϵ_{ij}에 대한 다음의 특성방정식

$$|\epsilon_{ij} - \epsilon\delta_{ij}| = 0 \tag{5.38a}$$

$$\epsilon^3 - K_1\epsilon^2 + K_2\epsilon - K_3 = 0 \tag{5.38b}$$

의 ϵ에 대한 3개의 실근 ϵ_1, ϵ_2, ϵ_3는 주변형률(principal strain)이고 불변량 K_1, K_2, K_3는 다음과 같이 주어진다.

$$\begin{aligned} K_1 &= \epsilon_{ii} = \epsilon_v \\ K_2 &= \frac{1}{2}(\epsilon_{ii}\epsilon_{jj} - \epsilon_{ij}\epsilon_{ji}) \\ &= \begin{vmatrix} \epsilon_{11} & \epsilon_{21} \\ \epsilon_{21} & \epsilon_{22} \end{vmatrix} + \begin{vmatrix} \epsilon_{22} & \epsilon_{23} \\ \epsilon_{32} & \epsilon_{33} \end{vmatrix} + \begin{vmatrix} \epsilon_{33} & \epsilon_{31} \\ \epsilon_{13} & \epsilon_{11} \end{vmatrix} \\ &= \epsilon_{11}\epsilon_{22} + \epsilon_{22}\epsilon_3 + \epsilon_{11}\epsilon_{33} - \epsilon_{12}^2 - \epsilon_{23}^2 - \epsilon_{13}^2 \\ K_3 &= \det(\epsilon_{ij}) = \begin{vmatrix} \epsilon_{11} & \epsilon_{12} & \epsilon_{13} \\ \epsilon_{21} & \epsilon_{22} & \epsilon_{23} \\ \epsilon_{31} & \epsilon_{32} & \epsilon_{33} \end{vmatrix} \\ &= \epsilon_{11}\epsilon_{22}\epsilon_{33} + 2\epsilon_{12}\epsilon_{23}\epsilon_{13} - \epsilon_{11}\epsilon_{23}^2 - \epsilon_{22}\epsilon_{13}^2 - \epsilon_{33}\epsilon_{12}^2 \end{aligned} \tag{5.39}$$

한편, 편차변형률 $\epsilon_{ij}{}'$에 대해서도 다음과 같은 특성방정식과 3개의 주 편차변형률 $\epsilon_1{}'$, $\epsilon_2{}'$, $\epsilon_3{}'$그리고 3개의 불변량을 정의할 수 있다.

$$|\epsilon_{ij}{}' - \epsilon'\delta_{ij}| = 0 \tag{5.40}$$

$$\epsilon'^3 - L_1\epsilon'^2 + L_2\epsilon' - L_3 = 0 \tag{5.41}$$

여기서

$$L_1 = \epsilon_{ii}{}' = (\epsilon_{11} - \frac{1}{3}\epsilon_v) + (\epsilon_{22} - \frac{1}{3}\epsilon_v) + (\epsilon_{33} - \frac{1}{3}\epsilon_v) = 0$$

$$L_2 = \frac{1}{2}(\epsilon_{ii}{}'\epsilon_{jj}{}' - \epsilon_{ij}{}'\epsilon_{ji}{}') = -\frac{1}{2}\epsilon_{ij}{}'\epsilon_{ji}{}'$$

$$L_3 = \det\ (\epsilon_{ij}{}')$$

물론 변형률속도 d_{ij}에 대해서도 상기와 같은 관계가 만족되는 것을 알 수 있다.

5.6 | 변형률의 적합조건

지금까지는 연속체가 변형하여 3개의 변위함수 u_1, u_2, u_3가 주어질 때 연속인 $\partial u_i/\partial x_j$가 존재한다면 식 (5.29)로부터 항상 대응하는 6개의 변형률 성분 ϵ_{ij}를 구할 수 있음을 보였다. 그러나 그 반대로 6개의 변형률 성분이 임의로 주어질 때 다음의 방정식을 만족하는 변위장이 유일(single-valued)하게 존재하는가에 대해서 검토해 보자.

$$\frac{1}{2}\left(\frac{\partial u_i}{\partial x_j} + \frac{\partial u_j}{\partial x_i}\right) = \epsilon_{ij} \tag{5.42}$$

예를 들면 변형률 성분이 다음과 같이 주어지는 경우

$$\epsilon_{11} = x_2^2, \quad \epsilon_{22} = \epsilon_{33} = \epsilon_{12} = \epsilon_{13} = \epsilon_{23} = 0 \tag{5.43}$$

식 (5.42)로부터 $\epsilon_{11} = \partial u_1/\partial x_1 = x_2^2$, $\epsilon_{22} = \partial u_2/\partial x_2 = 0$이므로 이 식들을 적분하면

$$\left.\begin{aligned} u_1 &= x_1 x_2^2 + f(x_2, x_3) \\ u_2 &= g(x_1, x_3) \end{aligned}\right\} \tag{5.44}$$

이 얻어진다. 여기서 f, g는 적분함수이다. 한편 $\epsilon_{12} = 0$인 조건

$$\frac{1}{2}\left(\frac{\partial u_1}{\partial x_2} + \frac{\partial u_2}{\partial x_1}\right) = 0 \tag{5.45}$$

과 식 (5.44)로부터 다음 식이 얻어진다.

$$2x_1x_2 + \frac{\partial f(x_2, x_3)}{\partial x_2} + \frac{\partial g(x_1, x_3)}{\partial x_1} = 0 \tag{5.46}$$

이 식의 제2항과 제3항은 $x_1 x_2$의 항을 갖지 않으므로 이 식은 결코 만족될 수 없다. 즉, 주어진 변형률 ϵ_{ij}를 만족하는 어떤 변위장 u_i도 존재하지 않는다. 이것은 다시 말하면 주어진 변형률이 적합하지 않다는(not compatible) 것을 의미한다.

따라서 연속인 2계 편도함수를 갖는 변형률 $\epsilon_{ij}(x_1, x_2, x_3)$가 주어진 경우에 식 (5.42)로 정의되는 연속인 변위장 $u_i(x_1, x_2, x_3)$가 유일하게 존재하기 위해서는 어떤 제약조건이 필요하다. 이 조건은 식 (5.42)에서 u_i를 소거하는 것으로부터 다음 식으로 주어진다.

$$\epsilon_{ij,kl} + \epsilon_{kl,ij} - \epsilon_{ik,jl} - \epsilon_{jl,ik} = 0 \tag{5.47}$$

이 식은 81개의 식을 나타내지만 ϵ_{ij}가 i, j에 대해서 대칭이고 $\epsilon_{ij,kl}$이 k, l에 대해서 대칭이기 때문에 독립인 식은 6개뿐이다. 이 식을 성분별로 표시하면

$$\frac{\partial^2 \epsilon_{11}}{\partial x_2^2} + \frac{\partial^2 \epsilon_{22}}{\partial x_1^2} - 2\frac{\partial^2 \epsilon_{12}}{\partial x_1 \partial x_2}$$

$$\frac{\partial^2 \epsilon_{22}}{\partial x_3^2} + \frac{\partial^2 \epsilon_{33}}{\partial x_2^2} = 2\frac{\partial^2 \epsilon_{33}}{\partial x_2 \partial x_3}$$

$$\frac{\partial^2 \epsilon_{33}}{\partial x_1^2} + \frac{\partial^2 \epsilon_{11}}{\partial x_3^2} = 2\frac{\partial^2 \epsilon_{31}}{\partial x_3 \partial x_1}$$

$$\frac{\partial^2 \epsilon_{11}}{\partial x_2 \partial x_3} = \frac{\partial}{\partial x_1}\left(\frac{-\partial \epsilon_{23}}{\partial x_1} + \frac{\partial \epsilon_{31}}{\partial x_2} + \frac{\partial \epsilon_{12}}{\partial x_3}\right) \tag{5.48}$$

$$\frac{\partial^2 \epsilon_{22}}{\partial x_3 \partial x_1} = \frac{\partial}{\partial x_2}\left(\frac{-\partial \epsilon_{31}}{\partial x_2} + \frac{\partial \epsilon_{12}}{\partial x_3} + \frac{\partial \epsilon_{23}}{\partial x_1}\right)$$

$$\frac{\partial^2 \epsilon_{33}}{\partial x_1 \partial x_2} = \frac{\partial}{\partial x_3}\left(\frac{-\partial \epsilon_{12}}{\partial x_3} + \frac{\partial \epsilon_{23}}{\partial x_1} + \frac{\partial \epsilon_{31}}{\partial x_2}\right)$$

과 같다. 이 6개의 식은 식 (5.42)를 적분하여 얻어지는 연속한 변위장의 유일성을 보증하기 위해 6개의 변형률 성분 간에 만족해야 하는 필요조건으로 Saint-Venant의 적합조건식(Saint-Venant's compatibility equation)이라고 한다.

예제5-2

단순 전단(simple shear)을 받고 있는 물체는 변형 전, 후의 물체의 좌표가 다음과 같이 나타내진다.

이 물체의 Green 변형률텐서, Almansi 변형률텐서 그리고 속도구배텐서를 구하라.

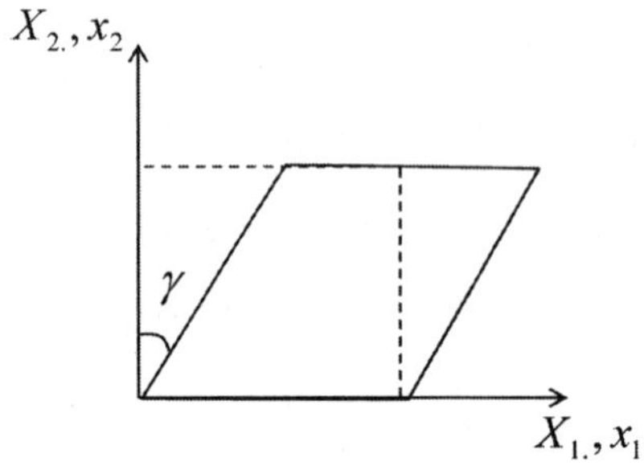

그림 5.3 단순 전단변형

$$x_1 = X_1 + \gamma X_2$$

$$x_2 = X_2$$

여기서 $\dfrac{dx_1}{dX_1} = 1$, $\dfrac{dx_2}{dX_1} = 0$, $\dfrac{dx_1}{dX_2} = \gamma$, $\dfrac{dx_2}{dX_2} = 1$의 관계를 이용하여 식 (5.17b)의 변형구배텐서 $\boldsymbol{F}$를 나타내면

$$\boldsymbol{F} = \begin{bmatrix} 1 & \gamma \\ 0 & 1 \end{bmatrix}$$

따라서 식 (5.18c)에서 $\boldsymbol{C}$, $\boldsymbol{B}$, $\boldsymbol{B}^{-1}$는 각각

$$\boldsymbol{C} = \boldsymbol{F}^T\boldsymbol{F} = \begin{bmatrix} 1 & 0 \\ \gamma & 1 \end{bmatrix}\begin{bmatrix} 1 & \gamma \\ 0 & 1 \end{bmatrix} = \begin{bmatrix} 1 & \gamma \\ \gamma & \gamma^2+1 \end{bmatrix}$$

$$\boldsymbol{B} = \boldsymbol{F}\boldsymbol{F}^T = \begin{bmatrix} 1 & \gamma \\ 0 & 1 \end{bmatrix}\begin{bmatrix} 1 & 0 \\ \gamma & 1 \end{bmatrix} = \begin{bmatrix} 1 & \gamma \\ \gamma & \gamma^2+1 \end{bmatrix}$$

$$\boldsymbol{B}^{-1} = \begin{bmatrix} \gamma^2+1 & -\gamma \\ -\gamma & 1 \end{bmatrix}$$

이 되고, 따라서 Green 변형률텐서와 Almansi 변형률텐서는 각각 다음과 같이 된다.

$$\boldsymbol{E} = \frac{1}{2}(\boldsymbol{C} - \boldsymbol{I}) = \left(\begin{bmatrix} 1 & \gamma \\ \gamma & \gamma^2+1 \end{bmatrix} - \begin{bmatrix} 1 & 0 \\ 0 & 1 \end{bmatrix}\right) = \frac{1}{2}\begin{bmatrix} 0 & \gamma \\ \gamma & \gamma^2 \end{bmatrix}$$

$$e = \frac{1}{2}(\boldsymbol{I} - \boldsymbol{B}^{-1}) = \frac{1}{2}\begin{bmatrix} -\gamma^2 & \gamma \\ \gamma & 0 \end{bmatrix}$$

또한, 속도구배텐서의 정의식 (5.34)로부터

$$\boldsymbol{L} = \dot{\boldsymbol{F}}\,\boldsymbol{F}^{-1} = \begin{bmatrix} 0 & \dot{\gamma} \\ 0 & 0 \end{bmatrix}\begin{bmatrix} 1 & -\gamma \\ 0 & 1 \end{bmatrix} = \begin{bmatrix} 0 & \dot{\gamma} \\ 0 & 0 \end{bmatrix}$$

한편, Green 변형률은 식 (5.21a)의 Green 변형률의 정의로부터 텐서성분을 바로 전개하는 것으로부터 구할 수도 있다. 즉,

$$E_{11} = \frac{1}{2}\left(\frac{dx_r}{dX_1}\frac{dx_r}{dX_1} - \delta_{11}\right)$$

$$= \frac{1}{2}\left(\frac{dx_1}{dX_1}\frac{dx_1}{dX_1} + \frac{dx_2}{dX_1}\frac{dx_2}{dX_1} - 1\right)$$

$$= \frac{1}{2}(1\times 1 + 0\times 0 - 1)$$

$$= 0$$

$$E_{12} = \frac{1}{2}\left(\frac{dx_r}{dX_1}\frac{dx_r}{dX_2} - \delta_{12}\right)$$

$$= \frac{1}{2}\left(\frac{dx_1}{dX_1}\frac{dx_1}{dX_2} + \frac{dx_2}{dX_1}\frac{dx_2}{dX_2}\right)$$

$$= \frac{1}{2}(1\times\gamma + 0)$$

$$= \frac{1}{2}\gamma$$

마찬가지로

$$E_{22} = \frac{1}{2}\gamma^2,\ E_{21} = \frac{1}{2}\gamma$$

가 된다. 따라서 Green 변형률 텐서의 매트릭스 E는 다음과 같이 나타내진다.

$$\boldsymbol{E} = \frac{1}{2}\begin{bmatrix} 0 & \gamma \\ \gamma & \gamma^2 \end{bmatrix}$$

| 연습문제

1 Show that the following motion exists when the motion of the object is given by $x_1 = X_1 + X_3(e^2 - 1)$, $x_2 = X_2 + X_3(e^2 - e^{-2})$, $x_3 = e^2 X_3$.

2 The motion of the object is given by $x_1 = X_1 + X_2 t + X_3 t^2$, $x_2 = X_2 + X_3 t + X_1 t^2$, $x_3 = X_3 + X_1 t + X_2 t^2$. Find the velocity and acceleration at$X_1 = X_2 = X_3 = 1$ at $t = 0$ and $x_1 = x_2 = x_3 = 1$ at $t = t$.

3 $\phi(x_i,\ t)$ changed between $\phi(x_i + v_i \triangle t,\ t + \triangle t)$ between time t and $t + \triangle t$. At this time, show that the following relation holds

$$\lim_{\Delta t \to 0} \frac{\Delta\phi}{\Delta t} = \frac{D\phi}{Dt} = \dot{\phi} \tag{5.49}$$

However, if Taylor's theorem eliminates the higher-order term, the following equation holds.

$$\begin{aligned} \dot{\phi}(x_i,\ t)\Delta t &= \phi(x_i + \Delta x_i,\ t + \Delta t) - \phi(x_i,\ t) \quad , \ \Delta x_i = v_i \Delta t \\ &= \phi(x_i,\ t) + \frac{\partial\phi(x_i,\ t)}{\partial x_m}\Delta x_m + \frac{\partial\phi(x_i,\ t)}{\partial t}\Delta t - \phi(x_i,\ t) \end{aligned} \tag{5.50}$$

4 Let U, V be integers and show div $v = 0$ for the motion $v_1 =- U x_2$, $v_2 = U x_1$, $v_3 = V$. Also find acceleration and stream line.

5 Find E_{ij}, e_{ij}, ϵ_{ij}, ϵ_v for the motion $x_1 = a_1(X_1 t + \alpha X_2)$, $x_2 = a_2 X_2 t$, $x_3 = a_3 X_3$ with a_1, a_2, a_3 and α as integers.

6 A rod of length 1 shown in Figure 5.4 was stretched to λ. At this time, calculate E_{11}, e_{11}, ϵ_{11} and examine the physical meaning. Here, $\lambda - 1$ is a infinitesimal value.

7 Consider the deformation of a rectangle with a length dx, dy of one side shown in Figure 5.5 and examine the physical meaning of ϵ_{ij} . Here, u_x and u_y are assumed to be infinitesimal values. Here,

$$\epsilon_x = \frac{length(AB) - length(ab)}{length(AB)}, \ \gamma_{xy} = 2\epsilon_{xy} = \tan\alpha + \tan\beta \quad (\approx \alpha + \beta)$$

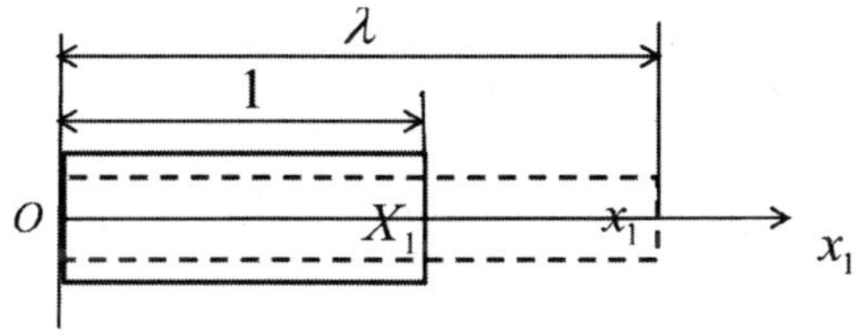

Fig. 5.4 One dimensional deformation

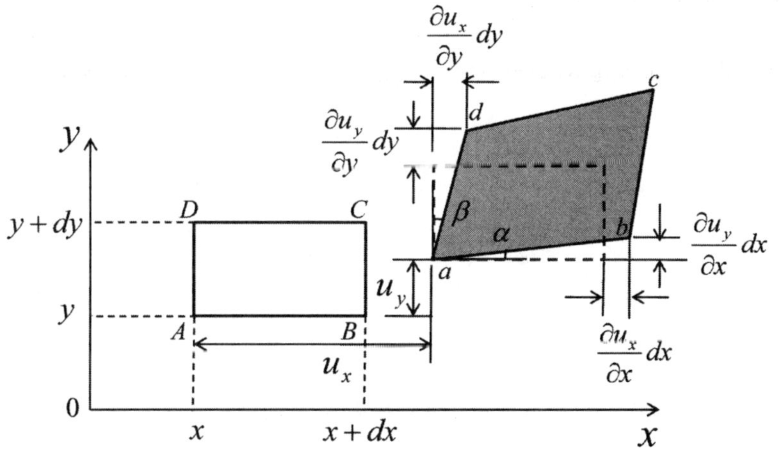

Fig. 5.5 Two dimensional deformation

8 Select the object point Q near the particle P, and at each time $t = t$, each coordinate is called x_i, $x_i + dx_i$. After the minute time, the positions of P and Q can be represented by x'_i, $x'_i + dx'_i = x_i + dx_i + (v_i + v_{i,j}dx_j)\triangle t$, respectively. Derive the strain rate tensor d_{ij} of equation (5.33) from the change in the squared difference of the length of the infinitesimal element PQ defined by

$$\frac{d}{dt}(ds^2 - dS^2) = \lim_{\Delta t \to 0} \frac{1}{\Delta t}[ds^2 - dS^2] = \lim_{\Delta t \to 0} \frac{1}{\Delta t}[dx'_i dx'_i - dx_i dx_i] \quad (5.51)$$

9 Find ϵ_{ij}, $\epsilon_{ij}{}'$, ϵ_v, ϵ_1, ϵ_2 for $u_1 = a_0 + a_1 x + a_2 y, u_2 = b_0 + b_1 x + b_2 y$

10 For the case of two-dimensional plane strain ($\epsilon_z = \epsilon_{xz} = \epsilon_{yz} = 0$), we can obtain the following principal strains from Eq. (5.37) from non-zero values of ϵ_x, ϵ_y, ϵ_{xy}.

$$\left.\begin{aligned} \epsilon_1 &= \frac{1}{2}(\epsilon_x + \epsilon_y) + \frac{1}{2}\sqrt{(\epsilon_x - \epsilon_y)^2 + 4\epsilon_{xy}^2} \\ \epsilon_2 &= \frac{1}{2}(\epsilon_x + \epsilon_y) - \frac{1}{2}\sqrt{(\epsilon_x - \epsilon_y)^2 + 4\epsilon_{xy}^2} \\ \epsilon_3 &= 0 \end{aligned}\right\} \tag{5.52}$$

11 Show that equation (5.47) holds.

12 Show that the following strains are compatible and find the corresponding displacement field

$$(\epsilon_{ij}) = \begin{bmatrix} 2x_1 & x_1 + 2x_2 & 0 \\ x_1 + 2x_2 & 2x_1 & 0 \\ 0 & 0 & 2x_3 \end{bmatrix}$$

13 The deformation of the object is expressed as follows.

$$x_1 = X_1, \quad x_2 = X_2 + 0.2X_3, \quad x_3 = X_3 + 0.2X_2$$

In this case, find the strain gradient tensor of Eq. (5.17b) and the Green strain tensor of Eq. (5.21a).

14 When the deformation of an object is expressed as

$$x_1 = \cos\theta\, X_1 + \sin\theta\, X_2 + 1, \quad x_2 = -\sin\theta\, X_1 + \cos\theta\, X_2 - 2, \quad x_3 = X_3 + 1$$

Find the deformation gradient tensor.

06 응력과 평형방정식

여기서는 내력, 표면력 및 응력성분을 정의하고 응력텐서의 대칭성, 평형방정식을 도출한다. 또한, 주응력, 응력의 불변량에 대해서도 언급한다.

6.1 내력, 표면력 및 물체력

그림 6.1에 나타낸 것과 같은 물체 B가 변형하여 평형상태(equilibrium state)에 있는 경우를 고려한다. 이 물체 내의 가상적인 폐곡면을 S라고 하고 곡면 S의 외측 재료와 내측 재료 간에 상호 작용하고 있는 힘, 내력(internal force)을 고려하자. 지금 이 폐곡면 상에 미소 면적요소 ΔS를 취하여 ΔS에 대하여 내측으로부터 외측으로 향하는 단위 법선 벡터를 n으로 한다. n의 방향에 따라 ΔS의 내측인가 외측인가를 구별할 수 있다. n의 양의 측에 있는 재료가 음의 측에 있는 재료에 작용하는 힘을 ΔT라고 하고, 이때 ΔS를 0로 하는 극한에 있어서 $\Delta T/\Delta S$값을

$$t = \lim_{\Delta S \to 0} \frac{\Delta \boldsymbol{T}}{\Delta S} = \frac{d\boldsymbol{T}}{dS} \tag{6.1}$$

응력벡터 t로 정의하면 t는 곡면의 한 점에 작용하는 단위 면적당의 내력을 나타낸다. 여기서 ΔS는 면적으로서 정의될 수 있는 정도의 크기이어야 한다.

위에서는 폐곡면 S를 물체 내부에서 가상적으로 고려하였지만 이것을 물체의 표면에 일치시키면 응력벡터(stress vector) t는 물체표면에 외부로부터 작용하는 단위 면적당의 표면력(surface traction) P에 대응한다. 물체에는 이외에도 중력과 같이 물체의 체적 혹은 질량에 비례한 힘이 작용한다. 전자를 체적력(body force per unit volume), 후자를 물체력(body force per unit mass)이라 하고 f로 표시한다.

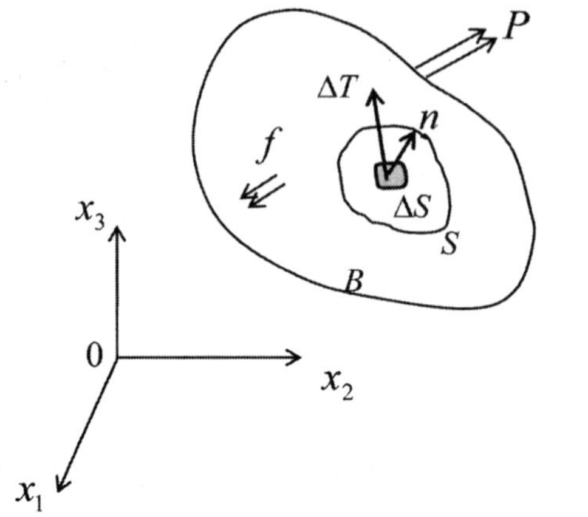

그림 6.1 물체에 작용하는 힘

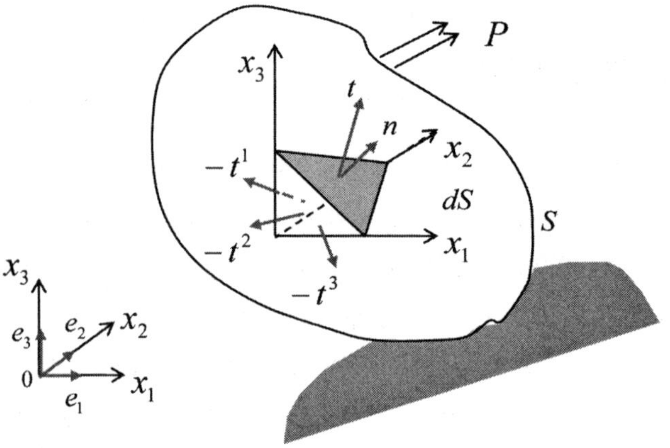

그림 6.2 응력벡터

6.2 | 응력

외력을 받아 평형상태에 있는 물체 내에 그림 6.2에 나타낸 것과 같이 임의의 미소 4면체에 작용하는 힘을 검토해 보자. 사면체(tetrahedron)의 표면에 있는 한 점 Q에서 단위 법선벡터 $\boldsymbol{n}$을 갖는 경사면 요소에 작용하는 응력벡터를 $\boldsymbol{t}$로 정의하고 그림에서와 같이 x_i축을 법선방향으로 하는 3개의 상호 직교하는 3개의 면에 작용하는 응력벡터를 $\boldsymbol{t}^i$로 나타낸다. $\boldsymbol{t}$가 작용하고 있는 미소 경사면의 면적을 dS라고 하면, $\boldsymbol{t}^i$가 작용하는 미소면의 면적은 $n_i dS$ 이므로 dS와 이들 3개의 면으로 구성되는 사면체에 작용하는 힘의 평형을 고려하면 다음과 같은 관계가 성립한다.

$$\boldsymbol{t}dS - \boldsymbol{t}^1 n_1 dS - \boldsymbol{t}^2 n_2 dS - \boldsymbol{t}^3 n_3 dS = 0 \tag{6.2}$$

따라서

$$\begin{aligned} \boldsymbol{t} &= \boldsymbol{t}^1 n_1 + \boldsymbol{t}^2 n_2 + \boldsymbol{t}^3 n_3 \\ &= \boldsymbol{t}^i n_i \end{aligned} \tag{6.3}$$

이 된다. 즉, 임의 면에 작용하는 응력벡터 $\boldsymbol{t}$는 그 점에서 상호 직교하는 3개의 면 요소에 작용하는 응력벡터 $\boldsymbol{t}^i$의 합으로 나타낼 수 있다.

한편, 각 면에 작용하고 있는 응력벡터 $\boldsymbol{t}^i$를 기본벡터 $\boldsymbol{e}_j$를 갖는 직교 좌표축 x_j방향의 성분으로 표시하면 다음과 같은 식이 된다.

$$\begin{aligned} \boldsymbol{t}^1 &= \sigma_{11}\boldsymbol{e}_1 + \sigma_{12}\boldsymbol{e}_2 + \sigma_{13}\boldsymbol{e}_3 \\ \boldsymbol{t}^2 &= \sigma_{21}\boldsymbol{e}_1 + \sigma_{22}\boldsymbol{e}_2 + \sigma_{23}\boldsymbol{e}_3 \\ \boldsymbol{t}^3 &= \sigma_{31}\boldsymbol{e}_1 + \sigma_{32}\boldsymbol{e}_2 + \sigma_{33}\boldsymbol{e}_3 \end{aligned} \tag{6.4a}$$

이 식은 간단히

$$\boldsymbol{t}^i = \sigma_{ij}\,\boldsymbol{e}_j \tag{6.4b}$$

으로 나타내진다. 한편 $\boldsymbol{e}_i \cdot \boldsymbol{e}_j = \delta_{ij}$인 관계를 이용하면 식 (6.4b)는

$$\sigma_{ij} = \boldsymbol{t}^i \cdot \boldsymbol{e}_j \tag{6.5}$$

가 된다. 식 (6.5)의 σ_{ij}는 그림 6.3에 나타낸 좌표축 x_i를 법선으로 하는 면에 작용하는 응력벡터 $\boldsymbol{t}^i$의 x_j 방향성분을 나타낸다. 텐서의 지수법칙으로부터 σ_{ij}는 2계 텐서인 것을 알 수 있다. 이 σ_{ij}를 응력텐서(stress tensor)라고 한다. 식 (6.4b)를 식 (6.3)에 대입하면

$$\boldsymbol{t} = \boldsymbol{t}^i n_i = \sigma_{ij}\,\boldsymbol{e}_j\,n_i = t_j\boldsymbol{e}_j \tag{6.6}$$

즉,

$$t_j = \sigma_{ij}\,n_i \tag{6.7}$$

인 관계를 얻는다. 이 식은 단위 법선벡터 n을 갖는 경사면요소에 작용하는 응력벡터성분 t_i와 응력텐서 σ_{ij}의 관계를 나타낸다. 단위 법선벡터는 $\boldsymbol{n} = n_1\boldsymbol{e}_1 + n_2\boldsymbol{e}_2 + n_3\boldsymbol{e}_3$이므로

식 (6.6)은 간단히

$$t = \sigma\, n \tag{6.8}$$

또는 성분별로

$$\begin{Bmatrix} t_1 \\ t_2 \\ t_3 \end{Bmatrix} = \begin{bmatrix} \sigma_{11}\,\sigma_{12}\,\sigma_{13} \\ \sigma_{21}\,\sigma_{22}\,\sigma_{23} \\ \sigma_{31}\,\sigma_{31}\,\sigma_{33} \end{bmatrix} \begin{Bmatrix} n_1 \\ n_2 \\ n_3 \end{Bmatrix} \tag{6.9a}$$

으로 나타낼 수 있다. 여기서 σ는 다음의 행렬로 나타내지는 코시응력텐서이다.

$$\sigma = (\sigma_{ij}) = \begin{bmatrix} \sigma_{xx} & \sigma_{xy} & \sigma_{xz} \\ \sigma_{yx} & \sigma_{yy} & \sigma_{yz} \\ \sigma_{zx} & \sigma_{zy} & \sigma_{zz} \end{bmatrix} = \begin{bmatrix} \sigma_{xx} & \tau_{xy} & \tau_{xz} \\ \tau_{yx} & \sigma_{yy} & \tau_{yz} \\ \tau_{zx} & \tau_{zy} & \sigma_{zz} \end{bmatrix} \tag{6.9b}$$

식 (6.8)은 코시의 응력공식(Cauchy's stress principle)이라고 불리는 것으로 단위 법선벡터 n을 갖는 표면 dS에 작용하는 t_j는 9개의 응력성분 σ_{ij}에 의해 나타낼 수 있다는 것을 의미한다. 일반적으로 σ_{ij}의 처음 첨자 i는 응력이 작용하는 면을, 두 번째 첨자 j는 응력방향을 나타낸다. 예를 들면 σ_{ij} 중에서 x_1면에 수직한 면에 작용하는 응력성분은 σ_{11}, σ_{12}, σ_{13}이다. 지금 그림 6.3의 미소 사면체에 응력벡터 이외에 물체력이 작용하는 경우도 고려하고 있지만 물체력은 사면체의 체적에 비례하는 것이고 면의 크기와 비교하면 매우 작기 때문에 무시할 수 있다. 그러나 물체력이 작용하는 경우도 식 (6.7)은 성립한다. 그림 6.4에 미소 사면체의 양의 축 방향으로만 작용하고 있는 모든 응력성분을 나타내었다. 이들 성분 중에서 σ_{11}, σ_{22}, σ_{33}를 수직응력(normal stress), 나머지 성분 σ_{12}, σ_{23}, σ_{31} 등을 전단응력(shear stress)이라고 한다. 보통 수직응력은 σ_x, σ_y, σ_z으로 그리고 전단응력은 τ_{xy}, τ_{yz}, τ_{zx} 등으로 자주 표기한다.

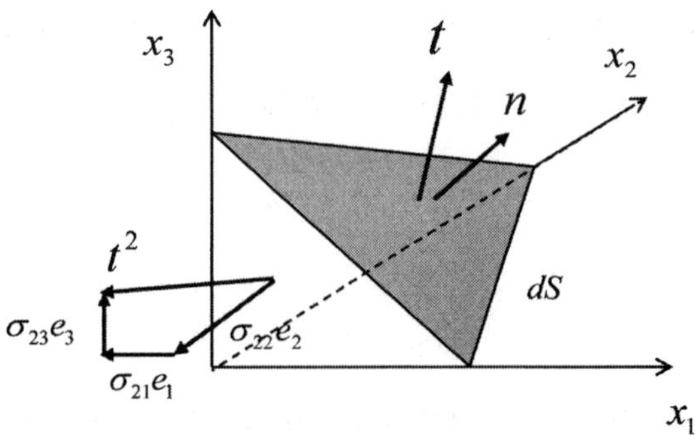

그림 6.3 응력벡터의 성분

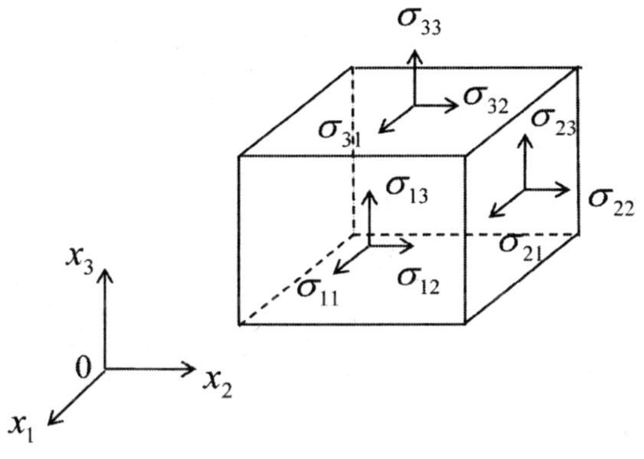

그림 6.4 응력텐서의 성분

응력이 작용하는 면에서 밖으로 향하는 법선방향이 x_i축의 방향과 일치할 때 σ_{ij}의 양의 방향은 x_j축 방향과 일치하고, 법선방향이 x_i와 역방향을 향하고 있을 때 σ_{ij}의 양의 방향은 x_j축의 역방향과 일치하도록 한다.

응력텐서 σ_{ij}에 대하여 평균응력(mean stress) σ_m을 다음과 같이 정의하면

$$\sigma_m = \frac{1}{3}\sigma_{ij} = \frac{1}{3}(\sigma_{11} + \sigma_{22} + \sigma_{33}) \tag{6.10}$$

편차응력(deviatoric stress) $\sigma_{ij}{}'$는

$$\sigma_{ij}{}' = \sigma_{ij} - \delta_{ij}\frac{1}{3}\sigma_{kk} \tag{6.11}$$

이 된다. 한편 응력텐서 σ_{ij}, 편차응력텐서 $\sigma_{ij}{}'$ 및 평균응력 σ_m의 물질도함수를 취하는 것에 의해 각각의 속도 $\dot{\sigma}_{ij}$, $\dot{\sigma}_{ij}{}'$, $\dot{\sigma}_m$가 구해진다.

6.3 | 평형방정식

앞에서 설명한 바와 같이 통상 연속체 역학에 있어서 다루고 있는 물체에는 2종류의 힘이 작용한다. 즉 물체요소에 작용하는 물체력과 표면요소에 작용하는 표면력이다. 전자의 예로는 중력이 있고, 후자의 예로는 압력이 있다. 물체가 평형상태에 있을 때 이들 2종류의 힘의 합력 및 그 기준점 주위의 1차 모멘트가 0이어야만 한다.

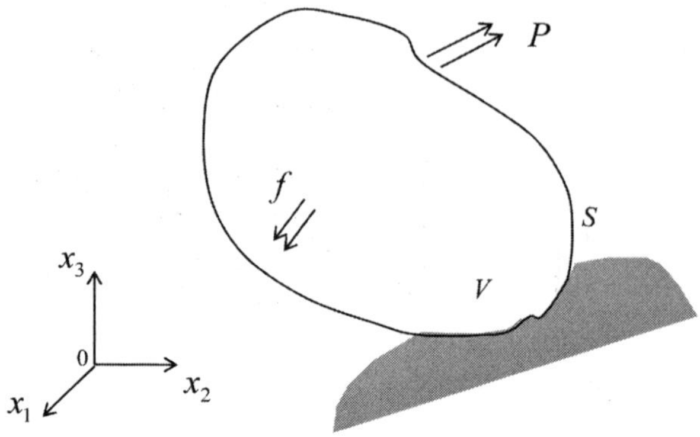

그림 6.5 평형상태에 있는 물체

여기서 그림 6.5에 나타낸 바와 같이 체적 V, 표면적 S, 밀도 ρ인 물체에 표면력(surface traction) $\boldsymbol{P} = P_i \boldsymbol{e}_i$ 및 물체력 $\boldsymbol{f} = \rho f_i \boldsymbol{e}_i$가 작용하여 평형상태에 있는 경우를 고려하자. 지금 기준점을 원점 O로 하고 임의의 점의 위치벡터를 x로 표시하면 평형상태에 대한 위의 2조건은 다음과 같이 표시할 수 있다.

$$\int_S \boldsymbol{P}\, dS + \int_V \boldsymbol{f}\, dV = 0 \tag{6.12}$$

$$\int_S \boldsymbol{x} \times \boldsymbol{P}\, dS + \int_V \boldsymbol{x} \times \boldsymbol{f}\, dV = 0 \tag{6.13}$$

각각을 성분으로 표시하면

$$\int_S P_i\, dS + \int_V \rho f_i\, dV = 0 \tag{6.14}$$

$$\int_S x_j P_k e_{ijk}\, dS + \int_V \rho x_j f_k e_{ijk}\, dV = 0 \tag{6.15}$$

이들은 운동량(linear momentum) 및 각운동량(angular momentum)의 보존법칙을 나타낸다. 여기서 앞 절에서 도입한 응력벡터 t를 실제의 물체표면에 작용하는 표면력 P로 표시하는 경우에 대하여 고찰한다. 이때 표면력성분 P_i와 물체의 표면의 단위 법선벡터 성분 n_k와 응력 σ_{ki} 간에는 식 (6.7)과 같이

$$P_i = \sigma_{ki}\, n_k$$

가 성립한다. 이 식은 물체의 표면에서의 응력 경계조건(stress boundary condition)이

고 이것을 식 (6.14), (6.15)에 대입하면

$$\int_S n_k \sigma_{ki}\, dS + \int_V \rho f_i\, dV = 0 \tag{6.16}$$

$$\left(\int_S x_j n_m \sigma_{mk}\, dS + \int_V \rho x_j f_k\, dV\right) e_{ijk} = 0 \tag{6.17}$$

이 얻어진다. 이들 식의 좌변 제1항에 각각 Gauss의 발산정리 식 (4.48c)를 적용하면 다음 식이 얻어진다.

$$\int_V (\sigma_{ki,k} + \rho f_i) dV = 0 \tag{6.18}$$

$$\int_V e_{ijk} \{(x_j \sigma_{mk})_{,m} + \rho x_j f_k\} dV = \int_V e_{ijk} \{x_j (\sigma_{mk,m} + \rho f_k) + \sigma_{jk}\} dV = 0 \tag{6.19}$$

이 두 개의 식은 임의의 영역 V에 대해서 성립하므로 피적분항의 연속성을 고려하면 물체 내의 모든 곳에서

$$\sigma_{ki,k} + \rho f_i = 0 \tag{6.20}$$

$$e_{ijk} \{x_j (\sigma_{mk,m} + \rho f_k) + \sigma_{jk}\} = 0 \tag{6.21}$$

가 성립하지 않으면 안 된다. 식 (6.20)은 응력의 평형방정식(equilibrium equation)이라고 한다. 물체가 고속으로 변형하고 있는 경우는 D'Alembert의 정리를 이용하여 물체력 ρf_i에 $-\rho a_i (a_i = Dv_i / Dt)$를 더하는 것에 의해 소위 Cauchy의 운동방정식(Cauchy's equation of motion)을 얻을 수 있다.

$$\sigma_{ki,k} + \rho f_i = \rho a_i \tag{6.22}$$

한편, 식 (6.20)이 만족하므로 식 (6.21)은 2.1절의 교대기호 e_{ijk}의 성질을 참조하면

$$e_{ijk} \sigma_{jk} = 0 \tag{6.23}$$

에서 $i = 1$에 대해서 $e_{123}\sigma_{23} + e_{132}\sigma_{32} = 0$이 되고 $e_{123} = 1$, $e_{132} = -1$이므로 $\sigma_{23} = \sigma_{32}$가 된다. $i = 2$, 3에 대해서도 동일한 결과가 성립하므로 식 (6.23)은 응력텐서의 대칭성을 나타내는 식

$$\sigma_{ij} = \sigma_{ji} \tag{6.24}$$

이 되는 것을 알 수 있다. 따라서 이 식과 식 (6.11)로부터 응력텐서 σ_{ij}와 편차응력텐서 σ_{ij}'는 2계 대칭텐서임을 알 수 있다. 한편, 9개의 응력성분 중에서 독립인 성분은 6개이고, 편차응력성분 중에서 독립인 성분은 5개가 된다. 그러나 자장 안에 있는 자석체, 자장 안에 있는 유전재료 등에서는 체적모멘트가 작용하기 때문에 응력텐서는 대칭이 아니다. 본서에서는 응력텐서는 대칭인 경우만을 다루는 것으로 한다.

이하에 평형방정식 (6.20)을 $x_1 = x$, $x_2 = y$, $x_3 = z$로써 성분표시하면

$$\left.\begin{aligned} \frac{\partial \sigma_{xx}}{\partial x} + \frac{\partial \sigma_{xy}}{\partial y} + \frac{\partial \sigma_{xz}}{\partial z} + \rho f_x = 0 \\ \frac{\partial \sigma_{yx}}{\partial x} + \frac{\partial \sigma_{yy}}{\partial y} + \frac{\partial \sigma_{yz}}{\partial z} + \rho f_y = 0 \\ \frac{\partial \sigma_{zx}}{\partial x} + \frac{\partial \sigma_{zy}}{\partial y} + \frac{\partial \sigma_{zz}}{\partial z} + \rho f_z = 0 \end{aligned}\right\} \tag{6.25}$$

또한, 식 (6.24)는

$$\sigma_{xy} = \sigma_{yx}, \quad \sigma_{xz} = \sigma_{zx}, \quad \sigma_{yz} = \sigma_{zy} \tag{6.26}$$

이 된다. 위의 2개의 평형방정식에 대해서는 뒷장의 보존법칙에 대한 절에서 다시 논하지만 여기서는 응력텐서가 대칭인 것을 일반적으로 나타내기 위해 도입하였다. 참고로 극좌표계 (r, ϕ)에서의 평형방정식을 부록 III에 나타내었다.

6.4 | 응력의 불변량

응력텐서 σ_{ij}, 편차응력텐서 σ_{ij}'에 대해서 변형률의 경우에 대한 식 (5.37), 식 (5.41)과 유사한 관계식으로부터 주응력값과 3개의 응력 불변량(stress invariants)을 정의할 수 있다. 즉,

$$|\sigma_{ij} - \sigma\delta_{ij}| = 0 \tag{6.27}$$

$$\sigma^3 - I_1\sigma^2 + I_2\sigma - I_3 = 0 \tag{6.28}$$

여기서 σ에 대한 3개의 실근 σ_1, σ_2, σ_3은 주응력(principal stress)을 나타내고 불변량 I_1, I_2, I_3는

$$
\begin{aligned}
I_1 &= \sigma_{11} + \sigma_{22} + \sigma_{33} = 3\sigma_m \\
I_2 &= \frac{1}{2}(\sigma_{ii}\sigma_{jj} - \sigma_{ij}\sigma_{ji}) \\
&= \begin{vmatrix}\sigma_{11} & \sigma_{12} \\ \sigma_{21} & \sigma_{22}\end{vmatrix} + \begin{vmatrix}\sigma_{22} & \sigma_{23} \\ \sigma_{32} & \sigma_{33}\end{vmatrix} + \begin{vmatrix}\sigma_{33} & \sigma_{31} \\ \sigma_{13} & \sigma_{11}\end{vmatrix} \\
&= \sigma_{11}\sigma_{22} + \sigma_{22}\sigma_{33} + \sigma_{11}\sigma_{33} - \sigma_{12}^2 - \sigma_{23}^2 - \sigma_{13}^2 \\
I_3 &= \det\,(\sigma_{ij}) \\
&= \begin{vmatrix}\sigma_{11} & \sigma_{12} & \sigma_{13} \\ \sigma_{21} & \sigma_{22} & \sigma_{23} \\ \sigma_{31} & \sigma_{32} & \sigma_{33}\end{vmatrix} \\
&= \sigma_{11}\sigma_{22}\sigma_{33} + 2\sigma_{12}\sigma_{23}\sigma_{13} - \sigma_{11}\sigma_{23}^2 - \sigma_{22}\sigma_{13}^2 - \sigma_{33}\sigma_{12}^2
\end{aligned}
\tag{6.29}
$$

으로 주어진다.

또한, σ_1, σ_2, σ_3가 세 개의 실근일 때, 식 (6.28)은

$$(\sigma - \sigma_1)(\sigma - \sigma_2)(\sigma - \sigma_3) = 0 \tag{6.30}$$

으로 표시할 수 있고, 이때 I_1, I_2, I_3는

$$
\left.
\begin{aligned}
I_1 &= \sigma_1 + \sigma_2 + \sigma_3 \\
I_2 &= \sigma_1\sigma_2 + \sigma_2\sigma_3 + \sigma_3\sigma_1 \\
I_3 &= \sigma_1\sigma_2\sigma_3
\end{aligned}
\right\}
\tag{6.31}
$$

이 된다.

한편, 편차응력 σ_{ij}'에 대해서도 다음과 같은 특성방정식과 3개의 주편차응력 σ_1', σ_2', σ_3' 그리고 3개의 불변량을 정의할 수 있다.

$$|\sigma_{ij}' - \sigma'\delta_{ij}| = 0 \tag{6.32}$$

$$\sigma'^3 - J_1\sigma'^2 + J_2\sigma' - J_3 = 0 \tag{6.33}$$

$$J_1 = \sigma_{ii}' = (\sigma_{11} - \sigma_m) + (\sigma_{22} - \sigma_m) + (\sigma_{33} - \sigma_m) = 0$$

$$J_2 = \frac{1}{2}(\sigma_{ii}'\sigma_{jj}' - \sigma_{ij}'\sigma_{ji}') = -\frac{1}{2}\sigma_{ij}'\sigma_{ji}'$$
$$= -\frac{1}{6}\left[(\sigma_{11} - \sigma_{22})^2 + (\sigma_{22} - \sigma_{33})^2 + (\sigma_{33} - \sigma_{11})^2 + 6(\sigma_{12}^2 + \sigma_{23}^2 + \sigma_{31}^2)\right]$$

$$J_3 = \det(\sigma_{ij}')$$

여기서 J_1, J_2, J_3는 편차응력에 대한 3개의 응력 불변량을 나타낸다. 응력속도에 대해서도 상기 식에서 응력을 응력속도로 치환하는 것에 의해 유사한 관계가 구해진다.

6.5 | Lagrange 응력과 Kirchhoff 응력

하중을 받는 물체의 평형상태는 대칭인 Cauchy 응력 σ_{ij}의 항으로 식 (6.20)과 같이 공간좌표 x_i를 독립변수로 하여

$$\frac{\partial \sigma_{ki}}{\partial x_k} + \rho f_i = 0 \tag{6.34}$$

으로 정의된다. 이때는 변형 후 상태를 기준으로 하여 응력과 표면력 등을 정의하는 것이 자연스럽고 물리적으로 타당한 의미를 가진다. 그러나 식 (5.25a)의 Green 변형률과 같이 변형 전 상태를 기준으로 물체의 변형을 정의하는 경우에는 대응하는 응력도 변형 전 상태를 기준으로 정의할 필요가 있다.

변형 전의 상태를 기준으로 응력을 정의하는 방법으로 그림 6.6에 나타낸 것과 같이 Lagrange와 Kirchhoff 방법이 있다.

(1) Lagrange 방법

$$dT_i^{(L)} = dT_i \tag{6.35}$$

$$T_{ij}N_j dS = \sigma_{ij}n_j ds \tag{6.36}$$

(2) Kirchhoff 방법

$$dT_i^{(K)} = \frac{\partial X_i}{\partial x_j} dT_j \tag{6.37}$$

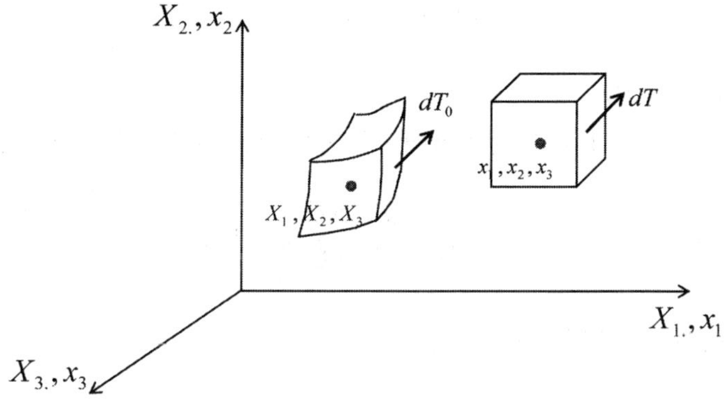

(a)

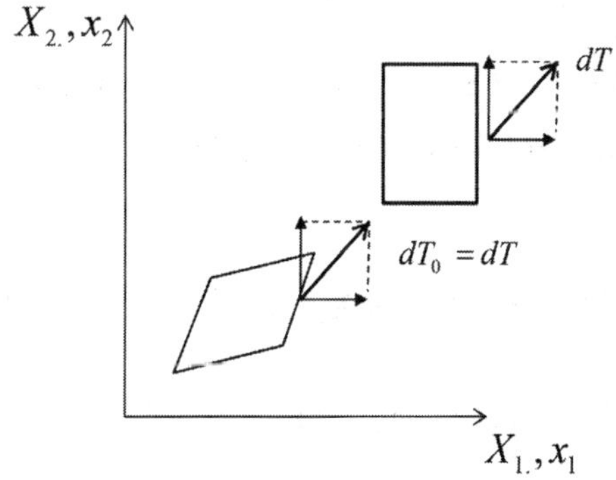

(b)

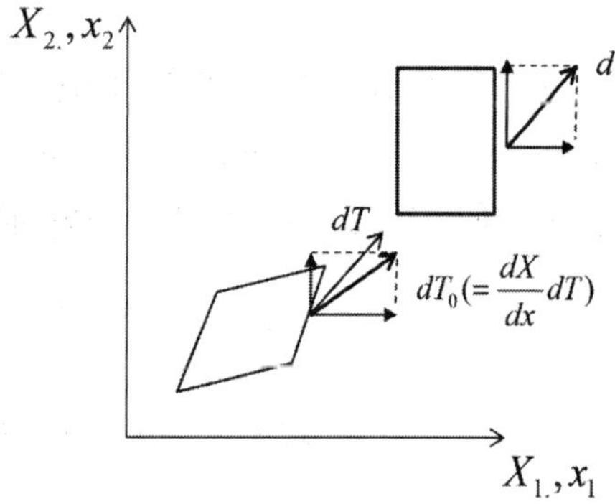

(c)

그림 6.6 (a) Lagrange 응력과 (b) Kirchhoff 응력의 정의

$$S_{ij}N_j dS = \frac{\partial X_i}{\partial x_n}\sigma_{nm}n_m ds \tag{6.38}$$

여기서 T_{ij}, S_{ij}는 각각 Lagrange 응력(또는 1st Piola–Kirchhoff stress), Kirchhoff 응력(또는 2nd Piola–Kirchhoff stress)이라고 한다. σ_{ij}, T_{ij}, S_{ij}의 관계를 밝히기 위해서는 변형 전, 후의 물체의 면적 $n_i ds$, $N_i dS$의 관계를 검토해야 한다.

변형 전에 두 개의 물질 선요소 $|dX^{(1)} \times dX^{(2)}|$에 의해 만들어지는 평행사변형의 면적 $|dx^{(1)} \times dx^{(2)}|$은

$$N_i dS = e_{ijk} dX_j^{(1)} dX_k^{(2)} \tag{6.39}$$

으로 나타내지고, 한편 변형 후 이들 물질 선요소가 만드는 면적 $|dx^{(1)} \times dx^{(2)}|$는

$$n_i ds = e_{ijk} dx_j^{(1)} dx_k^{(2)} \tag{6.40}$$

으로 나타낼 수 있다.

변형 전, 후의 좌표 간의 변환관계 식 (5.16a)를 이용하면 식 (6.40)은

$$n_i ds = e_{ijk} \frac{\partial x_j}{\partial X_q} \frac{\partial x_k}{\partial X_r} dX_q^{(1)} dX_r^{(2)} \tag{6.41}$$

이 식의 양변에 $\partial x_i / \partial X_p$를 곱하면

$$n_i \frac{\partial x_i}{\partial X_p} ds = e_{ijk} \frac{\partial x_i}{\partial X_p} \frac{\partial x_j}{\partial X_q} \frac{\partial x_k}{\partial X_r} dX_q^{(1)} dX_r^{(2)} \tag{6.42}$$

가 된다.

한편, 변형 전에 세 개의 물질 선요소 $dX^{(1)}$, $dX^{(2)}$, $dX^{(3)}$가 만드는 평행육면체의 체적을 dV라고 하고 변형 후 이들이 만드는 체적을 dv라고 하면 이들은 식 (3.14c)의 정의에 따라 각각 다음과 같이 나타내진다.

$$dV = (d\boldsymbol{X}^{(1)} \times d\boldsymbol{X}^{(2)}) \cdot d\boldsymbol{X}^{(3)} = e_{ijk} dX_i^{(1)} dX_j^{(2)} dX_k^{(3)} \tag{6.43}$$

$$dv = (d\boldsymbol{x}^{(1)} \times d\boldsymbol{x}^{(2)}) \cdot d\boldsymbol{x}^{(3)} = e_{ijk} dx_i^{(1)} dx_j^{(2)} dx_k^{(3)} \tag{6.44}$$

식 (6.44)는 다시 식 (5.16a)를 이용하여

$$dv = e_{ijk} dx_i^{(1)} dx_j^{(2)} dx_k^{(3)} = e_{ijk} \frac{\partial x_i}{\partial X_p} \frac{\partial x_j}{\partial X_q} \frac{\partial x_k}{\partial X_r} dX_p^{(1)} dX_q^{(2)} dX_r^{(3)} \tag{6.45}$$

로 나타낼 수 있다. 여기에 식 (2.22)의 관계를 이용하면

$$e_{pqr} \det \left(\frac{\partial x_i}{\partial X_j} \right) = e_{ijk} \frac{\partial x_i}{\partial X_p} \frac{\partial x_j}{\partial X_q} \frac{\partial x_k}{\partial X_r} \tag{6.46}$$

이 되므로 변형구배 텐서에 대한 정의 식 (5.17b)와 식 (5.2)로부터 식 (6.45)는 다음과 같이 나타내진다.

$$dv = \det\left(\frac{\partial x_i}{\partial X_j} \right) dV = J\, dV, \qquad J = \frac{dv}{dV} = \det\left(\frac{\partial x_i}{\partial X_j} \right) = \det \boldsymbol{F} \tag{6.47}$$

변형 전, 후의 밀도를 각각 ρ_0, ρ라고 하면 질량보존의 법칙에 의해

$$\rho_0\, dV = \rho\, dv \tag{6.48}$$

가 되므로 식 (6.47)을 이용하면

$$\rho_0 = \rho \det\left(\frac{\partial x_i}{\partial X_j}\right) = \rho J \, , \quad J = \frac{\rho_0}{\rho} \tag{6.49}$$

가 얻어진다.

따라서 식 (6.42)에 식 (6.46), (6.48) 및 식 (6.49)를 적용하면

$$n_i \frac{\partial x_i}{\partial X_p} ds = \frac{\rho_0}{\rho} e_{pqr} dX_q^{(1)} dX_r^{(2)} = \frac{\rho_0}{\rho} N_p \, dS \tag{6.50}$$

즉,

$$N_p \, dS = \frac{\rho}{\rho_0} \frac{\partial x_i}{\partial X_p} n_i \, ds \, , \quad NdS = \frac{1}{J} F^T ndS \tag{6.51}$$

가 된다. 식 (6.51)을 Nanson의 정리(Nanson's theorem)라고 한다.

식 (6.36)에 식 (6.50)을 대입하면 제1 Kirchhoff 응력(Lagrange 응력)은

$$T_{ij} = \frac{\rho_0}{\rho} \frac{\partial X_i}{\partial x_m} \sigma_{mj} \, , \quad \boldsymbol{T} = J\boldsymbol{F}^{-1} \boldsymbol{\sigma} = J\boldsymbol{\sigma} (\boldsymbol{F}^{-1})^T \tag{6.52}$$

또한, 식 (6.38)에 식 (6.50)을 대입하면 제2 Kirchhoff 응력(Kirchhoff 응력)은

$$S_{ij} = \frac{\rho_0}{\rho} \frac{\partial X_i}{\partial x_n} \frac{\partial X_j}{\partial x_m} \sigma_{nm} \, , \quad \boldsymbol{S} = J\boldsymbol{F}^{-1} \boldsymbol{F}^{-1} \boldsymbol{\sigma} = J\boldsymbol{F}^{-1} \boldsymbol{\sigma} (\boldsymbol{F}^{-1})^T \tag{6.53}$$

으로 정의된다. 식 (6.53)의 Kirchhoff 응력 S_{ij}는 대칭이나($S_{ij} = S_{ji}$) 식 (6.52)로부터 Lagrange 응력 T_{ij}는 대칭이 아닌 것에 주의한다.

위에서 정의한 여러 응력텐서들은 2계 텐서이므로 변환법칙 식 (4.5)에 따른다는 것을 알 수 있다. 즉,

$$\left.\begin{aligned} \sigma'_{ij} &= Q_{ik} Q_{jl} \sigma_{kl} \\ S'_{ij} &= Q_{ik} Q_{jl} S_{kl} \end{aligned}\right\} \tag{6.54}$$

제8장에서 논할 재료의 변형률과 응력의 관계를 나타내는 구성식을 기술할 때 식 (5.27)에서 정의한 변형률 텐서는 대칭텐서이므로 대응하는 응력텐서도 대칭텐서인 것이 편리하다. 따라서 구성식을 논할 때에는 대칭텐서인 Kirchhoff 응력텐서를 사용하는 것이 편리하다.

예제 6-1

초기 단면이 A_0인 물체에 하중이 작용하여 물체가 다음과 같이 변형되었다.

$$x_1 = -\frac{1}{2}X_1,\ x_2 = \frac{1}{2}X_3,\ x_3 = -4X_2$$

이때 물체에 작용하는 Cauchy 응력텐서 σ가 다음과 같을 때 이에 대응하는 제1 Kirchhoff 응력 $\boldsymbol{T}$과 제2 Kirchhoff 응력 $\boldsymbol{S}$를 구하라.

$$\sigma = \begin{bmatrix} 0 & 0 & 0 \\ 0 & 0 & 0 \\ 0 & 0 & -100 \end{bmatrix} \ (\mathrm{MPa})$$

식 (6.52)로부터 제1 Kirchhoff 응력 $\boldsymbol{T}$를 구하기 위해서는 먼저 식 (5.17a)에서 변형구배텐서 $\boldsymbol{F}$, $\boldsymbol{F}^{-1}$, $(\boldsymbol{F}^{-1})^T$를 구한다. 즉,

$$\boldsymbol{F} = (F_{ij}) = \begin{bmatrix} \frac{\partial x_1}{\partial X_1} & \frac{\partial x_1}{\partial X_2} & \frac{\partial x_1}{\partial X_3} \\ \frac{\partial x_2}{\partial X_1} & \frac{\partial x_2}{\partial X_2} & \frac{\partial x_2}{\partial X_3} \\ \frac{\partial x_3}{\partial X_1} & \frac{\partial x_3}{\partial X_2} & \frac{\partial x_3}{\partial X_3} \end{bmatrix} = \begin{bmatrix} -\frac{1}{2} & 0 & 0 \\ 0 & 0 & \frac{1}{2} \\ 0 & -4 & 0 \end{bmatrix}$$

$$\boldsymbol{F}^{-1} = \begin{bmatrix} -2 & 0 & 0 \\ 0 & 0 & -\frac{1}{4} \\ 0 & 2 & 0 \end{bmatrix},\ (\boldsymbol{F}^{-1})^T = \begin{bmatrix} -2 & 0 & 0 \\ 0 & 0 & 2 \\ 0 & -\frac{1}{4} & 0 \end{bmatrix}$$

따라서

$$\boldsymbol{T} = J\sigma(\boldsymbol{F}^{-1})^T = -1\begin{bmatrix} 0 & 0 & 0 \\ 0 & 0 & 0 \\ 0 & 0 & -100 \end{bmatrix}\begin{bmatrix} -2 & 0 & 0 \\ 0 & 0 & 2 \\ 0 & -\frac{1}{4} & 0 \end{bmatrix} = \begin{bmatrix} 0 & 0 & 0 \\ 0 & 0 & 0 \\ 0 & 0 & -25 \end{bmatrix}$$

또한

$$S = JF^{-1}\sigma(F^{-1})^T = -1\begin{bmatrix} -2 & 0 & 0 \\ 0 & 0 & -\frac{1}{4} \\ 0 & 2 & 0 \end{bmatrix}\begin{bmatrix} 0 & 0 & 0 \\ 0 & 0 & 0 \\ 0 & 0 & -100 \end{bmatrix}\begin{bmatrix} -2 & 0 & 0 \\ 0 & 0 & 2 \\ 0 & -\frac{1}{4} & 0 \end{bmatrix}$$

$$= \begin{bmatrix} 0 & 0 & 0 \\ 0 & -\frac{25}{4} & 0 \\ 0 & 0 & 0 \end{bmatrix}$$

6.6 | 응력상태의 표시

여기서는 몇 가지 대표적인 응력상태에 대해서 작용하는 응력 및 평형상태에 대한 물리적 특성을 고찰한다.

(1) 정수압(hydrostatic pressure)

식 (6.11)에서 편차응력이 $\sigma_{ij}{}' = 0$인 경우는

$$\sigma_{ij} = \sigma_m \delta_{ij} = -p\delta_{ij}$$

$$p = -\frac{\sigma_{ii}}{3} = -\frac{\sigma_{11}+\sigma_{22}+\sigma_{33}}{3} \tag{6.55a}$$

또한,

$$\sigma_{11} = \sigma_{22} = \sigma_{33} = -p, \quad \sigma_{23} = \sigma_{31} = \sigma_{12} = 0 \tag{6.55b}$$

이 된다. 이 상태를 정수압 상태라고 한다. 이 경우는 임의의 3개의 직교방향을 주응력 방향이라고 볼 수 있다. 대표적인 예가 평형상태에 있는 유체 내에서의 응력상태이고 이 경우 압력 p는 위치함수로 주어진다.

(2) 균일 인장 또는 균일 압축(uniform tension or compression)

x_1축에서 균일 인장 또는 균일 압축을 받는 경우의 응력성분은

$$\sigma_{11} = \sigma, \quad \sigma_{22} = \sigma_{33} = \sigma_{23} = \sigma_{31} = \sigma_{12} = 0 \tag{6.56}$$

이 된다. 이것은 x_1축에 평행한 방향으로 균일한 실린더의 끝단에 단위 면적당 σ의 균일한 힘이 작용하고 수직한 방향으로는 어떤 힘도 작용하지 않는 경우에 대한 응력상태를 나타낸다. 여기서 σ가 양이면 인장상태가 되고 음이면 압축상태가 된다. 이 경우에 주응력 방향은 x_1방향과 이것에 직교하는 x_2, x_3방향이 된다.

(3) 균일 전단응력(uniform shear stress)

x_2 = 일정(一定)인 면에서 x_1방향으로 균일한 전단응력이 작용하는 경우의 응력성분은

$$\sigma_{21} = \tau, \quad \sigma_{11} = \sigma_{22} = \sigma_{33} = \sigma_{23} = \sigma_{31} = 0 \tag{6.57}$$

이 된다. 여기서 τ는 일정한 값이다. 이 응력상태의 대표적인 경우는 점성유체가 x_2 = 일정인 면에서 전단되어 x_1방향으로 층류 전단유동(laminar shear flow) 시에 발생한다. 주응력 방향은 x_3방향과 x_1과 x_2의 두 이등분 방향이다.

(4) 순수 굽힘(pure bending)

이 경우의 응력성분은

$$\sigma_{11} = cx_2, \quad \sigma_{22} = \sigma_{33} = \sigma_{23} = \sigma_{31} = \sigma_{12} = 0 \tag{6.58}$$

으로 주어진다. 여기서 c는 일정한 값이다. 이 응력상태는 각 기둥 빔의 양단에서 x_3축에 평행한 방향으로 작용하는 굽힘 모멘트에 의해 야기되는 x_1방향의 응력을 근사적으로 나타낸다. $x_2 = 0$인 중립면은 양단에 작용하는 x_1방향의 합력이 영이 되도록 결정된다. 만일 $c > 0$이면, $x_2 > 0$인 영역은 인장을 받고 $x_2 < 0$인 영역은 압축을 받는다. 이 경우 주응력 방향은 위의 (2)의 경우와 같다.

(5) 평면응력(plane stress)

이 경우의 응력성분은

$$\sigma_{11}, \ \sigma_{22}, \ \sigma_{12} \neq 0, \quad \sigma_{33} = \sigma_{23} = \sigma_{31} = 0 \tag{6.59}$$

으로 주어진다. σ_{11}, σ_{22}와 σ_{12}는 x_1과 x_2만의 함수이다. 그러므로 물체력이 없다고 가정하면 평형방정식 (6.20) 및 (6.25)는 다음 식으로 표시될 수 있다.

$$\left.\begin{aligned}\frac{\partial\sigma_{11}}{\partial x_1}+\frac{\partial\sigma_{12}}{\partial x_2}&=0\\[2ex]\frac{\partial\sigma_{12}}{\partial x_1}+\frac{\partial\sigma_{22}}{\partial x_2}&=0\end{aligned}\right\}\tag{6.60}$$

이 응력상태는 x_3축에 평행한 방향으로 놓여있는 얇은 평판(plate)의 면상에 작용하는 힘에 의해 발생하는 응력상태를 나타낸다. 이 경우 x_3방향은 주응력 방향이 되고 다른 두 주응력 방향은 판의 면상에 존재한다.

연습문제

1 Find the equilibrium equation by taking into account the equilibrium of the infinitesimal element of the object in the one-dimensional stress state shown in Figure 6.7.

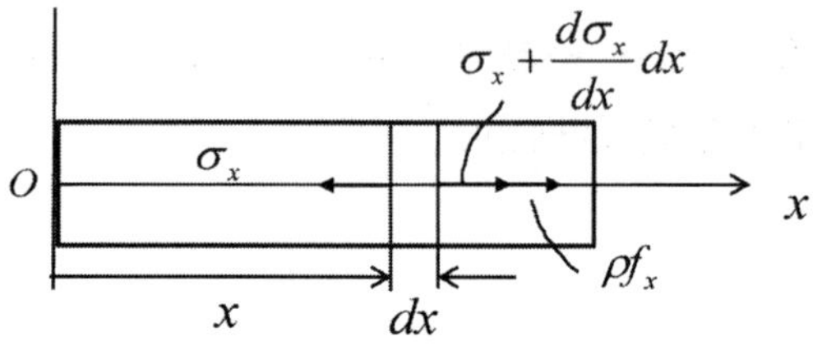

Fig. 6.7 Equilibrium equation on 1 dimension

2 Find the equilibrium equations by taking into account the equilibrium of the infinitesimal element of the object in the two-dimensional stress state shown in Figure 6.8.

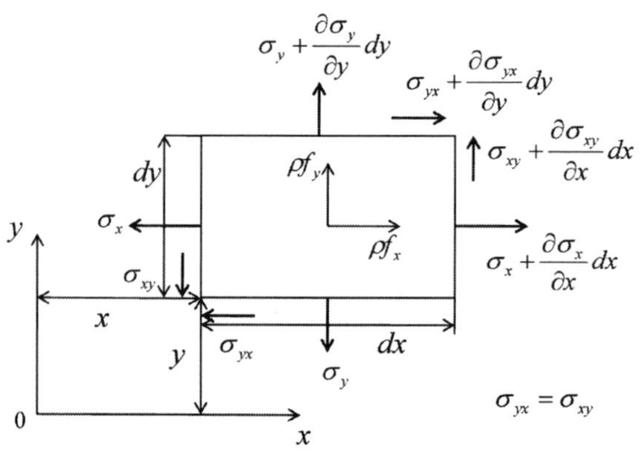

Fig. 6.8 Equilibrium equation on 2 dimension

3 Consider the equations of motion for cases where σ_{ij} is constant in the body.

4 Given the stress σ as follows, find the principal stress and find the corresponding eigen vector. Also, find deviatoric stress $\sigma_{ij}{'}$, principal deviatoric stress $\sigma_i{'}$, stress invariance I_i and deviation stress invariance J_i.

$$(\sigma_{ij}) = \begin{bmatrix} 1 & 0 & 2 \\ 0 & 1 & 0 \\ 2 & 0 & -2 \end{bmatrix} \ (\text{MPa})$$

5 Since the stress component is a second-order tensor, it can be expressed as follows according to the transformation law equation (4.5) in the Cartesian coordinate system.

$$\sigma'_{pq} = Q_{pi} Q_{qj} \sigma_{ij} \qquad (p,\ q = x',\ y'\ ,\ \ i,\ j = x,\ y) \tag{6.54}$$

Or as a matrix representation, as in equation (4.6a):

$$\sigma' = Q \sigma Q^T \tag{6.61}$$

Assuming a two-dimensional plane stress state ($\sigma_z = \tau_{xz} = \tau_{yz} = \tau_{zy} = 0$), the stress components in the new coordinate system ($x'y'$-coordinate system) can be expressed by σ_x, σ_y, τ_{xy} in the old coordinate system (xy-coordinate system) for the case of the coordinate transformation shown in Fig. 6.9,

$$\begin{aligned}
\sigma'_x &= \sigma_x \cos^2\theta + \sigma_y \sin^2\theta + 2\tau_{xy} \sin\theta\cos\theta \\
&= \frac{\sigma_x + \sigma_y}{2} + \frac{\sigma_x - \sigma_y}{2}\cos 2\theta + \tau_{xy}\sin 2\theta \\
\sigma'_y &= \sigma_x \sin^2\theta + \sigma_y \cos^2\theta - 2\tau_{xy} \sin\theta\cos\theta \\
&= \frac{\sigma_x + \sigma_y}{2} - \frac{\sigma_x - \sigma_y}{2}\cos 2\theta - \tau_{xy}\sin 2\theta \\
&= \sigma'_x\left(\theta + \frac{\pi}{2}\right) \\
\tau'_{xy} &= (-\sigma_x + \sigma_y)\sin\theta\cos\theta + \tau_{xy}(\cos^2\theta - \sin^2\theta) \\
&= -\frac{\sigma_x - \sigma_y}{2}\sin 2\theta + \tau_{xy}\cos 2\theta
\end{aligned} \tag{6.62}$$

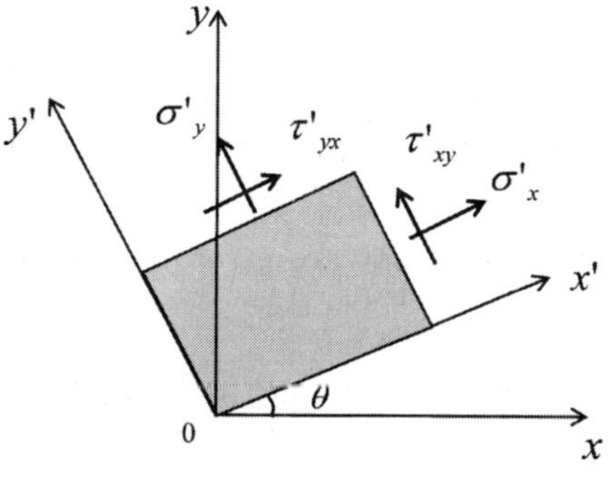

Fig. 6.9 Change of stress components depending on coordinate transformation under plane stress condition

where

$$\sin\theta\cos\theta = \frac{1}{2}\sin 2\theta,\ \cos^2\theta = \frac{1}{2}(1+\cos 2\theta),\ \sin^2\theta = \frac{1}{2}(1-\cos 2\theta) \qquad (6.63)$$

6 From the equation (6.62), in the case of the two-dimensional plane stress state, obtain the principal stress σ_i acting on the surface and the angle θ_p that the principal stressed plane makes with the x axis.

$$\tan 2\theta_p = \frac{2\tau_{xy}}{\sigma_x - \sigma_y} \qquad (6.64)$$

$$\left.\begin{aligned} \sigma_1 &= \frac{1}{2}(\sigma_x + \sigma_y) + \frac{1}{2}\{(\sigma_x - \sigma_y)^2 + 4\tau_{xy}^2\}^{1/2} \\ \sigma_2 &= \frac{1}{2}(\sigma_x + \sigma_y) - \frac{1}{2}\{(\sigma_x - \sigma_y)^2 + 4\tau_{xy}^2\}^{1/2} \\ \sigma_3 &= 0 \end{aligned}\right\} \qquad (6.65)$$

However, as can be seen from Mohr's circle, the plane in which σ'_x becomes the maximum or minimum in Eq. (6.63), i.e, the plane satisfying $\frac{d\sigma'_x}{d\theta} = 0$ becomes the principal planes of stress. This plane coincides with the plane of shear stress $\tau'_{xy} = 0$.

7 Show that the deviatoric stress invariants J_1, J_2 and J_3 of Eq. (6.33) can be expressed by the stress invariants I_1, I_2, I_3 of Eq. (6.29) as follows,

$$\left.\begin{aligned} J_1 &= 0 \\ J_2 &= I_2 + \frac{1}{3}I_1^2 \\ J_3 &= \frac{2I_1^3 + 9I_1I_2 + 27I_3}{27} \end{aligned}\right\} \qquad (6.66)$$

8 The components of the stress tensor are given as follows.

$$(\sigma_{ij}) = \begin{bmatrix} 1 & 2 & 3 \\ 2 & 4 & 6 \\ 3 & 6 & 1 \end{bmatrix} \ (\text{MPa})$$

Answer the following questions.

(1) Find the surface force t acting on the plane perpendicular to the x_1 axis in P.

(2) Find the surface force t acting on a plane parallel to $2x_1 - 2x_2 - x_3 = 0$ on P.

(3) Find the vertical component of the surface force with respect to the plane of (2).

(4) Find the principal stress component in P.

(5) Find the stress tensor σ'_{ij} in a coordinate system rotated counterclockwise $45°$ about the axis x_3.

(6) Find σ'_{12} when $e'_1 = \frac{1}{3}(2e_1 + 2e_2 + e_3)$, $e'_2 = \frac{1}{\sqrt{2}}(e_1 - e_2)$

8 Show that the Kirchhoff stress in equation (6.53) is symmetric, $S_{ij} = S_{ji}$.

9 The object was deformed as follows when a load was applied to an object whose initial section area was A_0.

$$x_1 = \lambda_1 X_1,\ x_2 = \lambda_2 X_2,\ x_3 = \lambda_3 X_3$$

Find the corresponding first Kirchhoff stress $\boldsymbol{T}$ and second Kirchhoff stress $\boldsymbol{S}$ when the Cauchy stress tensor σ acting on the object is

$$\sigma = \begin{bmatrix} \sigma & 0 & 0 \\ 0 & 0 & 0 \\ 0 & 0 & 0 \end{bmatrix} \text{ (MPa)}$$

10 Answer the following questions about both-end closed pipes that are internally pressurized with graphite-epoxy filaments as shown in Figure 6.10. However, the diameter of the pipe is 63.5 cm, the thickness is 2 cm, and the pressure is 1.379MPa. The winding angle of the filament is $\theta = 53.125^o$, and the mechanical properties of the graphite-epoxy material in the x_1 and x_2 directions are E_1=140GPa, E_2=10GPa, v_{12}=0.3 and G_{12}=7GPa.

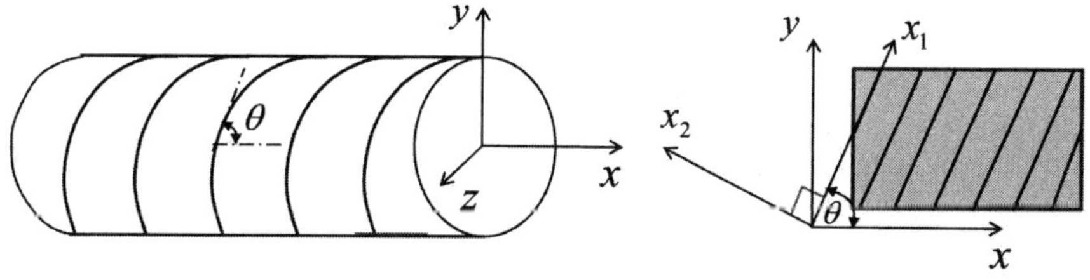

Fig. 6.10 Internally pressurized pipe wound by filament

(1) Find the stress σ_x, σ_y of the pipe

(2) Find stresses σ_1, σ_2, σ_{12} at the material coordinates (x_1, x_2, x_3) with x_1 parallel to the filament.

(3) Find the strain components ϵ_1, ϵ_2, ϵ_{12} in the material coordinates.

(4) Find the strains ϵ_x, ϵ_y, ϵ_{xy} of the tube.

11 Compare the meaning between the second invariant I_2 to the stress tensor σ_{ij} of Exercise 4 and the second invariant I_2 to the principal stress tensor σ_i.

12 Since the strain tensor of equation (5,27) is also a second order tensor, show that the coordinate transformation of the strain is represented by the following equation.

$$\epsilon'_{pq} = \frac{1}{2}\left(\frac{\partial u'_p}{\partial x'_q} + \frac{\partial u'_q}{\partial x'_p}\right) = \frac{1}{2}\left(\frac{\partial x_k}{\partial x'_q}\frac{\partial u'_p}{\partial x_k} + \frac{\partial x_k}{\partial x'_p}\frac{\partial u'_q}{\partial x_k}\right) \tag{6.67}$$

$$\epsilon'_{pq} (= \epsilon_{p'q'}) = Q_{pi}\, Q_{qj}\, \epsilon_{ij} \tag{6.68}$$

[Hint] Use the relationship of equations (3.17a), (3.17b).

07 보존법칙과 지배방정식

지금까지는 연속체의 변형, 변형률, 응력 등에 대해서 설명하였다. 이 장에서는 연속체의 종류에 관계없이 공통으로 성립하는 각종 보존법칙과 지배방정식에 대해서 기술한다.

7.1 | 체적적분의 물질도함수

연속체 역학에서는 함수의 체적적분(volume integral)의 시간적 변화를 필요로 하는 경우가 자주 있다. 여기서는 각종 보존법칙을 논하기 전에 체적적분의 물질도함수를 검토한다. 지금 x, t에 대해서 미분 가능한 함수 $A(x,\ t)$를 취하고 동일한 물체점의 집합으로서 정의된 영역 V에 대해서 함수 A에 대한 다음의 적분을 고려한다.

$$I = \int_V A(\boldsymbol{x},\ t)\, dV \tag{7.1}$$

이 식의 물질도함수 DI/Dt를 구해 보자. 그림 7.1에 나타낸 것과 같이 시간 t에 있어서 x_i에 있었던 물체점은 $t+\Delta t$에 있어서 $x'_i = x_i + v_i \Delta t$로 이동하고, 마찬가지로 영역 V를 둘러싸고 있는 경계 S는 영역 V'를 둘러싸고 있는 경계 S'로 이동한다. 이때 물질도함수 I를 다음과 같이 정의한다(제5장 연습문제 3 참고).

$$\frac{DI}{Dt} = \lim_{\Delta t \to 0} \frac{1}{\Delta t} \left\{ \int_{V'} A(\boldsymbol{x}' t + \Delta t) dV - \int_V A(\boldsymbol{x},\ t) dV \right\} \tag{7.2}$$

영역 V'와 영역 V의 차이를 ΔV라고 하면 $V' = V + \Delta V$이므로 윗 식은

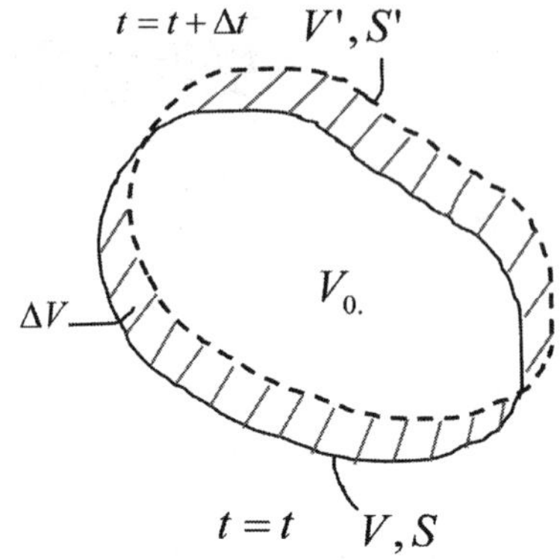

그림 7.1 영역경계의 연속적인 변화

$$\begin{aligned}\frac{DI}{Dt} &= \lim_{\Delta t\to 0}\frac{1}{\Delta t}\left\{\int_V A(\boldsymbol{x},\ t+\Delta t)dV + \int_{\Delta V} A(\boldsymbol{x},\ t+\Delta t)dV - \int_V A(\boldsymbol{x},\ t)dV\right\} \\ &= \lim_{\Delta t\to 0}\left\{\frac{1}{\Delta t}\left[\int_V A(\boldsymbol{x},\ t+\Delta t) - A(\boldsymbol{x},t)\right]dV + \frac{1}{\Delta t}\int_{\Delta V} A(\boldsymbol{x},\ t+\Delta t)dV\right\}\end{aligned} \tag{7.3}$$

으로 나타낼 수 있다. 여기서 오른쪽의 항은 2종류의 효과에 기인하여 생긴다. 첫 번째 [ ]항은 V와 V'의 공동영역 V_0에 있어서 $A(x,\ t)$의 시간적 변화 $\partial A/\partial t$에 의해, 그리고 두 번째 항은 영역이 V로부터 V'로 변화하는 것에 의해 공통이 아닌 영역 ΔV에 대한 $A(\boldsymbol{x},\ t)$의 변화에 의한 것이다. 첫 번째 항은

$$\int_{V_0}\frac{\partial A}{\partial t}dV$$

에 의해 표시할 수 있다. 두 번째 항은 미소 시간 Δt 동안 경계 S에 대한 $A(\boldsymbol{x},\ t)$의 적분으로 이는 $A(\boldsymbol{x},\ t)$에 체적변화 dV를 곱한 것의 합으로 간주할 수 있다. 즉, 영역 ΔV의 체적변화 dV는 경계 S의 외향법선벡터 n_i와 그 위에서의 속도 v_i에 의해 $dV = v_i n_i dS\Delta t$와 같이 나타낼 수 있다. 그러므로 이 부분의 DI/Dt에 대한 기여는 $Av_i n_i dS$이다. 따라서 Δt가 영으로 되는 극한에서 V_0는 V가 되므로 다음 식이 얻어진다.

$$\frac{D}{Dt}\int_V A dV = \int_V \frac{\partial A}{\partial t}dV + \int_S Av_i n_i dS \tag{7.4a}$$

또는

$$\frac{D}{Dt}\int_V A dV = \int_V \frac{\partial A}{\partial t}dV + \int_S A\boldsymbol{v}\cdot\boldsymbol{n}dS \tag{7.4b}$$

오른쪽 두 번째 항을 식 (4.48c)의 가우스 발산정리에 의해 체적적분으로 변환하면 다음과 같이 나타내진다.

$$\begin{aligned}\frac{D}{Dt}\int_V A\,dV &= \int_V\left\{\frac{\partial A}{\partial t}+\frac{\partial(Av_i)}{\partial x_i}\right\}dV\\ &= \int_V\left\{\frac{\partial A}{\partial t}+v_i\frac{\partial A}{\partial x_i}+A\frac{\partial v_i}{\partial x_i}\right\}dV \qquad [\text{식 } (5.14)] \qquad (7.5)\\ &= \int_V\left\{\frac{DA}{Dt}+A\frac{\partial v_i}{\partial x_i}\right\}dV=\int\left\{\frac{DA}{Dt}+A\nabla\cdot v\right\}dV\end{aligned}$$

이 식은 다음과 같이 식 (5.7)을 이용하여 유도할 수도 있다.

$$\begin{aligned}\frac{D}{Dt}\int_V A(x,t)\,dV &= \frac{D}{Dt}\int_{V_0}A(x,t)\boldsymbol{J}\,dV_0=\int_{V_0}\left\{\frac{\partial A}{\partial t}\boldsymbol{J}+A\frac{\partial \boldsymbol{J}}{\partial t}\right\}dV_0\\ &= \int_{V_0}\left\{\frac{\partial A}{\partial t}+A\nabla\cdot v\right\}\boldsymbol{J}\,dV_0=\int_V\left\{\frac{\partial A}{\partial t}+A\nabla\cdot v\right\}dV\end{aligned}$$

여기서 A를 스칼라, 벡터, 텐서성분으로 하는 것에 의해 각각에 대한 체적적분의 물질도함수의 표시가 얻어진다. 이하의 절에서는 윗 식의 A에 질량, 운동량, 각 운동량, 에너지등 각종 물리량을 대응시키는 것에 의해 연속체 역학에서 있어서 중요한 보존법칙을 유도한다.

7.2 | 질량 보존법칙

지금 연속체의 밀도를 $\rho(x,\,t)$라고 하면 체적 V인 연속체의 전 질량 m은

$$m=\int_V \rho\,dV \tag{7.6}$$

에 의해 결정된다. 연속체는 변형 중에 질량이 불변하므로 식 (7.5)의 물질도함수는 $\dfrac{Dm}{Dt}=0$가 된다. 따라서 밀도 ρ를 식 (7.4)의 A 대신에 사용하면 질량 보존법칙(conservation of mass)은 다음과 같이 표시된다.

$$\frac{Dm}{Dt}=\int_V\left\{\frac{\partial\rho}{\partial t}+\frac{\partial(\rho v_i)}{\partial x_i}\right\}dV=0 \tag{7.7}$$

여기에서 피적분항의 연속성을 가정하면 다음 식이 얻어진다.

$$\frac{\partial \rho}{\partial t} + \frac{\partial(\rho v_i)}{\partial x_i} = 0 \tag{7.8}$$

이 식을 전개하면 다음 식과 같이 표기할 수 있다.

$$\frac{\partial \rho}{\partial t} + v_i \frac{\partial \rho}{\partial x_i} + \rho \frac{\partial v_i}{\partial x_i} = 0$$

그러므로

$$\frac{D\rho}{Dt} + \rho \frac{\partial v_i}{\partial x_i} = 0 \tag{7.9}$$

한편, 성분별로 표시하면

$$\frac{D\rho}{Dt} + \rho\left(\frac{\partial v_x}{\partial x} + \frac{\partial v_y}{\partial y} + \frac{\partial v_z}{\partial z}\right) = 0 \tag{7.10}$$

식 (7.7)은 밀도 ρ에 불연속을 허용하는 경우에도 성립하는 식으로 식 (7.8), (7.9)와 더불어 연속의 식(equation of continuity)이라고 한다.

이 식으로부터 밀도 ρ가 일정한 비압축성 재료(incompressible), 즉 $D\rho/Dt = 0$의 경우는 체적변형률 속도가 $v_{i,i}(= d_{ii}) = 0$이 되는 것을 알 수 있다. 또한, 물체의 속도가 0가 되는 정역학의 경우에는 윗 식은 항상 만족한다.

7.3 | 운동량 보존법칙

질량이 m인 물체에 대해서 물체의 운동량(mv)의 시간 변화율은 그 물체에 작용하는 외력의 합과 같다는 운동량 보존법칙(conservation of linear momentum)이 성립한다. 이것을 식으로 표시하면

$$\frac{D(mv)}{Dt} = \boldsymbol{F} \tag{7.11}$$

이것을 연속체에 적용하면 외력 $\boldsymbol{F}$는 표면력 $P = P_i e_i = \sigma_{ij} n_j e_i$와 물체력 $f = \rho f_i e_i$의 합력으로 구성되므로 식으로 표현하면

$$\frac{D}{Dt}\int_V \rho \boldsymbol{v}\, dV = \int_S \boldsymbol{P}\, dS + \int_V \rho \boldsymbol{f}\, dV \tag{7.12a}$$

성분별로 표시하면

$$\frac{D}{Dt}\int_V \rho v_i\, dV = \int_S n_j \sigma_{ij}\, dS + \int_V \rho f_i\, dV \tag{7.12b}$$

이 된다. 윗 식의 왼쪽에 식 (7.5)를, 그리고 오른쪽 첫 번째 항에 식 (4.48c)의 가우스 발산정리를 적용하여 변화하면

$$\int_V \left\{ \frac{\partial(\rho v_i)}{\partial t} + \frac{\partial(\rho v_i v_j)}{\partial x_j} \right\} dV = \int_V \left\{ \frac{\partial \sigma_{ij}}{\partial x_j} + \rho f_i \right\} dV \tag{7.13a}$$

이 식은 다시

$$\int_V \left\{ v_i \left(\frac{\partial \rho}{\partial t} + \frac{\partial(\rho v_j)}{\partial x_j} \right) + \rho \left(\frac{\partial v_i}{\partial t} + v_j \frac{\partial v_i}{\partial x_j} \right) \right\} dV = \int_V \left\{ \frac{\partial \sigma_{ij}}{\partial x_j} + \rho f_i \right\} dV \tag{7.13b}$$

이 된다. 이 식의 왼쪽에 연속의 식 (7.8)을 고려하고 피적분항의 연속성을 가정하면 다음 식이 얻어진다.

$$\sigma_{ij,j} + \rho f_i = \rho \frac{Dv_i}{Dt} \tag{7.14}$$

이 식을 연속체에 대한 Euler의 운동방정식(Eulerian equation of motion)이라 하고 이미 앞의 6.3절에서 언급한 바 있다. 물체력을 무시한 강체변형(rigid body deformation)의 경우는 $\sigma_{ij,j} = 0$가 된다.

7.4 | 각운동량 보존법칙

평형상태에 있는 질량이 m인 물체에 대해서 물체의 각운동량의 변화율은 그 물체에 작용하는 표면력 P와 물체력 f의 원점 주위의 모멘트 합과 같다는 각운동량 보존법칙(conservation of angular momentum)이 성립한다. 이것을 연속체에 대해 적용하고 식으로 표시하면

$$\frac{D}{Dt}\int_V \rho \boldsymbol{x} \times \boldsymbol{v}\, dV = \int_S \boldsymbol{x} \times \boldsymbol{P}\, dS + \int_V \boldsymbol{x} \times \boldsymbol{f}\, dV \tag{7.15a}$$

이 되고 성분별로는

$$\frac{D}{Dt}\int_V \rho e_{ijk}x_j v_k\, dV = \int_S e_{ijk}x_j n_p \sigma_{pk}\, dS + \int_V \rho e_{ijk}x_j f_k\, dV \tag{7.15b}$$

이 된다. 윗 식의 왼쪽에 식 (7.5) 그리고 오른쪽 제1항에 가우스 발산정리를 적용한 후 피적분항의 연속성을 가정하면

$$e_{ijk}\int_V \left\{\frac{\partial(\rho x_j v_k)}{\partial t} + \frac{\partial(\rho x_j v_k v_l)}{\partial x_l}\right\} dV = e_{ijk}\int_V \left\{\frac{\partial(x_j \sigma_{pk})}{\partial x_p} + \rho x_j f_k\right\} dV \tag{7.16a}$$

여기서

$$\begin{aligned}\frac{\partial(\rho x_j v_k)}{\partial t} + \frac{\partial(\rho x_j v_k v_l)}{\partial x_l} &= x_j v_k\left(\frac{\partial \rho}{\partial t} + \frac{\partial(\rho v_l)}{\partial x_l}\right) + \rho\left(\frac{\partial(x_j v_k)}{\partial t} + v_l\frac{\partial(x_j v_k)}{\partial x_l}\right)\\ &= \rho x_j\left(\frac{\partial v_k}{\partial t} + v_l\frac{\partial v_k}{\partial x_l}\right) + \rho v_k\left(\frac{\partial x_j}{\partial t} + v_l\frac{\partial x_j}{\partial x_l}\right)\\ &= \rho x_j\frac{Dv_k}{Dt} + \rho v_k\frac{Dx_j}{Dt} \quad \left\{= \rho\frac{D}{Dt}(x_j v_k)\right\}\end{aligned} \tag{7.16b}$$

따라서 식 (7.12)는 최종적으로

$$e_{ijk}\left\{\sigma_{jk} + x_j\left(\frac{\partial \sigma_{pk}}{\partial x_p} + \rho f_k - \rho\frac{Dv_k}{Dt}\right) - \rho\frac{Dx_j}{Dt}v_k\right\} = 0 \tag{7.16c}$$

이 된다. $e_{ijk}v_j v_k = 0\left(v_j = \dfrac{Dx_j}{Dt}\right)$과 운동방정식 (7.14)를 고려하면 윗 식은

$$e_{ijk}\sigma_{jk} = 0 \quad \text{또는} \quad \sigma_{jk} = \sigma_{kj} \tag{7.17}$$

으로 귀착된다. 이것은 6.3절에서 논한 응력성분의 대칭성을 나타내는 식이다. 즉, 응력텐서가 대칭이면 각운동량은 보존되는 것을 의미한다. 응력텐서가 대칭이 아닌 경우로는 자성유체 등이 있으나 이것에 대해서는 전문서적을 참고하길 바란다.

7.5 | 에너지 보존법칙

그림 7.2에 나타낸 체적 V, 표면적 S인 물체 B의 밀도를 ρ, 임의의 점 x_i에 있어서 속도를 v_i라고 하면 이 물체의 운동에너지 K(kinetic energy)는 다음과 같이 표시된다.

$$K = \frac{1}{2}\int_V \rho v_i v_i \, dV \tag{7.18}$$

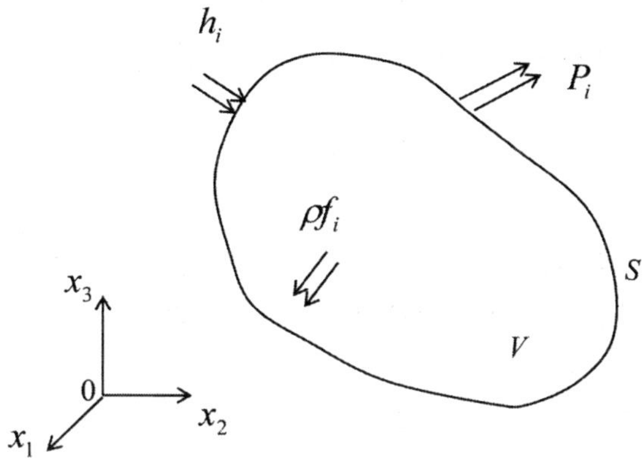

그림 7.2 표면력, 물체력, 열유속을 받는 물체

이것은 강체의 질점 혹은 물체점의 운동에너지를 연속체에 대해 일반화한 것이다. 이 운동에너지는 물체의 전 에너지(total energy)의 일부이고 그 나머지는 내부에너지 E (internal energy)로 이것은 내부에너지 밀도(internal energy density) ρe에 의해 다음과 같이 표현된다.

$$E = \int_V \rho e \, dV \tag{7.19}$$

열역학 제1법칙으로서 에너지 보존법칙(conservation of energy)에서는 운동에너지 K와 내부에너지 E의 합으로 표현되는 계의 에너지 변화율이 물체에 대한 표면력 및 물체력 등의 외력에 의해 행해지는 기계적 일량 M(mechanical work)과 물체에 유입되거나 혹은 물체 내에서 발생하는 기타 에너지 Q(other energy)의 변화율의 합과 같다는 것을 설명하고 있다. 이것을 식으로 표시하면

$$\frac{D}{Dt}(K + E) = \dot{M} + \dot{Q} \tag{7.20}$$

으로 나타내진다. 표면력 P와 물체력 f에 의해 행해진 기계적 일량의 변화율은 식 (7.12)를 참고하면 다음과 같이 나타낼 수가 있다.

$$\dot{M} = \int_S n_j \sigma_{ij} v_i \, dS + \int_V \rho f_i v_i \, dV \tag{7.21}$$

한편 기타 에너지는 복사, 마찰에너지(friction energy) 등과 같이 물체 표면으로부터

물체에 유입되는 각종 에너지 및 물체 내에서 화학변화 등에 의해 발생한 각종 에너지들을 의미한다. 단위 법선벡터 n_i를 갖는 물체 표면으로부터 단위 면적당 유입하는 열유속(heat flux)을 q_i라고 하고 단위 체적당의 열발생률(heat generation rate)을 γ라고 하면 기타 에너지 Q의 변화율은 다음과 같이 표시할 수 있다.

$$\dot{Q} = -\int_S q_i n_i \, dS + \int_V \gamma \, dV \tag{7.22}$$

식 (7.20)에 이상의 식들을 대입하여 식 (7.5)의 관계를 고려하고 이들 식의 면적적분에 가우스의 발산정리를 적용하면 다음의 관계식이 얻어진다.

$$\frac{D}{Dt}\left\{\frac{1}{2}\int_V \rho v_i v_i \, dV + \int_V \rho e dV\right\} = \int_V \frac{\partial(\sigma_{ij} v_i)}{\partial x_j} dV + \int_V \rho f_i v_i dV - \int_V \frac{\partial q_i}{\partial x_i} dV + \int_V \gamma dV$$

$$\int_V \left\{\frac{\partial(\rho B)}{\partial t} + \frac{\partial(\rho B v_l)}{\partial x_l}\right\} dV = \int_V \frac{\partial(\sigma_{ij} v_i)}{\partial x_j} + \int_V \rho f_i v_i dV - \int_V \frac{\partial q_i}{\partial x_i} dV + \int_V \gamma dV$$

여기서 $B = \frac{1}{2} v_i v_i + e$이다. 윗 식은 다시 피적분항의 연속성과 연속의 식 (7.8)을 고려하면

$$B\left\{\frac{\partial \rho}{\partial t} + \frac{\partial(\rho v_l)}{\partial x_l}\right\} + \rho\left\{\frac{\partial B}{\partial t} + v_l \frac{\partial B}{\partial x_l}\right\} = \frac{\partial(\sigma_{ij} v_i)}{\partial x_j} + \rho f_i v_i - \frac{\partial q_i}{\partial x_i} + \gamma$$

$$\rho\left\{\frac{\partial B}{\partial t} + v_l \frac{\partial B}{\partial x_l}\right\} = \frac{\partial(\sigma_{ij} v_i)}{\partial x_j} + \rho f_i v_i - \frac{\partial q_i}{\partial x_i} + \gamma$$

$$\rho \frac{De}{Dt} + \rho v_i \frac{Dv_i}{Dt} = \frac{\partial(\sigma_{ij} v_i)}{\partial x_j} + \rho f_i v_i - \frac{\partial q_i}{\partial x_i} + \gamma$$

앞 식을 다시 정리하면

$$-v_i\left\{\frac{\partial \sigma_{ij}}{\partial x_j} + \rho f_i - \rho \frac{Dv_i}{Dt}\right\} + \rho \frac{De}{Dt} - \sigma_{ij} \frac{\partial v_i}{\partial x_j} + \frac{\partial q_i}{\partial x_i} - \gamma = 0$$

그런데

$$\begin{aligned} \sigma_{ij} v_{i,j} &= \sigma_{ij}\left\{\frac{1}{2}(v_{i,j} + v_{j,i}) + \frac{1}{2}(v_{i,j} - v_{j,i})\right\} \\ &= \sigma_{ij} d_{ij} \end{aligned}$$

관계가 있으므로 운동방정식 (7.14)를 고려하면 최종적으로 다음 식이 얻어진다.

$$\rho \frac{De}{Dt} = \sigma_{ij} d_{ij} - \frac{\partial q_i}{\partial x_i} + \gamma \tag{7.23}$$

여기서 $\sigma_{ij} d_{ij}$는 응력에 의해 행해진 일량의 변화율(rate of working of stress)이다. 식 (7.23)은 에너지 보존법칙의 국소형으로 Gibbs의 에너지방정식(Gibbs'energy equation)이라고 한다.

한편, 열유속 벡터 q_i는 열은 온도가 높은 쪽으로부터 낮은 쪽으로 이동하는 것을 나타내는 Fourier의 열전도 법칙(Fourier's law of heat conduction)을 이용하여 다음과 같이 나타낼 수 있다.

$$q_i = -\kappa \frac{\partial \theta}{\partial x_i} \tag{7.24a}$$

여기서 κ는 열전도율(thermal conductivity)이고, θ는 절대온도이다. 텐서의 지수법칙에 의해 κ는 스칼라량이지만 방향에 따라 열전도율이 다른 경우는 κ 대신에 2계 텐서인 $\kappa_{ij}(=\kappa \delta_{ij})$를 사용한다. 이 경우 윗 식은

$$q_i = -\kappa_{ij} \frac{\partial \theta}{\partial x_j} \tag{7.24b}$$

로 표시된다.

7.6 | 경계값 문제

앞 절까지는 연속체의 변형거동에 대해서 통일적으로 적용할 수 있는 변위, 변형률, 힘, 응력 등의 변수개념과 보존법칙 그리고 그의 국소형으로서의 변수의 지배방정식(governing equation)에 대해서 논하였다. 연속체 역학을 배우는 목적은 변형을 받는 연속체 내의 변수를 결정하는 것에 있다. 본 절에서는 대표적으로 연속체인 고체의 변형 시 내부의 변위, 변형률, 응력 등의 변수를 결정하는 데 필요한 각종 지배방정식을 정리하여 설명한다.

지금 연속체가 열적인 변화를 수반하지 않고 변형한 경우 밀도 ρ, 변위 u_i, 변형률 ϵ_{ij}, 응력 σ_{ij}를 결정하는 문제를 고려하자. 이때 이들 미지량에 대한 지배방정식은 다음과 같다.

(1) 연속의 식 (7.9)

$$\frac{D\rho}{Dt} + \rho v_{i,i} = 0 \tag{7.25}$$

(2) 운동방정식 (7.14)

$$\sigma_{ij,j} + \rho f_i = \rho \frac{Dv_i}{Dt} \tag{7.26}$$

(3) 변위–변형률 관계식 (5.27)과 적합조건식 (5.47)

$$\epsilon_{ij} = \frac{1}{2}(u_{i,j} + u_{j,i}) \tag{7.27}$$

$$\epsilon_{ij,kl} + \epsilon_{kl,ij} - \epsilon_{ik,jl} - \epsilon_{jl,ik} = 0 \tag{7.28}$$

(4) 경계조건식

또한, 물체표면 S의 일부 S_t에는 표면력 P_i가 가해지고 나머지 부분 S_u에서는 변위가 U_i로 구속되어 있다고 하자. 이때의 경계조건은

$$t_i = n_j \sigma_{ij} = P_i, \qquad S_t \text{ 상에서} \tag{7.29}$$

$$u_i = U_i \qquad S_u \text{ 상에서} \tag{7.30}$$

이 된다.

식 (7.25)~식 (7.30)으로 나타내지는 지배방정식은 16개의 미지변수(ρ, u_i, ϵ_{ij}, σ_{ij})에 대해서 10개뿐이므로 미지변수를 완전히 결정하기 위해서는 6개의 조건식이 필요하다. 대응하는 6개의 조건식은 연속체의 변형에 대한 응답을 나타내는 구성식(constitutive equation)으로 통상 응력 σ_{ij}과 변형률 ϵ_{ij}의 대칭성을 고려하여 이들 간에 6개의 관계로서 주어진다. 따라서 식 (7.25)~(7.27)에 구성식을 추가하는 것에 의해 미지변수와 지배방정식의 수가 일치하여 원칙적으로는 완전한 해를 구하는 것이 가능하다. 단, 해의 유일성(uniqueness of solution)이 성립하는지 않는지에 대해서는 별도의 논의가 필요하다. 한편, 현실적인 문제의 해를 구하는 과정은 일반적으로 복잡하여 각종 근사해석(approximate solution)과 계산기를 이용한 유한요소법과 같은 수치모사해석(numerical simulation)이 자주 이용되고 있다.

연속체가 체적을 일정하게 유지하면서 변형할 때 식 (7.25)에 따라 밀도 ρ는 변화하지 않으므로 미지수는 15개가 된다. 1, 2차원 문제에 대한 경계값 문제의 예는 연습문제를 참고하라.

다음에 연속체의 변형이 온도 변화를 수반하는 경우를 고려하자. 이때에는 식 (7.25) ~(7.27)에 에너지 보존법칙 식 (7.23)이 추가된다. 여기서는 $\gamma = 0$으로 하고 Fourier의 열전도 법칙 식 (7.24)를 식 (7.23)에 대입하여 열유속 벡터 q_i를 온도 θ로 나타내면 에너지 보존법칙은

$$\rho \frac{De}{Dt} = \sigma_{ij} d_{ij} + \kappa \theta_{,ii} \tag{7.31}$$

이 된다. 한편, 온도 경계조건으로 연속체의 표면 S의 일부 S_θ에서 온도가 Θ로 지정되어 있다고 하자. 즉,

$$\theta = \Theta \qquad S_\theta \text{상에서} \tag{7.32}$$

이 경우에는 미지변수의 수가 상기 16개에 추가하여 내부 에너지밀도 e와 온도 θ가 더해져 18개가 된다. 이것에 대해 지배방정식은 11개이므로 응력 σ_{ij}와 변형률 ϵ_{ij}, 온도 θ의 관계를 나타내는 6개의 구성식과 내부에너지 밀도 e와 온도 θ의 관계를 나타내는 식에 의해 18개의 미지정수를 구할 수 있다. 특수한 경우로서 밀도가 일정하고 응력에 의한 일량의 변화율 $\sigma_{ij} d_{ij}$의 항이 무시될 수 있을 때 내부 에너지와 온도의 관계를 알면 식 (7.31)을 경계조건 식 (7.32)하에서 해석하여 연속체 내의 온도분포를 구할 수 있다.

이상과 같이 연속체의 변형거동을 완전히 결정하기 위해서는 구성식이 필요하다는 것을 이해할 수 있다. 다음 장에서는 연속체의 기본적인 구성식에 대해서 설명한다.

예제 7-1

그림 7.3과 같이 밀도가 ρ인 유체가 속도 v로 단면적이 A인 노즐을 통해 비스듬하게 놓여 있는 평판에 부딪히고 있다. 평판과 유체 분류(jet) 사이의 마찰저항을 무시하고 유체의 분류량과 평판에 걸리는 힘을 구하라.

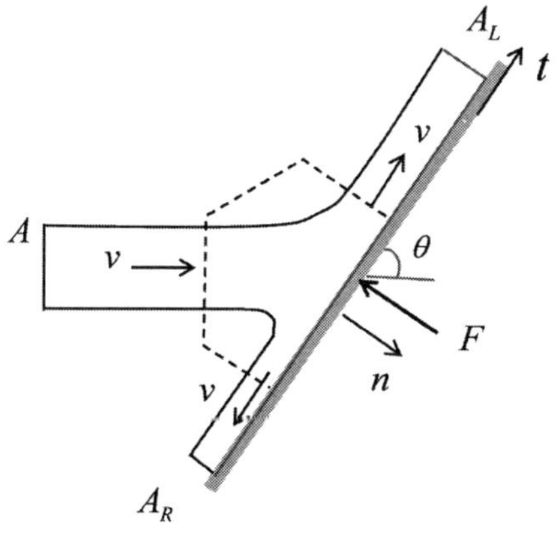

그림 7.3 경사 평판에 부딪히는 유체 분류

유체가 평판에 충돌하기 전과 후에 압력의 변화가 없으므로 유체는 충돌 전과 후에 동일한 속도를 유지한다. 왼쪽과 오른쪽으로의 유량(amount of flow)을 각각 $Q_L(= v A_L)$, $Q_R(= v A_R)$이라고 하면 유체의 전체 유량 $Q(= vA)$는

$$Q = Q_L + Q_R \tag{7.33}$$

여기서 평판의 접선방향에 대해서 각운동량 보존법칙을 적용해보면 합력은 영이므로 식 (7.13a)로부터 우변은 영이 되고 정상상태(steady-state)를 가정하면

$$\begin{aligned} 0 &= \int_V \frac{\partial \rho v_i v_j}{\partial x_j} dV = \int_S \rho v_i \boldsymbol{v} \cdot \boldsymbol{n} dS = \int_S \rho v_t \boldsymbol{v} \cdot \boldsymbol{n} dS \\ &= \rho v (vA_L) + \rho(-v)(vA_R) + \rho v \cos\theta (-vA) \end{aligned} \tag{7.34}$$

따라서

$$Q_L - Q_R = Q\cos\theta \tag{7.35}$$

식 (7.35)와 식 (7.33)으로부터 Q_L과 Q_R은

$$Q_L = \frac{1}{2}(1 + \cos\theta)Q, \qquad Q_R = \frac{1}{2}(1 - \cos\theta)Q \tag{7.36}$$

한편, 평판에 수직으로 작용하는 힘은 수직방향에 대해서 각운동량 보존법칙을 적용하는 것으로부터 구할 수 있다. 즉,

$$\begin{aligned} -F_n &= \int_S \rho v_n \boldsymbol{v} \cdot \boldsymbol{n} dS = \rho(v\sin\theta)(-vA) \\ F_n &= \rho Q v \sin\theta \end{aligned} \tag{7.37}$$

연습문제

1 There are rectangular parallelepipeds whose lengths are a, b, and c in the x_1, x_2, and x_3 directions shown in Figure 7.4. Find the change in the density of the rectangular parallelepiped for the velocity field of $v_1 = v_a x_1/a$, $v_2 = v_b x_2/b$, $v_3 = v_c x_3/c$.

2 Derive equation (7.18) representing kinetic energy of continuum from kinetic energy of one mass point.

3 Referring to Figure 7.5, apply the equation (7.23) for a $1-D$ object with a cross-section area A and explain its meaning. Here, we assume $d_{ij}=0$.

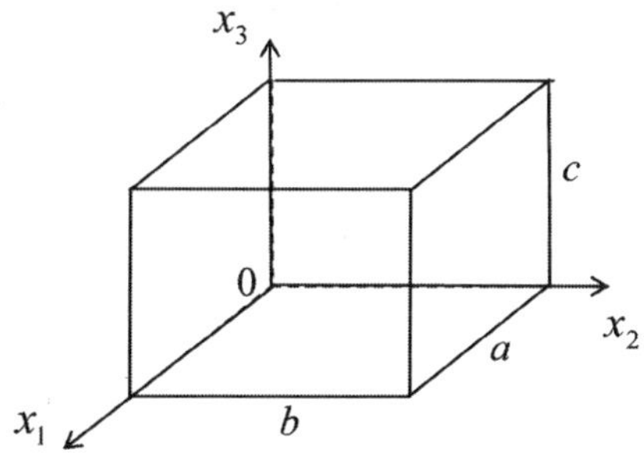

Fig. 7.4 Deformation of cuboid

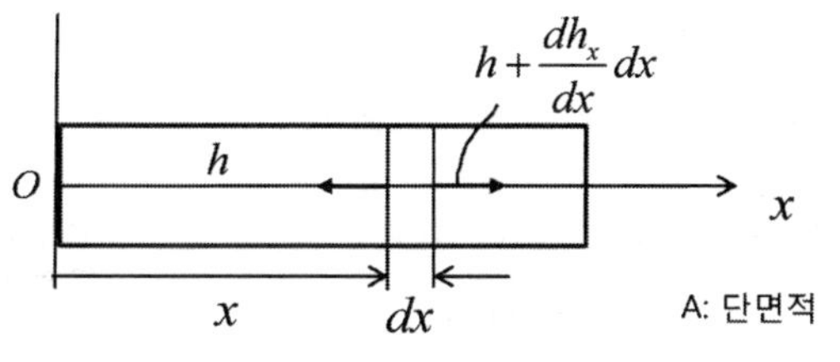

Fig. 7.5 Energy equilibrium on 1 dimension

4 Refer to Figure 7.6, apply the equation (7.23) for a two-dimensional object and explain its meaning. Here, we assume $d_{ij}=0$.

5 Review the unknown valuables, governing equations, and boundary conditions by specializing the equations (7.31) and (7.32) for the one-dimensional case with $\sigma_{ij}d_{ij}=0$.

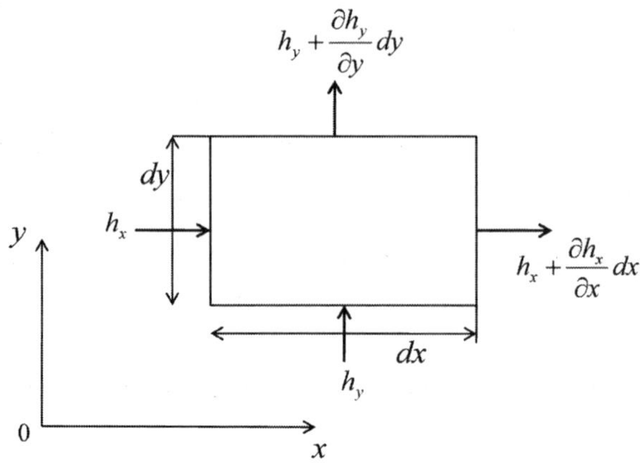

Fig. 7.6 Energy equilibrium on 2 dimension

6 Review the unknown valuables, governing equations, and boundary conditions by specializing the equations (7.31) and (7.32) for the two-dimensional case with $\sigma_{ij}d_{ij} = 0$.

7 About the speed and density given as follows

$$v_1 = \frac{x_1}{1+t}, \quad v_2 = v_3 = 0, \quad \rho = \frac{\rho_0}{1+t} \quad (\rho_0 = \text{일정})$$

(a) Show that the continuity equation is satisfied.

(b) Find the rate of mass increase and the total mass in a cylinder with a cross-section A and both ends $x_1 = 1$ and $x_1 = 3$

(c) Find the rate of mass flow into this cylinder.

8 For incompressible Newtonian viscous fluids following with Fourier's law of thermal conductivity, σ_{ij}, q_i and e are given by

$$\sigma_{ij} = -p\delta_{ij} + 2\mu d_{ij}, \quad q_i = -\kappa \frac{\partial \theta}{\partial x_i}, \quad e = C_v \theta \tag{7.38}$$

Where μ, κ and C_v are constants, θ is the absolute temperature, and p is the hydrostatic pressure ($= -\sigma_{ii}/3$). In this case, show that the following energy equation is derived in the same form as equation (7.31) from the energy equation (7.23).

$$\rho C_v \left(\frac{\partial \theta}{\partial t} + v_i \frac{\partial \theta}{\partial x_i} \right) = 2\mu d_{ij} d_{ij} + \kappa \nabla^2 \theta \tag{7.39}$$

08 선형 구성식

연속체가 변형할 때 그 변형거동을 기술하기 위해 필요한 변위 u_i, 변형률 ϵ_{ij}, 응력 σ_{ij}, 온도 θ 등의 변수와 이들 변수값을 결정하기 위한 지배방정식 및 경계조건에 대해서는 앞 장에서 설명하였다. 이들 변수를 완전히 결정하기 위해서는 객관성(frame-indifference or objectivity)을 갖는 응력 σ_{ij}, 변형률 ϵ_{ij}, 온도 θ 간의 상관관계가 필요하고 이들 관계를 구성식(constitutive equation)이라고 한다고 하였다. 모든 연속체에 대해서 통일적으로 적용할 수 있는 구성식은 없고 구성식은 연속체의 종류에 따라 다르다. 본 장에서는 연속체를 유체(fluid)와 고체(solid)로 크게 분류하여 공학의 경계값 문제에서 자주 접하는 완전유체, Newton 점성유체, 탄성체 등을 중심으로 선형이면서 등방성을 갖는 구성식에 대해 기술한다.

8.1 완전 유체

완전 유체(perfect fluid)는 정지 상태에 있는 유체와 같이 전단응력이 작용하지 않는 것으로 이상화한 비점성 유체(nonviscous fluid)로 응력텐서가 등방성을 가진다. 통상 공기 및 물은 완전 유체로서 취급되는 경우가 많다. 따라서 식 (4.18)로부터 2계 등방텐서는 δ_{ij}이므로 응력은 다음과 같이 표시할 수 있다.

$$\sigma_{ij} = -p\delta_{ij} \tag{8.1}$$

또는 성분별 표시로

$$\sigma_{xx} = \sigma_{yy} = \sigma_{zz} = -p \tag{8.2}$$

여기서 p는 압력(pressure)이라고 부르는 스칼라량이다. 이상기체(ideal gas)의 경우 압력 p는 밀도 ρ, 절대온도 θ, 기체상수(gas constant) R과 다음의 상태방정식(equation of state)에 의해 관계 지어진다.

$$p = \rho R \theta \tag{8.3}$$

이 식은 기체 분자 운동론으로부터 기체 분자의 충돌과 반발에 따른 운동량의 변화를 고려하는 것에 의해 얻을 수 있다. 기체상수 R은 $8.313*10^7$erg/deg이다. 실존하는 기체 혹은 유체에 대해서

$$f(p, \rho, \theta) = 0 \tag{8.4}$$

의 상태방정식을 얻을 수 있다. 비압축성의 유체(incompressible fluid)의 경우 연속의 식 (7.25)로부터 $\rho =$ 일정(constant)이므로 압력은 어떤 값이라도 취할 수 있으므로 운동방정식과 경계조건에 의해 결정되어야만 한다. 예를 들면 유압프레스의 실린더 안의 비압축성 유체의 압력은 피스톤에 작용하는 힘에 의해 결정된다.

8.2 | Newton 점성유체

Newton 점성유체(Newtonian viscous fluid 또는 간단히 Newton 유체)는 편차응력 σ'_{ij}이 변형률속도 d_{kl}의 선형관계에 의해 나타낼 수 있는 선형 점성유체(linear viscous fluid)이다. 따라서 일반적인 응력-변형률 관계는

$$\sigma_{ij}' = D_{ijkl}\, d_{kl} \tag{8.5}$$

또는

$$\sigma_{ij} = -p\delta_{ij} + D_{ijkl}\, d_{kl}$$

과 같이 표시된다. 이것은 뉴턴 점성유체의 경우에 유동과 관련된 응력(전단응력)이 순간적인 변형속도에 비례하는 것을 의미한다. 텐서의 지수법칙에 의해 D_{ijkl}은 4계 텐서인 것을 알 수 있다. 또한, 편차응력 σ_{ij}'과 변형률속도 d_{kl}는 대칭텐서이므로 다음 관계가 성립하는 것을 알 수 있다.

$$\left.\begin{aligned} &\sigma_{ij}' = D_{ijkl}\, d_{kl} \quad (= \sigma_{ji}' = D_{jikl}\, d_{kl}, \quad i, j: \text{자유지수}) \\ &\sigma_{ij}' = D_{ijkl}\, d_{kl} = D_{ijkl}\, d_{lk}, \quad k, l: \text{의지수}) \\ &\quad = D_{ijlk}\, d_{kl} \end{aligned}\right\} \tag{8.6a}$$

따라서

$$D_{ijkl} = D_{jikl} = D_{ijlk} \tag{8.6b}$$

이것으로부터 81개(9×9)의 D_{ijkl}의 성분 중에서 서로 다른 값을 갖는 성분은 21개가 된다. 즉, 이들 성분을 행렬로 나타내면 다음과 같다.

$$(D_{ijkl}) = \begin{bmatrix} D_{1111} & D_{1122} & D_{1133} & D_{1112} & D_{1123} & D_{1131} \\ & D_{2222} & D_{2233} & D_{2212} & D_{2223} & D_{2231} \\ & & D_{3333} & D_{3312} & D_{3323} & D_{3331} \\ & \text{대칭} & & D_{1212} & D_{1223} & D_{1231} \\ & & & & D_{2323} & D_{2331} \\ & & & & & D_{3131} \end{bmatrix} \tag{8.6c}$$

또한, 유체의 성질이 방향에 따라 변화하지 않는 성질, 즉 등방성을 갖고 있는 경우에 4계 텐서 D_{ijkl}는 4계의 등방텐서로 표현되어야만 한다. 4계의 등방텐서는 식 (4.18)에 나타낸 것과 같이 3개이므로 일반적으로 D_{ijkl}은 이들의 선형결합에 의해 다음과 같이 나타낼 수 있다.

$$D_{ijkl} = \lambda\delta_{ij}\delta_{kl} + \mu(\delta_{ik}\delta_{jl} + \delta_{il}\delta_{jk}) + \gamma(\delta_{ik}\delta_{jl} - \delta_{il}\delta_{jk}) \tag{8.7}$$

여기서 λ, μ, γ는 정수이다. 그러나 상기와 같이 변형률속도 텐서의 대칭성에 의해 $D_{ijkl} = D_{ijlk}$인 관계가 있으므로 $\gamma = 0$이어야만 한다.

이것으로부터 등방체에 대해서는 D_{ijkl}는 두 개의 독립변수 λ, μ로 표시할 수 있다.

$$D_{ijkl} = \lambda\delta_{ij}\delta_{kl} + \mu(\delta_{il}\delta_{jk} + \delta_{ik}\delta_{jl}) \tag{8.8}$$

Newton 점성유체에서는 D_{ijkl}는 온도 θ만의 함수로 변형률속도에는 의존하지 않는다.

식 (8.8)을 식 (8.5)에 대입하면 다음 식이 얻어진다.

$$\sigma_{ij}' = \lambda d_{kk}\delta_{ij} + 2\mu d_{ij} \tag{8.9}$$

또한, 압력 p를 이용하면 응력 σ_{ij}은 식 (8.5)에서

$$\sigma_{ij} = -p\delta_{ij} + \lambda d_{kk}\delta_{ij} + 2\mu d_{ij} \tag{8.10}$$

이 되고 σ_{kk}는

$$\sigma_{kk} = -3p + (3\lambda + 2\mu)d_{kk}$$

가 된다. 평균응력 $\sigma_m (= \sigma_{kk}/3)$이 체적 변형률속도 d_{kk}에 의존하지 않는다고 가정하면

$$3\lambda + 2\mu = 0$$

이 된다. 따라서 구성식 (8.10)은 다음과 같이 나타낼 수 있다.

$$\begin{aligned}\sigma_{ij} &= -p\delta_{ij} + 2\mu d_{ij} - \frac{2}{3}\mu d_{kk}\delta_{ij} \\ &= -p\delta_{ij} + 2\mu d_{ij}'\end{aligned} \tag{8.11}$$

또는 전개한 형태로 나타내면

$$\begin{aligned}\sigma_{xx} &= -p + \frac{2\mu}{3}(2d_{xx} - d_{yy} - d_{zz}) \\ \sigma_{yy} &= -p + \frac{2\mu}{3}(2d_{yy} - d_{zz} - d_{xx}) \\ \sigma_{zz} &= -p + \frac{2\mu}{3}(2d_{zz} - d_{xx} - d_{yy}) \\ \sigma_{xy} &= 2\mu d_{xy}, \quad \sigma_{yz} = 2\mu d_{yz}, \quad \sigma_{zx} = 2\mu d_{zx}\end{aligned} \tag{8.12}$$

이와 같은 구성식으로 표현되는 유체를 Stokes 유체(Stokes fluid)라고 한다. 이 경우 재료정수는 μ뿐이고 이것을 점성계수(coefficient of viscosity)라고 부른다. 만약 유체가 비압축성, $d_{kk} = 0$이라면 이 경우에 대한 구성식은

$$\sigma_{ij} = -p\delta_{ij} + 2\mu d_{ij}$$

이 되고 또한 $\mu = 0$인 경우는 식 (8.1)의 비점성 유체에 대한 구성식과 같이 된다.

그림 8.1에 나타낸 것과 같이 a간격을 갖는 2장의 판 사이에 유체를 채우고 위판을 아래판에 대해 x방향으로 상대속도 V로 이동시키는 경우를 고려하자. 이때 y축에 수직인 면에 작용하는 전단응력을 τ라고 하면 Newton의 식

$$\tau = \mu\frac{dV_x}{dy} \tag{8.13}$$

이 성립한다. 여기서 간격 a가 충분히 작으면 유체속도는 $V_x = yV/a$, $V_y = 0$으로 표시되므로 전단변형률 속도는 $d_{xy} = V/2a$가 된다. 이것으로부터 점성계수(동점성계수) μ

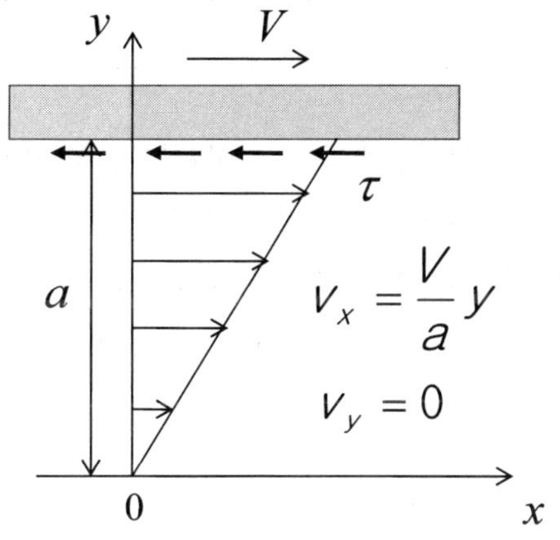

그림 8.1 유체의 전단흐름

는 다음과 같이 나타낼 수 있다.

$$\mu = \tau \frac{a}{V} \tag{8.14}$$

점성계수의 단위는 윗 식으로부터 $N \cdot s/m^2$, $Pa \cdot s$이지만 CGS 단위(centimeter-gram-second)로 표시하여 $dyne \cdot s/cm^2$을 Poise라고 부른다(1 poise=$0.1\,N \cdot S/m^2$). 표 8.1에 유체의 점성계수 값을 나타내었다. 점성계수는 액체의 경우 온도상승에 따라 감소하지만 기체의 경우는 역으로 증가한다. Newton 유체에서는 점성계수가 상수라고 하였지만 일반적으로는 변형률속도의 함수이고 등방체의 경우는 변형률속도 불변량의 함수로 나타내진다. 이와 같은 유체를 비 Newton 유체(non Newtonial fluid)라고 한다. 비 Newton 유체의 예로는 페인트, 에나멜, 혈액 등이 있다.

표 8.1 Newton 유체의 점성계수 μ(20℃, 1기압)

물 체	점성계수 $\mu(g \cdot s/cm^2)$
공 기	1.8×10^{-4}
물	1.0×10^{-2}
수 은	1.55×10^{-2}
그리세린	8.7

8.3 | 선형 탄성체

응력 σ_{ij}와 변형률 ϵ_{ij}가 선형관계에 있는 고체를 선형 탄성체(linear elastic solid) 또는 후크 탄성체(Hookean elastic solid)라고 한다. 여기서는 응력과 변형률은 항상 1대1 대응관계를 갖고 있으므로 응력을 제거하면 변형률도 영이 된다. 응력 σ_{ij}과 변형률 ϵ_{kl}이 선형관계에 있으므로 다음과 같이 나타낼 수 있다.

$$\sigma_{ij} = D_{ijkl}\epsilon_{kl} \tag{8.15a}$$

또는 행렬 표시로

$$\{\sigma\} = [D]\{\epsilon\} \text{ 또는 간단히 } \boldsymbol{\sigma} = \boldsymbol{D}\boldsymbol{\epsilon} \tag{8.15b}$$

$$\begin{Bmatrix} \sigma_{11} \\ \sigma_{22} \\ \sigma_{33} \\ \sigma_{12} \\ \sigma_{23} \\ \sigma_{31} \end{Bmatrix} = \begin{bmatrix} D_{1111} & D_{1122} & D_{1133} & D_{1112} & D_{1123} & D_{1131} \\ & D_{2222} & D_{2233} & D_{2212} & D_{2223} & D_{2231} \\ & & D_{3333} & D_{3312} & D_{3323} & D_{3331} \\ & \text{대 칭} & & D_{1212} & D_{1223} & D_{1231} \\ & & & & D_{2323} & D_{2331} \\ & & & & & D_{3131} \end{bmatrix} \begin{Bmatrix} \epsilon_{11} \\ \epsilon_{22} \\ \epsilon_{33} \\ 2\epsilon_{12} \\ 2\epsilon_{23} \\ 2\epsilon_{31} \end{Bmatrix} \tag{8.15c}$$

여기서 D_{ijkl}는 응력과 변형률에 무관한 탄성정수(elastic constant 또는 elastic moduli)이고 계수법칙에 따르는 4계 텐서이며 강성텐서(stiffness tensor)라고 불린다.

재료의 특성이 모든 방향과 모든 축에 대해서 대칭인 등방 탄성체(isotropic elastic solid)를 고려하면 Newton 유체의 경우와 동일한 논리에 따라 텐서 D_{ijkl}는 2개의 정수만을 포함한 형태로 식 (4.35), 식 (8.8)에서와 같이 다음과 같이 나타낼 수 있다.

$$D_{ijkl} = \lambda\delta_{ij}\delta_{kl} + \mu(\delta_{ik}\delta_{jl} + \delta_{il}\delta_{jk}) \tag{8.16}$$

여기서 λ, μ는 라미의 정수(Lame' constant)라고 한다. 이 식을 식 (8.15a)에 대입하면

$$\sigma_{ij} = \lambda\epsilon_{kk}\delta_{ij} + 2\mu\epsilon_{ij} \tag{8.17}$$

가 얻어진다. 식 (8.17)은 선형 탄성체에 대한 후크의 법칙(Hooke's law)이라고 불리는 것이다.

식 (8.17)의 양변에 δ_{ij}를 곱하면

$$\sigma_{kk} = (3\lambda + 2\mu)\epsilon_{kk} \tag{8.18}$$

인 관계를 얻는다. 이것을 식 (8.17)에 대입하여 변형률 ϵ_{ij}과 응력 σ_{kl}을 관계지어주는 구성식을 얻는다.

$$\begin{aligned} \epsilon_{ij} &= \frac{1}{2\mu}\sigma_{ij} - \frac{\lambda}{2\mu(3\lambda + 2\mu)}\sigma_{kk}\delta_{ij} \\ &= C_{ijkl}\sigma_{kl} \end{aligned} \tag{8.19}$$

여기서 C_{ijkl}는 $C_{ijkl} = D_{ijkl}^{-1}$로 정의되는 4계 텐서이며 컴플라이언스 텐서(compliance tensor)라고 불린다.

$$C_{ijkl} = \frac{1}{2\mu}\left\{\frac{1}{2}(\delta_{ik}\delta_{jl} + \delta_{il}\delta_{jk}) - \frac{\lambda}{3\lambda + 2\mu}\delta_{kl}\delta_{ij}\right\} \tag{8.20}$$

지금 식 (8.17), (8.19)를 그림 8.2에 나타낸 단축인장 문제와 단순전단 문제에 적용하여 보자.

먼저 단축인장 문제의 경우, 작용하고 있는 응력 σ_{ij} 중에서 σ_{11} 이외는 모두 영이므로 식 (8.19)로부터 영이 아닌 변형률은

$$\left.\begin{aligned} \epsilon_{11} &= \frac{1}{2\mu}\sigma_{11} - \frac{\lambda}{2\mu(3\lambda+2\mu)}\sigma_{11} = \frac{\lambda + \mu}{\mu(3\lambda + 2\mu)}\sigma_{11} \\ \epsilon_{22} &= \epsilon_{33} = -\frac{\lambda}{2\mu(3\lambda + 2\mu)}\sigma_{11} \end{aligned}\right\} \tag{8.21a}$$

이 된다. 따라서 다음의 관계가 성립한다.

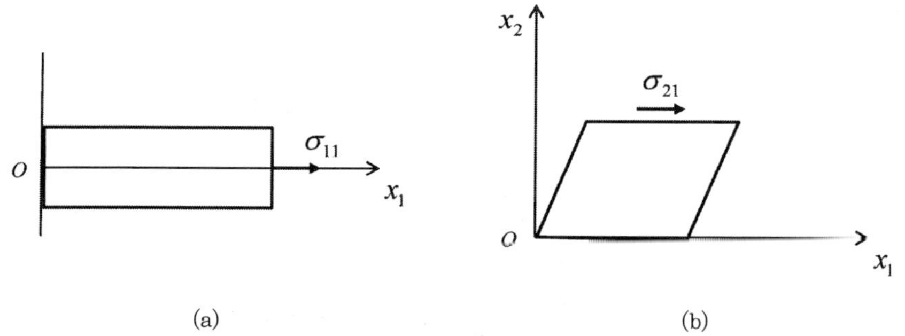

그림 8.2 (a) 단축인장과 (b) 단순전단

$$\epsilon_{22} = \epsilon_{33} = -\frac{\lambda}{2(\lambda+\mu)}\epsilon_{11} \tag{8.21b}$$

여기서 다음의 상수들을 도입한다.

$$E = \frac{\mu(3\lambda+2\mu)}{\lambda+\mu}, \quad \nu = \frac{\lambda}{2(\lambda+\mu)} \tag{8.22a}$$

또는

$$\lambda = \frac{E\nu}{(1+\nu)(1-2\nu)}, \quad \mu = G = \frac{E}{2(1+\nu)} \tag{8.22b}$$

E를 영률(Young's modulus) 혹은 종탄성계수(modulus of elasticity), ν를 포아송비(Poisson's ratio)라고 부른다. E는 응력과 동일한 차원을 갖고 단위 변형률을 발생시키는 데 필요한 응력을 나타낸다. 포아송비 ν는 응력의 부하방향에 생기는 변형률과 수직방향에 생기는 변형률의 비의 역수에 음의 부호를 붙인 것으로 무차원이다. 이들은 모두 재료의 고유정수이다. 식 (8.22)를 이용하여 식 (8.18)을 다시 쓰면

$$\sigma_m = \frac{1}{3}\sigma_{kk} = K\epsilon_{kk}, \quad K = \frac{E}{3(1-2\nu)} \tag{8.23}$$

이 된다. K를 체적탄성계수(bulk modulus)라고 한다.

다음에 식 (8.19)를 그림 8.2의 단순전단 문제에 적용하여 보자. 이때는

$$\epsilon_{12} = \frac{1}{2\mu}\sigma_{12} \tag{8.24}$$

이 되고, 이 식으로부터 μ는 단위크기의 공학 변형률 $\gamma_{12} = 2\epsilon_{12}$를 발생시키는 데 필요한 전단응력을 나타내는 것으로, μ는 전단탄성계수 또는 횡탄성계수(shear modulus, modulus of elasticity in shear)로 응력의 차원을 가진다.

Lame의 정수를 사용하는 대신에 영률 E, 포아송비 ν를 이용하여 구성식 (8.17)을 나타내면 다음과 같이 된다.

$$\begin{aligned}\sigma_{ij} &= \frac{E}{1+\nu}\left\{\frac{\nu}{1-2\nu}\epsilon_{kk}\delta_{ij} + \epsilon_{ij}\right\} \\ &= D_{ijkl}\epsilon_{kl}\end{aligned} \tag{8.25a}$$

여기서

$$D_{ijkl} = \frac{E}{1+\nu}\left\{\frac{\nu}{1-2\nu}\delta_{kl}\delta_{ij} + \frac{1}{2}(\delta_{ik}\delta_{jl} + \delta_{il}\delta_{jk})\right\} \tag{8.25b}$$

전개한 형태로 표시하면

$$\left.\begin{aligned}
\sigma_{xx} &= \frac{E}{(1+\nu)(1-2\nu)}\{(1-\nu)\epsilon_{xx}+\nu(\epsilon_{yy}+\epsilon_{zz})\} \\
\sigma_{yy} &= \frac{E}{(1+\nu)(1-2\nu)}\{(1-\nu)\epsilon_{yy}+\nu(\epsilon_{zz}+\epsilon_{xx})\} \\
\sigma_{zz} &= \frac{E}{(1+\nu)(1-2\nu)}\{(1-\nu)\epsilon_{zz}+\nu(\epsilon_{xx}+\epsilon_{yy})\} \\
\sigma_{xy} &= 2G\epsilon_{xy} = G\gamma_{xy} \\
\sigma_{yz} &= 2G\epsilon_{yz} = G\gamma_{yz} \\
\sigma_{zx} &= 2G\epsilon_{zx} = G\gamma_{zx}
\end{aligned}\right\} \tag{8.25c}$$

한편, 식 (8.19)는 식 (8.22)의 관계를 이용하면 다음과 같이 된다.

$$\begin{aligned}
\epsilon_{ij} &= \frac{1+\nu}{E}\sigma_{ij} - \frac{\nu}{E}\sigma_{kk}\delta_{ij} \\
&= C_{ijkl}\sigma_{kl}
\end{aligned} \tag{8.26a}$$

여기서

$$C_{ijkl} = \frac{1+\nu}{E}\left\{\frac{1}{2}(\delta_{ik}\delta_{jl}+\delta_{il}\delta_{jk}) - \frac{\nu}{1+\nu}\delta_{kl}\delta_{ij}\right\} \tag{8.26b}$$

전개한 형태로는

$$\left.\begin{aligned}
\epsilon_{xx} &= \frac{1}{E}\{\sigma_{xx}-\nu(\sigma_{yy}+\sigma_{zz})\} \\
\epsilon_{yy} &= \frac{1}{E}\{\sigma_{yy}-\nu(\sigma_{zz}+\sigma_{xx})\} \\
\epsilon_{zz} &= \frac{1}{E}\{\sigma_{zz}-\nu(\sigma_{xx}+\sigma_{yy})\} \\
\gamma_{xy} &= 2\epsilon_{xy} = \sigma_{xy}/G \\
\gamma_{yz} &= 2\epsilon_{yz} = \sigma_{yz}/G \\
\gamma_{zx} &= 2\epsilon_{zx} = \sigma_{zx}/G
\end{aligned}\right\} \tag{8.26c}$$

식 (8.25c)와 식 (8.26c)의 특수한 형태로서 공학문제에서 자주 접하는 다음의 2가지 경우에 대해서 검토해 보자.

(i) 먼저 평판이나 쉘과 같은 얇은 판재의 면 내에서만 하중이 작용할 때는 그 면에 수직한 방향의 응력이 0이므로 평면응력(plane stress) 문제로 간주할 수 있다. 이와 같은 평면응력 문제에 대해서 응력상태는

$$\sigma_{xx},\ \sigma_{yy},\ \sigma_{xy} \neq 0 \qquad \sigma_{zz} = \sigma_{xz} = \sigma_{yz} = 0$$

으로 나타낼 수 있으므로 식 (8.26c)는

$$\begin{aligned}
\epsilon_{xx} &= \frac{1}{E}(\sigma_{xx} - \nu\sigma_{yy}) \\
\epsilon_{yy} &= \frac{1}{E}(\sigma_{yy} - \nu\sigma_{xx}) \\
\epsilon_{zz} &= \frac{-\nu}{E}(\sigma_{xx} + \sigma_{yy}) \\
\gamma_{xy} &= 2\epsilon_{xy} = \sigma_{xy}/G \\
\gamma_{xz} &= \gamma_{yz} = 0
\end{aligned} \qquad (8.27a)$$

으로 표기되고 따라서 윗 식에서 σ_{xx}, σ_{yy}, σ_{xy}는 각각 다음과 같이 구해진다.

$$\left.\begin{aligned}
\sigma_{xx} &= \frac{E}{1-\nu^2}(\epsilon_{xx} + \nu\epsilon_{yy}) \\
\sigma_{yy} &= \frac{E}{1-\nu^2}(\epsilon_{yy} + \nu\epsilon_{xx}) \\
\sigma_{xy} &= G\gamma_{xy}
\end{aligned}\right\} \qquad (8.27b)$$

(ii) 한편, 양단이 막힌 내압을 받는 긴 원통의 경우와 같이 내압증가에 따른 원통의 반경방향 및 원주방향의 변형률과 비교하면 상대적으로 원통의 길이방향 변형률이 매우 작다. 따라서 한쪽 방향(원통의 길이방향)의 변형이 구속되어 0인 평면변형(plane strain) 문제로 간주할 수 있다. 이와 같은 평면변형 문제에 대해서 변형률상태는

$$\epsilon_{xx},\ \epsilon_{yy},\ \epsilon_{xy} \neq 0 \qquad \epsilon_{zz} = \epsilon_{xz} = \epsilon_{yz} = 0$$

으로 나타낼 수 있다. 여기서 $\epsilon_{zz} = 0$이므로 식 (8.26c)에서

$$\sigma_{zz} = \nu(\sigma_{xx} + \sigma_{yy}) \tag{8.28a}$$

인 관계가 얻어지고 (8.25c)는

$$\left.\begin{aligned}
\sigma_{xx} &= \frac{E}{1+\nu}\left\{\epsilon_{xx} + \frac{\nu}{1-2\nu}(\epsilon_{xx}+\epsilon_{yy})\right\} \\
&= \frac{E}{(1+\nu)(1-2\nu)}\{(1-\nu)\epsilon_{xx} + \nu\epsilon_{yy}\} \\
\sigma_{yy} &= \frac{E}{1+\nu}\left\{\epsilon_{yy} + \frac{\nu}{1-2\nu}(\epsilon_{yy}+\epsilon_{xx})\right\} \\
&= \frac{E}{(1+\nu)(1-2\nu)}\{\nu\epsilon_{xx} + (1-\nu)\epsilon_{yy}\} \\
\sigma_{xy} &= G\gamma_{xy} \\
\sigma_{zx} &= \sigma_{yz} = 0
\end{aligned}\right\} \tag{8.28b}$$

으로 표기된다. 식 (8.28a)을 식 (8.26c)에 대입하면 ϵ_{xx}, ϵ_{yy}, ϵ_{xy}는

$$\left.\begin{aligned}
\epsilon_{xx} &= \frac{1+\nu}{E}\{(1-\nu)\sigma_{xx} - \nu\sigma_{yy}\} \\
\epsilon_{yy} &= \frac{1+\nu}{E}\{(1-\nu)\sigma_{yy} - \nu\sigma_{xx}\} \\
\gamma_{xy} &= 2\epsilon_{xy} = \sigma_{xy}/G
\end{aligned}\right\} \tag{8.28c}$$

으로 표기된다.

다음에 상기 재료정수들의 한계에 대해서 검토하여 보자. 봉을 봉의 길이방향으로 인장할 때 봉은 늘어나므로 이 자연스런 현상을 나타내기 위해서는 영률 E는 양의 값을 가져야 한다. 전단 탄성계수 G에 대해서도 동일하다. 한편, 정수압을 가할 때 탄성체는 체적변화가 없다는 것도 재료정수에 대한 한계를 부가한다. 이상으로부터 영률 E, 전단탄성계수 G, 포아송비 ν가 취할 수 있는 한계는 다음과 같다.

$$E,\ G \geqq 0,$$

$$-1 \leqq \nu \leqq \frac{1}{2}$$

이와 같은 관계는 탄성변형에 대한 열역학적 검토로부터 보다 엄밀한 형태로 나타낼 수 있다. 표 8.2에 각종 재료의 재료정수를 나타내었다.

표 8.2 각종 재료의 재료특성과 열팽창 계수

Material	Mass density $\rho\ [Mg \cdot m^{-3}]$	Young's modulus E(GPa)	Poisson ratio ν	Thermal expansion coefficient$\alpha\ [10^{-6}/K]$
Tungsten	13.4	410	0.30	5
CFRP	1.5–1.6	70–200	0.20	2
Low alloy steels	7.8	200–210	0.30	15
Stainless steel	7.5–7.7	190–200	0.30	11
Mild steel	7.8	196	0.30	15
Copper	8.9	124	0.334	16
Titanium	4.5	116	0.30	9
Silicon	2.5–3.2	107	0.22	5
Silica glass	2.6	94	0.16	0.5
Aluminum alloys	2.6–2.9	69–79	0.35	22
GFRP	1.4–2.2	7–45	0.22–0.30	10
Wood, parallel grain	0.4–0.8	9–16	0.2	40
PMMA	1.2	3.4	0.35–0.4	50
Polycarnonate	1.2–1.3	2.6	0.36	65
Natural rubbers	0.83–0.91	0.01=0.1	0.49	200
PVC	1.3–1.6	0.003–0.01	0.41	70

8.4 | 선형 열탄성체

여기서는 8.3절의 선형 탄성체에 열의 영향을 추가한 경우에 대해서 검토한다. 이때 탄성체 내의 응력 σ_{ij}는 변형률 ϵ_{ij}와 온도변화$(\theta - \theta_0)$의 선형관계로서 표시된다. 여기서 θ_0, θ는 각각 변형 전,후의 탄성체의 온도를 나타낸다. 이와 같은 구성식으로 표시되는 탄성체를 선형 열탄성체(linear thermoelastic solid)라고 한다.

θ_0온도에서 무응력 상태$(\sigma_{ij} = 0)$에 있는 열탄성체의 온도가 θ로 상승했을 때 생기는 변형은 온도차와의 선형관계로부터

$$\epsilon_{ij} = \alpha_{ij}(\theta - \theta_0) \tag{8.29a}$$

으로 주어진다. 한편, 열탄성체의 변형이 $\epsilon_{ij} = 0$로 구속되어 있는 상태에서 온도가 θ_0에

서 θ로 변하는 경우에 야기되는 응력은 다음과 같이 나타내진다.

$$\sigma_{ij} = -\beta_{ij}(\theta - \theta_0) \tag{8.29b}$$

따라서 선형 탄성체의 구성식 (8.25)및 식 (8.27)에 온도변화 $(\theta - \theta_0)$의 항을 추가한 형태로서 선형 열탄성체의 구성식은 다음과 같이 표시된다.

$$\sigma_{ij} = D_{ijkl}\epsilon_{kl} - \beta_{ij}(\theta - \theta_0) \tag{8.30a}$$

$$\epsilon_{ij} = C_{ijkl}\sigma_{kl} + \alpha_{ij}(\theta - \theta_0) \tag{8.30b}$$

윗 식들에서 α_{ij}, β_{ij}는 각각 무응력, 무변형 상태에서 재료의 온도 θ_0에서 측정한 재료상수의 2계 대칭텐서이다. 그런데 구성식 (8.31)과 (8.32)는 등방성을 갖고 있으므로 α_{ij}, β_{ij}도 2계의 등방텐서이어야 하고 식 (4.18)로부터 2계 등방텐서는 δ_{ij}이므로 α_{ij}, β_{ij}는 각각 α, β를 스칼라로 하여 $\alpha_{ij} = \alpha\delta_{ij}$, $\beta_{ij} = \beta\delta_{ij}$로 표기할 수 있다. 따라서 식 (8.31), (8.32)는 각각 식 (8.25), (8.27)로부터 다음과 같이 나타낼 수 있다.

$$\sigma_{ij} = \frac{E}{1+\nu}\left\{\frac{\nu}{1-2\nu}\delta_{kl}\delta_{ij} + \frac{1}{2}(\delta_{ik}\delta_{jl} + \delta_{il}\delta_{jk})\right\}\epsilon_{kl} - \beta\delta_{ij}(\theta - \theta_0) \tag{8.31}$$

$$\epsilon_{ij} = \frac{1+\nu}{E}\left\{\frac{1}{2}(\delta_{ik}\delta_{jl} + \delta_{il}\delta_{jk}) - \frac{\nu}{1+\nu}\delta_{kl}\delta_{ij}\right\}\sigma_{kl} + \alpha\delta_{ij}(\theta - \theta_0) \tag{8.32}$$

여기서 α와 β의 관계는 다음과 같이 구할 수 있다. 즉, 식 (8.31)의 역관계는

$$\epsilon_{ij} = \frac{1+\nu}{E}\left\{\frac{1}{2}(\delta_{ik}\delta_{jl} + \delta_{il}\delta_{jk}) - \frac{\nu}{1+\nu}\delta_{kl}\delta_{ij}\right\}\sigma_{kl} + \frac{\beta(1-2\nu)}{E}\delta_{ij}(\theta - \theta_0) \tag{8.33}$$

로 주어지고 이 식으로부터 무응력 상태($\sigma_{ij} = 0$)에서 온도가 $(\theta - \theta_0)$만큼 변화할 때의 1방향의 수직변형률 ϵ_{11}을 구하면

$$\epsilon_{11} = \frac{\beta(1-2\nu)}{E}(\theta - \theta_0) \tag{8.34}$$

가 된다. 따라서 이 식을 (8.29)와 비교하면 α는 β와 다음 관계를 가진다.

$$\alpha = \frac{\beta(1-2\nu)}{E} \tag{8.35}$$

여기서 α는 단위 온도변화에 대응한 재료의 각 방향 변형률을 나타내며 열팽창 계수(coefficient of thermal expansion)라고 불린다. 단위는 온도의 역수이다.

식 (8.31)과 식 (8.32)로 주어지는 열탄성체의 구성식을 열팽창 계수와 온도변화 $(\theta-\theta_0)$를 이용하여 다시 나타내면 다음 식과 같이 된다.

$$\sigma_{ij}=\frac{E}{1+\nu}\left\{\frac{\nu}{1-2\nu}\delta_{kl}\delta_{ij}+\frac{1}{2}(\delta_{ik}\delta_{jl}+\delta_{il}\delta_{jk})\right\}\epsilon_{kl}-\frac{E}{(1-2\nu)}\alpha\delta_{ij}(\theta-\theta_0) \tag{8.36}$$

$$\epsilon_{ij}=\frac{1+\nu}{E}\{\ \frac{1}{2}(\delta_{ik}\delta_{jl}+\delta_{il}\delta_{jk})-\frac{\nu}{1+\nu}\delta_{kl}\delta_{ij}\}\sigma_{kl}+\alpha\delta_{ij}(\theta-\theta_o) \tag{8.37}$$

식 (8.36), (8.37)은 Hooke의 법칙에 온도변화에 의한 항을 도입한 식으로 열탄성체에 대한 Duhamel-Neumann 법칙(Duhamel-Neumann form of Hooke law)이라고 한다.

8.5 | 점탄성체

8.5.1 Maxwell 모델, Voigt 모델, 표준선형 모델

실존하는 많은 재료 중에서 금속의 일부, 고분자 재료, 콘크리트 혹은 고온에서의 세라믹 등은 탄성 혹은 소성 이외에도 크립(creep)과 응력이완(stress relaxation) 현상을 나타낸다. 이들 현상은 재료가 탄성과 점성의 성질을 모두 갖고 있기 때문에 발생하는 것으로 이들 재료에 일정한 응력 혹은 변형을 가하면 대응하는 변형과 응력분포가 시간에 따라 변한다. 이런 재료를 점탄성체(viscoelastic material)라고 한다. 점탄성체의 역학적 거동은 응력속도 혹은 변형률 속도에 의존하고, 또한 과거의 부하이력에 의존하고 있어 점탄성체는 기억을 갖고 있다고도 한다.

이상적인 탄성변형과 점성변형은 탄성 스프링 요소(spring element) 그리고 Newton 점성유체와 피스톤을 갖는 대시포트 요소(dashpot element)에 의해 구성되어 있다. 따라서 탄성과 점성의 성질을 동시에 나타내는 점탄성체의 역학적 거동은 이들 요소를 적절히 결합한 모델에 의해 기술할 수 있다.

이때 스프링 요소의 탄성계수를 E 그리고 대시포트 요소의 점성계수를 μ라고 하면 스프링 요소는 하중에 비례하여 순간적으로 변형하고 대시포트는 어떤 순간에 가해지는 하중에 비례하여 변형속도를 야기한다. 즉, 인장응력 σ에 대한 이들 요소의 변형은

$$\left.\begin{aligned}&\sigma=E\epsilon && (\text{스프링 요소})\\ &\sigma=\mu\frac{d\epsilon}{dt} && (\text{대시포트 요소})\end{aligned}\right\} \tag{8.38a}$$

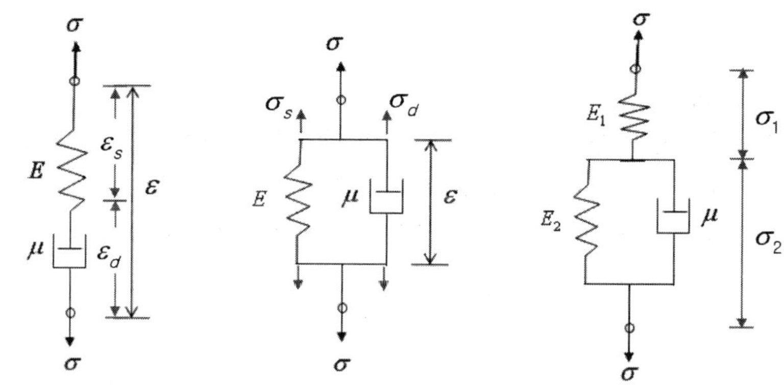

그림 8.3 선형 점탄성체의 모델

으로 나타낼 수 있다.

점탄성체의 거동을 나타내기 위한 역학적 모델의 대표적인 것이 그림 8.3에 나타낸 Maxwell 모델, Voigt 모델, 3요소 모델(three element model)이다. 3요소 모델은 자주 표준선형 모델(standard linear model)로 불린다.

Maxwell 모델은 그림 8.3(a)에서와 같이 스프링 요소와 대시포트 요소를 직렬로(in series) 연결한 모델이다.

이때 두 요소에는 동일한 응력이 작용하고 모델 전체의 변형률은 스프링 요소의 변형률 ϵ_s와 대시포트 요소의 변형률 ϵ_d의 합으로 주어지므로 Maxwell 모델의 구성식은 다음과 같이 나타내진다.

$$\epsilon = \epsilon_s + \epsilon_d \tag{8.38b}$$

또는 시간미분한 형태로

$$\begin{aligned} \frac{d\epsilon}{dt} &= \frac{d\epsilon_s}{dt} + \frac{d\epsilon_d}{dt} \\ &= \frac{1}{E}\frac{d\sigma}{dt} + \frac{\sigma}{\mu}, \qquad \epsilon(0) = \frac{\sigma(0)}{E} \end{aligned} \tag{8.38c}$$

또한, Voigt 모델(또는 Kelvin 모델)은 그림 8.3(b)에서와 같이 스프링 요소와 대시포트 요소를 병렬로(in parallel) 결합한 모델로 이 모델에 작용하는 응력은 스프링 요소의 응력 σ_s와 대시포트 요소의 응력 σ_d의 합으로 주어지므로 Voigt 모델의 구성식은

$$\sigma = \sigma_s + \sigma_d \tag{8.39a}$$

즉,

$$\sigma = E\epsilon + \mu\frac{d\epsilon}{dt}, \qquad \epsilon(0) = 0 \tag{8.39b}$$

으로 나타내진다.

한편, 표준선형 모델은 2개의 스프링 요소와 하나의 대시포트 요소로 구성되는 3요소 모델(3-element model)로 그림 8.3(c)에서와 같이 Viogt 모델과 스프링 요소를 직렬로 연결한 표준선형 모델에 대한 구성식은 다음과 같이 나타내진다.

$$\sigma = E_1\epsilon_1 = E_2\epsilon_2 + \mu\frac{d\epsilon_2}{dt} \tag{8.40a}$$

$$\epsilon_2 = \epsilon - \epsilon_1 = \epsilon - \frac{\sigma}{E_1} \tag{8.40b}$$

따라서 식 (8.40b)를 식 (8.40a)에 대입하면

$$\frac{d\epsilon}{dt} + \frac{E_2}{\mu}\epsilon = \frac{E_1 + E_2}{\mu E_1}\sigma + \frac{1}{E_1}\frac{d\sigma}{dt}, \qquad \epsilon(0) = \frac{\sigma(0)}{E_1} \tag{8.40c}$$

또는

$$\sigma + \frac{\mu}{E_1 + E_2}\frac{d\sigma}{dt} = \frac{E_1E_2}{E_1 + E_2}\epsilon + \frac{\mu E_1}{E_1 + E_2}\frac{d\epsilon}{dt} \tag{8.40d}$$

으로 나타낼 수 있다. 표준선형 모델의 식 (8.40d)는 자주 간단히

$$\sigma + p_1\frac{d\sigma}{dt} = q_0\epsilon + q_1\frac{d\epsilon}{dt}, \qquad \sigma(0) = \frac{q_1}{p_1}\epsilon(0) \tag{8.40e}$$

으로 표기된다. 이하에서는 간단히 $\sigma(0) = \sigma_0$, $\epsilon(0) = \epsilon_0$로 표기하기로 한다.

Maxwell 모델에 의해 응력-변형관계가 묘사되는 고체를 Maxwell 고체라고 하고 Voigt 모델 및 표준선형 모델에 대응하는 고체를 각각 Voigt 고체 및 표준선형 고체라고 한다.

이들 고체에 $t = 0$에서 순간적으로 단위 크기의 일정한 응력, $\sigma = \sigma_0$를 가하여 그 상태를 계속 유지시킬 때, 즉 $d\sigma/dt = 0$하에서 시간과 더불어 변하는 물체의 변형을 크립(creep)이라고 한다. 위의 각 모델에 대한 크립거동은 식 (8.38), 식 (8.39) 및 식 (8.40)의 미분방정식을 각각 푸는 것에 의해 구해진다.

Maxwell 모델의 구성식 (8.38c)를 $\sigma = \sigma_0$ =일정(constant)에 대해서 적분하여

$$\frac{d\epsilon}{dt} = \frac{\sigma_0}{\mu}$$

$$\int_{\epsilon_0}^{\epsilon} d\epsilon = \frac{\sigma_0}{\mu}\int_0^t dt$$

$$\epsilon - \epsilon_0 = \frac{\sigma_0}{\mu}t$$

$t=0$에서 $\epsilon_0 = \sigma_0/E$인 조건을 대입하면 윗 식에서 크립변형은 다음과 같이 나타내진다.

$$\epsilon(t) = \left(\frac{1}{E} + \frac{t}{\mu}\right)\sigma_0 \tag{8.41}$$

Voigt 모넬의 경우는 식 (8.39b)를 $\sigma = \sigma_0$ =일정 하에서 변수 분리하여 적분하면

$$\frac{d\epsilon}{dt} + \frac{E}{\mu}\epsilon = \frac{\sigma_0}{\mu}$$

$$\mu\int_{\epsilon_0}^{c} \frac{d\epsilon}{\sigma_0 - E\epsilon} = \int_0^t dt$$

$$-\frac{\mu}{E} ln\left[\frac{\sigma_0 - E\epsilon}{\sigma_0 - E\epsilon_0}\right] = t$$

가 얻어지고 $t=0$에서 $\epsilon_0 = 0$인 조건을 이용하면 윗 식에서 크립변형은 다음과 같이 나타내진다.

$$\epsilon(t) = \frac{\sigma_0}{E}\left\{1 - \exp(-\frac{Et}{\mu})\right\} \tag{8.42a}$$

한편 Voigt 모델에 대해서 시간 $t = t_1$에서 응력을 제거하여 $\sigma_0 = 0$로 한 후 그 상태를 유지하는 경우에 대해서 검토하면 $t \geq t_1$에서 식 (8.39)의 미분방정식은

$$\frac{d\epsilon}{dt} + \frac{E}{\mu}\epsilon = 0 \tag{8.42b}$$

이 되고 따라서 (t_1, t) 구간에서 이 식을 적분하면

$$-\mu\int_{\epsilon_1}^{\epsilon}\frac{d\epsilon}{E\epsilon}=\int_{t_1}^{t}dt$$
$$-\frac{\mu}{E}ln\left(\frac{\epsilon}{\epsilon_1}\right)=t-t_1, \qquad t-t_1\geqq 0 \tag{8.42c}$$

이 된다. 여기서 ϵ_1은 식 (8.42a)에서 $t=t_1$을 대입하면 구해지므로 최종적으로는

$$\begin{aligned}\epsilon(t)&=\epsilon_1\exp\left(\frac{-E(t-t_1)}{\mu}\right)\\&=\frac{\sigma_0}{E}\left\{1-\exp\left(\frac{-Et_1}{\mu}\right)\right\}\exp\left(\frac{-E(t-t_1)}{\mu}\right)\end{aligned} \tag{8.42d}$$

으로 나타내진다.

표준선형 모델의 경우는 $\sigma=\sigma_0=$일정에 대해 식 (8.40c)를 변수 분리하여 적분하면

$$\frac{d\epsilon}{dt}+\frac{E_2}{\mu}\epsilon=\frac{E_1+E_2}{\mu E_1}\sigma_0 \tag{8.43a}$$

$$\mu\int_{\epsilon_0}^{\epsilon}\frac{d\epsilon}{[(1+E_2/E_1)\sigma_0-E_2\epsilon]}=\int_0^t dt$$
$$-\frac{\mu}{E_2}ln\left[\frac{(1+E_2/E_1)\sigma_0-E_2\epsilon}{(1+E_2/E_1)\sigma_0-E_2\epsilon_0}\right]=t \tag{8.43b}$$

이 얻어지고 $t=0$에서 $\epsilon_0=\sigma_0/E_1$인 조건으로부터 윗 식에서 크립변형은 다음과 같이 나타내진다.

$$\begin{aligned}\epsilon&=\frac{\sigma_0}{E_2}\left[\left(1+\frac{E_2}{E_1}\right)-\exp\left(-\frac{E_2t}{\mu}\right)\right]\\&=\frac{\sigma_0}{E_1}+\frac{\sigma_0}{E_2}\left[1-\exp\left(-\frac{E_2t}{\mu}\right)\right]\end{aligned} \tag{8.43c}$$

표준선형 모델에 대해서도 시간 $t=t_1$에서 응력을 제거한 경우에 변형은 위의 Voigt 모델에서와 같은 해석방법에 의해

$$\epsilon(t) = \epsilon_1 \exp\left(\frac{-E_2(t-t_1)}{\mu}\right)$$
$$= \left\{\frac{\sigma_0}{E_1} + \frac{\sigma_0}{E_2}\left[1 - \exp\left(-\frac{E_2 t_1}{\mu}\right)\right]\right\}\exp\left(\frac{-E_2(t-t_1)}{\mu}\right) \tag{8.43d}$$

으로 나타내진다.

앞의 식 (8.41), (8.42) 및 (8.43)은 점탄성체의 각 모델에 순간적으로 일정한 응력을 가하여 그 상태를 계속 유지시킬 때 나타나는 변형의 시간에 따른 변화를 나타내는 것으로 이들을 크립 함수(creep function)라고 한다.

다음에 응력과 변형의 역할을 교환한 경우에 대해서 검토한다. 즉, 이들 고체에 $t=0$에서 순간적으로 단위 크기의 일정한 변형, $\epsilon = \epsilon_0$를 가할 때 각각의 모델에 작용하는 응력은 앞에서와 같이 식 (8.38)~식 (8.40)의 미분방정식을 푸는 것에 의해 다음 식으로 구해진다.

(1) Maxwell 모델

$$\sigma(t) = E\epsilon_0 \exp\left(-\frac{Et}{\mu}\right) \tag{8.44}$$

(2) Voigt 모델

$$\sigma(t) = \mu\delta(t) + E\epsilon_0 = \begin{cases} \infty, & t=0 \\ E\epsilon_0, & t>0 \end{cases} \tag{8.45}$$

여기서 $\delta(t)$는 그림 8.4에서와 같이 다음 식으로 정의되는 단위 충격함수(unit impulse function)이다.

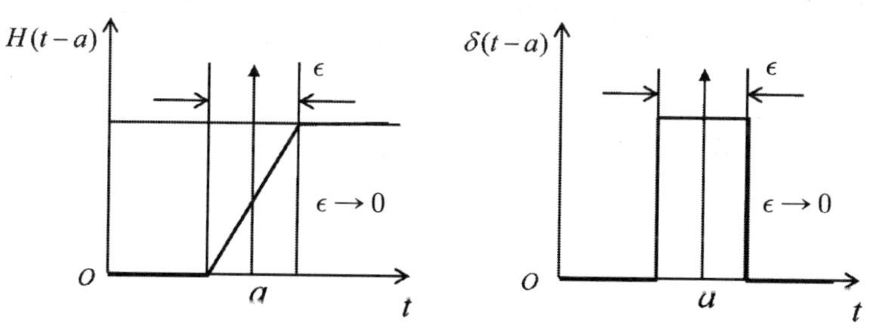

그림 8.4 단위 스텝함수와 단위 충격함수

$$\delta(t-a)=\begin{cases}\infty, & t=a\\ 0, & t\neq a\end{cases} \tag{8.46}$$

$$\int_{-\infty}^{\infty} f(t)\delta(t-a)\,dt = f(a),\qquad \int_{-\infty}^{\infty}\delta(t-a)\,dt = 1 \tag{8.47}$$

(3) 표준선형 모델

$$\sigma(t)=\frac{\epsilon_0}{E_1+E_2}\left\{E_1E_2+E_1^2\exp\left(-\frac{(E_1+E_2)t}{\mu}\right)\right\} \tag{8.48}$$

식 (8.48)과 식 (8.44), (8.45) 및 (8.48)은 점탄성체의 각 모델에 일정한 변형을 가하여 그 상태를 계속 유지시킬 때 물체에 작용하는 응력의 시간에 따른 변화를 나타내는 것으로 이들을 응력이완 함수(stress relaxation)라고 한다.

그림 8.5, 8.6, 8.7은 각각 Maxwell 모델, Voigt 모델, 표준선형 모델의 경우에 대한 크립 함수 및 응력이완 함수를 나타낸다.

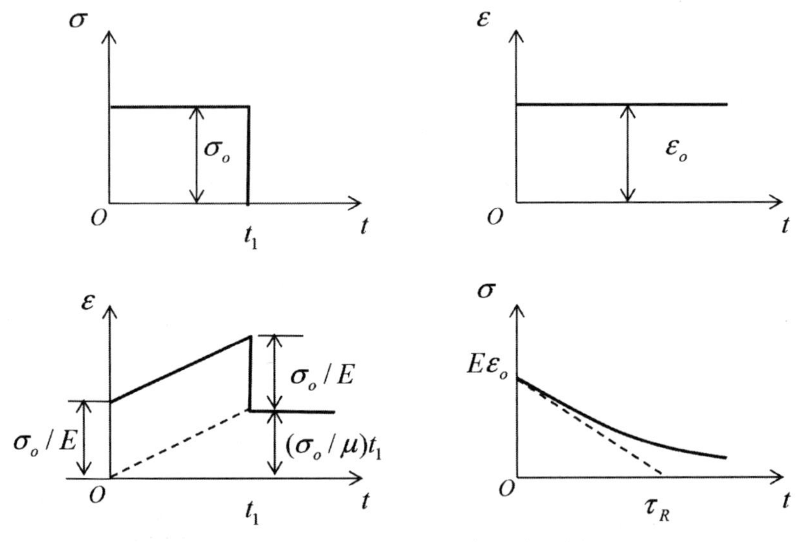

그림 8.5 Maxwell 모델의 크립 함수와 응력이완 함수

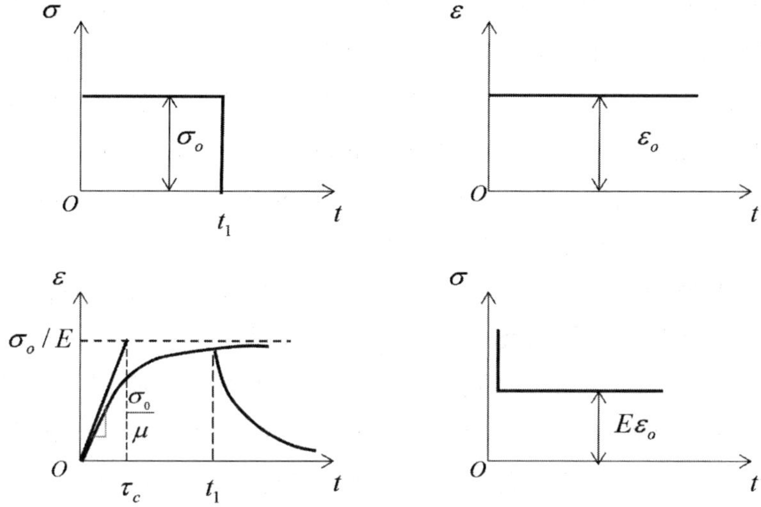

그림 8.6 Voigt 모델의 크립 함수와 응력이완 함수

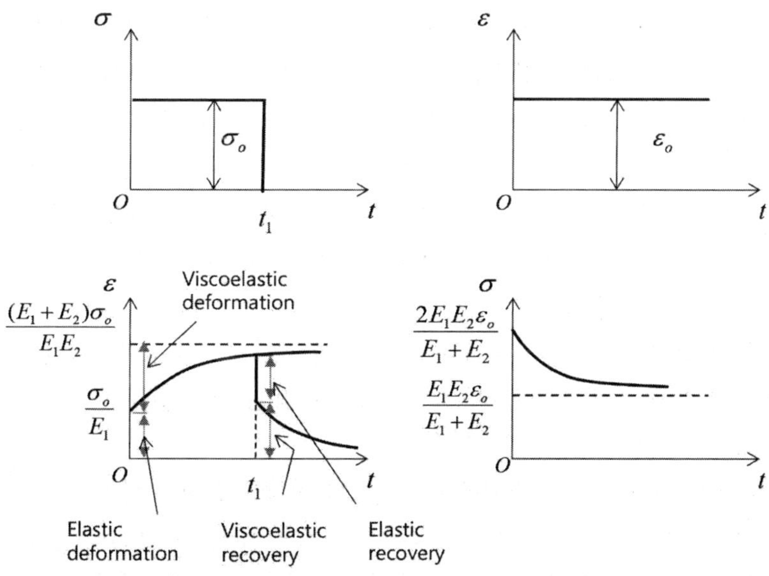

그림 8.7 표준선형 모델의 크립 함수와 응력이완 함수

Maxwell 모델에서는 물체에 일정한 응력을 갑자기 가하면 부하 순간에 스프링 요소가 일정한 탄성변형 σ_0/E를 야기하고 뒤이어서 일정한 응력에 의해 대시포트 요소에 선형적으로 증가하는 점성변형 $(t/\mu)\sigma_0$가 일어난다. 그후 $t=t_1$에서 응력을 제거하면 스프링 요소의 탄성변형은 즉시 0로 되지만 대시포트 요소의 변형 $(t_1/\mu)\sigma_0$는 일정한 값을 유지한다. 그러나 실제의 재료에서는 일정한 응력 하에서 크립 변형 증가비율은 시간의 변화

에 따라 저하되고, 또한 응력제거 후 변형은 시간과 더불어 감소한다. 한편, 변형을 갑자기 가하여 일정한 크기로 유지하는 경우 응력은 스프링 요소가 탄성변형하여 $E\epsilon_0$에 달한 후 대시포트의 작용으로 지수 함수적으로 감소한다. 이때의 응력이 최초값의 $1/e$ 배까지 감소하는 데 걸리는 시간을 이완시간(relaxation time), $\tau_R = \mu/E$이라고 한다. 이와 같이 물체에 일정한 변형을 가하여 그 값을 유지할 때 응력이 시간과 더불어 저하하는 현상을 응력이완(stress relaxation)이라고 한다.

Voigt 모델에서는 대시포트와 스프링이 병렬로 연결되어 있기 때문에 갑작스런 응력의 부가에 대해서도 즉각적인 반응을 보이지 않는다. 대신에 식 (8.42a)와 그림 8.6에 나타낸 것과 같이 가해진 응력의 대부분이 스프링에 의해 지지될 때까지 변형은 지수 함수적으로 서서히 증가하여 시간 $t \to \infty$에서 최종값 σ_0/E에 점근한다. 여기서 변형이 그 최종값의 $(1-e^{-1})$배까지 증가하는 시간을 응답의 지연시간(retardation time), $\tau_c = \mu/E$이라고 한다.

이후 시간 $t = t_1$에서 응력을 제거하면 변형은 $t = t_1$에서 일정한 응력 $\sigma = -\sigma_0$를 가할 때의 변형을 중첩하는 것에 의해 얻어진다. 그림 8.6에 나타낸 바와 같이 $t \to \infty$에서 변형은 영이 된다. 이와 같이 응력을 제거한 후에 변형이 시간과 더불어 감소하여 그 전부 혹은 일부가 소멸되는 현상을 크립회복(creep recovery)이라고 한다. 이 성질은 점탄성체의 고유특성이다. 한편, 변형이 0인 상태로부터 변형을 ϵ_0까지 갑자기 가하여 일정한 크기로 유지하는 경우 대시포트의 존재에 의해 순간적으로는 무한대의 응력이 요구되지만 그 이후 변형속도는 0 이기 때문에 대시포트 요소는 어떤 작용도 하지 않기 때문에 응력 변화는 식 (8.45)로 주어진다.

위의 두 모델을 비교하면 Maxwell 모델은 응력이완은 설명할 수 있지만 크립회복과 일정한 응력 하에서 크립 변형 속도의 감소를 나타낼 수가 없는 반면, Voigt 모델은 그 반대의 특징을 가짐을 알 수 있다.

위에서 논한 두 모델이 크립회복과 응력이완 현상을 동시에 설명할 수 없는 결점이 있기 때문에 표준선형 모델에서는 많은 스프링 요소와 대시포트 요소를 결합시킴으로써 이런 문제점을 해결하였다. 이 모델에 대해서도 앞의 두 모델의 경우와 같이 응력과 변형응답에 대한 유사한 해석이 가능하다.

8.5.2 점탄성체 구성식의 적분형식

점탄성체의 역학적 거동은 변형속도 혹은 응력속도에 의존하기 때문에 어떤 시간에 있어서 변형 혹은 응력상태는 과거의 부하이력에 의해 변한다. 이와 같은 이력을 적분으로 표시하여 점탄성체의 구성식을 정식화하는 것이 가능하다.

일반적으로 선형재료의 경우 변형은 응력에 비례하기 때문에 계단형태의 응력 $\sigma(t) = \sigma_0 H(t)$에 의해 생기는 변형은 다음 식으로 나타낼 수 있다.

$$\epsilon(t) = C(t)\sigma_0 \tag{8.49}$$

여기서 $H(t)$는 다음 식으로 정의되는 단위 스텝함수(Heaviside unit step function)이다.

$$H(t-a) = \begin{cases} 1, & t > a \\ 1/2, & t = a \\ 0, & t < a \end{cases}$$

식 (8.49)에서 함수 $C(t)$를 크립 응답(creep compliance)이라 하고 단위응력에 대한 크립 변형을 나타낸다. $C(t)$는 $t < 0$에서는 0이고, $t > 0$에서는 단조증가 혹은 적어도 비감소인 양의 함수이다. 식 (8.41), (8.42), (8.43)은 각각 Maxwell 모델, Voigt 모델, 표준선형 모델의 경우에 대한 크립 응답을 나타낸다.

여기서 선형 점탄성체에 시간과 더불어 변화하는 응력 $\sigma(t)$가 작용하는 경우를 고려한다. 이와 같은 응력이력은 그림 8.8과 같이 이산적인 시간 τ_i에 작용하는 다수의 계단형태의 응력 $\Delta\sigma_i$를 중첩하는 것에 의해 근사시킬 수 있다. 이때 응력이력 $\sigma(\tau)$에 의해 생기는 임의의 시간 $t(\tau < t)$에서 변형 $\epsilon(t)$은 각 응력 $\Delta\sigma_i$가 독립적으로 작용할 때 각각의 응력에 의해 생기는 변형 $\Delta\epsilon_i(t)$을 중첩시킨 것으로 구할 수 있다.

식 (8.49)에 따르면 이와 같은 변형(크립변형)은

$$\begin{aligned} \epsilon(t) &= \sum \Delta\epsilon_i(t) \\ &= \sum C(t-\tau_i)\Delta\sigma_t \end{aligned} \tag{8.50}$$

가 된다. 시간의 분할을 매우 작게 하여 각 시간의 간격 $\Delta\tau_i$를 0에 가깝게 하면 윗 식은 다음의 적분으로 치환된다.

$$\epsilon(t) = \int_0^t C(t-\tau)\, d\sigma(\tau) \tag{8.51}$$

이런 형태의 적분은 Stieltjes 적분(Stieltjes integral)이라고 하고 여기서 함수 $\sigma(t)$는 반드시 연속일 필요는 없다.

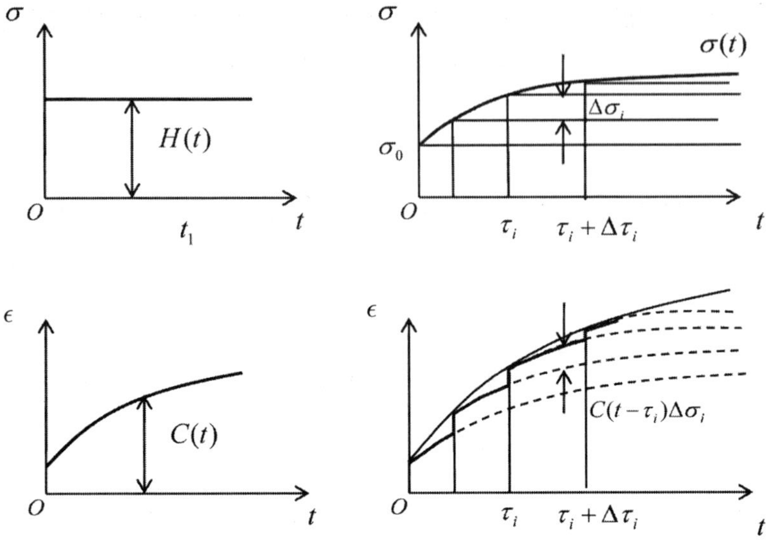

(a) 단위응력에 의한 변형률　　　　(b) 변동응력에 의한 변형률

그림 8.8 Boltzmann의 중첩원리

특히, 함수 $\sigma(t)$가 연속이고 미분 가능할 때 식 (8.51)은

$$\epsilon(t) = C(t)\sigma(0) + \int_0^t C(t-\tau)\frac{d\sigma(\tau)}{d\tau}d\tau \tag{8.52}$$

로 표시할 수 있다. 우변 제1항은 $t=0$에서 불연속적으로 가해진 응력에 의한 반응을 의미한다. 식 (8.51), (8.52)는 기억을 갖고 있는 선형재료에 대해 어떤 시간 t에 있어서 변형 $\epsilon(t)$는 크립 컴플라이언스 $C(t)$를 알고 있다면 그 이전의 시간 τ에 있어서 응력증분 $d\sigma(\tau)$에 계수 $C(t-\tau)$를 곱하여 중첩시킨 것과 같다는 것을 의미한다. 이 식을 Boltzmann의 중첩원리(Boltzmann's superposition principle) 또는 물리현상에서 보이는 이력효과를 나타내는 이력적분(hereditary integral)이라고 한다.

식 (8.52)는 우변의 적분을 부분 적분하는 것에 의해 다음 식으로 나타낼 수 있다.

$$\epsilon(t) = C(0)\sigma(t) - \int_0^t \sigma(\tau)\frac{dC(t-\tau)}{d\tau}d\tau \tag{8.53}$$

동일한 고찰이 응력완화에 대해서도 성립한다. 즉, 계단형태의 변형 $\epsilon(t) = \epsilon_0 H(t)$을 가하는 경우의 응력변화는 일반적으로

$$\sigma(t) = K(t)\epsilon_0 \tag{8.54}$$

로 나타낼 수 있다. 여기서 $K(t)$는 응력완화 계수 혹은 완화탄성 계수(relaxation modulus)라 하고 단위크기의 변형에 대한 응력완화를 나타낸다. 실험결과에 의하면 이 함수는 $t<0$에서는 0이지만, $t>0$에서는 단조감소 혹은 적어도 증가하지 않는 양의 함수이다.

위에서 설명한 Boltzmann의 중첩원리를 식 (8.54)에 적용하면 시간과 더불어 변화하는 변형 $\epsilon(\tau)$에 대한 시간 $t(\tau<t)$에서의 응력(응력완화) $\sigma(t)$는 다음과 같이 나타낼 수 있다.

$$\sigma(t)=\int_0^t K(t-\tau)d\epsilon(\tau) \tag{8.55}$$

로, 또한 함수 $\epsilon(t)$가 연속이고 미분 가능할 때 식 (8.55)는

$$\sigma(t)=K(t)\epsilon(0)+\int_0^t K(t-\tau)\frac{d\epsilon(\tau)}{d\tau}d\tau \tag{8.56}$$

또한 우변의 부분적으로

$$\sigma(t)=K(t)\epsilon(t)-\int_0^t \epsilon(\tau)\frac{dK(t-\tau)}{d\tau}d\tau \tag{8.57}$$

로 나타낼 수 있다. 식 (8.55)~(8.57)도 이력적분이다.

식 (8.52) 및 식 (8.56)은 합성적분(convolution integral)으로 이들에 Laplace 변환을 적용하면

$$\epsilon(s)=s\,C(s)\sigma(s) \tag{8.58}$$

$$\sigma(s)=s\,K(s)\epsilon(s) \tag{8.59}$$

가 얻어진다. 따라서 크립 응답 $C(t)$와 응력이완 계수 $K(t)$는 동일한 점탄성체에 대해 서로 독립은 아니고 양자 간에는 다음의 관계를 가진다.

$$C(s)K(s)=s^{-2} \tag{8.60}$$

8.5.3 3차원 점탄성 구성식

고전적인 점탄성론에서 3차원 상태의 구성식은 통상 앞에서 논한 1차원의 구성식 (8.52) 혹은 (8.56)을 3차원으로 형식적으로 확장하여 정식화하고 있다. 여기서는 연속체 역학의 관점에서 보다 계통적으로 검토하여 3차원 점탄성 구성식을 고찰한다.

지금 물체에 있어서 어떤 입자 P의 시간 t에서의 응력 $\sigma_{ij}(t)$는 그 물체 전체의 운동

혹은 변형의 과거이력에 의해 결정할 수 있다. 특히, P의 응력이 그 미소근방의 운동 만에 의존하고 변형구배 $F_{ij}(\tau) = \partial x_i(\tau)/\partial X_j$의 이력만으로 결정된다면 이들 관계는

$$\sigma_{ij}(t) = \mathop{\Xi_{ij}}_{s=0}^{\infty}(F_{kl}(t-s)) \tag{8.61}$$

으로 표시할 수 있다. 단, X_j는 $x_i(\tau)$는 변형 전 및 시간 τ에 있어서 입자 P의 위치를 나타내는 직교좌표이고, 또한 Ξ_{ij}는 $0 \le s \le \infty$에서 정의된 함수 $F_{ij}(t-s)$의 텐서값 범함수를 의미한다. 식 (8.61)로 정의된 물질을 단순물체(simple material)라고 한다.

한편 물체 전체에 걸쳐 변형이 매우 작다면 식 (8.61)은 변형구배 대신에 미소 변형률텐서 $\varepsilon_{ij}(\tau)$를 사용하여

$$\sigma_{ij}(t) = \mathop{\Xi_{ij}}_{s=0}^{\infty}(\epsilon_{kl}(t-s)) \tag{8.62}$$

으로 표시할 수 있다. 선형재료의 경우 Ξ_{ij}는 임의의 변형률이력 $\epsilon_{ij}(t-s)$를 대응하는 응력이력에 변환시키는 텐서값의 선형 범함수이다. 함수 해석론에 의하면 $a \le x \le b$에서 정의되는 연속함수 $f(x)$의 모든 선형 범함수는 유한 변동함수 $\alpha(x)$에 관한 Stieltjes 적분으로

$$\int_a^b f(x)d\alpha(x)$$

으로 표시된다. 따라서 변형률이력 $\epsilon_{ij}(t)$가 $-\infty \le t \le \infty$에서 연속이면 식 (8.62)의 선형 범함수 Ξ_{ij}는 $-\infty < t < \infty$에서 유한 변동인 4계 텐서함수 $G_{ijkl}(t)$에 관한 Stieltjes 적분으로 표시될 수 있다. 따라서 식 (8.62)의 일반적인 형태는

$$\sigma_{ij}(t) = \int_0^{\infty} \epsilon_{kl}(t-s)dG_{ijkl}(s) \tag{8.63}$$

으로 표현된다. 단, 함수 $G_{ijkl}(t)$는

$$\begin{aligned} &G_{ijkl}(t) = 0, \quad -\infty < t < 0 \\ &G_{ijkl}(t) = G_{jikl}(t) = G_{ijlk}(t) \end{aligned} \tag{8.64}$$

를 만족한다. 함수 $G_{ijkl}(t)$가 $0 \le t < \infty$에서 1회 미분 가능하다면 변수변환 $\tau = t - s$

을 행하는 것에 의해 식 (8.63)은

$$\sigma_{ij}(t) = G_{ijkl}(0)\epsilon_{kl}(t) - \int_{-\infty}^{t} \epsilon_{kl}(\tau)\frac{dG_{ijkl}(t-\tau)}{d\tau}d\tau \tag{8.65}$$

이 된다. 여기서 우변 제1항은 $t=0$에 있어서 $G_{ijkl}(t)$가 $G_{ijkl}(0)$까지 불연속적으로 증가한 효과를 나타낸다. $t \to -\infty$일 때 $\epsilon_{ij}(t)=0$이면 식 (8.65)를 부분 적분하는 것에 의해 다음 식이 얻어진다.

$$\sigma_{ij}(t) = \int_{-\infty}^{t} G_{ijkl}(t-\tau)\frac{d\epsilon_{kl}(\tau)}{d\tau}d\tau \tag{8.66}$$

한편, $t<0$에서 $\epsilon_{ij}(t)=0$이면, 식 (8.65)의 적분의 하한을 0로 할 수 있으므로

$$\sigma_{ij}(t) = G_{ijkl}(0)\epsilon_{kl}(t) - \int_{0}^{t} \epsilon_{kl}(\tau)\frac{dG_{ijkl}(t-\tau)}{d\tau}d\tau \tag{8.67}$$

가 된다. 식 (8.63)을 유도할 때 변형률 이력의 연속성을 가정하였다. 그러나 $t=0$에 있어서 변형률 $\epsilon_{ij}(t)$의 불연속을 허용하면 식 (8.67)을 부분 적분하는 것에 의해 다음 식을 얻을 수 있다.

$$\sigma_{ij}(t) = G_{ijkl}(t)\epsilon_{kl}(0) + \int_{0}^{t} G_{ijkl}(t-\tau)\frac{d\epsilon_{kl}(\tau)}{d\tau}d\tau \tag{8.68}$$

식 (8.65)~식 (8.68)은 이력에 의존하는 선형재료에 대한 일반적인 구성식이다. 식 (8.65), 식 (8.66)에서 알 수 있듯이 $G_{ijkl}(t)$는 시간 τ에 있어서 변형률성분의 단위량 증가에 의해 시간 $t(\tau<t)$에서 생기는 응력을 나타내는 것을 의미하기 때문에 3차원의 경우에 응력이완 계수를 나타낸다. 따라서 식 (8.65)~식 (8.68)은 선형 탄성체에 대한 일반적인 구성식이기도 하다. 특수한 경우로서 $G_{ijkl}(t-\tau)=G_{ijkl}$(=일정)인 경우는 선형 탄성체의 경우에 대응한다.

다음에 응력과 변형률의 역할을 교환하여 시간 t에서의 변형률 $\epsilon_{ij}(t)$가 응력 $\sigma_{ij}(t)$의 과거의 이력에 의해 결정된다고 하면 위에서와 동일한 논리에 의해 다음 관계가 얻어진다.

$$\epsilon_{ij}(t) = \int_{-\infty}^{t} J_{ijkl}(t-\tau)\frac{d\sigma_{kl}(\tau)}{d\tau}d\tau \tag{8.69}$$

$$\epsilon_{ij}(t) = J_{ijkl}(0)\sigma_{kl(t)} - \int_{0}^{t} \sigma_{kl}(\tau)\frac{dJ_{ijkl}(t-\tau)}{d\tau}d\tau \tag{8.70}$$

$$\epsilon_{ij}(t)= J_{ijkl}(t)\sigma_{kl(0)}+\int_0^t J_{ijkl(t-\tau)}\frac{d\sigma_{kl}(\tau)}{d\tau}d\tau \tag{8.71}$$

여기서 $J_{ijkl}(t)$는 $0 \le t < \infty$에서 1회 미분 가능한 4계의 텐서함수로

$$\begin{aligned} &J_{ijkl}(t)= 0, \quad -\infty < t < 0 \\ &J_{ijkl}(t)= J_{jikl}(t)= J_{ijlk}(t) \end{aligned} \tag{8.72}$$

을 만족한다. 이 함수는 3차원의 경우에 크립 응답을 의미한다.

8.6 | 연속체의 단축응력-변형률 특성

지금까지는 선형인 유체 및 (열, 점)탄성체의 구성식에 대해서 설명하였다. 이와 같은 구성식은 한정된 조건 하에서 많은 실존하는 재료의 변형거동을 근사적으로 표현할 수 있다는 것으로부터 각종 공학설계 및 변형해석에 폭넓게 이용되고 있다. 한편, 보다 정밀한 설계를 행하기 위해서 혹은 보다 현실에 가까운 상태로 변형해석을 행하기 위해서 많은 구성식들이 제안되어 있다. 여기서는 간단한 선형의 구성식으로 나타내기 곤란한 여러 연속체의 변형거동을 단축상태의 변형을 대상으로 단축응력-변형률 관계를 이용하여 대표적인 경우에 대해서 설명한다.

먼저 유체에 대해서 검토해 보면 Newton 점성유체는 점성계수 μ가 온도 만에 의존하고 변형속도에는 의존하지 않는다고 가정하였지만 실제에는 점성계수는 변형속도에도 의존한다. 따라서 전단응력 τ는 전단변형률 속도 $\dot{\gamma}$와 다음과 같은 관계식으로 표현할 수 있다.

$$\tau= \mu(\dot{\gamma})\dot{\gamma} \tag{8.73}$$

여기서 점성계수 μ는 변형률속도 $\dot{\gamma}$의 함수이다.

고체의 경우는 Newton 점성유체와 비교하면 전단변형에 저항하는 점성계수가 매우 큰 특수한 경우로 간주할 수 있기 때문에 식 (8.73)과 같은 응력-변형률속도에 대한 관계식은 여러 연속체에 대해서도 일반적으로 적용할 수 있다. 이 경우 식 (8.73)은 단축상태에서의 연속체의 응력-변형률속도에 대한 특성을 나타낸다.

한편, 점성계수 μ는 재료상수 τ_y와 γ_0를 도입하여 다음과 같은 일반식으로 자주 표현되고 있다.

$$\mu = \frac{1}{\dot{\gamma}}\left\{\tau_y + \left(\frac{\dot{\gamma}}{\gamma_0}\right)^{1/n}\right\} \tag{8.74}$$

이때 전단응력은

$$\tau = \tau_y + \left(\frac{\dot{\gamma}}{\gamma_0}\right)^{1/n} \tag{8.75}$$

으로 표시된다. 여기서 τ_y는 변형개시에 필요한 전단응력으로 뒤에서 논할 고체의 소성변형의 경우에 항복응력에 대응한다.

식 (8.75)에서 $\tau_y = 0$일 때 작은 응력이 작용하여도 변형이 생기므로 이와 같은 연속체를 유체라고 부른다. 특별한 경우로서 $\tau_y = 0$, $n = 1$인 경우가 Newton 점성유체, $\tau_y = 0$, $n \neq 1$인 경우가 비 Newton 유체에 대응한다.

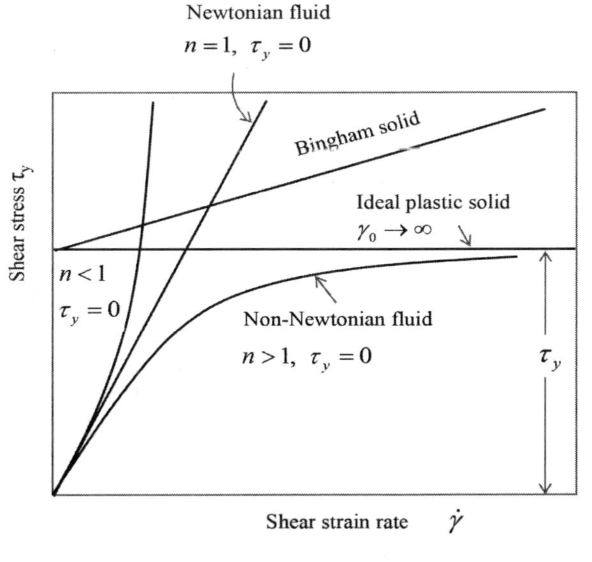

그림 8.9 각종 재료의 전단응력 τ과 전단변형률 속도 $\dot{\gamma}$의 관계

한편 $\tau_y \neq 0$일 때는 전단응력 τ가 τ_y에 도달한 후에 변형이 시작된다. 이와 같은 연속체를 고체라고 한다. 특히 $n = 1$일 때를 Bingham 고체(Bingham soild)라 하고 $\gamma_0 \to \infty$인 경우는 변형률속도에 의존하지 않는 소성체(plastic solid)가 된다. 그림 8.9에는 이와 같은 각종 연속체의 전단응력 τ와 전단변형률 속도 $\dot{\gamma}$의 관계를 나타내었다.

다음에 탄성체의 특성을 나타내는 대표적인 고체로서 공업적으로 널리 이용되고 있는 금속재료를 고려해 보자. 이와 같은 재료에서는 그림 8.10(a)에 나타낸 바와 같이 일정한 한도 내에서는 응력 σ과 변형률 ϵ 간에 Hooke 법칙이 성립하고 응력 또는 변형률을 제거하면 원래의 상태로 돌아간다.

그러나 일정한 한계 σ_y보다 큰 응력을 가하면 그것을 제거하여도 원래의 상태로 돌아가지 않고 영구변형률 또는 소성변형률(permanent strain, plastic strain) ϵ_p가 남는다.

이 소성변형률 ϵ_p는 전변형률 ϵ 및 탄성변형률 ϵ_e과 $\epsilon_p = \epsilon - \epsilon_e$인 관계가 있다. 이 소성변형은 재료를 필요한 형상으로 가공(성형)할 때 없어서는 안 되는 공업적으로 중요한 성질이다. 재료에 소성변형을 야기하는 데 필요한 최소응력 σ_y를 항복응력(yield stress)이라고 한다.

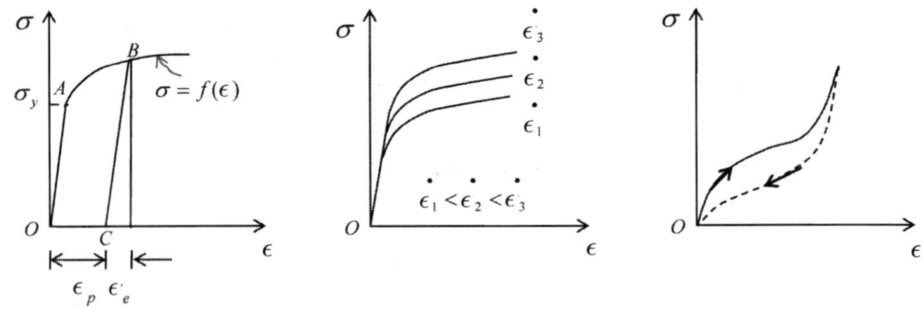

(a) 탄소성체 (b) 변형률속도 의존체 (c) 초탄성체

그림 8.10 각종 고체의 응력-변형률 관계

재료에 가해지는 응력의 크기에 따라 탄성거동 또는 소성거동을 나타내는 재료를 탄소성체(elastic-plastic solid)라고 한다. 탄소성체에 대한 단축응력-변형률의 관계는 재료의 특성에 따라 여러 형식으로 표현되지만 대표적인 것으로는 다음 식이 자주 이용되고 있다.

$$\sigma = \begin{cases} E\epsilon, & \sigma_y \geqq \sigma \\ \sigma_y \left(\dfrac{\epsilon}{\epsilon_y} \right)^n, & \sigma \geqq \sigma_y \end{cases} \tag{8.76}$$

여기서 $\epsilon_y = \sigma_y / E$이다.

그림 8.10(a)에서 응력을 B까지 증가시킨 후 그 응력을 제거하여 C 상태에 돌아오는 경우를 생각하자. 이때 그림 8.10(a)의 OABCO에 둘러싸인 면적은 이 변형에 소비된 일량을 나타내고 이것이 재료의 온도를 상승시키는 것이 된다. 특히, 변형이 빠를 때는 열의 확산이 작기 때문에 온도상승이 커진다. 일반적으로 재료는 온도상승에 따라서 연화(softening)하여 작은 응력에 의해서도 소성변형이 계속된다. 역으로 온도가 하강하면 재

료는 경화(hardening)하여 취성이 증가한다. 한편, 변형속도를 크게 하면 그림 8.10(b)에 나타낸 것과 같이 응력−변형률 관계가 변화하여 변형저항이 증가한다. 따라서 변형속도의 상승은 온도를 강하시키는 것과 동일한 효과를 가진다. 이때 식 (8.76)은 온도 θ 및 변형률속도 d에도 의존하는 형식이 된다.

한편, 탄성일지라도 그림 8.10(c)에 나타낸 것과 같이 응력−변형률 관계가 비선형(non linear)을 나타내는 경우가 있다.

$$\sigma = f(\epsilon) \tag{8.77}$$

이와 같은 고체를 초탄성체(hyperelastic solid)라고 한다. 고무는 초탄성체의 대표적인 예이다. 그러나 고무 중에 경화재를 혼입하면 그림 중의 파선과 같이 응력−변형률 관계는 부하(loading)와 제하(unloading)에서 서로 다른 특성, 즉 이력현상(hysteresis)을 나타낸다. 이와 같은 성질은 각종 생체재료(biomaterial) 등에서 나타난다.

이상과 같이 선형구성식으로는 나타낼 수 없는 연속체의 거동을 단축의 응력−변형률 관계를 이용하여 개략적으로 설명하였다. 연속체의 복잡한 변형을 해석하기 위해서는 이와 같은 관계를 다축상태(multi axial state)로 일반화하여야 한다.

8.7 | 객관성의 원리

물리현상은 그것을 정지한 상태에서 관찰하는 사람과 움직이는 차안에서 관찰하는 사람에 따라 달라진다. 물리적 사실이 [임의의 병진운동(translation) 또는 회전운동(rotation)하는 관찰자에 의존하지 않는다]는 것이 객관성의 원리(principle of material objectivity) 이다. 하중을 받아 변형하는 물체에 이 객관성의 원리를 적용하면 [물체를 변형시킨 후에 강체운동을 가하여도 물체 고유의 물리량은 변화하지 않는다(불변)]는 것을 의미한다.

즉 그림 8.11에 나타낸 것과 같이 변형 후의 현재 상태 B_t 와 이것에 강체운동을 가하여 새로운 상태 $B_t{}'$ 를 고려할 때 물체와 같이 운동하는 관찰자 a' 에서는 B_t 에서 관찰한 물리량이 $B_t{}'$ 에서도 동일하게 관찰된다. 이와 같이 물체와 같이 강체운동하는 관찰자 a' 에 대해서 불변인 물리량은 객관성이 있다고 한다. 한편 반대로 객관성이 없는 물리량은 관찰자 a' 가 보면 변화가 존재하다.

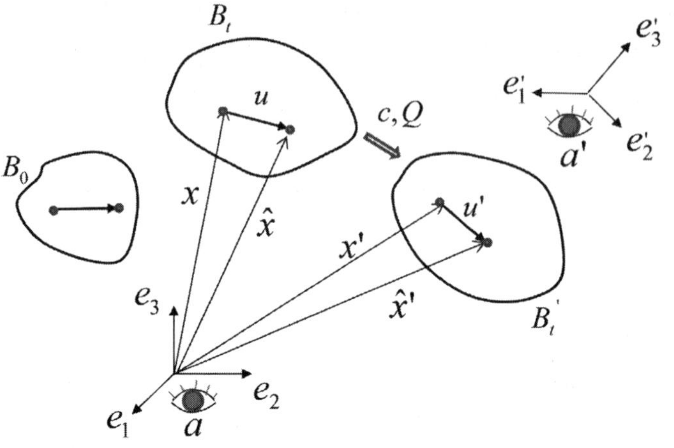

그림 8.11 강체운동하는 물체에서의 객관성

객관성이 있는 물리량은 어떻게 표시되는 지를 검토하자. 이를 위해 그림에서와 같이 물체의 외부에 있으면서 강체운동 전과 후를 관찰하고 있는 관찰자 a(예를들면 독자들, observer)와 물체와 함께 운동하고 있는 관찰자 a' (another observer)가 물체의 변형을 관찰하고 있는 경우를 생각한다. 관찰자 a는 물체 외부의 공간에 있으며 이 공간의 단위 기저 벡터는 $(\boldsymbol{e}_1, \boldsymbol{e}_2, \boldsymbol{e}_3)$이다. 현재 상태 B_t에서 상대적으로 떨어져 있는 두 질점의 위치 벡터 $\boldsymbol{x}$와 $\hat{\boldsymbol{x}}$는 강체운동에 의해 새로운 상태 $B_t{}'$에서의 $\boldsymbol{x}'$와 $\hat{\boldsymbol{x}}'$로 이동한다.

이 강체운동의 시간 t에서 평행이동을 벡터 $\boldsymbol{c}(t)$, 회전하는 직교텐서를 $\boldsymbol{Q}(t)$라고 하면 강체운동 전후의 두 질점의 위치 벡터는 다음 관계에 의해 나타내진다.

$$\boldsymbol{x}' = \boldsymbol{c}(t) + \boldsymbol{Q}(t)\boldsymbol{x} \quad , \quad \hat{\boldsymbol{x}}' = \boldsymbol{c}(t) + \boldsymbol{Q}(t)\hat{\boldsymbol{x}} \tag{8.78}$$

한편 관찰자 a'은 a와는 다른 공간에 있으며 물체의 강체운동에서의 회전이 $\boldsymbol{Q}(t)$로 주어지므로 물체와 같이 회전하는 a'이 있는 공간의 단위기저 벡터는 $(\boldsymbol{e}'_1, \boldsymbol{e}'_2, \boldsymbol{e}'_3) = (\boldsymbol{Q}\boldsymbol{e}'_1,\ \boldsymbol{Q}\boldsymbol{e}'_2,\ \boldsymbol{Q}\boldsymbol{e}'_3)$가 된다.

따라서 관찰자 a가 측정한 물체의 변형벡터(변형량)은 다음과 같이 나타내진다.

$$\boldsymbol{u} = \hat{\boldsymbol{x}} - \boldsymbol{x} = (\widehat{x_i} - x_i)\boldsymbol{e}_i \tag{8.79}$$

따라서 a에 의한 $\boldsymbol{u}$의 측정값은

$$\boldsymbol{u} = (\widehat{x_1} - x_1,\ \widehat{x_2} - x_2,\ \widehat{x_3} - x_3) \tag{8.80}$$

이다. 한편 관찰자 a'가 측정한 변형량은 다음과 같다.

$$
\begin{aligned}
\boldsymbol{u}' &= \hat{\boldsymbol{x}}' - \boldsymbol{x}' \\
&= (\boldsymbol{c} + \boldsymbol{Q}\hat{\boldsymbol{x}}) - (\boldsymbol{c} + \boldsymbol{Q}\boldsymbol{x}) = \boldsymbol{Q}(\hat{\boldsymbol{x}} - \boldsymbol{x}) = \boldsymbol{Q}\boldsymbol{u} \\
&= (\widehat{x_i} - x_i)\boldsymbol{Q}\boldsymbol{e}_i \\
&= (\widehat{x_1} - x_i)\boldsymbol{e}_i'
\end{aligned}
\tag{8.81}
$$

a'이 있는 공간의 단위기저 벡터는 $(\boldsymbol{e}'_1, \boldsymbol{e}'_2, \boldsymbol{e}'_3)$이므로 $\boldsymbol{u}'$의 측정값은 다음과 같다.

$$
\boldsymbol{u}' = (\widehat{x_1} - x_1,\ \widehat{x_2} - x_2,\ \widehat{x_3} - x_3) \tag{8.82}
$$

이 값은 a에 의한 $\boldsymbol{u}$의 측정값과 일치한다. 즉, 물체 내 2개 점으로 나타낸 변형량은 강체 운동에 무관계하기 때문에 $\boldsymbol{u}$는 객관성을 갖는다고 말할 수 있다.

이상의 예에서와 같이 변형 후 현재 상태 B_t에서 관찰한 벡터량은 강체운동 $\boldsymbol{x}' = \boldsymbol{c}(t) + \boldsymbol{Q}(t)\boldsymbol{x}$에 의한 새로운 상태 B_t'로 이동하였을 때 관찰자 a가 보아서

$$
\boldsymbol{u}' = \boldsymbol{Q}\boldsymbol{u} \tag{8.83}
$$

으로 변화하였다면 객관성이 있는 벡터이다.

마찬가지로 현재 상태 B_t에서 관찰한 2계텐서 $\boldsymbol{h}$는 새로운 상태 B_t'에서

$$
\boldsymbol{h}' = \boldsymbol{Q}\boldsymbol{h}\,\boldsymbol{Q}^T \tag{8.84}
$$

로 나타내진다면 객관성을 갖는다. 왜냐하면 2계텐서의 정의, 식 (4.1b)으로부터

$$
\boldsymbol{h} = h_{ij}\boldsymbol{e}_i\boldsymbol{e}_j \tag{8.85}
$$

따라서 B_t'에서 a'에 의한 측정값은

$$
\mathbf{h} = \begin{bmatrix} \mathrm{h}_{11} & \mathrm{h}_{12} & \mathrm{h}_{13} \\ \mathrm{h}_{21} & \mathrm{h}_{22} & \mathrm{h}_{23} \\ \mathrm{h}_{31} & \mathrm{h}_{32} & \mathrm{h}_{33} \end{bmatrix} \tag{8.86}
$$

이다.

한편 식 (8.84)가 성립하면

$$
\boldsymbol{h}' = \boldsymbol{Q}\{h_{ij}\boldsymbol{e}_i\boldsymbol{e}_j\}\,\boldsymbol{Q}^T = h_{ij}(\boldsymbol{Q}\boldsymbol{e}_i)(\boldsymbol{Q}\boldsymbol{e}_j) = h_{ij}\boldsymbol{e}_i'\boldsymbol{e}_j' \tag{8.87}
$$

따라서 a'에 의한 h의 측정값은

$$\mathbf{h}' = \begin{bmatrix} \mathrm{h}_{11} & \mathrm{h}_{12} & \mathrm{h}_{13} \\ \mathrm{h}_{21} & \mathrm{h}_{22} & \mathrm{h}_{23} \\ \mathrm{h}_{31} & \mathrm{h}_{32} & \mathrm{h}_{33} \end{bmatrix} \tag{8.88}$$

가 되고 이 값은 a의 r측정값과 일치한다. 한편 상기 예의 변형 벡터의 내적으로 표현되는 거리, $s = \| \boldsymbol{u} \| = \boldsymbol{u} \cdot \boldsymbol{u} = \| \boldsymbol{u}' \|$, 등의 스칼라 량은 크기 만으로 표현되는 값이므로 강체운동의 영향을 받지 않기 때문에 객관성을 가진다.

이상에서와 같이 변형 후의 현재 상태 B_t에 수반하는 스칼라(0계텐서), 벡터(1계텐서), 2계텐서에 대해서 강체운동 $\boldsymbol{x}' = \boldsymbol{c}(t) + \boldsymbol{Q}(t)\boldsymbol{x}$에 의한 변화가 각각 다음과 같은 관계를 만족한다면 그 물리량은 객관성이 있다고 정의한다.

$$\left.\begin{array}{lll} \text{스칼라} & : & \alpha' = \alpha \\ \text{백터} & : & \boldsymbol{u}' = \boldsymbol{Q}\boldsymbol{u} \\ \text{2계텐서} & : & \boldsymbol{h}' = \boldsymbol{Q}\boldsymbol{h}\,\boldsymbol{Q}^T \end{array}\right\} \tag{8.89}$$

따라서 2계텐서인 코시 응력텐서 $\boldsymbol{\sigma}$, Kirchhoff 응력텐서 $\boldsymbol{S}$, 오른쪽 Cauchy-Green 변형텐서 $\boldsymbol{C}$, 변형률 텐서 $\boldsymbol{\epsilon}$, 변형구배텐서 $\boldsymbol{F}$ 등은 객관성을 갖는 물리량인 것을 알 수 있다.

예제 8-1

다음 식으로 나타내지는 응력경로에 대해서 Maxwell 모델의 크립변형을 식 (8.52)의 이력적분을 이용하여 구하라.

$$\sigma(t) = \begin{cases} \dfrac{\hat{\sigma}}{T} t\,, & t < T \\ \hat{\sigma}, & t > T \end{cases} \tag{8.90}$$

풀이 크립변형에 대한 이력적분 식 (8.52)을 이용하기 위해서는 크립 컴플라이언스 함수 $C(t)$를 알아야 한다. 그런데 Maxwell 모델에 대한 크립 컴플라이언스 함수 $C(t)$는 식 (8.41)에서 다음과 같이 주어진다. 즉 $C(t) = \left(\dfrac{1}{E} + \dfrac{t}{\mu}\right)$. 시간이 영일 때 응력이 영이므로 $\sigma_0 = \sigma(t=0) = 0$이다.

따라서 식 (8.52)로부터 크립변형은 다음과 같이 나타내진다.

$$0 < t < T: \ \frac{d\sigma}{dt} = \frac{\hat{\sigma}}{T}$$

$$\epsilon(t) = C(t)\sigma(0) + \int_0^t C(t-\tau)\frac{d\sigma(\tau)}{d\tau}d\tau = \frac{\hat{\sigma}}{T}\int_0^t \left[\frac{1}{E} + \frac{t-\tau}{\mu}\right]d\tau \qquad (8.91a)$$

$$= \frac{\hat{\sigma}}{T}\left[\frac{t^2}{2\mu} + \frac{t}{E}\right]$$

$$T < t: \ \frac{d\sigma}{dt} = 0$$

$$\epsilon(t) = C(t)\sigma(0) + \int_0^T C(t-\tau)\frac{d\sigma(\tau)}{d\tau}d\tau + \int_T^t C(t-\tau)\frac{d\sigma(\tau)}{d\tau}d\tau \qquad (8.91b)$$

$$= \int_0^T C(t-\tau)\frac{d\sigma(\tau)}{d\tau}d\tau = \frac{\hat{\sigma}}{T}\int_0^T \left[\frac{1}{E} + \frac{t-\tau}{\mu}\right]d\tau = \hat{\sigma}\left[\frac{1}{E} + \frac{t-T/2}{\mu}\right]$$

만일 응력경로가 다음과 같이 주어지면

$$\sigma(t) = \begin{cases} 0, & t < T \\ \hat{\sigma}, & t > T \end{cases} \qquad (8.92a)$$

크립변형에 대한 이력적분은 다음과 같이 나타내진다.

$$\epsilon(t) = C(t-T)\sigma(T) = \hat{\sigma}\left[\frac{1}{E} + \frac{t-T}{\mu}\right] \qquad (8.92b)$$

연습문제

1 When the characteristics of a linear elastic material such as a composite material, are symmetrical with respect to one plane, this is called a monoclinic material. In this case, using the tensor transformation law, $\sigma'_{ij} = Q_{ip} Q_{jq} \sigma_{pq}$, $\epsilon'_{kl} = Q_{kr} Q_{ls} \epsilon_{rs}$, we show that the independent values of the elastic constants in Eq. (8.15c) are 13 as follows.

$$\begin{bmatrix} D_{1111} & D_{1122} & D_{1133} & D_{1112} & 0 & 0 \\ & D_{2222} & D_{2233} & D_{2212} & 0 & 0 \\ & & D_{3333} & D_{3312} & 0 & 0 \\ & \text{대칭} & & D_{1212} & 0 & 0 \\ & & & & D_{2323} & D_{2331} \\ & & & & & D_{3131} \end{bmatrix} \tag{8.93}$$

However, when the $x_1 - x_2$ plane is a symmetric (projection) plane, the relation $x'_1 = x_1$, $x'_2 = x_2$, $x'_3 = -x_3$ is established, so the direction cosine of the coordinate transformation matrix is as follows.

Table 8.3 Directional cosine for the symmetry plane of $x_1 - x_2$

Q_{ij}	x_1	x_2	x_3
x'_1	1	0	0
x'_2	0	1	0
x'_3	0	0	−1

2 If there is one more symmetry plane (plane symmetry) perpendicular to each other in the monoclinic material, all three symmetry planes are automatically obtained. In this case, these three symmetry planes become perpendicular to each other. This material is called an orthotropic material. In this case, show the 9 independent elastic constants as follows,

$$\begin{bmatrix} D_{1111} & D_{1122} & D_{1133} & 0 & 0 & 0 \\ & D_{2222} & D_{2233} & 0 & 0 & 0 \\ & & D_{3333} & 0 & 0 & 0 \\ & \text{대칭} & & D_{1212} & 0 & 0 \\ & & & & D_{2323} & 0 \\ & & & & & D_{3131} \end{bmatrix} \tag{8.94}$$

3 This material is called a transversely isotropic material when all the other planes are perpendicular to one plane and the material is isotropic in that plane. In this case, show that there are five independent elastic constants as follows,

$$\begin{bmatrix} D_{1111} & D_{1122} & D_{1133} & 0 & 0 & 0 \\ & D_{1111} & D_{1133} & 0 & 0 & 0 \\ & & D_{3333} & 0 & 0 & 0 \\ & \text{대칭} & & \dfrac{D_{1111} - D_{1122}}{2} & 0 & 0 \\ & & & & D_{2323} & 0 \\ & & & & & D_{2323} \end{bmatrix} \tag{8.95}$$

4 If the material is isotropic, which is symmetrical about all directions and all axes, show that only two elastic constants are non-zero as follows,

$$\begin{bmatrix} D_{1111} & D_{1122} & D_{1122} & 0 & 0 & 0 \\ & D_{1111} & D_{1122} & 0 & 0 & 0 \\ & & D_{1111} & 0 & 0 & 0 \\ & \text{대칭} & & \frac{D_{1111}-D_{1122}}{2} & 0 & 0 \\ & & & & \frac{D_{1111}-D_{1122}}{2} & 0 \\ & & & & & \frac{D_{1111}-D_{1122}}{2} \end{bmatrix} \tag{8.96}$$

5 Derive equation (8.48) that represents the stress relaxation function for the standard linear model.

6 As shown in Figure 8.11, the standard line model in which the Maxwell model and spring elements are connected in parallel is called the Boltzmann model. For this model, show the creep function and stress relaxation function as shown in Figure 8.12(a) and Figure 8.12(b).

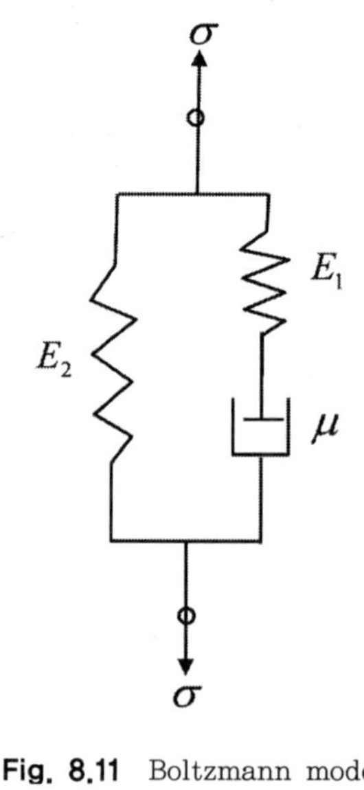

Fig. 8.11 Boltzmann model

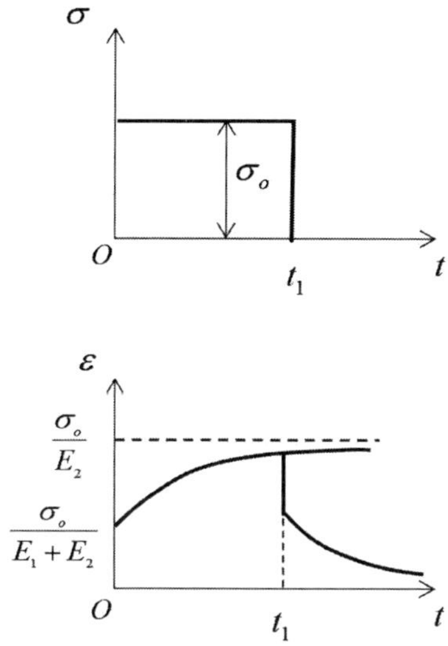

Fig. 8.12(a) Creep function

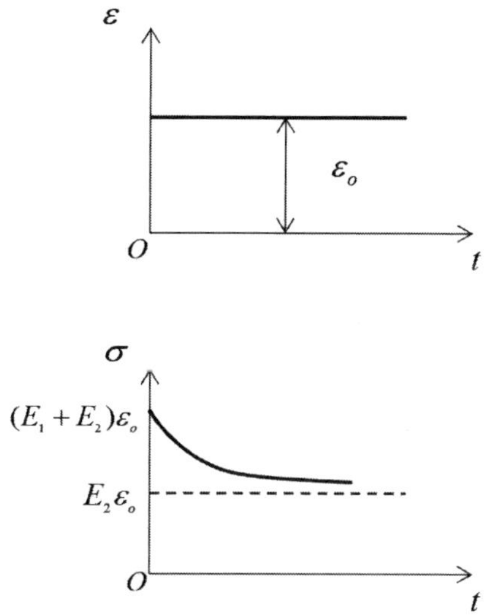

Fig. 8.12(b) Stress relaxation function

$$\sigma + \frac{\mu}{E_1}\frac{d\sigma}{dt} = E_2\epsilon + \frac{\mu(E_1+E_2)}{E_1}\frac{d\epsilon}{dt} \tag{8.97}$$

$$\left.\begin{aligned} \epsilon &= \frac{\sigma_o}{E_2} - \frac{E_1\sigma_o}{E_2(E_1+E_2)}\exp\left(-\frac{E_1E_2t}{(E_1+E_2)\mu}\right) \\ \sigma &= E_2\epsilon_o + E_1\epsilon_o\exp\left(-\frac{tE_1}{\mu}\right) \end{aligned}\right\} \tag{8.98}$$

7 Assuming $\dot{\epsilon} = \dot{\epsilon}_1 + \dot{\epsilon}_2$, instead of Eq. (8.40b) for the standard linear model, Show that the stress when $\dot{\epsilon}_o = const$ is applied to the system is given by

$$\sigma = f(\epsilon, \dot{\epsilon}_o) = \frac{1}{E_r}\left\{E_2\epsilon + \frac{\mu\dot{\epsilon}_o}{E_r}\left(1 - \exp\left(-\frac{E_1E_r}{\mu\dot{\epsilon}_o}\epsilon\right)\right)\right\} \tag{8.99}$$

Here $E_r = \dfrac{E_1+E_2}{E_1}$. (Hint) Apply a Laplace transformation to the differential equations of the system.

09 연속체의 경계값 문제

본 장에서는 연속체의 변형을 지배하는 방정식과 변수를 정리하여 나타내었다. 특히, 변형과 온도가 상호영향을 받지 않는 경우에 한정하여 Newton 유체, 선형탄성체 및 열전도문제에 대한 지배방정식과 필요한 경계조건에 대해 설명한다.

9.1 | 연속체의 지배방정식과 미지변수

연속체의 변형은 변위속도 v_i(혹은 변위 u_i), 변형률속도 d_{ij}(혹은 변형률 ϵ_{ij}), 응력 σ_{ij}, 열유속 q_i, 압력 p, 밀도 ρ, 온도 θ, 내부에너지 밀도 e의 총 합계 22개의 변수를 결정하는 것에 의해 나타낼 수 있다. 이들 변수의 지배방정식은 이하에 나타내는 것과 같이 11개이다.

(1) 연속의 식 (7.9)

$$\frac{D\rho}{Dt} + \rho v_{i,i} = 0 \tag{9.1}$$

(2) 운동방정식 (7.14)

$$\sigma_{ij,j} + \rho f_i = \rho \frac{Dv_i}{Dt} \tag{9.2}$$

(3) 에너지 평형방정식 (7.23)

$$\rho \frac{De}{Dt} = \sigma_{ij} d_{ij} - q_{i,i} + \gamma \tag{9.3}$$

(4) 변위속도–변형률속도 관계식 (5.33) 혹은 변위–변형률 관계식 (5.27)

$$d_{ij} = \frac{1}{2}(v_{i,j} + v_{j,i}) \tag{9.4a}$$

$$\epsilon_{ij} = \frac{1}{2}(u_{i,j} + u_{j,i}) \tag{9.4b}$$

한편, 구성식 및 상태방정식은 이하에 나타내는 것과 같이 11개이다. 즉,

(5) Newton 유체의 구성식 (8.10) 혹은 선형 탄성체의 구성식 (8.17)

$$\sigma_{ij} = -p\delta_{ij} + \lambda d_{kk}\delta_{ij} + 2\mu d_{ij} \tag{9.5a}$$

$$\sigma_{ij} = \lambda \epsilon_{kk}\delta_{ij} + 2\mu \epsilon_{ij} \tag{9.5b}$$

(6) Fourier의 열전도법칙 식 (7.24b)

$$q_i = -\kappa\,\theta_{,i} \tag{9.6}$$

(7) 압력 p, 온도 θ 및 밀도 ρ의 관계를 나타내는 역학적 상태방정식

$$p = p(\rho,\ \theta) \tag{9.7}$$

(8) 내부에너지 밀도 e, 온도 θ 및 밀도 ρ의 관계를 나타내는 열역학적 상태방정식

$$e = e(\rho,\ \theta) \tag{9.8}$$

이상과 같이 변수의 수와 지배방정식의 수가 일치하기 때문에 이것에 적당한 경계조건이 주어지면 해가 구해진다.

(9) 경계조건식

경계조건의 표시에는 여러 형식이 있다. 예를 들면 그림 9.1에 도식적으로 나타낸 것과 같이 연속체의 표면을 S_θ, S_h, S_t, S_v와 같이 구분하여 각각의 표면상에 온도 θ, 열유속 q_i, 외력 P_i, 변위속도 v_i 또는 변위 u_i를 지정하는 것과 같은 경계조건을 부여할 수 있다.

$$\theta = \Theta \qquad S_\theta \text{상에서} \tag{9.9}$$

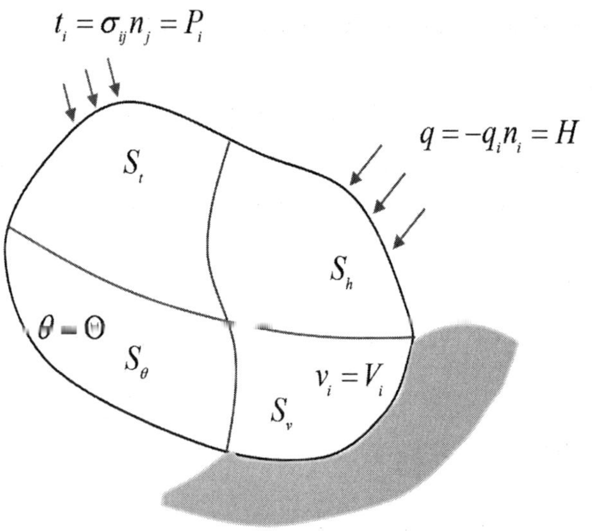

그림 9.1 연속체 경계조건

$$q = -q_i n_i = H \qquad S_h \text{상에서} \tag{9.10}$$

$$v_i = V_i,\ u_i = U_i \qquad S_v \text{상에서} \tag{9.11}$$

$$t_i = n_i \sigma_{ij} = P_i \qquad S_t \text{상에서} \tag{9.12}$$

이때 이들 경계조건이 주어지는 면이 서로 중첩되어도 좋으나 온도 θ와 열유속 q_i, 그리고 외력 P_i와 변위속도 v_i 혹은 변위 u_i에 대응하는 성분은 동일위치에서 주어져서는 안 된다.

이것은 이들 2개의 변수는 구성식 혹은 상태방정식을 통하여 상호 관련이 되어 있기 때문에 이 양자를 자유롭게 부여하는 것이 불가능하기 때문이다. 경계조건에 대한 구체적인 형식은 다음 절에서 설명한다.

상기 연속체의 변형문제는 앞에서 논한 것과 같이 변수의 수와 지배방정식의 수가 일치하므로 형식적으로는 해석할 수가 있다. 이하의 각 절에서는 경계값 문제를 보다 구체적으로 나타내기 위해 연속체의 변형에 있어서 변형과 열이 상호 관련을 갖지 않은 경우에 한정하여 Newton 유체, 선형탄성체와 열전도 문제를 다루기로 한다.

9.2 | Newton 유체와 Navier-Stokes의 방정식

그림 9.2와 같은 뉴턴 유체의 유동문제에서는 변형과 온도가 상호 관련을 갖지 않은 경우를 대상으로 하기 때문에 변위속도 v_i, 변형률속도 d_{ij}, 응력 σ_{ij}, 압력 p, 밀도 ρ의 17개의 변수에 대한 지배방정식 및 구성식 등은 이하와 같이 17개이다. 즉,

(1) 연속의 식 (9.1)

$$\frac{D\rho}{Dt} + \rho v_{i,i} = 0 \tag{9.13}$$

(2) 운동방정식 (9.2)

$$\sigma_{ij,j} + \rho f_i = \rho \frac{Dv_i}{Dt} \tag{9.14}$$

(3) 변위속도-변형률속도 관계식 (9.4a)

$$d_{ij} = \frac{1}{2}(v_{i,j} + v_{j,i}) \tag{9.15}$$

(4) 구성식 (9.5a)

$$\sigma_{ij} = -p\delta_{ij} + \lambda d_{kk}\delta_{ij} + 2\mu d_{ij} \tag{9.16}$$

(5) 온도가 일정한 경우의 역학적 상태방정식

$$p = p(\rho) \tag{9.17}$$

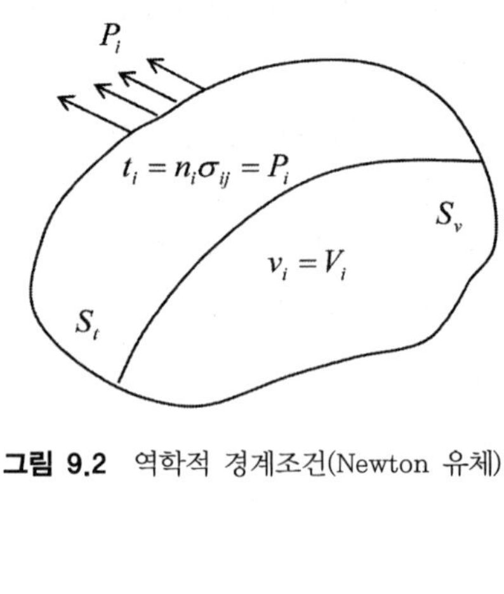

그림 9.2 역학적 경계조건(Newton 유체)

(6) 경계조건식

경계조건은 그림 9.2에 나타낸 것과 같이

$$v_i = V_i \qquad S_\theta \text{상에서} \tag{9.18}$$

$$t_i = n_j \sigma_{ij} = P_i \qquad S_t \text{상에서} \tag{9.19}$$

등이다.

한편, 변형률속도 d_{ij}와 응력 σ_{ij}를 식 (9.15)와 식 (9.16)을 이용하여 변위속도 v_i에 의해 표시하고 그것을 운동방정식 (9.14)에 대입하는 것에 의해 변위속도 v_i에 의해 운동방정식을 나타내면 다음과 같이 된다.

$$-p_{,i} + (\lambda + \mu) v_{j,ji} + \mu v_{i,jj} + \rho f_i = \rho \frac{Dv_i}{Dt} \tag{9.20a}$$

또는 성분별 전개한 형태로 나타내면

$$\left.\begin{aligned}
&-\frac{\partial p}{\partial x_1} + (\lambda + \mu)\frac{\partial d_v}{\partial x_1} + \mu \nabla^2 v_1 + \rho f_1 = \rho \frac{Dv_1}{Dt} \\
&-\frac{\partial p}{\partial x_2} + (\lambda + \mu)\frac{\partial d_v}{\partial x_2} + \mu \nabla^2 v_2 + \rho f_2 = \rho \frac{Dv_2}{Dt} \\
&-\frac{\partial p}{\partial x_3} + (\lambda + \mu)\frac{\partial d_v}{\partial x_3} + \mu \nabla^2 v_3 + \rho f_3 = \rho \frac{Dv_3}{Dt} \\
&d_v = \frac{\partial v_1}{\partial x_1} + \frac{\partial v_2}{\partial x_2} + \frac{\partial v_3}{\partial x_3}
\end{aligned}\right\} \tag{9.20b}$$

여기서 $\nabla^2 = \dfrac{\partial^2}{\partial x_1^2} + \dfrac{\partial^2}{\partial x_2^2} + \dfrac{\partial^2}{\partial x_3^2}$이다.

이것을 Navier-Stokes의 방정식(Navier-Stokes' equation)이라고 한다. 이 방정식은 매우 넓은 영역의 물리현상을 포함하고 있어 자연과학과 공학에 널리 응용되고 있으며 Navier-Stokes 방정식의 해를 구하는 것이 유체역학의 중요한 문제 중의 하나이다. 그러나 이 방정식이 비선형일 때는 해를 구하기 매우 어렵기 때문에 많은 경우에 이 식을 간략히 하기 위한 여러 가정들이 도입된다.

Stokes 유체의 경우는 $\lambda = -2\mu/3$의 관계를 가지므로 앞 식은

$$-p_{,i} + \frac{1}{3}\mu v_{j,ji} + \mu v_{i,jj} + \rho f_i = \rho \frac{Dv_i}{Dt} \tag{9.21}$$

이 된다. 이 식과 지배방정식으로 연속의 식 (9.13), 상태방정식 (9.17)과 경계조건식 (9.18), (9,19)에 의해 변위속도 v_i, 밀도 ρ, 압력 p를 결정할 수 있다.

특히, 밀도변화를 수반하지 않는 경우에는 $D\rho/Dt=0$이므로 연속의 식 (9.13)에서

$$v_{i,i} = 0 \ \ (= d_{kk}) \tag{9.22}$$

가 되고, 따라서 식 (9.20a), (9.21)은 다음과 같이 특수화된다.

$$-p_{,i} + \mu v_{i,jj} + \rho f_i = \rho \frac{Dv_i}{Dt} \tag{9.23a}$$

또는 성분별 전개한 형태로 나타내면

$$\left.\begin{aligned} -\frac{\partial p}{\partial x_1} + \mu \nabla^2 v_1 + \rho f_1 = \rho \frac{Dv_1}{Dt} \\ -\frac{\partial p}{\partial x_2} + \mu \nabla^2 v_2 + \rho f_2 = \rho \frac{Dv_2}{Dt} \\ -\frac{\partial p}{\partial x_3} + \mu \nabla^2 v_3 + \rho f_3 = \rho \frac{Dv_3}{Dt} \end{aligned}\right\} \tag{9.23b}$$

밀도는 변형 전의 값을 취하므로 변위속도 v_i와 압력 p는 식 (9.22), (3.23)과 경계조건식 (9.18), (9.19)에 따라 결정할 수 있다. 한편, 경계조건식 (9.19)는 구성식 (9.16)과 식 (9.22)의 관계를 이용하는 것에 의해 다음과 같이 변위속도 v_i만으로 의해 나타낼 수 있다.

$$-pn_i + \mu n_j (v_{i,j} + v_{j,i}) = P_i \quad S_t \text{상에서} \tag{9.24a}$$

또는 성분별 전개한 형태로 나타내면

$$\begin{aligned} -pn_1 + \mu\left\{2n_1\frac{\partial v_1}{\partial x_1} + n_2\left(\frac{\partial v_1}{\partial x_2} + \frac{\partial v_2}{\partial x_1}\right) + n_3\left(\frac{\partial v_1}{\partial x_3} + \frac{\partial v_3}{\partial x_1}\right)\right\} = p_1 \\ -pn_2 + \mu\left\{n_1\left(\frac{\partial v_1}{\partial x_2} + \frac{\partial v_2}{\partial x_1}\right) + 2n_2\frac{\partial v_2}{\partial x_2} + n_3\left(\frac{\partial v_2}{\partial x_3} + \frac{\partial v_3}{\partial x_2}\right)\right\} = p_2 \\ -pn_3 + \mu\left\{n_1\left(\frac{\partial v_1}{\partial x_3} + \frac{\partial v_3}{\partial x_1}\right) + n_2\left(\frac{\partial v_2}{\partial x_3} + \frac{\partial v_3}{\partial x_2}\right) + 2n_3\frac{\partial v_3}{\partial x_3}\right\} = p_3 \end{aligned} \tag{9.24b}$$

이하에 유동의 성질로부터 지배방정식을 특수화 한 몇 개의 예를 나타낸다.

식 (9.23a)의 우변 물질 도함수는 $\rho(v_{i,t} + v_j v_{i,j})$으로 나타낼 수가 있으므로 제2항은

속도에 관해서 비선형이 된다. 이 항을 대류항(convention term)이라고 부른다. 유속이 작을 때는 이 항을 무시하는 것이 가능하므로 식 (9.23a)는 이하와 같이 간단히 나타낼 수 있다.

$$-p_{,j}+\mu v_{i,jj}+\rho f_i=\rho v_{i,t} \tag{9.25}$$

이것을 Stokes의 방정식(Stokes' equation)이라 하고 대응하는 유동을 Stokes 유동(Stokes flow)이라고 한다.

한편, 완전유체의 경우 구성식은 식 (8.1)로 표시되므로 Navier-Stokes의 방정식 (9.20a)는

$$-p_{,i}+\rho f_i=\rho\frac{Dv_i}{Dt} \tag{9.26a}$$

가 된다. 식 (9.20a)와 비교하면 미분방정식의 계수가 1계로 낮아진 것을 알 수 있다. 더욱이 압력이 어디에서도 일정한 경우, 즉 강체(rigid body)의 경우에 식 (9.26a)는 $p_{,i}=0$가 되어

$$\rho f_i=\rho\frac{Dv_i}{Dt} \tag{9.26b}$$

강체(rigid body)에 대한 Euler의 운동방정식(Euler's equation of motion)이 얻어진다.

또한, 유동이 시간과 더불어 변동하지 않는 경우, 즉 정상유동(steady flow)의 경우에 식 (9.25)는

$$-p_{,i}+\mu v_{i,jj}+\rho f_i=0 \tag{9.27}$$

가 된다.

식 (9.26a)를 완전유체의 정상유동에 대해서 유선을 따라서 적분하면 우리가 유체역학에서 자주 접하는 베르누이의 식(Bernoulli's equation)이 얻어짐을 알 수 있다. 즉, 식 (9.26a)의 물체력 f_i가 퍼텐셜 Q에 의해 $f_i=-\partial Q/\partial x_i$로 나타내어지는 경우를 생각하면 식 (9.26a)는

$$\rho\left(\frac{\partial v_i}{\partial t}+v_m\frac{\partial v_i}{\partial x_m}\right)+(p+\rho Q)_{,i}=0 \tag{9.28a}$$

가 된다. 정상유동에서는 $\partial v_i/\partial t=0$이고 유선의 방향을 ds, 유속을 v라고 하면 $dx_i=(v_i/v)ds$가 되므로 윗 식의 양변에 dx_i를 곱하며 적분하면 다음과 같이 된다.

$$\int\rho v_m v_{i,m}dx_i+\int(p+\rho Q)_{,i}dx_i=C$$

여기서 C는 적분상수이고 우변의 제1항과 제2항의 피적분항은 각각 $\rho v_m v_{i,m} dx_i = \rho v_i dv_i$, $(p + \rho Q)_{,i} dx_i = d(p + \rho Q)$이므로 윗 식은 결국

$$\frac{1}{2}\rho v_i v_i + p + \rho Q = C' \tag{9.28b}$$

이 된다. 이 식은 유체역학에서 자주 이용되고 있는 Bernoulli의 방정식임을 알 수 있다. 물체력으로 중력만 작용하는 경우에 중력가속도를 g, 기준면으로부터 높이를 h라고 하면 $Q = gh$이고 $v_i v_i = v^2$인 관계를 고려하면 윗 식은 다음과 같이 나타낼 수 있다.

$$\frac{v^2}{2g} + \frac{p}{\rho g} + h = \text{일정} \tag{9.28c}$$

여기서 왼쪽 제1, 2, 3항을 각각 속도수두(velocity head), 압력수두(pressure head), 및 기준면으로부터의 위치수두(elevation head)라고 한다.

9.3 | 선형 탄성체와 Navier의 식

그림 9.3과 같은 탄성체의 변형 문제에서는, 여기서는 변형과 온도가 상호영향을 받지 않는 것으로 하여 선형탄성 문제를 고려한다. 이때 변위 u_i, 변형률 ϵ_{ij}, 응력 σ_{ij}의 합계 15개의 변수을 결정하기 위해서는 다음에 나타낸 15개의 지배방정식과 구성식 및 그림 9.3에 나타낸 경계조건이 필요하다.

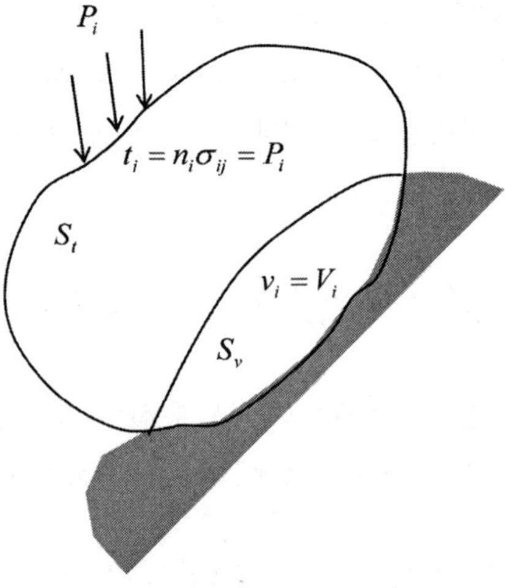

그림 9.3 역학적 경계방정식(탄성체)

(1) 평형방정식 (9.2)

$$\sigma_{ij,j} + \rho f_i = \rho \frac{Dv_i}{Dt} \tag{9.29}$$

(2) 변위-변형률 관계식 (9.4)

$$\epsilon_{ij} = \frac{1}{2}(u_{i,j} + u_{j,i}) \tag{9.30}$$

(3) 선형 탄성체의 구성식 (9.5b)

$$\sigma_{ij} = \lambda \epsilon_{kk} \delta_{ij} + 2\mu \epsilon_{ij} \tag{9.31}$$

(4) 경계조건식

$$u_i = U_i \qquad S_v \text{상에서} \tag{9.32}$$

$$t_i = n_j \sigma_{ij} = P_i \qquad S_t \text{상에서} \tag{9.33}$$

다음에 변형률 ϵ_{ij}와 응력 σ_{ij}를 식 (9.30) 및 (9.31)을 이용하여 변위 u_i로 표시하고 그것을 운동방정식 (9.29)에 대입하면 변위 u_i만으로 나타내어지는 운동방정식이 얻어진다.

$$(\lambda + \mu)u_{j,ji} + \mu u_{i,jj} + \rho f_i = \rho \frac{Dv_i}{Dt} \tag{9.34}$$

이것을 Navier의 방정식(Navier's equation)이라고 한다. 여기서 탄성체의 변형은 비교적 저속이라고 하면 우변의 관성항은 무시할 수 있으므로

$$(\lambda + \mu)u_{j,ji} + \mu u_{i,jj} + \rho f_i = 0 \tag{9.35}$$

와 같이 간단히 나타낼 수 있다. 윗 식을 평형방정식(equilibrium equation)이라고 한다. 따라서 경계조건식 (9.32), (9.33) 하에서 변위의 함수로 표시된 지배방정식 (9.34), (9.35)를 해석하는 것에 의해 변위 u_i를 구할 수 있다. 한편, 경계조건식 (9.33)을 구성식 (9.31)을 이용하여 변위 u_i만의 함수로 나타내면

$$t_i = n_j \sigma_{ij} = \lambda n_i u_{j,j} + \mu n_j (u_{i,j} + u_{j,i}) = P_i \tag{9.36}$$

가 얻어진다. 평형방정식 (9.34)에서 변위구배 $u_{i,j}$가 연속체 내에서 일정인 경우 $u_{j,ji} =$

$u_{i,jj} = 0$이므로 강체의 운동방정식 (9.26b)가 얻어진다.

9.4 | 열전도 방정식

제 9.2절 과 제 9.3절에서는 연속체의 변형과 온도변화가 상호영향을 미치지 않는다고 하여 변형을 지배하는 경계값 문제를 검토하였다. 본 절에서는 스칼라 장에 관한 대표적인 문제 중의 하나로 그림 9.4와 같은 열유동 문제에 대해서 검토해 보기로 한다. 지금 변형에 의한 발열이 없는 경우, 즉 식 (9.3)에서 $\sigma_{ij}d_{ij} = 0$인 경우에 변수는 온도 θ, 내부에너지 밀도 e, 열유속 q_i의 5개이다. 이것에 대해 지배방정식 및 상태방정식은 다음에 나타낸 5개이다.

(1) 에너지 평형방정식 (9.3)

$$\rho\frac{De}{Dt} = -q_{i,i} + \gamma \tag{9.37}$$

(2) 내부에너지 밀도와 온도의 관계를 나타내는 상태방정식

상태방정식은 식 (9.8)의 특수형으로서 이하의 관계를 이용한다.

$$e = C_v\theta \tag{9.38}$$

여기서 C_v는 비열(specific heat)을 나타낸다.

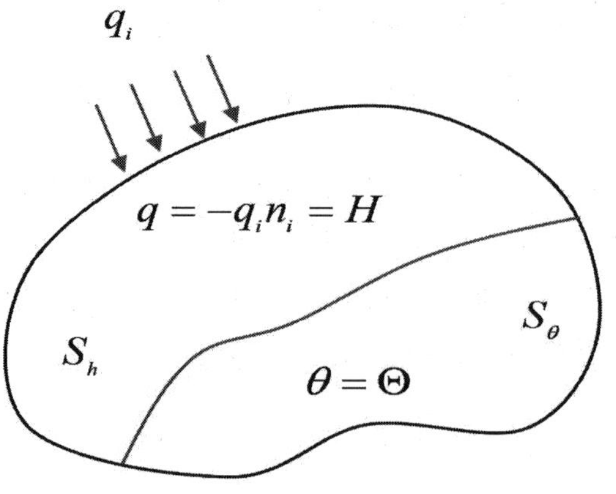

그림 9.4 온도와 열의 경계조건

(3) Fourier의 열전도 법칙식 (9.6)

$$q_i = -\kappa\theta_{,i} \tag{9.39}$$

(4) 경계조건식은 그림 9.4에 나타낸 것과 같이

$$\theta = \Theta \qquad S_\theta \text{상에서} \tag{9.40}$$

$$q = -q_i n_i = H \qquad S_h \text{상에서} \tag{9.41}$$

으로 표시할 수 있다. 여기서 n_i는 경계에서 단위법선 벡터의 성분, 즉 방향여현이다. 한편, 유입하는 열유속 H로서 유체와 고체의 접촉에 의한 것(대류 열전달, convective heat flux)을 H_c, 복사에 의한 것(radiation)을 H_r 라고 하면 이들은 각각 다음 식으로 주어진다.

$$H_c = h(\theta - \theta_\infty) \tag{9.42a}$$

$$H_r = \varepsilon_s \sigma_s (\theta^4 - \theta_{sur}^4) \tag{9.42b}$$

여기서 h는 대류 열전달계수(convective heat transfer coefficient)이고 θ, θ_∞, θ_{sur}는 각각 접촉하고 있는 고체표면의 온도와 유체의 온도 그리고 복사를 받는 물체주위의 온도를 나타낸다. 또한, ε_s, σ_s는 각각 복사율(emissivity)과 스테판-볼츠만상수(Stefan-Boltzmann constant)를 나타낸다.

다음에 상태방정식 (9.38), Fourier의 열전도 법칙식(9.39)를 에너지 평형방정식 (9.37)에 도입하는 것에 의해 온도 θ만으로 표시되는 에너지 평형방정식을 얻을 수 있다.

$$\rho C_v \frac{D\theta}{Dt} = \kappa\theta_{,jj} + \gamma \tag{9.43a}$$

이 식을 열전도 방정식(heat transfer equation)이라고 한다. 정상 열전도 문제, $D\theta/Dt = 0$에서 윗 식은

$$\kappa\theta_{,jj} + \gamma = 0 \tag{9.43b}$$

으로 표현된다.

이 절에서 논한 열전도 문제는 봉의 비틀림이나 유체의 흐름 등에서와 같이 구하고자 하는 불리량이 스칼라량으로 스칼라 장 문제(scalar field problem)에 관한 것으로 이것은 9.3절에서 논한 연속체의 탄성변형의 경우에 얻어지는 변위벡터에 대한 벡터 장 문제(vector field problem)와는 구별되는 것을 알 수 있다.

9.5 | 선형 탄성체에 대한 경계값 문제의 해석 예

이상의 경계값 문제에 대한 지배방정식과 경계조건들로부터 해석 해(analytic solution)를 구하기 위한 방법을 Navier의 방정식으로 표시되는 선형 탄성체에 대한 응력 해를 구하는 문제를 예로 하여 설명해 보자.

지금 그림 9.5와 같이 내경이 a이고 외경이 b인 길이가 긴 원통형 원관이 내압 p와 외압 q를 받을 때를 생각한다. 원통의 길이가 길기 때문에 길이방향의 변형은 거의 없는 평면변형으로 간주한다. 부록 Ⅲ의 원통좌표계(r, ϕ, z)를 이용하면 원관의 변형은 다음과 같이 나타낼 수 있다.

$$\left.\begin{aligned} u_r &= u(r), \quad u_\phi = u_z = 0 \\ \epsilon_{rr} &= \frac{du_r}{dr}, \quad \epsilon_{\phi\phi} = \frac{u_r}{r} \end{aligned}\right\} \tag{9.44}$$

한편 경계조건은

$$\left.\begin{aligned} \sigma_{rr} &= -p \qquad (r=a) \\ \sigma_{rr} &= -q \qquad (r=b) \end{aligned}\right\} \tag{9.45}$$

으로 표시된다.

물체력을 무시하는 경우에 Navier의 방정식 (9.35)는

$$\frac{d}{dr}\left(\frac{du}{dr} + \frac{u}{r}\right) = \frac{d}{dr}\left\{\frac{1}{r}\frac{d(ru)}{dr}\right\} = 0 \tag{9.46}$$

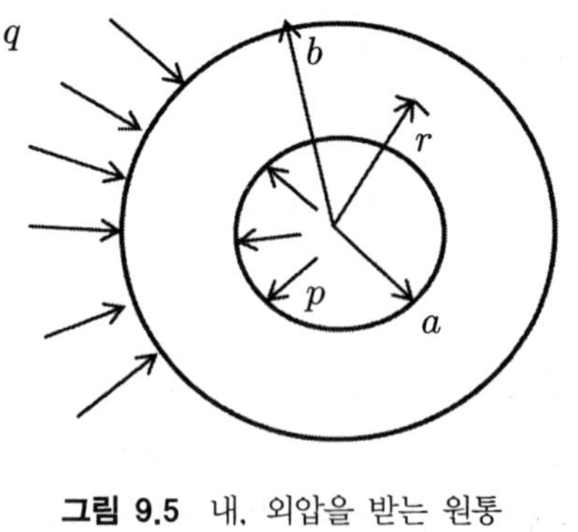

그림 9.5 내, 외압을 받는 원통

가 되고 이 식의 해는

$$u = Ar + \frac{B}{r} \tag{9.47}$$

으로 주어진다. 여기서 A, B는 적분상수이다. 따라서 평면변형($\epsilon_{zz} = 0$)에 대한 응력-변형률 관계 식 (9.31)로부터 다음과 같이 나타낼 수 있다.

$$\left.\begin{aligned} \sigma_{rr} &= \lambda\epsilon_{kk} + 2\mu\epsilon_{rr} = 2(\lambda + \mu)A - \frac{2\mu B}{r^2} \\ \sigma_{\phi\phi} &= \lambda\epsilon_{kk} + 2\mu\epsilon_{\phi\phi} = 2(\lambda + \mu)A + \frac{2\mu B}{r^2} \\ \sigma_{zz} &= \lambda\epsilon_{kk} = \nu(\sigma_{rr} + \sigma_{\phi\phi}) \quad , \ \epsilon_{kk} = \epsilon_{rr} + \epsilon_{\phi\phi} \\ \sigma_{zr} &= \sigma_{r\phi} - \sigma_{\phi z} = 0 \end{aligned}\right\} \tag{9.48}$$

한편, A, B는 경계조건으로부터 다음 식으로 표시된다.

$$A = \frac{pa^2 - qb^2}{2(\lambda + \mu)(b^2 - a^2)}, \qquad B = \frac{a^2b^2(p - q)}{2\mu(b^2 - a^2)} \tag{9.49}$$

상수 A, B를 식 (9.47), (9.48)에 대입하면 원관의 탄성거동에 대한 응력과 변형은

$$\begin{aligned} u_r &= \frac{(pa^2 - qb^2)r}{2(\lambda + \mu)(b^2 - a^2)} + \frac{a^2b^2(p - q)}{2\mu(b^2 - a^2)r} \\ &= \left(\frac{1 + \nu}{E}\right)\left\{\frac{(1 - 2\nu)(pa^2 - qb^2)r}{(b^2 - a^2)} + \frac{a^2b^2(p - q)}{(b^2 - a^2)r}\right\} \end{aligned} \tag{9.50}$$

$$\sigma_{rr} = \frac{pa^2 - qb^2}{b^2 - a^2} - \frac{a^2b^2(p - q)}{(b^2 - a^2)r^2} \tag{9.51}$$

$$\sigma_{\phi\phi} = \frac{pa^2 - qb^2}{b^2 - a^2} + \frac{a^2b^2(p - q)}{(b^2 - a^2)r^2} \tag{9.52}$$

$$\sigma_{zz} = \frac{2\nu(pa^2 - pb^2)}{b^2 - a^2} \tag{9.53}$$

으로 주어진다.

9.6 | Airy의 응력함수

선형 탄성체에 대한 2차원 경계값 문제의 해는 변위 u_i, 변형률 ϵ_{ij} 및 응력 σ_{ij}가 경계조건 식 (9.32), 식 (9.33) 하에서 식 (9.29), 식 (9.30) 및 식 (9.31)의 모두 8개의 방정식을 만족하도록 결정된다. 그런데 응력과 변형률은 식 (9.31)과 같은 상관관계를 갖고, 또한 변형률은 변위와 식 (9.30)의 관계 및 적합조건식 (5.48)을 만족하고 있으므로 2차원 경계값 문제를 다음과 같이 응력만의 3개의 지배방정식으로 정의할 수 있다.

(1) 평면변형 문제에 대해서 검토해 보면 이 경우는 $\epsilon_{zz} = \epsilon_{yz} = \epsilon_{xz} = 0$이므로 식 (9.31)은 식 (8.28b)에서와 같이

$$\left.\begin{aligned}
\sigma_{zz} &= \frac{E}{1+\nu}\left\{\epsilon_{xx} + \frac{\nu}{1-2\nu}(\epsilon_{xx} + \epsilon_{yy})\right\} \\
\sigma_{yy} &= \frac{E}{1+\nu}\left\{\epsilon_{yy} + \frac{\nu}{1-2\nu}(\epsilon_{yy} + \epsilon_{zz})\right\} \\
\sigma_{zz} &= \nu(\sigma_{xx} + \sigma_{yy}) \\
\sigma_{xy} &= 2G\epsilon_{xy} = G\gamma_{xy}, \qquad \sigma_{xz} = \sigma_{yz} = 0
\end{aligned}\right\} \tag{9.54}$$

또는 역으로

$$\left.\begin{aligned}
\epsilon_{xx} &= \frac{1+\nu}{E}\{(1-\nu)\sigma_{xx} - \nu\sigma_{yy}\} \\
\epsilon_{yy} &= \frac{1+\nu}{E}\{(1-\nu)\sigma_{yy} - \nu\sigma_{xx}\} \\
\gamma_{xy} &= 2\epsilon_{xy} = \sigma_{xy}/G
\end{aligned}\right\} \tag{9.55}$$

으로 나타낼 수 있다. 한편, 6개의 변형률의 적합조건식 (5.48) 중에서 5개는 항상 만족하고 있으므로 고려해야 하는 적합조건식은

$$\epsilon_{xx,yy} + \epsilon_{yy,xx} = 2\gamma_{xy,xy} \tag{9.56}$$

이다. 식 (9.55)를 식 (9.56)에 대입하면

$$(1-\nu)\{\sigma_{xx,yy} + \sigma_{yy,xx}\} - \nu\{\sigma_{xx,xx} + \sigma_{yy,yy}\} = 2\sigma_{xy,xy} \tag{9.57}$$

가 된다. 한편, 식 (9.29)에서 x축 및 y축 방향의 평형방정식은

$$\sigma_{xx,x} + \sigma_{xy,y} + \rho f_x = 0 \tag{9.58a}$$

$$\sigma_{yy,y} + \sigma_{xy,x} + \rho f_y = 0 \tag{9.58b}$$

으로 표시되므로 식 (9.58a)를 x로 미분하고 식 (9.58b)를 y로 미분하여 합하면

$$\sigma_{xx,xx} + \sigma_{yy,yy} + 2\sigma_{xy,xy} + \rho(f_{x,x} + f_{y,y}) = 0 \tag{9.59}$$

가 얻어진다. 식 (9.59)와 식 (9.57)에서 σ_{xy}를 소거하면 응력 σ_{xx}, σ_{yy}만의 함수로 표시되는 다음과 같은 응력의 적합조건식이 얻어진다.

$$\begin{aligned} \nabla^2(\sigma_{xx} + \sigma_{yy}) &= -\frac{1}{(1-\nu)}\rho(f_{x,x} + f_{y,y}) \\ \nabla^2 &= \frac{\partial^2}{\partial x^2} + \frac{\partial^2}{\partial y^2} \end{aligned} \tag{9.60}$$

따라서 평면변형 문제에서 응력 해는 평형방정식 (9.29), 응력의 적합조건식 (9.60) 및 응력 경계조건식 (9.33)의 3개의 응력에 대한 지배방정식을 풀어서 σ_{xx}, σ_{yy}, σ_{xy}를 구하고 변위-변형률 관계, 변형률-응력 관계로부터 변형과 변형률에 대한 모든 정보를 구할 수 있다.

(2) 한편, 평면응력 문제에 대해서 검토해보면 이 경우는 $\sigma_{zz} = \sigma_{yz} = \sigma_{xz} = 0$이므로 식 (9.31)은 식 (8.27a)에서와 같이

$$\left.\begin{aligned} \epsilon_{xx} &= \frac{1}{E}(\sigma_{xx} - \nu\sigma_{yy}) \\ \epsilon_{yy} &= \frac{1}{E}(\sigma_{yy} - \nu\sigma_{xx}) \\ \epsilon_{zz} &= \frac{-\nu}{E}(\sigma_{xx} + \sigma_{yy}) \\ \gamma_{xy} &= 2\epsilon_{xy} = \sigma_{xy}/G \\ \gamma_{xz} &= \gamma_{yz} = 0 \end{aligned}\right\} \tag{9.61}$$

또는 역으로

$$\left.\begin{aligned}\sigma_{xx} &= \frac{E}{1-\nu^2}(\epsilon_{xx}+\nu\epsilon_{yy})\\ \sigma_{yy} &= \frac{E}{1-\nu^2}(\epsilon_{yy}+\nu\epsilon_{xx})\\ \sigma_{xy} &= G\gamma_{xy}\end{aligned}\right\} \tag{9.62}$$

으로 주어진다. 한편 평면변형 문제에서와 같은 과정을 거치면 응력의 적합조건식이 다음과 같이 구해진다.

$$\nabla^2(\sigma_{xx}+\sigma_{yy}) = -(1+\nu)\rho(f_{x,x}+f_{y,y}) \tag{9.63}$$

따라서 평면응력 문제에 대한 응력해는 식 (9.29), (9.62)와 식 (9.33)의 3개의 지배방정식으로부터 구해진다. 여기서 물체력을 무시하는 경우에는 응력의 적합조건식은 평면변형 문제나 평면응력 문제에서 모두 동일한 것을 알 수 있고, 또한 이런 경우에 응력을 지배하는 방정식들은 탄성계수를 포함하지 않는다는 것에 주목할 필요가 있다.

앞에서 논한 선형 탄성체의 2차원 경계값 문제의 해는 응력 경계조건식 (9.33), 응력의 적합조건식 (9.60) 또는 식 (9.63)과 함께 미분형태로 표시된 평형방정식 (9.58a), (9.58b)을 푸는 것에 의해 구해진다. 이들 식들은 물체력을 무시할 수 있는 경우에 다음과 같이 정리된다.

$$\sigma_{xx,x}+\sigma_{xy,y} = 0 \tag{9.64a}$$

$$\sigma_{yy,y}+\sigma_{xy,x} = 0 \tag{9.64b}$$

$$\nabla^2(\sigma_{xx}+\sigma_{yy}) = 0 \tag{9.65}$$

$$P_x = n_x\sigma_{xx}+n_y\sigma_{xy} \tag{9.66a}$$

$$P_y = n_x\sigma_{xy}+n_y\sigma_{yy} \tag{9.66b}$$

윗 식에서 평형방정식 (9.64)는 다음과 같이 정의되는 Airy의 응력함수(Airy's stress function) $\phi(x,\ y)$를 도입하면 항상 만족한다.

$$\sigma_{xx} = \frac{\partial^2\phi}{\partial y^2},\qquad \sigma_{yy} = \frac{\partial^2\phi}{\partial x^2},\qquad \sigma_{xy} = -\frac{\partial^2\phi}{\partial x\partial y} \tag{9.67}$$

이 식을 식 (9.65)에 대입하면 ϕ는 응력 경계조건을 만족하며 다음의 중조화 방정식(biharmonic equation)의 해가 된다.

$$\nabla^2\nabla^2\phi = \nabla^4\phi = \frac{\partial^4\phi}{\partial y^4} + 2\frac{\partial^4\phi}{\partial x^2\partial y^2} + \frac{\partial^4\phi}{\partial y^4} = 0 \qquad (9.68)$$

즉, 물체력을 무시하는 경우에 2차원 평면변형 문제와 평면응력 문제의 해는 응력 경계조건식 (9.66)을 만족하는 중조화 방정식 $\nabla^4\phi = 0$의 해를 구하는 문제로 귀착된다.

고체역학에서 우리가 자주 접하는 판이나 보와 같은 사각단면 부재에 대해서는 식 (9.68)의 해 ϕ가 x, y의 다항식으로 주어진다. 예를 들면 ϕ가 다음과 같은 2차항으로 주어지는 경우를 고려해 보자.

$$\phi = \frac{a_2x^2}{2} - b_2xy + \frac{c_2y^2}{2} \qquad (9.69)$$

이 식은 식 (9.68)을 당연히 만족하고 식 (9.67)에서 응력은

$$\sigma_{xx} = c_2,\ \sigma_{yy} = a_2,\ \sigma_{xy} = b_2 \qquad (9.70)$$

로 주어진다. 이 식에서 $c_2 \neq 0$인 때는 좌표축에 평행한 사각단면 보가 x축으로 단순 인장을 받고 있는 경우를, 또한 $b_2 \neq 0$인 때는 순수 전단을 받는 경우를 나타내는 것이 된다.

또한, ϕ가 다음과 같이 3차 다항식으로 주어지는 경우를 고려해 보면

$$\phi = \frac{a_3x^3}{6} + \frac{b_3x^2y}{2} + \frac{c_3xy^2}{2} + \frac{d_3y^3}{6} \qquad (9.71)$$

이 식으로부터 응력은

$$\sigma_{xx} = c_3x + d_3y,\ \sigma_{yy} = a_3x + b_3y,\ \sigma_{xy} = -b_3x - c_3y \qquad (9.72)$$

으로 주어진다. 이 식에서 $a_3 = b_3 = c_3 = 0$인 때에 식 (9.72)는

$$\sigma_{xx} = d_3y,\ \sigma_{yy} = 0,\ \sigma_{xy} = 0 \qquad (9.73)$$

으로 순수 굽힘을 받는 사각단면 보의 응력상태를 나타낸다.

ϕ가 2차 및 3차 다항식으로 표시되는 경우는 식 (9.68)은 당연히 만족되므로 ϕ의 항에 포함된 상수들은 임의로 선택할 수 있다. 그러나 이보다 높은 차수의 다항식인 경우는 상수들 간에 어떤 상관관계가 만족하여야만 식 (9.68)이 만족된다. 예를 들면 ϕ를 다음과 같은 4차 다항식으로 간주하면

$$\phi = \frac{a_4x^4}{12} + \frac{b_4x^3y}{6} + \frac{c_4x^2y^2}{2} + \frac{d_4xy^3}{6} + \frac{e_4y^4}{12} \qquad (9.74)$$

식 (9.68)로부터

$$a_4 + 2c_4 + e_4 = 0 \tag{9.75}$$

가 만족하여야 한다. 따라서 식 (9.67)에서 응력은

$$\left.\begin{aligned} \sigma_{xx} &= c_4 x^2 + d_4 xy - (2c_4 + a_4) y^2 \\ \sigma_{yy} &= a_4 x^2 + b_4 xy + c_4 y^2 \\ \sigma_{xy} &= -\frac{b_4}{2} x^2 - 2c_4 xy - \frac{d_4}{2} y^2 \end{aligned}\right\} \tag{9.76}$$

으로 주어진다.

한편, 식 (9.68)은 선형 미분방정식이므로 해의 중첩원리(principle of superposition)가 성립한다. 따라서 2차원 탄성문제에서 해를 구하기 위해서는 문제에 따라서 응력함수를 여러 차수의 응력함수의 조합으로 표시하는 것이 정확한 해를 구하는 데 필요한 경우도 있다.

다음에 간단한 예제를 통하여 Airy의 응력함수의 적용으로 응력에 대한 해석해를 구하는 방법에 대해서 설명해 보자. 그림 9.6과 같이 폭 b와 높이 h를 갖고 있는 사각단면 외팔보의 끝단에 하중 P가 작용하고 있는 경우를 고려한다. 이 문제에 대한 경계조건으로는 보의 윗면과 아래면에서 표면력이 0이고 $x=0$인 면에서 합력이 P가 되는 전단력이 균일하게 작용하고 있는 것으로 간주할 수 있다. 즉, 경계조건은

$$(\sigma_{xy})_{y=\pm h} = 0, \qquad (\sigma_{yy})_{y=\pm h} = 0 \tag{9.77}$$

$$P = -\int_{-h}^{+h} \sigma_{xy} b \, dy \tag{9.78}$$

으로 나타낼 수 있다.

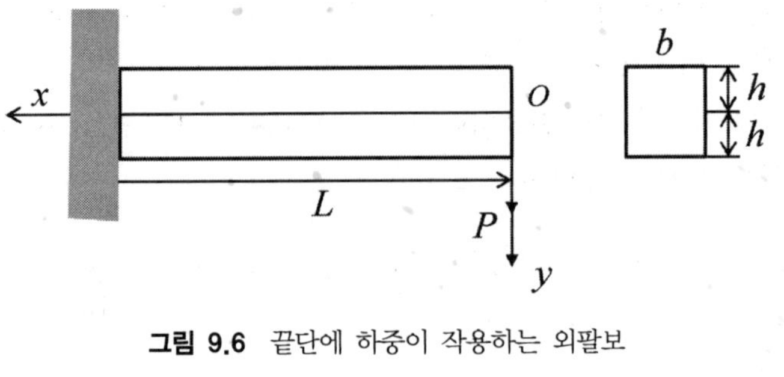

그림 9.6 끝단에 하중이 작용하는 외팔보

이 문제의 해는 식 (9.69)와 식 (9.74)의 ϕ를 다음 조건하에서 중첩하여 구할 수 있다.

$$a_2 = c_2 = a_4 = b_4 = c_4 = e_4 = 0 \tag{9.79}$$

그러면 ϕ는

$$\phi = -b_2 xy + \frac{d_4 xy^2}{6} \tag{9.80}$$

으로 나타낼 수 있고 대응하는 응력성분들은 식 (9.67)로부터

$$\sigma_{xx} = d_4 xy\,,\quad \sigma_{yy} = 0\,,\quad \sigma_{xy} = b_2 - \frac{d_4 y^2}{2} \tag{9.81}$$

으로 주어진다. 경계조건 (9.77)을 만족하기 위해서는 $b_2 = d_4 h^2/2$ 이어야 한다. 한편, 하중이 작용하는 끝단에서 힘의 평형조건 식 (9.78)은

$$P = -\int_{-h}^{+h} \sigma_{xy} b\,dy = -b\int_{-h}^{+h}\left(b_2 - \frac{d_4 y^2}{2}\right) b\,dy \tag{9.82}$$

으로 나타낼 수 있으므로 이 식으로부터 d_4는

$$d_4 = -\frac{3P}{2bh^3} \tag{9.83}$$

로 주어진다. 이들 값을 식 (9.81)에 대입하면 응력들은 다음 식으로 구해진다.

$$\sigma_{xx} = -\frac{3Pxy}{2bh^3},\quad \sigma_{yy} = 0,\quad \sigma_{xy} = -\frac{3P(h^2 - y^2)}{4bh^3} \tag{9.84}$$

여기서 $I_z = 2bh^3/3$을 z축에 관한 사각단면 외팔보의 단면 2차 모멘트라고 하면 식 (9.84)는

$$\sigma_{xx} = -\frac{Pxy}{I},\quad \sigma_{yy} = 0,\quad \sigma_{xy} = -\frac{P(h^2 - y^2)}{2I} \tag{9.84}$$

으로 나타낼 수 있다. 이 식은 사각단면 외팔보의 끝단에 하중 P가 작용하고 있는 문제에 대한 완전해(exact solution)를 나타낸다.

9.7 | 비압축성유체에 대한 경계값 문제의 해석 예

그림 9.7에 나타낸 것과 같이 평행한 두 평판 사이 간격이 $2h$인 유로에서 비압축성 유체가 정상 유동하는 경우에 속도분포를 구하는 문제를 검토해 보자.

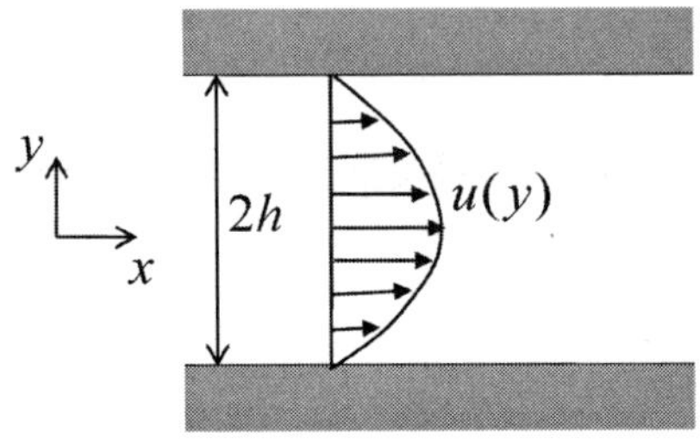

그림 9.7 평행한 두 평판사이의 층류유동

이 경우에 대해 다음 식으로 표시되는 유동은

$$u = u(y), \quad v = 0, \quad w = 0 \tag{9.85}$$

식 (9.25)의 Stokes의 방정식, 식 (9.13)의 연속방정식 그리고 경계 $y = \pm h$에서 슬립이 발생하지 않아야하는 비슬립조건

$$u(h) = 0 \ , \ u(-h) = 0 \tag{9.86}$$

을 만족한다. 따라서 정상유동에 대한 식 (9.27)은

$$-\frac{\partial p}{\partial x} + \mu \frac{d^2 u}{dy^2} = 0 \tag{9.87a}$$

$$-\frac{\partial p}{\partial y} = 0 \tag{9.87b}$$

$$-\frac{\partial p}{\partial z} = 0 \tag{9.87c}$$

으로 표시된다. 식 (9.87b)와 (9.87c)로부터 p가 x만의 함수임을 알 수 있다. 식 (9.87a)를 x에 대해서 미분하고 식 (9.85)의 관계를 이용하면 $\partial^2 p/\partial x^2 = 0$가 된다. 따라서 $\partial p/\partial x = -C$(일정)이 되며 식 (9.87a)는 다시

$$\frac{d^2 u}{dy^2} = -\frac{C}{\mu} \tag{9.88}$$

로 나타내진다. 이 식을 풀면

$$u = A + By - \frac{C}{\mu}\frac{y^2}{2} \tag{9.89}$$

이 된다. 여기서 A, B는 경계조건 식 (9.86)으로부터 구해지므로 이 유동에 대한 최종해는

$$u = \frac{C}{2\mu}(h^2 - y^2) \tag{9.90}$$

으로 구해진다. 이 유동에 대한 속도분포는 포물선 형태임을 알 수 있다.

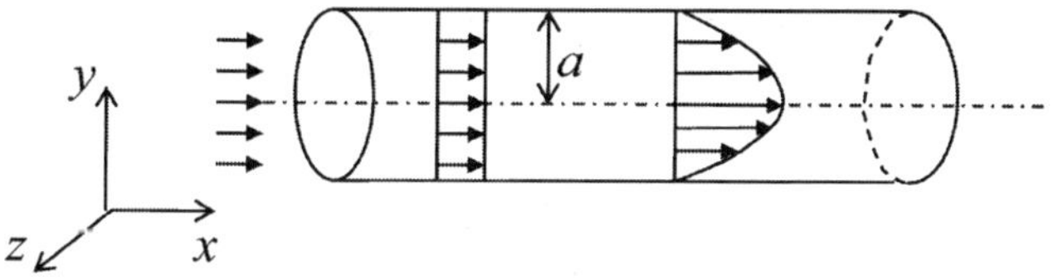

그림 9.8 원형 실린더형 유로에서 층류유동

한편, 그림 9.8에서와 같이 반경이 a인 원형 실린더형 유로에서 유체가 정상유동하는 경우에도 유사하게 속도분포를 구할 수 있다. 이 경우에 대해 유동은

$$u = u(y,\ z), \qquad v = 0, \qquad w = 0 \tag{9.91}$$

으로 나타낼 수 있고 이 식은 역시 식 (9.25)의 Stokes의 방정식, 식 (9.13)의 연속방정식 그리고 다음의 경계조건을 만족하도록 결정되어야 한다.

$$\left.\begin{array}{lll} r = a\text{에서} & u = 0 & : \text{비슬립조건} \\ r = 0\text{에서} & \dfrac{du}{dr} = 0 & : \text{중심축에 대한 대칭조건} \end{array}\right\} \tag{9.92}$$

이 문제에 대한 Stokes의 방정식은 식 (9.88)과 유사한 형태로

$$\frac{\partial^2 u}{\partial y^2} + \frac{\partial^2 u}{\partial z^2} = -\frac{C}{\mu} \tag{9.93}$$

로 주어진다. 여기서는 Cartesian 좌표계(x, y, z)보다 원통 좌표계(r, ϕ, z)를 이용하는 것이 편리하기 때문에 식 (9.93)은

$$\frac{\partial^2 u}{\partial y^2} + \frac{\partial^2 u}{\partial z^2} = \frac{1}{r}\frac{\partial}{\partial r}\left(r\frac{\partial u}{\partial r}\right) + \frac{1}{r^2}\frac{\partial^2 u}{\partial \phi^2} = -\frac{C}{\mu} \tag{9.94}$$

로 나타낼 수 있다. 유동이 $r=0$인 중심축에 대해서 대칭이어야 하므로 u는 r만의 함수이어야 한다. 따라서 $\frac{\partial^2 u}{\partial \phi^2}=0$이므로 윗 식은

$$\frac{1}{r}\frac{d}{dr}\left(r\frac{du}{dr}\right)=-\frac{C}{\mu} \tag{9.95}$$

이 되고, 적분하면 다음 식이 얻어진다.

$$u=-\frac{C}{\mu}\frac{r^2}{4}+A\log r+B \tag{9.96}$$

적분상수 A, B는 경계조건 식 (9.92)로부터 구해지므로 이 유동에 대한 최종 해는 다음과 같이 된다.

$$u=\frac{C}{4\mu}(a^2-r^2) \tag{9.97}$$

이 식은 Hagen–Poiseuille 유동에 대한 포물선형 속도분포를 나타낸다.

연습문제

1 Derive equation (9.20a) and equation (9.21).

2 The two-dimensional steady flow of an incompressible fluid that occurs when a flow occurs at a constant velocity of either or both cylinders of two infinite cylinders with concentric axes is called the Couette flow. If we ignore the body force and use a cylindrical coordinate system (r, θ, z), the Navier-Stokes equations are expressed as,

$$\frac{d^2 v}{dr^2} + \frac{1}{r}\frac{dv}{dr} - \frac{v}{r^2} = 0 \tag{9.98}$$

Let r_1 and r_2 be the radii of the inner and outer cylinders and ω_1 and ω_2 be the angular velocities of the cylinders. Find the flow field $(v_r,\ v_\theta,\ v_z)$ and find the shear stress $\tau_{r\theta}$ at the wall.

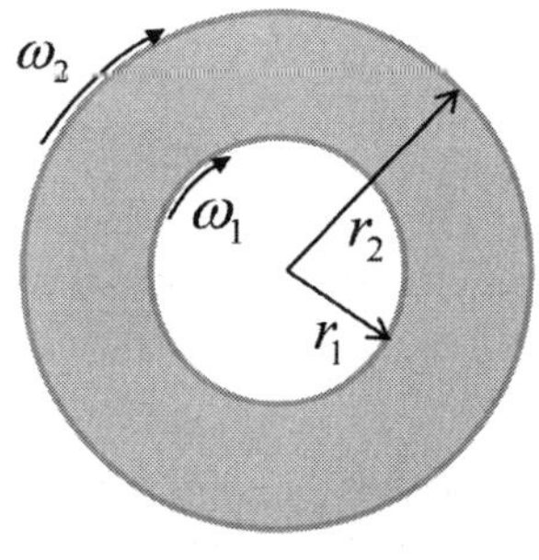

$v_r = 0,\ v_\theta = v(r),\ v_z = 0$

Fig. 9.9 Couette flow

3 By introducing the scalar function ψ and expressing the displacement speed as $v_x = \psi_{,y}$, $v_y = \psi_{,x}$, the following equation (9.22) is satisfied. The scalar function ψ is called a stream function. Express the equation (9.27) using the flow function ψ.

4 Derive the equation (9.25) for cases of plane deformation where $u_z = u_{z,z} = u_{z,x} = u_{z,y} = 0$.

5 Derive the equation (9.35) for two-dimensional cases.

6 Consider equations (9.51) and (9.52) for the both cases where the long tube only operates with internal pressure ($q=0$) and only external pressure ($p=0$), respectively.

7 .Consider problem 6 for the thickness of the tube, $t=b-a$, for thin, and for very thick, $b \gg a$, respectively.

8 Find the stress and deformation of a tube that is elastically deformed when the internal pressure p and the external pressure q act simultaneously on a thick cylindrical tube with an inner diameter a and an outer diameter b and have a boundary condition of $\sigma_{zz}=0$ at both ends of the tube.

9 The inner pressure p and the outer pressure q act in a spherical shell having an inner diameter a and an outer diameter b. The elastic deformation of the sphere in the spherical coordinate system $(r,\ \theta,\ \phi)$ can be expressed as follows from the symmetry condition,

$$u_r = u(r), \qquad u_\phi = u_\theta = 0 \tag{9.99}$$

The boundary condition is expressed as follows.

$$\begin{aligned} \sigma_{rr} &= -p \quad (r=a) \\ \sigma_{rr} &= -q \quad (r=b) \end{aligned} \tag{9.100}$$

On the other hand, in the case of ignoring body force, Navier's equation (9.35) can be expressed by the following equation

$$\frac{d}{dr}\left(\frac{du}{dr} + 2\frac{u}{r}\right) = 0 \tag{9.101}$$

In this case, stress and strain on the elastic deformation of the sphere are shown in the following formulas.

$$u_r = \frac{(pa^3 - qb^3)r}{(3\lambda + 2\mu)(b^3 - a^3)} + \frac{a^3 b^3 (p-q)}{4\mu (b^3 - a^3) r^2} \tag{9.102}$$

$$\begin{aligned} \sigma_{rr} &= \frac{pa^3 - qb^3}{b^3 - a^3} - \frac{a^3 b^3 (p-q)}{(b^3 - a^3) r^3} \\ \sigma_{\phi\phi} = \sigma_{\theta\theta} &= \frac{pa^3 - qb^3}{b^3 - a^3} + \frac{a^3 b^3 (p-q)}{2(b^3 - a^3) r^3} \\ \sigma_{\theta\phi} = \sigma_{\phi r} &= \sigma_{r\theta} = 0 \end{aligned} \tag{9.103}$$

Refer that the strain–strain relationship for the spherical shell is as follows.

$$\left.\begin{aligned} \epsilon_{rr} &= \frac{du_r}{dr}, \qquad \epsilon_{\theta\theta} = \frac{1}{r}\left(\frac{du_\theta}{d\theta} + u_r\right) \quad \left(= \frac{u_r}{r}\right) \\ \epsilon_{\phi\phi} &= \frac{1}{r\sin\theta}\left(\frac{du_\phi}{d\phi} + u_r\sin\theta + u_\theta\cos\theta\right) \quad (= \epsilon_{\theta\theta}) \end{aligned}\right\} \tag{9.104}$$

10 경계값 문제와 변분원리

연속체 역학을 배우는 목적은 연속체의 변형거동을 명확하게 하는 각종 변수를 결정하는 것에 있다. 이것은 앞장에서 논한 바와 같이 주어진 경계조건 하에서 구성식과 각종 변수를 지배하는 방정식을 해석하는 문제, 즉 경계값 문제의 해석에 의해 실현할 수 있다.

한편, 연속체에 대한 대부분의 경계값 문제의 해석은 피적분 함수가 미지 함수의 식으로 정의된 적분식의 극값(extremum value)을 결정하는 문제로 대신할 수 있는 경우가 많다. 이와 같은 원리를 총칭하여 변분원리(variational principle)라고 한다. 변분원리에 있어서는 연속체의 거동을 지배하는 방정식과 경계조건은 어떤 물리량이 극값을 취하기 위한 조건으로 얻어지는 경우가 많다. 이때는 변분원리와 연속체의 변형거동을 지배하는 방정식이 등가인 것이 된다. 현재 많은 연속체의 경계값 문제에 대한 수치모사해석(simulation)으로 널리 이용되고 있는 유한요소해석(finite element analysis, FEA)은 이 변분원리를 기본 원리로 하여 정식화되어 있다.

본 장에서는 변분원리의 개요를 설명하고, 주로 Newton 유체, 열 그리고 선형 탄성체의 경계값 문제와 변분원리의 관계를 설명한다.

10.1 | 변분원리의 개요

변분원리의 설명 시에 자주 언급되고 있는 그림 10.1에 나타낸 평면 내 두 점을 연결하는 곡선 중에서 가장 짧은 거리를 구하는 문제를 고려해 보자. 그림과 같이 2점 A, B의 좌표를 각각 $(x_1,\ y_1)$, $(x_2,\ y_2)$로 나타내고 이 두 점을 연결하는 곡선을 $y=y(x)$라고 하자. 그러면 이 곡선의 길이 L은 다음과 같이 적분형태로 나타낼 수 있다.

$$L(y)=\int_{x_1}^{X_2}\sqrt{dx^2+dy^2}=\int_{x_1}^{x_2}\sqrt{1+(y')^2}\,dx \tag{10.1}$$

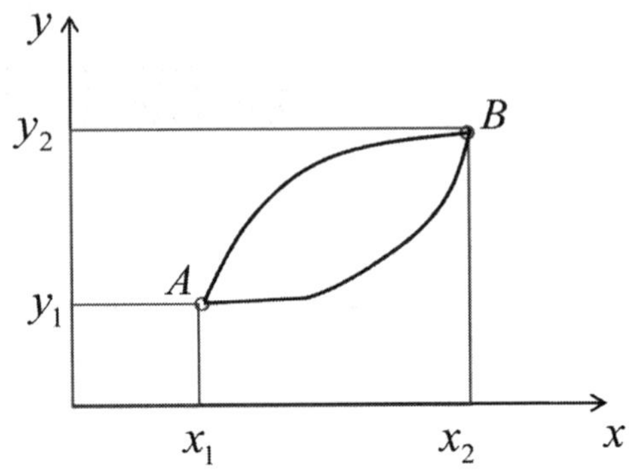

그림 10.1 2점을 연결하는 곡선

여기서 $y' = dy/dx$ 이고 $y(x)$는 A, B점에서 $y_1 = y(x_1)$, $y_2 = y(x_2)$인 경계조건을 만족하면서 A, B 간에서 연속인 함수이다. 여기서는 두 점 A, B를 연결하는 무수히 많은 곡선 중에서 L을 최소(극값)로 하는 곡선 $y = y(x)$를 결정하여야 한다. $L(y)$와 같이 독립변수를 x로 하는 $y(x)$의 적분형태로 표시되는 함수를 범함수(functional)이라고 한다. 또한, 경계조건과 연속성 조건을 총칭하여 부대조건(subsidiary condition)이라고 하고 이들을 만족하는 함수를 허용함수(admissible function)라고 한다. 이와 같은 허용함수 중에서 범함수를 정류(stationary)시키는 함수를 구하는 문제, 즉 범함수가 최소 혹은 최대의 극값을 갖도록 하는 함수를 구하는 문제를 일반적으로 변분문제(variational problem)라고 한다. 범함수는 공학문제에서 통상 계의 퍼텐셜 에너지에 해당한다.

이 문제를 일반화하여 간단한 예로 다음의 범함수

$$I(y) = \int_{x_1}^{x_2} F(x, y, y')\, dx \tag{10.2}$$

를 정류시키는 미지의 함수 $y = y(x)$를 구하는 문제를 검토해 보자. 여기서 함수 $y(x)$는 구간 $(x_1,\ x_2)$에서 y, y', y''가 연속이고 다음의 경계조건을 만족하는 것으로 한다.

$$y(x_1) = y_1, \quad y(x_2) = y_2 \tag{10.3a}$$

지금 가정으로서 I를 정류시키는 정해의 함수가 구해졌다고 하고 그것을 그림 10.2에 나타낸 것과 같이 $y(x)$로 표시한다. 이 $y(x)$에 근접한 임의의 허용함수를 $u(x)$라고 하고 다음과 같이 표시한다.

$$u(x) = y(x) + \epsilon\eta(x) \tag{10.3b}$$

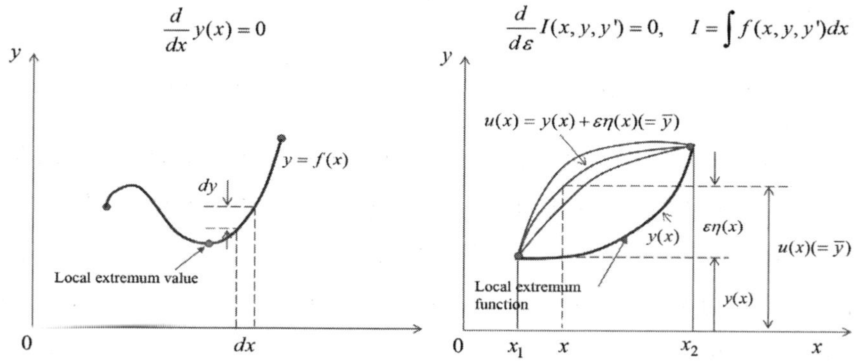

(a) Extremum in function (b) Extremum in functional

그림 10.2 기호의 설명

여기서 ε는 미소인 값을 갖는 변수계수이고, $\eta(x)$는 $(x_1,\ x_2)$ 범위에서 $\eta(x)$, $\eta(x)'$, $\eta(x)''$가 연속이고 고정된 두 점 A, B를 지나는 조건

$$\eta(x_1) = \eta(x_2) = 0 \tag{10.3c}$$

을 만족하는 0이 아닌 임의의 함수이다. 두 함수의 차이

$$u(x) - y(x) = \varepsilon\eta(x)(=\delta y) \tag{10.3d}$$

를 $y(x)$의 변분(variation)이라 하고 δy로 나타낸다. 기호 δ는 변분연산자(variational operator)로서 미분연산자(differential operator) d와 유사한 역할을 한다.

그림에서와 같이 dy는 x값의 변화 dx에 대응하는 y값의 변화를 나타내지만, dy는 x값이 고정된 위치에서 $u(x)$와 $y(x)$의 차이를 나타낸다는 것에 주의하여야 한다.

이와 같은 허용함수 $u(x)$에 대한 범함수 (10.2)는 Taylor 전개에 의해 다음과 같이 나타낼 수 있다.

$$\begin{aligned} I(u) &= I(y+\varepsilon\eta) \\ &= \int_{x_1}^{x_2} F(x,\ y+\varepsilon\eta,\ y'+\varepsilon\eta')dx \\ &= \int_{x_1}^{x_2} F(x,\ y,\ y')dx + \int_{x_1}^{x_2}\left(\frac{\partial F}{\partial y}\varepsilon\eta + \frac{\partial F}{\partial y'}\varepsilon\eta'\right)dx \\ &\quad + \frac{1}{2!}\int_{x_1}^{x_2}\left\{\frac{\partial^2 F}{\partial y^2}(\varepsilon\eta)^2 + 2\frac{\partial^2 F}{\partial y\partial y'}(\varepsilon\eta)(\varepsilon\eta') + \frac{\partial^2 F}{\partial y'^2}(\varepsilon\eta')^2\right\}dx \\ &\quad + \cdots \\ &= I(y) + \delta I(\varepsilon) + \delta^2 I(\varepsilon^2) + \cdots \end{aligned} \tag{10.4}$$

따라서

$$I(y+\varepsilon\eta)-I(y)=\delta I(\varepsilon)+\delta^2 I(\varepsilon^2)+\cdots$$

여기서 $\delta I(\varepsilon)$, $\delta^2 I(\varepsilon^2)$, $\cdots$을 제1변분(1st variation), 제2변분(2nd variation), $\cdots$이라고 한다. 식 (10.3d)에서 $\varepsilon=0$일 때 $u(x)=y(x)$가 되므로 범함수 I가 정류하는 것, 즉 $I(u)=I(y)$가 된다. 이것은 식 (10.4)에서 범함수 I는 ε의 함수이므로 $I(\varepsilon)$는 $\varepsilon=0$에서 극값을 가져야 하는 것을 의미한다. 즉, $I(\varepsilon)$이 극값을 갖기 위한 필요조건은 다음과 같이 나타낼 수 있다.

$$\left.\frac{dI(\varepsilon)}{d\varepsilon}\right|_{\varepsilon=0}=0 \tag{10.5}$$

이 된다. 식 (10.4)의 제1항은 ε를 포함하고 있지 않기 때문에 ε에 대한 미분은 0이다. 또한, 제3항, 4항 $\cdots$은 ε^2, ε^3 $\cdots$을 포함하고 있기 때문에 이들의 ε에 대한 미분에서 $\varepsilon=0$에 대한 값은 모두 0이다. 따라서 식 (10.5)가 성립하기 위해서는 식 (10.4)의 오른쪽 제2항, 즉 제1변분이 0이어야만 한다.

$$\begin{aligned}\delta I(\varepsilon)&=\int_{x_1}^{x_2}\left\{\frac{\partial F}{\partial y}\varepsilon\eta+\frac{\partial F}{\partial y'}\varepsilon\eta'\right\}dx\\&=\left[\frac{\partial F}{\partial y'}\varepsilon\eta\right]_{x_1}^{x_2}+\int_{x_1}^{x_2}\left[\frac{\partial F}{\partial y}-\frac{d}{dx}\left(\frac{\partial F}{\partial y'}\right)\right]\varepsilon\eta\,dx\\&=0\end{aligned} \tag{10.6}$$

여기서 $\eta(x_1)=\eta(x_2)=0$가 성립하기 때문에 오른쪽 제1항은 0이 된다. 따라서 오른쪽 제2항의 피적분항의 연속성을 고려하고 $\varepsilon\eta(x)$는 임의의 계수이므로 $\delta I(\varepsilon)=0$을 만족하는 조건은

$$\frac{\partial F}{\partial y}-\frac{d}{dx}\left(\frac{\partial F}{\partial y'}\right)=0 \tag{10.7}$$

또는 $F=F(x,\ y,\ y')$를 이용하면

$$\frac{d}{dx}=\frac{\partial}{\partial x}+\frac{\partial}{\partial y}\frac{dy}{dx}+\frac{\partial}{\partial y'}\frac{dy'}{dx}$$

으로 표시되므로 식 (10.7)은 전개한 형태로 다음 식으로 나타내지고

$$\frac{\partial F}{\partial y} - \frac{\partial^2 F}{\partial y' \partial x} - \frac{dy}{dx}\frac{\partial^2 F}{\partial y' \partial y} - \frac{d^2 y}{dx^2}\frac{\partial^2 F}{\partial y'^2} = 0 \tag{10.8}$$

이것이 범함수 I가 극값을 갖기 위한 함수 $y(x)$에 대한 필요조건(neccessary condition)이다. 식 (10.7)과 식 (10.8)을 범함수 I에 대한 오일러-라그랑지 방정식(Euler-Lagrange's equation) 또는 간단히 오일러 방정식(Euler's equation)이라고 부른다. 한편, 충분조건에 대한 검토에는 제2변분의 성질을 조사하는 것이 필요하다.

식 (10.1)에서 주어진 두 점을 연결하는 곡선의 길이 L을 범함수로 하는 경우에 두 점 사이의 최단거리를 나타내는 곡선 $y(x)$는 오일러 방정식, 식 (10.7)로부터 구할 수 있다. 범함수 F는 y를 포함하고 있지 않으므로 $\frac{\partial F}{\partial y} = 0$이고, 따라서

$$\begin{aligned} 0 &= -\frac{d}{dx}\left\{\frac{\partial}{\partial y'}\sqrt{1+(y')^2}\right\} \\ &= -\frac{d}{dx}\frac{y'}{\sqrt{1+(y')^2}} \end{aligned}$$

이 식을 적분하면

$$\frac{y'}{\sqrt{1+(y')^2}} = c$$

여기서 c는 상수이고 따라서 y'에 대해서 풀면

$$y' = \frac{c}{\sqrt{1-c^2}} = A$$

가 얻어진다. 따라서 윗 식을 적분하면

$$y = Ax + B$$

이 되므로 공간 상의 두 점을 연결하는 곡선 중에서 길이를 최소로 하는 것은 직선임을 알 수 있다.

이 변분원리는 주어진 두 끝점을 갖는 곡선을 x축을 중심으로 회전시킬 때 회전체의 표면적이 최소가 되는 곡선을 구하는 문제, 일정한 길이 l의 폐곡선으로 둘러싸인 면적이 최대가 되는 곡선을 구하는 문제, 평면상의 두 점 사이를 가장 짧은 시간에 미끄러져 내리는 경로를 구하는 문제 등에 널리 적용되고 있다.

y에 대한 변분을 $\delta y = \varepsilon\eta$, $\delta y' = \varepsilon\eta'$로 나타내면 식 (10.6)은

$$\begin{aligned}\delta I(\varepsilon) &= \int_{x_1}^{x_2}\left\{\frac{\partial F}{\partial y}\delta y + \frac{\partial F}{\partial y'}\delta y'\right\}dx \\ &= \left[\frac{\partial F}{\partial y'}\delta y\right]_{x_1}^{x_2} + \int_{x_1}^{x_2}\left[\frac{\partial F}{\partial y} - \frac{d}{dx}\left(\frac{\partial F}{\partial y'}\right)\right]\delta y\, dx \\ &= 0\end{aligned} \tag{10.9}$$

으로 표시되고 변분 δy는 $\delta y(x_1) = 0$, $\delta y(x_2) = 0$인 조건을 만족한다. 또한, 제2변분이

$$\delta^2 I \gtrless 0 \tag{10.10a}$$

일 때 정류값이 각각 최솟값 또는 최댓값을 갖는 것을 알 수 있다. 이것은 범함수 I가 극값을 갖기 위한 충분조건(sufficient condition)이다.

한편, $\delta y(x_1) \neq 0$, $\delta y(x_2) \neq 0$일 때는 식 (10.9)가 성립하기 위해서는 식 (10.7)과 식 (10.8)에 덧붙여서

$$\left.\frac{\partial F}{\partial y'}\right|_{x=x_1} = 0 \ , \qquad \left.\frac{\partial F}{\partial y'}\right|_{x=x_2} = 0 \tag{10.10b}$$

를 만족하여야만 한다. 식 (10.10b)는 자연경계조건(natural boundary condition)이라고 한다.

이상에서와 같이 변분은 미분과 개념에서 차이를 보이고 있음을 알 수 있다. 즉, 함수의 미분은 특정한 곡선에 따른 함수값의 변화를 나타내는 데 반하여 함수의 변분은 고정된 위치에서 서로 다른 곡선상의 함수값의 차이를 나타낸다. 즉, 함수 $F(x, y, y')$에 대한 미분과 변분은 각각

$$\left.\begin{aligned} dF &= \frac{\partial F}{\partial x}dx + \frac{\partial F}{\partial y}dy + \frac{\partial F}{\partial y'}dy' \\ \delta F &= \frac{\partial F}{\partial y}\delta y + \frac{\partial F}{\partial y'}\delta y' \qquad \left(\frac{\partial F}{\partial x}\delta x = 0\right)\end{aligned}\right\} \tag{10.11a}$$

으로 정의된다.

한편, 변분연산자 δ는 미분연산자 d와 유사하게 다음의 특성을 가진다.

$$\left.\begin{aligned}\delta(F_1F_2) &= F_1\delta F_2 + F_2\delta F_1\\ \delta\left(\frac{F_1}{F_2}\right) &= \frac{F_1\delta F_2 - F_2\delta F_1}{F_2^2}\\ \delta(F_1)^n &= n(F_1)^{n-1}\delta F_1\end{aligned}\right\} \tag{10.11b}$$

다음에 범함수가 아래와 같이 주어지는 경우에 대한 오일러 방정식을 구해 보자.

$$I(y) = \int_S F(x,\ y,\ u,\ u_{,x},\ u_{,y})dxdy \tag{10.12}$$

여기서 $u = u(x,\ y)$, $u_{,x} = \partial u/\partial x$, $u_{,y} = \partial u/\partial y$이고 경계 l에서 경계조건 $u = \phi(l)$이 주어져 있다. 식 (10.12)의 제1변분 δI를 계산하면

$$\delta I = \int_S \left\{\frac{\partial F}{\partial u}\delta u + \frac{\partial F}{\partial u_{,x}}\delta u_{,x} + \frac{\partial F}{\partial u_{,y}}\delta u_{,y}\right\}dxdy \tag{10.13a}$$

여기서

$$\left.\begin{aligned}\delta u_{,x} &= \delta\left(\frac{\partial u}{\partial x}\right) = \frac{\partial}{\partial x}\delta u\\ \delta u_{,y} &= \delta\left(\frac{\partial u}{\partial y}\right) = \frac{\partial}{\partial y}\delta u\end{aligned}\right\} \tag{10.13b}$$

이므로 식 (10.13a)는 다음과 같이 나타낼 수 있다.

$$\delta I = \int_S \left\{\frac{\partial F}{\partial u}\delta u + \frac{\partial F}{\partial u_{,x}}\frac{\partial}{\partial x}\delta u + \frac{\partial F}{\partial u_{,y}}\frac{\partial}{\partial y}\delta u\right\}dxdy \tag{10.14a}$$

오른쪽 제2항, 제3항에 곱미분(product rule)을 적용하고 식 (4.48e)의 발산정리를 적용하면

$$\begin{aligned}\delta I = \int_S \Bigg[&\frac{\partial F}{\partial u}\delta u + \left\{\frac{\partial}{\partial x}\left(\frac{\partial F}{\partial u_{,x}}\delta u\right) - \frac{\partial}{\partial x}\left(\frac{\partial F}{\partial u_{,x}}\right)\delta u\right\}\\ &+ \left\{\frac{\partial}{\partial y}\left(\frac{\partial F}{\partial u_{,y}}\delta u\right) - \frac{\partial}{\partial y}\left(\frac{\partial F}{\partial u_{,y}}\right)\delta u\right\}\Bigg]dxdy\end{aligned} \tag{10.14b}$$

따라서

$$\delta I = \int_S \left\{ \frac{\partial F}{\partial u} - \frac{\partial}{\partial x}\left(\frac{\partial F}{\partial u_{,x}}\right) - \frac{\partial}{\partial y}\left(\frac{\partial F}{\partial u_{,y}}\right) \right\} \delta u \, dxdy + \int_l \left\{ n_x \frac{\partial F}{\partial u_{,x}} + n_y \frac{\partial F}{\partial u_{,y}} \right\} \delta u \, dl \tag{10.15}$$

이 된다. 여기서 n_x, n_y는 각각 경계 l에서 단위 법선벡터의 x, y 방향이고 $n_x dl = dy$, $n_y dl = dx$이다. 따라서 영역 S 내에서 $\delta I = 0$를 만족하는 조건으로 오일러 방정식은

$$\frac{\partial F}{\partial u} - \frac{\partial}{\partial x}\left(\frac{\partial F}{\partial u_{,x}}\right) - \frac{\partial}{\partial y}\left(\frac{\partial F}{\partial u_{,y}}\right) = 0 \tag{10.16}$$

으로 주어진다. 이때 경계조건으로 경계 l에서 $\delta u \neq 0$인 경우에는

$$n_x \frac{\partial F}{\partial u_{,x}} + n_y \frac{\partial F}{\partial u_{,y}} = 0 \tag{10.17a}$$

이 만족하여야 하고 또는 경계에서 u가 지정된 경우는

$$\delta u = 0 \tag{10.17b}$$

이 만족하여야 한다.

위에서 설명한 바와 같이 범함수의 정류조건을 구하기 위해서는 그 제1변분을 0으로 하면 된다는 것을 알 수 있다. 이것은 주어진 경계조건 하에서 오일러의 방정식을 구하는 것에 대응한다. 역으로 임의의 미분방정식의 해석은 미분방정식을 오일러의 방정식으로 간주하여 대응하는 범함수를 구하는 것이 가능하면 범함수의 정류조건을 구하는 것으로 치환할 수 있다. 즉, 범함수가 결정되면 경계값 문제를 지배하는 미분방정식이 오일러의 방정식으로 도출된다는 것을 알 수 있다.

이상으로부터 변분원리는 범함수가 존재하는 범위에서만 유용하고 범함수가 존재하지 않거나 미분방정식이 있다고 하여도 그 미분방정식에 대응하는 범함수를 구하는 것이 불가능하면 적용할 수 없다.

한편, 미분방정식의 범함수는 오일러 방정식을 유도하는 과정의 반대 과정을 거치면 얻을 수 있다. 이 과정은 오일러의 미분방정식을 계에 작용하는 힘의 평형방정식이라고 생각하고 여기에 변수 u의 변분 δu를 곱하여 이것을 가상일(virtual work) δI로 간주하면 결국 계의 실제 에너지인 함수 I를 구하는 문제가 된다. 이 과정을 다음의 예를 통하여 설명해 보기로 한다. 즉, 오일러의 미분방정식이 다음과 같은 Poisson의 방정식으로 주어질 때

$$-u_{,xx} - u_{,yy} = f(x,y) \tag{10.18a}$$

즉,

$$-\nabla^2 u = f(x,y)\ , \qquad \nabla^2 = \frac{\partial^2}{\partial x^2} + \frac{\partial^2}{\partial y^2} \tag{10.18b}$$

가상일은

$$\delta I = \int_S \{-u_{,xx} - u_{,yy} - f(x,\ y)\}\delta u\ dxdy = 0 \tag{10.18c}$$

으로 표시된다. 여기에 곱미분과 발산정리 식 (4.48e)를 이용하면 윗 식은 다시

$$\begin{aligned}\delta I = \delta\Big[&- \int_l u\, u_{,y}\, dx - \int_l u\, u_{,x}\, dy \\ &+ \frac{1}{2}\int_S \{(u_{,x})^2 + (u_{,y})^2 - 2f(x,\ y)u\}\ dxdy\Big] = 0\end{aligned} \tag{10.19}$$

이 된다. 식 (10.19)에서 경계면 l상에서 경계조건으로

$$\int_l u\, u_{,y}\, dx + \int_l u\, u_{,x}\, dy = 0 \tag{10.20}$$

이 만족하면 범함수 I는

$$I = \frac{1}{2}\int_S \{(u_{,x})^2 + (u_{,y})^2 - 2f(x,y)u\}\ dxdy \tag{10.21a}$$

으로 정의된다.

역으로 식 (10.16)의 정의를 이용하면 본 예제의 경우에 함수는

$$F = \frac{1}{2}\{(u_{,x})^2 + (u_{,y})^2 - 2f(x,y)u\} \tag{10.21b}$$

이므로 오일러의 방정식은

$$\begin{aligned}&\frac{\partial F}{\partial u}\delta u - \frac{\partial}{\partial x}\left(\frac{\partial F}{\partial u_{,x}}\right) - \frac{\partial}{\partial y}\left(\frac{\partial F}{\partial u_{,y}}\right) \\ &= -f(x,\ y) - \frac{\partial}{\partial x}(u_{,x}) - \frac{\partial}{\partial y}(u_{,y}) = 0\end{aligned} \tag{10.21c}$$

으로 나타낼 수 있고 따라서 식 (10.18a)가 성립함을 알 수 있다.

이상의 모든 사항들을 총칭하여 변분원리라고 한다. 각종 연속체 변형의 근사해석법은 이와 같은 변분원리를 기초로 하여 정식화되는 경우가 많고 그 대표적인 예가 유한요소해석이다.

10.2 | Stokes 유체와 변분원리

여기서는 비압축성 점성유체의 2차원 정상유동에 대해 검토한다. 지배방정식으로써 식 (9.25)에서 관성항 $v_{i,t}$과 물체력의 항 ρf_i를 무시한 경우의 Stokes 방정식을 성분별로 나타내면 다음과 같이 된다.

$$\mu\nabla^2 v_x - p_{,x} = 0 \tag{10.22a}$$

$$\mu\nabla^2 v_y - p_{,y} = 0 \tag{10.22b}$$

연속의 식 (9.22)는

$$v_{x,x} + v_{y,y} = 0 \tag{10.23}$$

가 된다. 여기서 유동함수(stream function)로 불리는 스칼라함수 ψ를 도입하여 속도 v_x, v_y를 다음과 같이 나타내면

$$v_x = -\psi_{,y}, \quad v_y = \psi_{,x} \tag{10.24}$$

연속의 식 (10.23)이 항상 만족되는 것을 알 수 있다. 다음에 식 (10.24)를 식 (10.22)에 대입하여 최초의 식을 y로, 제2식을 x로 미분하여 그 차이를 취하면 유동함수를 이용하여 나타낸 Stoke의 방정식을 얻는다.

$$\begin{aligned} &\mu\nabla^2\nabla^2\psi = 0 \\ &\nabla^2\nabla^2\psi = \psi_{,xxxx} + \psi_{,yyyy} + 2\psi_{,xxyy} \end{aligned} \tag{10.25}$$

이와 같이 식 (10.22), (10.23)에 의한 유속 v_x, v_y, 압력 p에 대한 해석은 식 (10.25)에 의한 유동함수의 해석으로 대신할 수 있다. 식 (10.25)를 중조화 방정식(biharmonic equation)이라 하고 이것을 만족하는 함수를 중조화 함수(biharmonic function)라고 한다.

다음에 식 (10.25)를 오일러 방정식으로 하는 것과 같은 변분원리를 검토한다. 단 점성계수 μ는 일정한 것으로 가정한다. 식 (10.25)의 양변에 경계조건을 만족하는 연속인 유동함수의 변분 $\delta\psi$를 곱하여 전면적에 대해 적분하면 다음 식이 얻어진다.

$$\mu\int_S \nabla^2\nabla^2\psi\delta\psi\, dS = 0 \tag{10.26}$$

이것을 부분적분하면 윗 식은 다음과 같이 범함수 I를 정류시키는 조건과 일치하고 식

(10.25)는 오일러 방정식인 것을 알 수 있다.

$$\delta I = 0 \tag{10.27a}$$

$$I = \frac{\mu}{2}\int_S \left\{4\psi_{,xy}^2 + \psi_{,xx}^2 + \psi_{,yy}^2 - 2\psi_{,xx}\psi_{,yy}\right\} dS \tag{10.27b}$$

이상이 2차원 Stokes유동에 대한 변분원리이다. 따라서 식 (10.22), (10.23) 또는 식 (10.25)를 경계조건 하에서 해석하는 것은 식 (10.27)로 정의된 범함수 I를 정류시키는 유동함수를 구하는 문제로 치환된다.

다음에 특수화로서 점성항을 무시한 완전유체의 경우를 고려한다. 이 경우 지배방정식은 다음 식으로 나타내진다.

$$p_{,x} = p_{,y} = 0 \tag{10.28}$$

이다. 한편, 유속 v_x, v_y를 속도 퍼텐셜(velocity potential)로 불리는 스칼라함수 ϕ를 이용하여 다음과 같이 표현한다.

$$v_x = \phi_{,x}, \qquad v_y = \phi_{,y} \tag{10.29}$$

이 식으로부터 식 (5.35b)에서 나타낸 스핀텐서 ω_{xy}가 0이 되는 비회전 유동조건이 만족된다. 따라서 연속의 식 (10.23)은

$$\phi_{,xx} + \phi_{,yy} = 0$$

즉,

$$\nabla^2\phi = 0 \tag{10.30}$$

이 된다. 이와 같이 2차원 비회전 퍼텐셜 유동(potential flow)에서는 Laplace의 방정식(Laplace equation)을 만족하는 속도 퍼텐셜 ϕ를 찾는 것에 의해 유동장을 구할 수 있다. Laplace 방정식을 만족하는 함수를 조화함수(harmonic function)라고 한다. 앞에서와 같은 방법으로 식 (10.30)의 양변에 $\delta\phi$를 곱하여 적분하고

$$\delta I = \int_S (\phi_{,xx} + \phi_{,yy})\delta\phi \, dS = 0 \tag{10.31a}$$

부분적분하면

$$\delta I = \int_S \left[\left\{ \frac{\partial}{\partial x}(\phi_{,x}\delta\phi) - \phi_{,x}\frac{\partial}{\partial x}(\delta\phi) \right\} + \left\{ \frac{\partial}{\partial y}(\phi_{,y}\delta\phi) - \phi_{,y}\frac{\partial}{\partial y}(\delta\phi) \right\} dS \right.$$

$$= \int_l [\phi_{,x}\delta\phi]_{x_1}^{x_2} dy + \int_l [\phi_{,y}\delta\phi]_{y_1}^{y_2} dx - \int_S \{ \phi_{,x}\delta\phi_{,x} + \phi_{,y}\delta\phi_{,y} \} dS$$

$$= \int_l [\phi_{,x}\delta\phi]_{x_1}^{x_2} dy + \int_l [\phi_{,y}\delta\phi]_{y_1}^{y_2} dx - \frac{1}{2}\delta \int_S \{ \phi_{,x}^2 + \phi_{,y}^2 \} dS$$

따라서 오른쪽 첫째 항과 둘째 항이 경계에서 0이 되는 경우에 범함수는

$$I = \frac{1}{2}\int_S (\phi_{,x}^2 + \phi_{,y}^2) dS \tag{10.31b}$$

이 된다. 역으로 식 (10.31b)의 오일러 방정식은 식 (10.30)이 됨을 쉽게 증명할 수 있다.

10.3 | 선형 탄성체와 변분원리

물체력과 관성력을 무시한 선형 탄성체의 경계값 문제를 고려하자. 이 경우 기초식은

(1) 평형방정식 (9.2)

$$\sigma_{ij,j} = 0 \tag{10.32}$$

(2) 변형률–변위관계식 (9.4b)

$$\epsilon_{ij} = \frac{1}{2}(u_{i,j} + u_{j,i}) \tag{10.33}$$

(3) 구성식 (9.5b)

$$\sigma_{ij} = D_{ijkl}\epsilon_{kl} = \lambda\epsilon_{kk}\delta_{ij} + 2\mu\epsilon_{ij} \tag{10.34}$$

여기서 D_{ijkl}은

$$D_{ijkl} = [\lambda\delta_{ij}\delta_{kl} + \mu(\delta_{il}\delta_{jk} + \delta_{ik}\delta_{jl})]$$

이다.

(4) 경계조건

표면 S_v 상에서 변위 u_i가 주어지고, 표면 S_t 상에서는 외력 t_i가 구속되고 있는 경우에

경계조건은 다음과 같이 나타내진다.

$$u_i = U_i \qquad S_v \text{상에서 변위경계조건} \tag{10.35}$$

$$t_i = n_j \sigma_{ij} = P_i \qquad S_t \text{상에서 응력경계조건} \tag{10.36}$$

지금 평형방정식 (10.32)와 경계조건식 (10.36)이 만족하고 있는 물체(선형 탄성체)에 대해서 식 (10.33), (10.35)의 조건을 만족하는 변위, 즉 허용변위(admissible displacement) u_i의 변부 δu_i를 곱하면 다음 식이 성립한다.

$$\int_V \sigma_{ij,j} \delta u_i \, dV - \int_{S_t} (t_i - P_i) \delta u_i \, dS = 0 \tag{10.37}$$

윗 식의 왼쪽 두 번째 항의 피적분항에 $t_i = n_j \sigma_{ij}$의 관계를 대입하고 가우스의 발산정리를 적용하면

$$\int_V \sigma_{ij,j} \delta u_i \, dV - \int_V (\sigma_{ij} \delta u_i)_{,j} \, dV + \int_{S_t} P_i \delta u_i \, dS = 0$$

$$\int_V \sigma_{ij,j} \delta u_i \, dV - \int_V (\sigma_{ij,j} \delta u_i + \sigma_{ij} \delta u_{i,j}) \, dV + \int_{S_t} P_i \delta u_i \, dS = 0$$

이 되고 $\sigma_{ij} \delta \epsilon_{ij} = \sigma_{ij} \delta u_{i,j}$인 관계가 성립하므로 최종적으로

$$\int_V \sigma_{ij} \delta \epsilon_{ij} \, dV = \int_{S_t} P_i \delta u_i \, dS \tag{10.38}$$

이 얻어진다. 이 변분방정식은 평형상태에 있는 연속체에 대해서 가상적인 변위의 변분을 가하는 것에 의해 행해지는 내부 일량과 외부 일량이 서로 같다는 것을 나타낸다. 이것을 가상일의 원리(principle of virtual work)라고 한다. 가상일의 원리식을 유도하는 데는 구성식이 도입되지 않았기 때문에 식 (10.38)은 구성식에 무관하게 성립하므로 넓은 적용성을 가지고 있다. 이것이 가상일의 원리의 중요한 성질이다. 가상일의 원리 식 (10.38)을 도출하는 과정을 역으로 하면 식 (10.33), (10.35)를 만족하는 임의의 허용변위의 변분 δu_i에 대해서 식 (10.38)이 만족하는 것과 평형방정식 (10.32) 및 응력경계조건식 (10.36)이 만족하는 것이 서로 대응관계에 있는 것을 알 수 있다.

다음에 식 (10.38)에 구성식 (10.34)를 도입하면 다음 식이 얻어진다.

$$\int_V D_{ijkl} \epsilon_{kl} \delta \epsilon_{ij} \, dV = \int_{S_t} P_i \delta u_i \, dS \tag{10.39a}$$

$$\int_V (\lambda \epsilon_{kk} \delta\epsilon_{mm} + 2\mu \epsilon_{ij} \delta\epsilon_{ij})\, dV = \int_{S_t} P_i \delta u_i \, dS \tag{10.39b}$$

여기서 변형과정 중에 외력 P_i는 크기도 방향도 변화하지 않을 때, 즉 사하중(dead load)의 경우에는 $\delta P_i = 0$이므로 윗 식은 다시 다음과 같이 나타낼 수 있다.

$$\delta I = 0 \tag{10.40a}$$

$$\begin{aligned} I &= \frac{1}{2}\int_V D_{ijkl}\epsilon_{kl}\epsilon_{ij}\, dV - \int_{S_t} P_i u_i \, dS \left(= \frac{1}{2}\int_V \sigma_{ij}\epsilon_{ij}\, dV - \int_{S_t} P_i u_i \, dS \right) \\ &= \frac{1}{2}\int_V (\lambda \epsilon_{kk}\epsilon_{mm} + 2\mu \epsilon_{ij}\epsilon_{ij})\, dV - \int_{S_t} P_i u_i \, dS \end{aligned} \tag{10.40b}$$

즉, 물체의 탄성변형에 대한 가상일의 원리, 식 (10.39a)는 다음의 전 퍼텐셜 에너지의 범함수 I를 정류시키는 변분문제로 생각할 수 있다.

$$\begin{aligned} &I = U - W \\ &U = \frac{1}{2}\int_V \sigma_{ij}\epsilon_{ij}\, dV = \int_V U_0\, dV, \quad U_0 = \frac{1}{2}\sigma_{ij}\epsilon_{ij} \\ &W = \int_S P_i u_i \, dS \end{aligned} \tag{10.40c}$$

즉,

$$\delta I = \delta U - \delta W = 0 \tag{10.40d}$$

여기서 U는 물체의 변형에 의한 변형에너지(strain energy), U_0는 변형에너지 밀도(strain energy density), W는 외력에 의해 물체에 행해진 일을 나타낸다. 따라서 δU는 가상 변형에너지, δW는 외력에 의한 가상 일을 나타낸다. 한편, 외력에 의해 행해진 일 W는 그 자신의 퍼텐셜 에너지 W_p를 낮게 하므로 양자 간에는 $W = -W_p$의 관계가 있다. 따라서 전 퍼텐셜 에너지를 나타내는 범함수 I는 $I = U - W = U + W_p$로 나타낼 수 있다.

역으로 변위경계조건식 (10.35)를 만족하는 변위와 변형률에 대해서 식 (10.40b)의 범함수에 대해서 변분을 취하면 평형방정식 (10.32)와 응력 경계조건식 (10.36)이 얻어진다. 이 유도과정은 연습문제로 남겨 두기로 한다.

상기 변분원리를 퍼텐셜 에너지의 정류원리(principle of stationary potential energy)라고 부르고 식 (10.40a)의 오일러 방정식은 식 (10.32)와 식 (10.36)이 된다.

또한, 변형률-변위 관계식 (10.33)과 변위 경계조건식 (10.35)를 만족하는 변위 u_i 중에서 범함수 I를 최소로 하는 것이 경계값 문제의 해가 되는 것을 알 수 있다. 즉, 변위의 정해를 u_i, 이것과 조금 다른 임의의 변위를 $u_i + \delta u_i$라고 하면 변위 $u_i + \delta u_i$에 대하여 범함수 I는 다음과 같이 된다.

$$I(u_i + \delta u_i) = I(u_i) + \frac{1}{2}\int_V \frac{\partial^2 U}{\partial \epsilon_{ij} \partial \epsilon_{kl}} \delta\epsilon_{ij} \delta\epsilon_{kl}\, dV \tag{10.41a}$$

여기서

$$U = \frac{1}{2} D_{ijkl} \epsilon_{kl} \epsilon_{ij} \tag{10.41b}$$

윗 식에서 미소 변형상태에 있어서 변형에너지 U가 양형(positive definite)이라면 정해의 근방에 있는 임의의 변위 $u_i + \delta u_i$에 대해 오른쪽 제2항은 항상 양이므로

$$I(u_i + \delta u_i) \geq I(u_i) \tag{10.41c}$$

이 된다. 따라서 변위의 정해 u_i에 대해서 퍼텐셜 에너지 I는 항상 최솟값을 갖는다는 것을 알 수 있다. 이것을 최소 퍼텐셜 에너지의 원리(principle of minimum potential energy)라고 한다.

10.4 | Hamilton의 변분원리

위에서 논한 재료의 변형을 다루는 최소 퍼텐셜 에너지의 원리 또는 퍼텐셜 에너지의 정류원리에 대응하는 개념으로 재료의 운동을 다루는 동역학에서는 해밀톤의 변분원리(Hamilton's variational principle)가 있다. Hamilton은 두 주어진 시간 t_1(시작 시간)과 t_2(종료 시간)에서의 위치를 안다면 운동이 어떻게 되는지에 관심을 가지고 계의 운동을 결정하는 가상일의 원리를 일반화하였다.

질량 m을 갖는 강체(rigid body) 혹은 질점(single particle)으로 간주할 수 있는 물체가 외력 $\boldsymbol{F} = \boldsymbol{F}(\boldsymbol{r})$의 작용 하에 운동하는 경우를 생각한다. 물체가 움직이는 경로를 $\boldsymbol{r}(t)$라고 하면 뉴턴의 제2 운동법칙(Newton's second law of motion)으로부터

$$\boldsymbol{F}(\boldsymbol{r}) = m\frac{d^2\boldsymbol{r}}{dt^2} \tag{10.42}$$

한편, 실제 물체가 움직이는 경로와는 다른 경로(가상 경로)는 $\boldsymbol{r}+\delta\boldsymbol{r}$으로 나타내진다. 여기서 $\delta\boldsymbol{r}$은 고정된 시간에서 경로의 변분이다. 단, 실제 경로와 가상 경로는 t_1과 t_2 외에는 서로 다르다. 즉, $\delta\boldsymbol{r}(t_1)=\delta\boldsymbol{r}(t_2)=0$다.

식 (10.42)의 양변에 변분 $\delta\boldsymbol{r}$을 스칼라 곱하고 시간 t_1과 t_2 사이에 적분하면 다음 관계가 얻어진다.

$$\int_{t_1}^{t_2}\left\{m\frac{d^2\boldsymbol{r}}{dt^2}-\boldsymbol{F}(\boldsymbol{r})\right\}\cdot\delta\boldsymbol{r}\,dt=0 \tag{10.43}$$

이 식을 부분적분하면

$$-\int_{t_1}^{t_2}\left(m\frac{d\boldsymbol{r}}{dt}\cdot\frac{d\delta\boldsymbol{r}}{dt}+\boldsymbol{F}(\boldsymbol{r})\cdot\delta\boldsymbol{r}\right)dt+\left[m\frac{d\boldsymbol{r}}{dt}\cdot\delta\boldsymbol{r}\right]_{t_1}^{t_2}=0 \tag{10.44}$$

여기서 $\delta\boldsymbol{r}(t_1)=\delta\boldsymbol{r}(t_2)=0$가 성립하기 때문에 왼쪽 제2항은 0이 된다. 그런데

$$m\frac{d\boldsymbol{r}}{dt}\cdot\frac{d\delta\boldsymbol{r}}{dt}=\delta\left(\frac{m}{2}\frac{d\boldsymbol{r}}{dt}\cdot\frac{d\boldsymbol{r}}{dt}\right)=\delta K \tag{10.45}$$

여기서 K는 물체의 운동에너지(kinetic energy)이며

$$K=\frac{1}{2}m\frac{d\boldsymbol{r}}{dt}\cdot\frac{d\boldsymbol{r}}{dt}=\frac{1}{2}m\boldsymbol{v}\cdot\boldsymbol{v} \tag{10.46}$$

δK는 가상 운동에너지, $\boldsymbol{F}(\boldsymbol{r})\cdot\delta\boldsymbol{r}$은 외력에 의한 가상일(virtual work)이다. 또한,

$$\delta W=\boldsymbol{F}(\boldsymbol{r})\cdot\delta\boldsymbol{r} \tag{10.47}$$

관계로부터 식 (10.44)는 최종적으로

$$\int_{t_1}^{t_2}(\delta K+\delta W)\,dt=0 \tag{10.48}$$

으로 나타내지며, 이 식은 물체의 운동에 대한 해밀톤의 변분원리를 정의하는 식이다.

한편, 외력 $\boldsymbol{F}$가 퍼텐셜 에너지(potential energy)의 gradient로 주어지는 경우에는

$$\boldsymbol{F}=-grad\ V\qquad\left\{=-\nabla V=-\frac{\partial V(x_i)}{\partial x_i}\boldsymbol{e}_i\right\} \tag{10.49}$$

계의 운동에너지와 퍼텐셜 에너지의 합이 일정하게 유지되는 보존계(conservative system)에 대해서 식 (10.49)와 식 (10.47)로부터 식 (10.48)은

$$\begin{aligned}\int_{t_1}^{t_2}(\delta K+\delta W)\,dt &= \int_{t_1}^{t_2}\left\{\delta K-\frac{\partial V(x_i)}{\partial x_i}\boldsymbol{e}_i\cdot\delta x_i\boldsymbol{e}_i\right\}dt\\ &= \int_{t_1}^{t_2}(\delta K-\delta V)\,dt\\ &= \delta\int_{t_1}^{t_2}(K-V)\,dt\\ &= 0\end{aligned} \tag{10.50}$$

여기서 운동에너지 K와 퍼텐셜 에너지 V의 차이를 라그랑지안 함수(Lagrangian function) L이라고 한다.

$$L = K - V \tag{10.51}$$

즉, 식 (10.50)은 다음 식으로 나타낼 수 있다.

$$\begin{aligned}I &= \int_{t_1}^{t_2} L\,dt\\ \delta I &= 0\end{aligned} \tag{10.52}$$

따라서 보존력에 의해 물체가 임의의 순간 t_1 위치에서 t_2 위치로 운동하는 데 취할 수 있는 모든 경로 중에서 실제의 경로는 식 (10.52)의 I가 극값을 갖는 경로가 된다. 즉, 라그랑지안 함수에 대한 적분은 항상 경로에 대해서 극값을 준다.

만일 경로가 일반화된 좌표 $q_i\,(i=1,2,3)$로 나타내진다면, 식 (10.51)의 라그랑지 함수는 q_i와 이들의 시간 도함수 $\dot{q}_i$에 의해 다음과 같이 나타낼 수 있고

$$L = L(q_1, q_2, q_3, \dot{q}_1, \dot{q}_2, \dot{q}_3) \tag{10.53}$$

이 식을 식 (10.52)에 대입하면

$$\begin{aligned}\delta I &= \delta\int_{t_1}^{t_2} L(q_1, q_2, q_3, \dot{q}_1, \dot{q}_2, \dot{q}_3)\,dt\\ &= \int_{t_1}^{t_2}\left\{\frac{\partial L}{\partial q_i}-\frac{d}{dt}\left(\frac{\partial L}{\partial \dot{q}_i}\right)\right\}\delta q_i\,dt\\ &= 0\end{aligned} \tag{10.54}$$

여기서 모든 q_i가 선형 독립(linear independent)이라면 변분 δq_i도 t_1과 t_2 위치를 제외하고는 모든 t에 대해서 독립이다. 즉, $\delta q_i \neq 0$. 따라서 윗 식으로부터 다음 식이 성립한다.

$$\frac{\partial L}{\partial q_i} - \frac{d}{dt}\left(\frac{\partial L}{\partial \dot{q}_i}\right) = 0 , \qquad i = 1, 2, 3 \tag{10.55}$$

이 식을 운동에 대한 오일러-라그랑지 방정식(Euler-Lagrange equations of motion) 또는 간단히 운동에 대한 라그랑지 운동방정식(Lagrange equations of motion)이라고 부른다.

10.5 | 열전도와 변분원리

정상 열전도 문제에서 계에 유입하는 열유속이 대류에 의해서만 이루어진다고 가정하자. 이때 연속체의 온도 θ는 열전도 방정식으로 불리는 에너지 평형방정식, 식 (9.43),

$$\kappa \theta_{,jj} + \gamma = 0$$

과 경계조건, 식 (9.40)~식 (9.41)

$$\left.\begin{aligned} &\theta = \Theta && S_\theta \text{상에서} \\ &q = -q_i n_i = H && S_h \text{상에서} \end{aligned}\right\}$$

을 만족하도록 결정된다. 여기서 $H = H_c = h(\theta - \theta_\infty)$이다.

그러면 퍼텐셜 유동에 대한 식 (10.30)과 식 (10.31)의 경우와 유사하게 윗 식은 다음의 변분원리와 등가인 것을 쉽게 나타낼 수 있다.

$$\delta I = 0 \tag{10.56}$$

$$\begin{aligned} I &= \int_V \left(\frac{1}{2}\theta_{,i}\kappa\theta_{,i} - \gamma\theta\right) dV + \int_S \frac{1}{2} h(\theta - \theta_\infty)^2\, dS \\ &= \int_V \left(\frac{1}{2}\theta_{,i}\kappa\theta_{,i} - \gamma\theta\right) dV + \int_S \frac{1}{2} h(\theta^2 - 2\theta\theta_\infty + \theta_\infty^2)\, dS \end{aligned} \tag{10.57}$$

10.6 | Lagrange 승수법(Lagrange Multiplier Method)

앞에서는 어떤 구속조건(conditions of constraint)이 없는 상태에서 범함수의 극값을 구하는 문제들을 다루었다. 그러나 공학에서 대부분의 경계값 문제는 어떤 종류의 구속조건을 수반하고 있기 때문에 본 절에서는 이 구속조건 하에서 범함수의 극값을 구하는 문제에 대해서 검토한다. 이 경우에 대한 해석방법을 설명하기 전에 먼저 독자들의 이해를 돕기 위해 하나의 구속조건 하에서 두 변수 $(x,\ y)$로 이루어진 일반 함수의 극값을 구하는 문제를 다루어 보자. 물론 이 결과는 k개의 구속조건을 갖는 다변수의 함수에 대해서도 당연히 확장이 가능하다.

지금 극값을 구해야 할 함수를

$$z = f(x,\ y) \tag{10.58}$$

라고 하고 두 변수에 대한 구속조건을

$$g(x,\ y) = 0 \tag{10.59}$$

라고 하자. 그러면 식 (10.59)로부터 $y = G(x)$로 나타낼 수 있고 이것을 식 (10.58)에 대입하면 함수 z는 x만의 함수로 표시할 수 있다.

$$z = f(x,\ G(x)) = F(x) \tag{10.60}$$

따라서 함수 z가 극값을 가질 필요조건은 $dF/dx = 0$이므로 다음의 두 방정식을 푸는 것에 의해 극값을 나타내는 x값을 구할 수 있다.

$$\frac{dF(x)}{dx} = \frac{\partial f}{\partial x} + \frac{\partial f}{\partial y}\frac{dG(x)}{dx} = 0 \tag{10.61a}$$

$$g(x,y) = g(x,\ G(x)) = 0 \tag{10.61b}$$

한편, 구속조건 식 (10.59)로부터

$$dg = \frac{\partial g}{\partial x}dx + \frac{\partial g}{\partial y}dy = 0 \tag{10.62a}$$

이 성립하고, 이 식은 다시

$$\frac{dg}{dx} = \frac{\partial g}{\partial x} + \frac{\partial g}{\partial y}\frac{dG(x)}{dx} = 0 \tag{10.62b}$$

으로 나타낼 수 있다. 식 (10.62b)로부터 $dG(x)/dx$를 소거하면

$$\frac{dG}{dx} = -\frac{\dfrac{\partial g}{\partial x}}{\dfrac{\partial g}{\partial y}} \tag{10.63}$$

가 되고 이 식을 식 (10.61a)에 대입하면

$$\begin{aligned} 0 &= \frac{\partial f}{\partial x} + \frac{\partial f}{\partial y}\frac{dG(x)}{dx} \\ &= \frac{\partial f}{\partial x} + \frac{\partial f}{\partial y}\left(-\frac{\dfrac{\partial g}{\partial x}}{\dfrac{\partial g}{\partial y}}\right) \\ &= \frac{\partial f}{\partial x} + \frac{\partial g}{\partial x}\left(-\frac{\dfrac{\partial f}{\partial y}}{\dfrac{\partial g}{\partial y}}\right) \end{aligned} \tag{10.64a}$$

여기에서

$$\lambda = -\frac{\dfrac{\partial f}{\partial y}}{\dfrac{\partial g}{\partial y}} \tag{10.64b}$$

로 정의되는 라그랑지 승수(Lagrange Multiplier) λ를 도입하면 식 (10.64a)과 식 (10.64b)는 다음과 같이 나타낼 수 있다.

$$\left.\begin{aligned} \frac{\partial f}{\partial x} + \lambda\frac{\partial g}{\partial x} = 0 \\ \frac{\partial f}{\partial y} + \lambda\frac{\partial g}{\partial y} = 0 \end{aligned}\right\} \tag{10.65}$$

식 (10.65)가 함수 z가 구속조건 식 (10.59) 하에서 극값을 갖기 위한 필요조건이다.

이 결과를 다시 정리하면 구속조건을 갖는 함수의 극값을 구하는 문제는 다음과 같은 새로운 함수를 도입하는 것에 의해

$$H(x,\ y,\ \lambda) = f(x,\ y) + \lambda g(x,\ y) \tag{10.66}$$

구속조건이 없는 상태에서 함수 H의 극값을 구하는 문제로 치환할 수 있다. 따라서 함수 H가 극값을 가질 필요조건은

$$\left.\begin{aligned}
\frac{\partial H}{\partial x} &= \frac{\partial f}{\partial x} + \lambda \frac{\partial g}{\partial x} = 0 \\
\frac{\partial H}{\partial y} &= \frac{\partial f}{\partial y} + \lambda \frac{\partial g}{\partial y} = 0 \\
\frac{\partial H}{\partial \lambda} &= y(x,\ y) = 0
\end{aligned}\right\} \qquad (10.67)$$

가 된다. 이 방법을 라그랑지 승수법(Lagrange Multiplier Method)이라고 한다.

예제 10-1

수직으로 서 있는 평면에 두 위치 O, A가 주어져 있고 물체를 O 위치에서 떨어뜨렸을 때 A위치에 도달하는 시간이 가장 짧은 곡선을 구해 보자. 이 문제는 최단강하곡선 문제(brachistochrone problem, 그리스어의 가장 짧음과 시간의 합성어)라고 불린다.

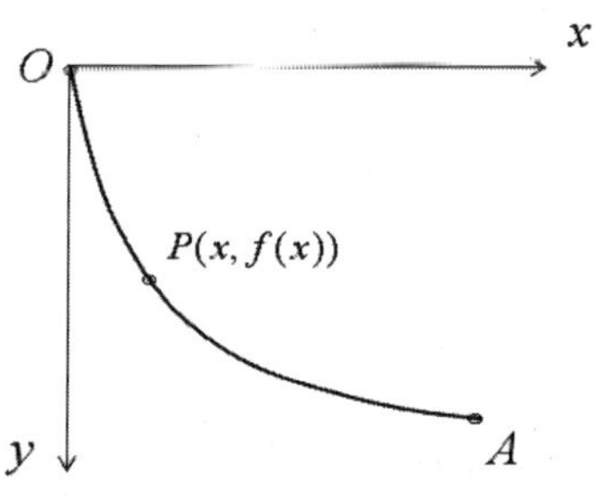

그림 10.3 최단강하선 문제

먼저 그림 10.3과 같이 수직평면에 위치 O를 원점으로 직교좌표계를 설정하고 수평방향을 양의 x축, 수직방향을 양의 y축으로 취한다. 물체의 질량 m을 편의상 1이라 하고 중력가속도를 g, 임의 위치 P에서 물체의 속도를 v라고 하면 에너지 보존법칙으로부터 운동에너지 $\frac{1}{2}v^2$과 위치에너지 $-gy$의 합은 일정하므로

$$\frac{1}{2}v^2 + (-gy) = c \quad (\text{일정}) \qquad (10.68)$$

원점 O에서는 초기에 물체가 정지하여 있다고 가정하면 에너지가 0이므로 임의 위치 P에서의 속력은

$$v = \sqrt{2gy} \tag{10.69}$$

가 된다. 따라서 물체가 원점에서 A 위치까지 떨어지는 데 걸리는 시간은 다음 식으로 나타내진다.

$$T = \int dt = \int \frac{ds}{v} = \int \frac{\sqrt{1+(y')^2}}{\sqrt{2gy}} dx \tag{10.70}$$

따라서 이 문제는 시간 T를 최소로 하는 함수 $y = f(x)$를 구하는 문제가 된다.

이 식은 식 (10.2)의 범함수 형태로 간주할 수 있으며 따라서

$$F(y,\ y') = \frac{\sqrt{1+(y')^2}}{\sqrt{2gy}} \tag{10.71}$$

를 식 (10.7)의 오일러의 방정식에 대입하여 풀면 된다. 즉,

$$\frac{\partial F(y,\ y')}{\partial y} - \frac{d}{dx}\left(\frac{\partial F(y,\ y')}{\partial y'}\right) = 0 \tag{10.72a}$$

이 식은 다시 다음과 같이 나타낼 수 있으므로

$$\frac{\partial F(y,\ y')}{\partial y} - y'\frac{d}{dy}\left(\frac{\partial F(y,\ y')}{\partial y'}\right) = 0 \tag{10.72b}$$

또한, 다음 관계가 성립하므로

$$\frac{d}{dy}\left(y'\frac{\partial F}{\partial y'}\right) = y'\frac{d}{dy}\left(\frac{\partial F}{\partial y'}\right) + \left(\frac{\partial F}{\partial y'}\right)\frac{dy'}{dy} \tag{10.73}$$

식 (10.72b)는

$$\frac{\partial F}{\partial y} + \frac{\partial F}{\partial y'}\frac{dy'}{dy} - \frac{d}{dy}\left(y'\frac{\partial F}{\partial y'}\right) = 0 \tag{10.74}$$

가 된다. $F(y,\ y')$는 x를 포함하고 있지 않으므로 윗 식은 다시 다음과 같이 나타낼 수 있다.

$$\left.\begin{aligned} \frac{dF}{dy} - \frac{d}{dy}\left(y'\frac{\partial F}{\partial y'}\right) &= 0 \\ \frac{d}{dy}\left[F - y'\left(\frac{\partial F}{\partial y'}\right)\right] &= 0 \end{aligned}\right\} \tag{10.75}$$

이 식을 적분하면

$$F(y,\ y') - y' \frac{\partial F(y,\ y')}{\partial y'} = c \quad (c\ :\ \text{일정}) \tag{10.76}$$

이 식은 벨트라미의 항등식(beltrami identity)이라고 부른다.
이 식에 식 (10.71)을 적용하여 해를 구하면

$$\sqrt{y}\ \sqrt{1+(y')^2} = c_1 \tag{10.77}$$

가 얻어진다.

이 식을 풀기 위해 $dx = \tan\theta\, dy$라고 놓으면

$$y = \frac{c_1^2}{1+\cot^2\theta} = c_1^2 \sin^2\theta \tag{10.78}$$

또한, x는

$$\begin{aligned} x &= \int \tan\theta\, dy = \int \tan\theta\, c_1^2\, 2\sin\theta\cos\theta\, d\theta \\ &= c_1^2\left[\theta - \frac{1}{2}\sin 2\theta\right] + c_2 \end{aligned} \tag{10.79}$$

단, $x = 0$에서 $y = 0$이므로 식 (10.79)에서 $c_2 = 0$이다. 식 (10.78)과 식 (10.79)를 정리하면

$$\left.\begin{aligned} x &= K(\alpha - \sin\alpha) \\ y &= K(1 - \cos\alpha) \end{aligned}\right\} \tag{10.80}$$

가 된다. 여기서 $K = \frac{1}{2}c_1^2$, $\alpha = 2\theta$이다.

이 식은 사이클로이드(cycloid) 곡선을 나타낸다. 사이클로이드는 원을 굴릴 때 원주상의 한 점이 이루는 궤적을 말한다. 이 사이클로이드 곡선은 half-pipe로 알려져 있으며 다양한 응용분야가 있으나 비스듬하게 경사를 이룬 기와 지붕의 처마 형상 그리고 스노우보딩(snowboarding)의 미끄럼대의 형상이 대표적인 형상이다.

예제 10-2

다음의 간단한 예제에 대하여 라그랑지 승수법을 적용하여 함수의 극값을 구해 보자.

$$\text{함수} \quad : z = f(x,\ y) = 2x^2 + y^2 - 8x + y + 1$$

$$\text{구속조건} : g(x,\ y) = 2x - y = 0$$

따라서 새로운 함수 H를 도입하면

$$H = 2x^2 + y^2 - 8x - y + 1 + \lambda(2x - y)$$

따라서 이 식이 극값을 가질 조건은

$$\left.\begin{aligned} \frac{\partial H}{\partial x} &= 4x - 8 + 2\lambda = 0 \\ \frac{\partial H}{\partial y} &= 2y + 1 - \lambda = 0 \\ \frac{\partial H}{\partial \lambda} &= 2x - y = 0 \end{aligned}\right\}$$

이들 동차방정식을 풀면

$$x = 0.5, \qquad y = 1.0, \qquad \lambda = 3.0$$

이 얻어진다. 따라서 이들 값들을 함수 H에 대입하면 H의 극값

$$H_{ext} = -0.5 \tag{10.81}$$

가 된다. 물론 구속조건 $g(x,\ y) = 0$에서 $y = 2x$을 구해 원함수 z에 직접 대입(Direct Method)하여 구할 수도 있다. 즉,

$$\begin{aligned} z &= 2x^2 + (2x)^2 - 8x + 2x + 1 \\ &= 6x^2 - 6x + 1 = F(x) \end{aligned} \tag{10.82}$$

이 식이 극값을 가질 조건으로부터

$$\begin{aligned} \frac{dF}{dx} &= 12x - 6 = 0 \\ x &= 0.5 \end{aligned} \tag{10.83}$$

이 값을 원함수 z에 대입하면

$$Z_{ext} = -0.5 \tag{10.84}$$

가 되어 새로운 함수 H를 도입하는 경우와 동일한 극값이 얻어지는 것을 알 수 있다. 함수의 극값을 구하는 또 다른 방법으로 자주 이용되고 있는 방법으로 벌칙함수방법(Penalty Function Method)이 있다. 이 방법에 대해서는 연습문제 8을 참고하라.

이상과 같은 논리를 함수의 적분형태로 나타나는 범함수에 대해서도 적용할 수 있다. 식 (10.2)의 범함수 I가

$$I = \int_{x_1}^{x_2} F(x,\ y,\ y')dx \tag{10.85}$$

$y(x_1) = y_1,\ y(x_2) = y_2$의 경계조건을 만족하며 다음의 구속조건 하에서 극값을 갖는 문제를 검토해 보자.

$$J = \int_{x_1}^{x_2} \phi(x,\ y,\ y')dx = k \tag{10.86}$$

여기서 k는 지정된 상수값이다. 그러면 새로운 범함수는

$$\begin{aligned} H &= I + \lambda J \\ &= \int_{x_1}^{x_2} F(x,\ y,\ y')dx + \lambda \int_{x_1}^{x_2} \phi(x,\ y,\ y')dx \end{aligned} \tag{10.87}$$

으로 정의되고 범함수 H가 극값을 갖기 위한 오일러 방정식은 $\delta H = 0$이므로 식 (10.7)에서 F 대신에 $F+\lambda$를 대입하는 형태가 된다. 즉, 이 경우에 대한 오일러 방정식은 다음과 같이 나타내진다.

$$\frac{\partial(F+\lambda\phi)}{\partial y} - \frac{d}{dx}\left[\frac{\partial(F+\lambda\phi)}{\partial y'}\right] = 0 \tag{10.88}$$

한편, 범함수 식 (10.85)에 대한 구속조건으로 식 (10.82) 대신에

$$\phi(x,\ y,\ y') = 0 \tag{10.89}$$

이 주어지는 경우에 대한 오일러 방정식은 구속조건 식 (10.89)에 라그랑지 승수 λ를 곱하고 적분하여

$$\begin{aligned} 0 &= \lambda\delta\left\{\int_{x_1}^{x_2} \phi(x,\ y,\ y')dx\right\} \\ &= \lambda\int_{x_1}^{x_2}\left(\frac{\partial\phi}{\partial y}\delta y + \frac{\partial\phi}{\partial y'}\delta y'\right)dx \end{aligned} \tag{10.90}$$

이 결과를 식 (10.9)에 더하는 것에 의해 다음과 같이 나타낼 수 있다.

$$\frac{\partial F}{\partial y} - \frac{d}{dx}\left(\frac{\partial F}{\partial y'}\right) + \lambda\left\{\frac{\partial \phi}{\partial y} - \frac{d}{dx}\left(\frac{\partial \phi}{\partial y'}\right)\right\} = 0 \tag{10.91}$$

변분 문제를 직접 푸는 방법에 대해서 부록 Ⅷ에 설명하였다.

예제 10-3

그림 10.4에 나타낸 것과 같이 면적 $A(=\int y\,dx)$가 일정하고 경계의 길이 $L(=\int \sqrt{1+y'^2}\,dy)$이 최소가 되는 도형을 구하라.

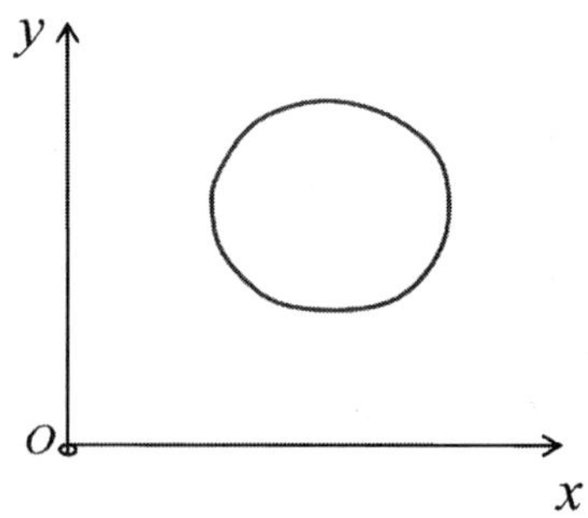

그림 10.4 면적이 일정한 최소 원주 문제

식 (10.2)의 범함수에서 함수 F의 형태를 라그랑지 승수 λ를 도입하여 다음과 같이 나타내고

$$F(y,\ y') = \sqrt{1+y'^2} + \lambda y \tag{10.92}$$

이 식을 (10.7)의 오일러의 방정식에 대입하여 풀면 된다. 즉,

$$\lambda - \frac{d}{dx}\frac{y'}{\sqrt{1+y'^2}} = 0 \tag{10.93}$$

이 식을 x로 적분하고

$$\frac{y'}{\sqrt{1+y'^2}} = \lambda x + c_1 \tag{10.94}$$

이 식을 변형하면

$$y' = \frac{\lambda x + c_1}{\sqrt{1-(\lambda x + c_1)^2}} \tag{10.95}$$

$\lambda x + c_1 = z$로 하여 적분하면

$$y = \frac{1}{\lambda}\int \frac{z}{\sqrt{1-z^2}}\,dz \tag{10.96}$$

여기서 $z = \cos\theta$라고 하면

$$y = \frac{1}{\lambda}\int \frac{\cos\theta}{\sqrt{1-\cos^2\theta}}(-\sin\theta)d\theta = -\frac{1}{\lambda}\sin\theta + c_2 \tag{10.97a}$$

양변을 제곱하여 정리하면

$$(y-c_2)^2 = \frac{1}{\lambda^2}\sin^2\theta = \frac{1}{\lambda^2}(1-\cos^2\theta) = \frac{1}{\lambda^2}\left\{1-(\lambda x + c_1)^2\right\} \tag{10.97b}$$

이 식은 다음과 같이 정리할 수 있다.

$$\left(x + \frac{c_1}{\lambda}\right)^2 + (y-c_2)^2 = \frac{1}{\lambda^2} \tag{10.98}$$

즉, 면적이 일정하고 경계의 길이가 최소가 되는 도형은 중심을 $(-\frac{c_1}{\lambda}, c_2)$로 하고 반경이 $\frac{1}{\lambda}$인 원이라는 것을 알 수 있다.

예제 10-4

마찰이 없는 수평면 위에 질량 m 인 물체가 스프링 상수 k인 스프링에 의해 진동하고 있는 경우에 대한 라그랑지 방정식을 구해보자.

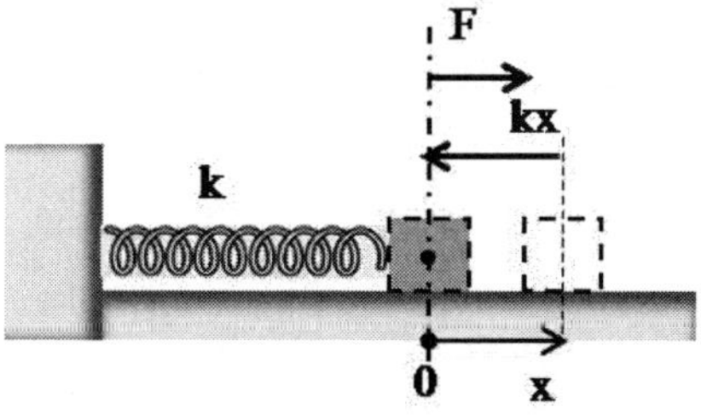

그림 10.5 스프링이 달린 물체의 진동

이 경우에 운동을 기술하기 위해 택할 수 있는 일반 좌표는 평면 위치로부터의 물체의 이동거리 x(=q1)이다. 따라서 물체의 운동 에너지는 $K = \frac{1}{2}mv^2 = \frac{1}{2}m\dot{x}^2$, 퍼텐샬 에너지는 $V = -\frac{1}{2}kx^2$ $\left\{\because V = \frac{1}{2}Fx = \frac{1}{2}F(-kx)x\right\}$ 이다.

식 (10.51)의 라그랑지 함수는

$$L = K - V = \frac{1}{2}m\dot{x}^2 + \frac{1}{2}kx^2 \qquad (10.99a)$$

식 (10.55)로부터 다음 라그랑지 방정식이 얻어진다.

$$\begin{aligned} &\frac{\partial L}{\partial x} - \frac{d}{dt}\left(\frac{\partial L}{\partial \dot{x}}\right) = 0 \\ &kx - m\ddot{x} = 0 \end{aligned} \qquad (10.99b)$$

연습문제

1 Derive equation (10.25).

2 Derive equation (10.27) from equation (10.26).

3 Show that equation (10.25) is derived as the Euler equation of equation (10.27).

4 Show that Eq. (10.30) is derived as the Euler equation of Eq. (10.31).

5 Derive equation (10.40) from equation (10.39b).

6 Show that Eqs. (10.32) and (10.36) are derived as the Euler equations of Eq. (10.40b).

7 Show that equation (9.43) is derived as the Euler equation of equation (10.57).

8 Find the value of x, y that maximizes the function $f = xy$ under $g(x, y) = x^2 + y^2 - 4 = 0$, and find the value of f at this time. Show that this problem is to maximize the area of a square that is inwardly connected to a quarter circle of a circle with a radius of two.

9 Show that the curve with the minimum surface area of the rotating body when rotating a curve with two end points around the axis is a catenary curve.

$$L = \int_{x_2}^{x_1} 2\pi y\, ds = 2\pi \int_{x_2}^{x_1} y \sqrt{1 + (y')^2}\, dx \tag{10.100}$$

10 There is a penalty function method to obtain the extreme value of a function that has a constraint. This method does not introduce a new variable λ as in the Lagrange multiplier described above. However, in this method, instead of obtaining the extremum of the function $f(x, y)$ having the constraint of $g(x, y) = 0$, the following augmented function is used to find the extreme value.

$$F_p(x, y) = f(x, y) + \frac{\varepsilon}{2}[g(x, y)]^2 \tag{10.101}$$

Here, ε is a penalty parameter, and x, y, which gives the extreme value in the above equation, is very sensitive to the value of ε. This penalty function method means that for a very large ε, $\boldsymbol{x}(\varepsilon) = (x_\varepsilon, y_\varepsilon)$ giving the extreme value of F_p is close enough to the true solution $\boldsymbol{x}_0 = (x_0, y_0)$. Thus,

$$\lim_{\epsilon \to \infty} \boldsymbol{x}(\varepsilon) = \boldsymbol{x}_0 \tag{10.102}$$

$$\lim_{\epsilon \to \infty} \varepsilon [g(\boldsymbol{x})]^2 = 0 \tag{10.103}$$

Here, $x(\varepsilon)$ is obtained from the conditions of $\dfrac{\partial F_p}{\partial x} = 0$ and $\dfrac{\partial F_p}{\partial y} = 0$.

Apply this penalty function method to the example of Lagrange multiplier method in Section 10.6 and show that the result is the same as Lagrange multiplier method.

11 The Euler equations satisfying the boundary condition of $u(x) = 0$ at $x = 0$ and $x = 1$ are expressed by the following equations

$$\frac{d^2 u(x)}{dx^2} + u(x) + x = 0 \ , \quad (0 \le x \le 1) \tag{10.104}$$

Show that the functional is expressed as

$$I = \frac{1}{2}\int_0^1 u(x)^2 dx - \frac{1}{2}\int_0^1 \left\{ \frac{du(x)}{dx} \right\}^2 dx + \int_0^1 x\,u(x)\,dx \tag{10.105}$$

12 Derive Euler equations for the following function under constraint $\phi(x,y) = 0$.

$$I = \int_{x_1}^{x_2} F(x, u, v, u_{,x}, v_{,x})\,dx \tag{10.106}$$

13 Assume a curve passing through two points at both ends (0, 0) and (0, 1) and show that the curve $L = \int_0^1 \sqrt{(1+y'^2)}\ dx$ where the area $A = \int_0^1 y\,dx$ existing between this curve and the x-axis is the maximum is a circle.

14 A pendulum of mass m, hanging on a line of length l and negligible in weight, moves right and left under the action of gravity. Find the Lagrangian equations for the motion of the pendulum when the pendulum moves θ in the counterclockwise direction a from the y-axis.

15 When a vertical load $p(x) = -qx/l$ is applied to a string fixed at two points (0, 0) and (1, h) at both ends, the problem of obtaining the amount of small deflection of a string can be regarded as a problem of finding the extreme value of the following functional.

$$I = \int_0^l \left(\frac{1}{2} F y'^2 + q \frac{x}{l} y \right) dx \tag{10.107}$$

In this case, derive the Euler equations and find the deflection of the string and also compare the results obtained from Rayleigh–Ritz method in Appendix VIII

16 As shown in the figure, a bead with a mass of m inserted into a rotating ring (rotation loop) is sliding along the ring. Find the bead's equation of motion.

Use the kinetic energy $K = \frac{1}{2} m (R\dot{\theta})^2 + \frac{1}{2} m (Rohm \sin\theta)^2$ and potential energy $V = mgR(1-\cos\theta)$.

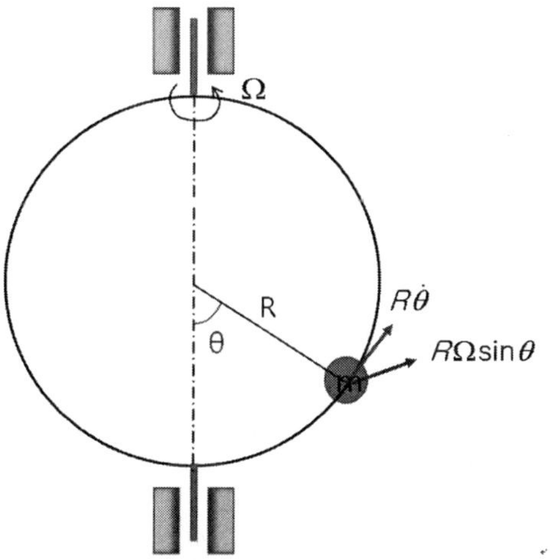

Fig. 10.6 Bead movement sliding along a rotating ring

11 유한요소해석

제9장 및 10장에서는 유체, 열 및 고체 등의 여러 연속체에 대해 경계값 문제와 변분원리와의 대응관계를 논하였다. 일반적으로 공학에서 다루는 경계값 문제의 해석은 복잡하여 특수한 경우를 제외하고는 해석 해를 구하는 것은 곤란하기 때문에 통상 문제를 간단하게 이상화하여 근사해석법을 도입하는 방법이 자주 이용되고 있다. 최근에 계산기의 눈부신 발달과 더불어 여러 경계값 문제에 대한 근사해석법으로 널리 이용되고 있는 유한요소법(finite element method)은 경계값 문제와 변분원리의 대응관계에 기초를 두고 연속한 물질특성의 분포계를 이산계로 치환하여 다루는 것을 특징으로 하고 있다.

유한요소법은 그림 11-1과 같이 응력·변형률 해석, 열전도·확산해석, 전자장·음향해석, 진동해석, 소성변형해석 등 다양한 분야에 널리 적용되고 있다. 유한요소방정식을 정식화하는 방법으로는 최소 퍼텐셜 에너지 원리법(principle of minimum energy), 가상일의 원리에 기초한 변분법(variational method), 가중잔차법(weighted residual method), 직접강성법(direct stiffness method) 등이 있다. 현재 NASTRAN, ABAQUS, ANSYS 등 많은 범용 FEM 소프트웨어가 산업현장에서 활용되고 있다. 이들 소프트웨어에서 CAE 작업은 일반적으로 Pre-processing(모델링, 메쉬 작업), Analysis (해석), Post-processing(결과 시각화)의 순서로 구성된다.

본 장에서는 공학 분야의 거의 전 분야에 걸쳐 널리 이용되고 있는 유한요소해석의 개요를 변분원리에 기초하여 설명하고 탄성문제에 대한 유한요소해석을 위한 정식화 과정을 설명한다. 또한, 간단한 몇몇 예제를 통해서 유한요소해석 방법에 대한 이해를 돕도록 하였다. 이 장에서는 $1\times n$의 열벡터를 { }, $n\times n$ 정방행렬을 [ ]으로 나타내는 것으로 하였다.

11.1 | 유한요소해석의 개요

유한요소법은 경계값 문제(boundary value problem), 초기값 문제(initial value problem)

등의 미분방정식을 직접 풀지 않고 선형대수방정식(linear algebraic equations)으로 근사화하여 푸는 수치해석 방법 중의 하나이다. 즉 유한요소해석에서는 복잡한 모델을 간단한 유한개의 요소(element)로 분할하고, 개별 요소의 특성을 계산한 다음, 전체 요소의 특성을 모두 조합하여 전체 모델의 특성을 근사적으로 계산한다. 따라서 유한요소법에서는 특정 관심위치에서의 해를 근사적으로 구한다.

연속체의 경계값 문제에 대한 유한요소해석의 기본과정은 다음과 같이 다섯 개의 과정에 따라 간단히 설명할 수 있다.

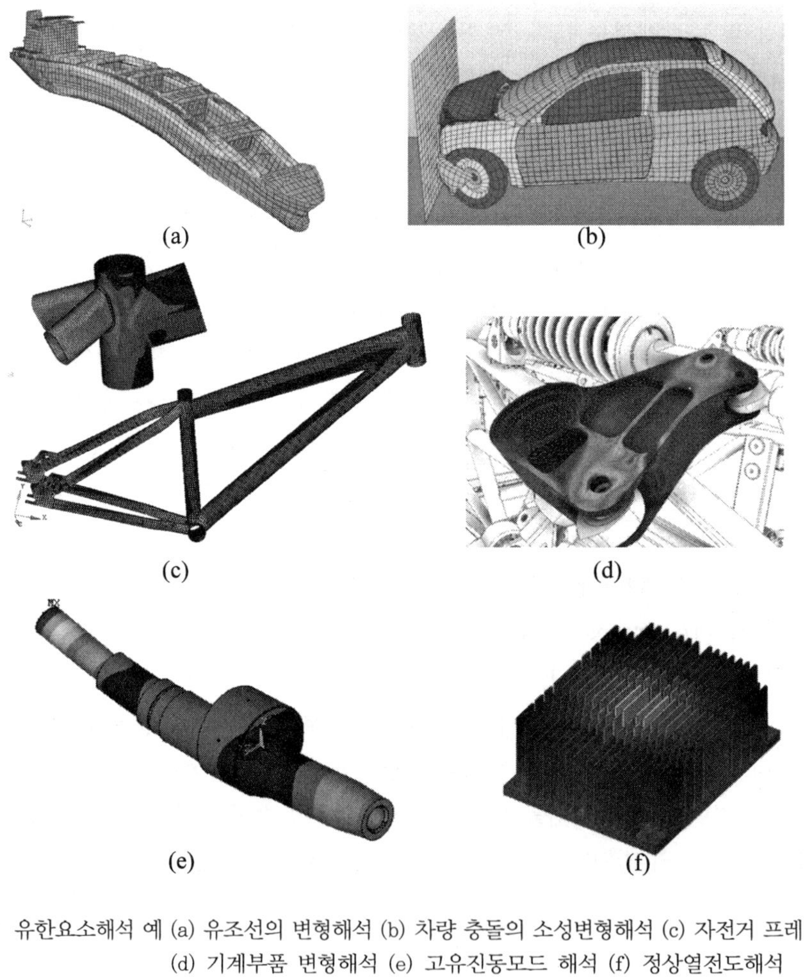

그림 11.1 유한요소해석 예 (a) 유조선의 변형해석 (b) 차량 충돌의 소성변형해석 (c) 자전거 프레임 변형해석 (d) 기계부품 변형해석 (e) 고유진동모드 해석 (f) 정상열전도해석

(1) 제1과정 : 영역의 분할

해석하려고 하는 물체 내의 모든 위치에서 어떤 함수값(예를 들면 변위, 응력, 온도, 압

력 등)을 구하고자 할 때 전체 영역을 그림 11.2(a)에 나타낸 것과 같이 적절한 형상을 갖는 유한개의 부분 영역(subdomain)으로 분할하고 여기에 포함된 복수개의 점들에 대해서 그 점들을 공유하는 다른 부분 영역과 결합하는 것에 의해 원래의 영역을 이산화(discretized)된 영역들로 치환한다. 이들 부분 영역 및 부분 영역을 결합하는 점을 각각 요소(element) 및 절점(node)이라고 부른다. 이 과정을 요소분할(element discretization) 또는 메쉬분할(mesh discretization)이라고 부른다.

유한요소해석에 자주 사용되는 1차원 요소, 2차원 요소 및 3차원 요소를 그림 11.2(b)에 나타내었다. 1차원 요소는 동일 단면적이 일정한 봉요소(bar element)로 간주할 수 있다. 그림에서 각 요소의 한 변에 2개의 절점(양단에 하나씩)을 갖는 요소를 선형요소(linear element 또는 저차요소(lower order element))라고 하고 절점이 둘 이상인 요소를 고차요소(higher order element)라고 한다.

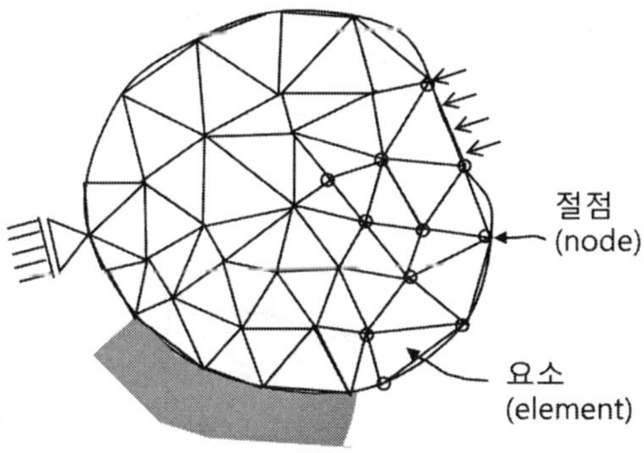

그림 11.2(a) 유한요소 분할의 예(삼각형 선형요소를 사용한 경우)

(2) 제2과정 : 형상함수의 선정

실제의 상황을 잘 묘사하며 요소를 작게 할수록 유한요소해석에 의한 근사해가 정해에 수렴하기 위한 조건이 만족되도록 요소의 형태에 따라 적절한 형상함수(shape function)를 선정한다.

(3) 제3과정 : 요소의 유한요소 방정식 유도

각 요소 내의 모든 위치에서의 함수값을 절점에 있어서의 함수값 만으로 표시하고 그것을 모아 이산화된 영역의 함수값으로 근사시킨다. 이때 절점에 있어서의 함수값을 지배하는 방정식은 변분원리가 만족되도록 결정된다. 요소 내의 함수값은 이와 같이 절점에 있어서의 함수값으로 표시되므로 다른 요소 내부의 함수값은 직접 관여하지 않는다. 따라서 각 요소에 대한 절점에 있어서의 함수값을 지배하는 유한요소 방정식, 즉 요소별 강성방정식은 각 요소에 변분원리를 적용하는 것에 의해 다음과 같이 나타나게 된다.

$$[K]\{\triangle_N\} = \{F\} \tag{11.1a}$$

여기서 $[K]$는 특성, $\{\triangle_N\}$은 거동, $\{F\}$는 작용으로, 응력해석 문제에서는 각각 강성(stiffness), 변위(displacement), 힘(force)를 의미한다.

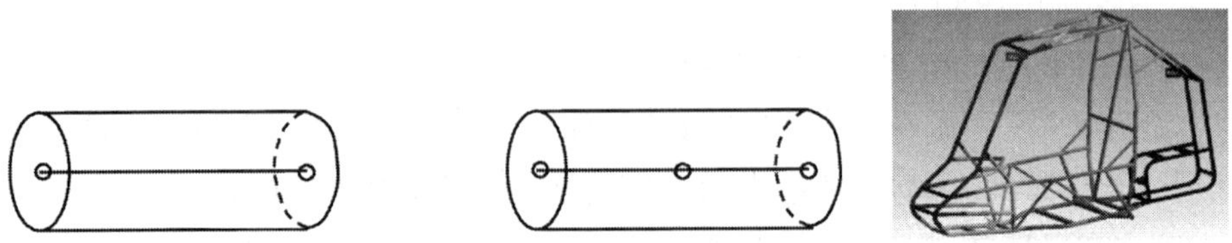

(a) 1차원 요소

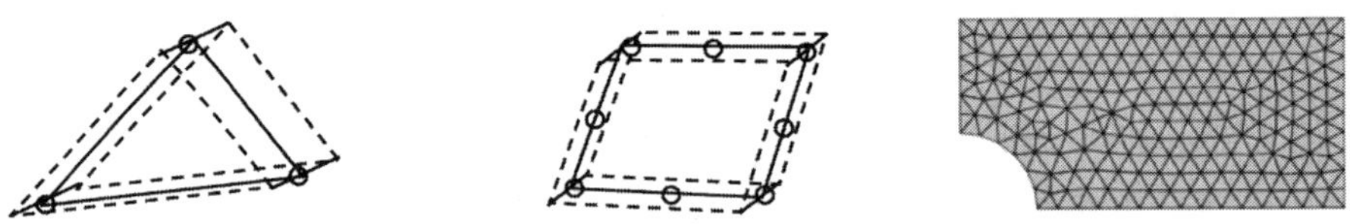

(b) 2차원 요소

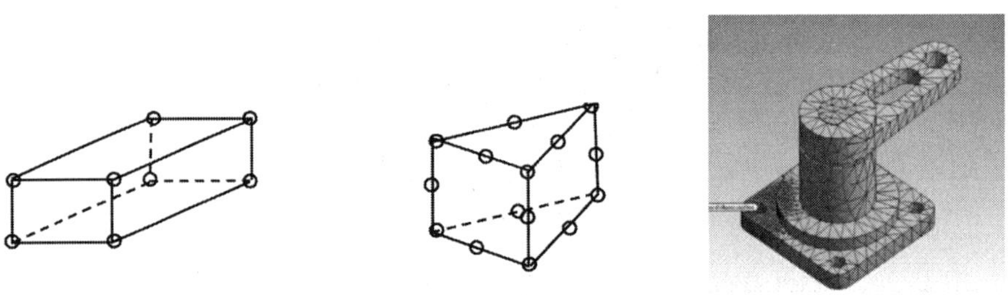

(c) 3차원 요소

그림 11.2(b) 대표적인 요소들과 실제 유한요소로 모델링한 예

(4) 제4과정 : 전체 요소에 대한 유한요소 방정식 유도

모든 요소에 대한 절점에 있어서의 함수값을 지배하는 전체 요소의 강성방정식을 구한다. 즉, 공유하는 절점에 있어서의 함수는 동일한 값을 갖는다는 적합조건과 그 함수에 대응하는 양, 예를 들면 변위에 대해서 힘이 평형을 이루는 평형조건이 만족되도록 중첩되어 전체 요소의 모든 절점에 있어서 함수값을 지배하는 전체 유한요소 방정식, 즉 전체 강성방정식이 도출된다. 이 유한요소 방정식은 다원 연립방정식의 형태로 나타난다.

(5) 제5과정 : 유한요소 방정식의 해를 구함

주어진 경계조건 또는 초기조건을 이 전체 강성방정식에 반영하여 연립방정식의 해를 구하면 전체 영역 내의 모든 절점에서의 미지 함수값이 구해진다. 모든 절점에서의 함수값이 구해지면 각 요소 내의 변형률, 응력, 온도 등 구하고자 하는 물리량이 계산된다.

통상 유한요소해석에서는 문제를 정의하고 해석할 영역을 유한개의 요소로 분할하고 하중 및 경계조건 등을 부여하는 과정을 전처리과정(pre-processing)이라고 한다. 또한 전체 강성행렬을 구성하고 하중 및 경계조건을 반영하여 해를 구하는 과정을 해석과정(solver)이라고 한다. 또한 해석된 결과로부터 의미있는 정보를 추출하거나 가시화하는 과정을 후처리과정(post-processing)이라고 부른다.

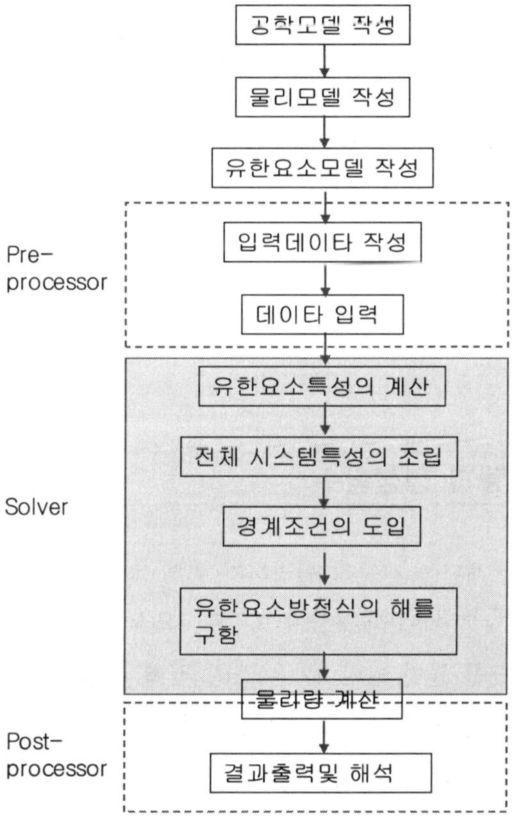

그림 11.2(C) 유한요소해석과정의 흐름도

미분방정식의 종속변수와 종속변수의 미분값이 다음과 같이 경계에서 주어진다면 미분방정식은 경계값 문제로 다루어진다.

$$\left.\begin{aligned} & -\frac{d}{dx}\left(a\frac{du}{dx}\right) = f \quad (0 < x < 1) \\ & u(0) = a_o, \ \left(a\frac{du}{dx}\right)_{x=1} = b_o \end{aligned}\right\} \tag{11.1b}$$

반면 미분방정식의 종속변수와 종속변수의 미분값이 다음과 같이 시간 초기에 주어진다면 미분방정식은 초기값 문제로 다루어진다.

$$\left.\begin{aligned} &\rho\frac{d^2u}{dt^2}+cu=f \quad (0<t\leq t_0) \\ &u(0)=u_0,\ \left(\frac{du}{dt}\right)_{t=0}=v_0 \end{aligned}\right\} \tag{11.1c}$$

초기값 문제는 일반적으로 시간의존 문제(time-dependent problem)이다. 또한 다음의 미분방정식을 만족하는 λ값을 구하는 문제를 주값 문제(eigenvalue problem)라고 한다. 여기서 λ를 주값(eigenvalue), 대응하는 함수 u를 주함수(eigenfunction)라고 한다.

$$\left.\begin{aligned} &-\frac{d}{dx}\left(a\frac{du}{dx}\right)=\lambda u \quad (0<x<1) \\ &u(0)=0,\ \left(a\frac{du}{dx}\right)_{x=1}=0 \end{aligned}\right\} \tag{11.1d}$$

11.2 | 유한요소모델과 형상함수

형상함수에 대한 개념을 간단히 설명하기 위해 그림 11-3에 나타낸 것과 같은 삼각형 선형요소(절점수 $N_e=3$)에 대해서 검토한다. 요소 내부의 임의의 점 $x_i=(x_1, x_2)$에 있어서 함수값 f(예를 들면 변위 u, 온도 θ, 압력 p 등) 및 그 도함수 $f_{,i}$ 값은 요소를 구성하고 있는 각 절점 $N(N=1, 2, 3)$의 위치 $x_N=(x_{N1}, x_{N2})$에 있어서 각각의 함수값 f_N과 형상함수 ϕ_N에 의해 다음과 같이 근사적으로 정의할 수 있다.

$$\left.\begin{aligned} &f=\phi_1 f_1+\phi_2 f_2+\phi_3 f_3=\phi_N f_N \\ &f_{,i}=\phi_{1,i} f_1+\phi_{2,i} f_2+\phi_{3,i} f_3=\phi_{N,i} f_N \end{aligned}\right\} \tag{11.2a}$$

여기서 x_1, x_2는 통상적인 x, y 좌표계에서 각각 x와 y를 나타낸다. 따라서 후술하는 x_{11}은 절점 1에서의 x 좌표값, x_{12}는 절점 1에서의 y 좌표값, x_{31}은 절점 3에서의 x 좌표값, x_{32}는 절점 3에서의 y 좌표값 등을 나타낸다.

위에서 형상함수는 두 가지의 역할을 하고 있음을 알 수 있다. 즉 f_N가 절점에서의 변위 벡터량 u_N라면 식 (11.2a)에서 형상함수는 변형 후 요소의 기하학적인 형상을 정의해 주는 역할을, 그리고 f_N가 절점에서의 온도 θ, 압력 p등의 스칼러 물리량이라면 식 (11.2a)에서 형상함수는 요소 내 임의의 점에서 이들 값의 근사값을 정의하는 보간함수의 역할을 한다.

이하에 삼각형 선형요소에 대한 형상함수 ϕ_N를 구하는 방법을 설명한다. 그림 11-3의 삼각형 선형요소 내에서는 요소의 형상변화를 나타내는 절점변위를 포함한 모든 함수값이 연속이고 선형분포하고 있다고 가정한다. 따라서 임의의 점에서의 함수값 f는 다음과 같은 보간다항식(interpolation polynomial)에 의해 나타낼 수 있다.

$$f = a_0 + a_1 x_1 + a_2 x_2 \tag{11.2b}$$

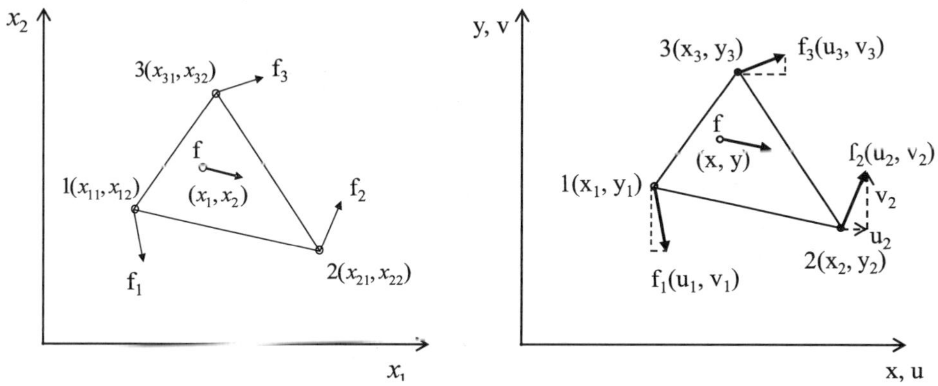

$$f(u,v) = \phi f_1(u_1, v_1) + \phi_2 f_2(u_2, v_2) + \phi_3 f_3(u_3, v_3)$$
$$u = a_0 + a_1 x + a_2 y = \phi_1 u_1 + \phi_2 u_2 + \phi_3 u_3$$
$$v = b_0 + b_1 x + b_2 y = \phi_1 v_1 + \phi_2 v_2 + \phi_3 v_3$$

그림 11.3 삼각형 선형요소

이 식을 행렬형식으로 표시하면 다음과 같다.

$$f = (1\ x_1\ x_2)\begin{Bmatrix} a_0 \\ a_1 \\ a_2 \end{Bmatrix} \tag{11.3a}$$

즉,

$$\left.\begin{aligned} & f = g(x_1, x_2)\, a \\ & g(x_1, x_2) = (1\ x_1 x_2)\ ,\ a = \begin{Bmatrix} a_0 \\ a_1 \\ a_2 \end{Bmatrix},\ a^T = (a_0\ a_1\ a_2) \end{aligned}\right\} \tag{11.3b}$$

미지수 a_0, a_1, a_2는 위 식의 f가 세 개의 절점에서의 값 f_o, f_1, f_2에 일치하는 것으로부터 구해진다. 즉,

$$
\left.\begin{aligned}
f_1 &= a_0 + a_1 x_{11} + a_2 x_{12}, \quad \text{절점 } 1 \\
f_2 &= a_0 + a_1 x_{21} + a_2 x_{22}, \quad \text{절점 } 2 \\
f_3 &= a_0 + a_1 x_{31} + a_2 x_{32}, \quad \text{절점 } 3
\end{aligned}\right\} \tag{11.4}
$$

이를 행렬형식으로 표시하면 다음과 같이 된다.

$$
\begin{Bmatrix} f_1 \\ f_2 \\ f_3 \end{Bmatrix} = \begin{bmatrix} 1 & x_{11} & x_{12} \\ 1 & x_{21} & x_{22} \\ 1 & x_{31} & x_{32} \end{bmatrix} \begin{Bmatrix} a_0 \\ a_1 \\ a_2 \end{Bmatrix} \tag{11.5}
$$

즉,

$$
f_N = F\ a\ , \quad f_N = \begin{Bmatrix} f_1 \\ f_2 \\ f_3 \end{Bmatrix}, \quad F = \begin{bmatrix} 1 & x_{11} & x_{12} \\ 1 & x_{21} & x_{22} \\ 1 & x_{31} & x_{32} \end{bmatrix} \tag{11.6}
$$

식 (11.6)에서 행렬 $a\,(=F^{-1}f_N)$를 구하여 식 (11.3a)에 대입하여 정리하면 식 (11.2a)가 다음과 같이 얻어진다.

$$
\begin{aligned}
f &= g(x_1, x_2)[F]^{-1}\{f_N\} \\
&= \phi_1 f_1 + \phi_2 f_2 + \phi_3 f_3
\end{aligned} \tag{11.7a}
$$

즉, 요소 내부의 임의의 점에서의 함수값 f가 절점에서의 함수값 f_N에 의해 결정된다는 것을 알 수 있다. 이 식을 선형 삼각형 요소로 분할한 2차원 변형문제(벡터장 문제, vector field problem)에 적용하고 요소 내부의 임의 위치에서 x_1－방향의 변위를 u, x_2－방향의 변위를 v라고 하면 식 (11.7a)는 다음과 같은 행렬표시로 나타낼 수 있다.

$$
\begin{Bmatrix} u \\ v \end{Bmatrix} = \begin{bmatrix} \phi_1 & 0 & \phi_2 & 0 & \phi_3 & 0 \\ 0 & \phi_1 & 0 & \phi_2 & 0 & \phi_3 \end{bmatrix} \begin{Bmatrix} u_1 \\ v_1 \\ u_2 \\ v_2 \\ u_3 \\ v_3 \end{Bmatrix} \tag{11.7b}
$$

따라서

$$
u = \phi_1 u_1 + \phi_2 u_2 + \phi_3 u_3\ , \ v = \phi_1 v_1 + \phi_2 v_2 + \phi_3 v_3 \tag{11.7c}
$$

여기서 u_1은 1절점에서의 x_1－방향(x－방향)의 변위, v_1은 1절점에서의 x_2－방향(y－방향)의 변위, u_2은 2절점에서의 x_1－방향의 변위 등이다. 즉 각 절점에서는 x_1－방향과 x_2－방향의 두 방향의 변형 자유도(degree of freedom, DOF)를 갖는 것으로 표현된다.

이 식은 x_1-방향의 변위를 u 대신에 u_1, x_2-방향의 변위를 v 대신에 u_2로 나타내면 다음과 같이 나타내진다.

$$\begin{Bmatrix} u_1 \\ u_2 \end{Bmatrix} = \begin{bmatrix} \phi_1 & 0 & \phi_2 & 0 & \phi_3 & 0 \\ 0 & \phi_1 & 0 & \phi_2 & 0 & \phi_3 \end{bmatrix} \begin{Bmatrix} u_{11} \\ u_{12} \\ u_{21} \\ u_{22} \\ u_{31} \\ u_{32} \end{Bmatrix} \tag{11.7d}$$

이 관계는 행렬표시로 다음과 같이 나타내진다.

$$\{u\} = [\phi]\{u_N\} \tag{11.7e}$$

따라서

$$u_1 = \phi_1 u_{11} + \phi_2 u_{21} + \phi_3 u_{31}\ ,\ u_2 = \phi_1 u_{12} + \phi_2 u_{22} + \phi_3 u_{32} \tag{11.7f}$$

여기서 u_{11}은 절점 1에서의 x_1-방향의 변위값, u_{12}는 절점 1에서의 x_2-방향의 변위값, u_{31}은 절점 3에서의 x_1-방향의 변위값 등을 나타낸다. 즉 요소 내부의 임의 점에서의 변위벡터 u는 질점변위 벡터 u_N에 의해 결정된다는 것을 알 수 있다.

또한 식 (11.7a)를 선형 삼각형 요소로 분할한 열전달 문제(스칼러장 문제, scalar filed problem)에 적용하면 다음과 같은 행렬표시로 나타낼 수 있다.

$$\theta = \{\phi_1\ \phi_2\ \phi_3\} \begin{Bmatrix} \theta_1 \\ \theta_2 \\ \theta_3 \end{Bmatrix} \tag{11.7g}$$

따라서

$$\theta = \phi_1 \theta_1 + \phi_2 \theta_2 + \phi_3 \theta_3 \tag{11.7h}$$

여기서 θ_1은 1절점에서의 온도, θ_2은 2절점에서의 온도이다.

윗식에서 삼각형 선형요소에 대한 형상함수 ϕ_N는 다음 식으로 정의된다. 이 형상함수는 보간함수(interpolating function)라고 불리기도 한다.

$$\left.\begin{aligned} \phi_1 &= \frac{1}{2A}\{(x_{21}x_{32} - x_{22}x_{31}) + (x_{22} - x_{32})x_1 + (x_{31} - x_{21})x_2\} \\ \phi_2 &= \frac{1}{2A}\{(x_{12}x_{31} - x_{11}x_{32}) + (x_{32} - x_{12})x_1 + (x_{11} - x_{31})x_2\} \\ \phi_3 &= \frac{1}{2A}\{(x_{11}x_{22} - x_{12}x_{21}) + (x_{12} - x_{22})x_1 + (x_{21} - x_{11})x_2\} \end{aligned}\right\} \tag{11.8}$$

여기서 A는 그림 11.3의 삼각형 요소 123의 면적으로 식 (11.6)의 정방행렬 F의 행렬식 (determinant)의 $\frac{1}{2}$이다. 즉,

$$2A = \det\begin{bmatrix} 1 & x_{11} & x_{12} \\ 1 & x_{21} & x_{22} \\ 1 & x_{31} & x_{32} \end{bmatrix} \tag{11.9}$$

$$= x_{21}x_{32} + x_{31}x_{12} + x_{11}x_{22} - x_{12}x_{21} - x_{22}x_{31} - x_{32}x_{11}$$

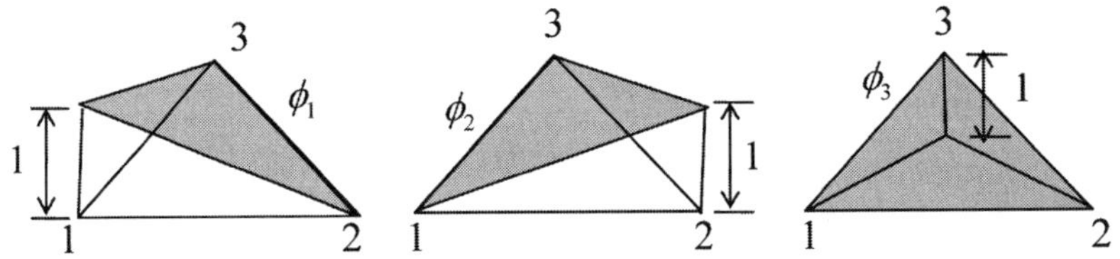

그림 11.4(a) 삼각형 선형요소(linear triangle element 또는 constant strain triangle(CST))의 형상함수

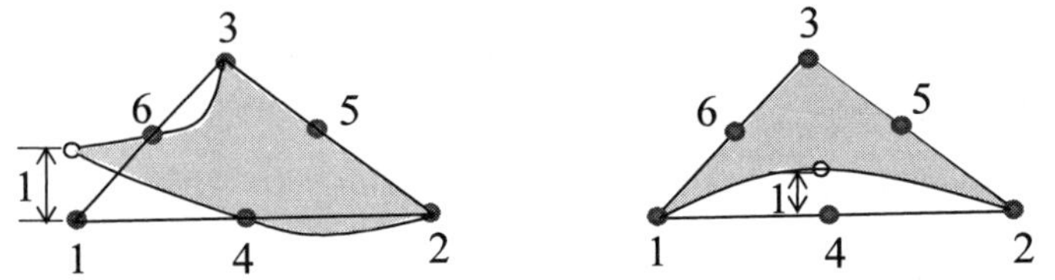

그림 11.4(b) 삼각형 고차요소(quadratic triangle element 또는 linear strain triangle(LST))의 형상함수

통상 형상함수는 고려하고 있는 한 요소 내부에서만 정의되는 함수로 요소의 형상, 절점수 등에 따라 다르게 정의되는데 절점수 N_e에 대해서 다음의 기본성질을 만족한다.

$$\phi_N(X_{Mi}) = \delta_{MN} \tag{11.10}$$

$$\sum_{N=1}^{Ne} \phi_N(X_i) = 1 \tag{11.11}$$

식 (11.10)에서 형상함수 ϕ_N은 절점 $N(x_{N1}, x_{N2})$에서 1이고 그 외의 절점에서는 0인 것을 나타낸다. 또한 식 (11.11)은 임의의 점 $P(x_1, x_2)$에서 형상함수의 합은 1이 된다는 것을 나타낸다. 이 성질은 요소형상이 삼각형이 아닌 경우에도 또한 고차요소에 대해서도 성립하며 형상함수를 구할 때 지침이 된다.

그림 11.4(a)에 3절점 삼각형 선형요소의 형상함수, 그림 11.4(b)에 6절점 삼각형 고차요소의 형상함수를 나타내었다. 여러 요소형상에 대해 형상함수를 구하는 구체적인 방법에 대해서는 유한요소해석에 관한 교과서들을 참고하라. 일반적으로 동일한 문제를 다룰 때 형상함수의 차수가 높아짐에 따라 같은 정도의 근사해를 구하는데 요구되는 요소의 수는 감소하고 따라서 유한요소방정식을 풀어서 해를 구하는 계산시간을 단축할 수 있다. 그러나 각 요소의 유한요소방정식을 구성하는 시간은 간단한 형상함수를 사용했을 때보다 길어지는 상충적인 문제가 따른다. 따라서 문제의 성격에 따라 올바른 형상함수를 선택하여야 한다. 이하에 유한요소해석에 의한 근사해가 정해에 수렴하기 위해 형상함수가 갖추어야 할 조건에 대해 설명한다.

부록 C의 (C.7a)의 가상일의 원리식에서와 같이 함수 v에 대한 도함수의 최대 차수가 r차인 경우를 C^r 문제라고 한다. 이 경우에 요소의 크기를 작게 할수록 유한요소 해석에 의한 근사해의 정도가 향상되어 정해에 가까워진다는 것을 보증하기 위해서는 형상함수는 다음의 두 조건을 만족하여야 한다.

(1) 완전성의 조건(completeness requirement)

요소 내부에서 C^r의 연속성을 갖는 요소(C^r-연속요소)를 사용해야 한다. 즉, 사용된 형상함수는 변위 및 회전의 강체운동을 포함하고 있어야 하며 일정 변형률(constant strain) 상태를 표현할 수 있는 최소한의 항까지를 완전히 포함하여 기본적인 변형형태 중 누락된 것이 없어야 한다. 이러한 조건을 만족하기 위해서는 경계값 문제를 정의하는 미분방정식의 최고 미분차수가 r차 일 때 요소 내의 변위는 최소한 r차 다항식이 되도록 가정하는 것이 필요하다. 이를 완전조건(complete condition)이라고 하는데 유한요소법에 의한 근사해가 정해에 수렴하기 위해 형상함수가 만족해야하는 1차적인 조건이다. 따라서 완전조건을 만족하는 요소를 사용할 때 요소 수를 증가시키면 요소 내에서 변수의 r차 미분의 값은 일정한 상태가 된다. 완전조건을 만족하는 요소를 사용할 때 요소 수를 증가시키면 유한요소법에 의한 근사해는 정해에 수렴한다. 완전조건을 만족하는 요소를 완전요소(complete element)라고 한다.

(2) 적합성의 조건(compatibility requirement)

함수값 f가 요소 내부에서 연속이고 인접한 요소 사이에서 C^{r-1}의 연속을 가져야 한다. 즉, 함수값 f와 그 도함수들이 요소 내에서 연속이고 도함수의 최고 차수가 r차일 때 요소들 사이의 경계면에서 $(r-1)$차 미분이 유한하고 연속하여야 한다. 이 조건을 적합조건(compatibility condition) 또는 연속조건(continuity condition)이라고 한다. 형상함수가 적합조건을 만족할 때 그 요소를 적합요소(compatible element)라 한다.

식 (11.7a)은 $r=1$인 경우로 위에서 언급한 2개의 조건을 만족하는 것을 쉽게 증명할 수 있다. 통상 재료의 탄성변형이나 열전도 등과 같은 2, 3차원의 문제는 C^1 문제이기 때문에 이 경우는 함수값 f의 연속조건만을 만족하는 요소(C^0-연속요소)를 사용하면 된다. 그러나 쉘, 판의 굽힘문제에서는 요소 경계면에서 변위의 도함수가 최고 2차(r=2), 즉 C^2 문제이므로 이 경우는 함수의 연속조건뿐만 아니라 1계 도함수로 정의되는 회전변위가 요소 내에서 연속이어야 하고 또한 요소들의 경계면에서도 연속조건을 만족하는 요소(C^1-연속요소)를 사용하여야 한다.

식 (9.34)에 나타낸 것 같이 탄성 변형문제를 정의하는 미분방정식에는 변형 u_i 및 변형에 대한 편미분으로 정의되는 변형 도함수 $u_{i,j}\left(=\dfrac{\partial u_i}{\partial x_j}\right)$가 포함되어 있어 유한요소해석에 있어서 연속체를 이산화한 요소 내에서 이들을 포함한 항들을 적분해야 하는 과정이 포함되어 있다. 이들 면적적분과 체적적분에 있어서 적분구간은 변형전후의 요소의 형상변화에 따라 변화하게 되므로 형상변화가 심한 경우에는 적분의 수행이 복잡하게 된다. 따라서 요소의 변형과 상관없이 적분구간을 일정하게 할 수 있다면 적분계산이 보다 용이하게 될 것이다. 유한요소해석에서는 보통 식 (11.8)에서와 같이 전체 좌표계(global coordinate system) x_i에서 정의한 형상함수 대신에 요소 내에서 정의한 무차원화된 자연 좌표계(natural coordinate system)를 이용하여 요소의 변형과 관계없이 적분구간을 일정하게 하는 것에 의해 적분의 수행을 용이하게 한다. 그림 11.5는 1차원 및 2차원 선형요소에 대한 자연 좌표계의 예를 나타낸다.

그림 11.5(a)의 자연 좌표계에서 1차원 선형요소에 대한 형상함수는 다음과 같이 나타내진다.

$$\left.\begin{aligned}\phi_1 &= \frac{1}{2}(1-\xi)\\ \phi_2 &= \frac{1}{2}(1+\xi)\end{aligned}\right\} \tag{11.12a}$$

그림 11.5(b)의 면적 좌표계에서 2차원 삼각형 선형요소에 대한 형상함수는 다음과 같이 나타내진다.

$$\left.\begin{aligned}\phi_1 &= \mathrm{L}_1\\ \phi_2 &= \mathrm{L}_2\\ \phi_3 &= \mathrm{L}_3\end{aligned}\right\} \tag{11.12b}$$

그림 11.5(c)의 자연 좌표계에서 2차원 사각형 선형요소에 대한 형상함수는 다음과 같이 나타내진다.

$$\left.\begin{aligned}\phi_1 &= \frac{1}{4}(1-\xi)(1-\eta)\\ \phi_2 &= \frac{1}{4}(1+\xi)(1-\eta)\\ \phi_3 &= \frac{1}{4}(1+\xi)(1+\eta)\\ \phi_4 &= \frac{1}{4}(1-\xi)(1+\eta)\end{aligned}\right\} \tag{11.12c}$$

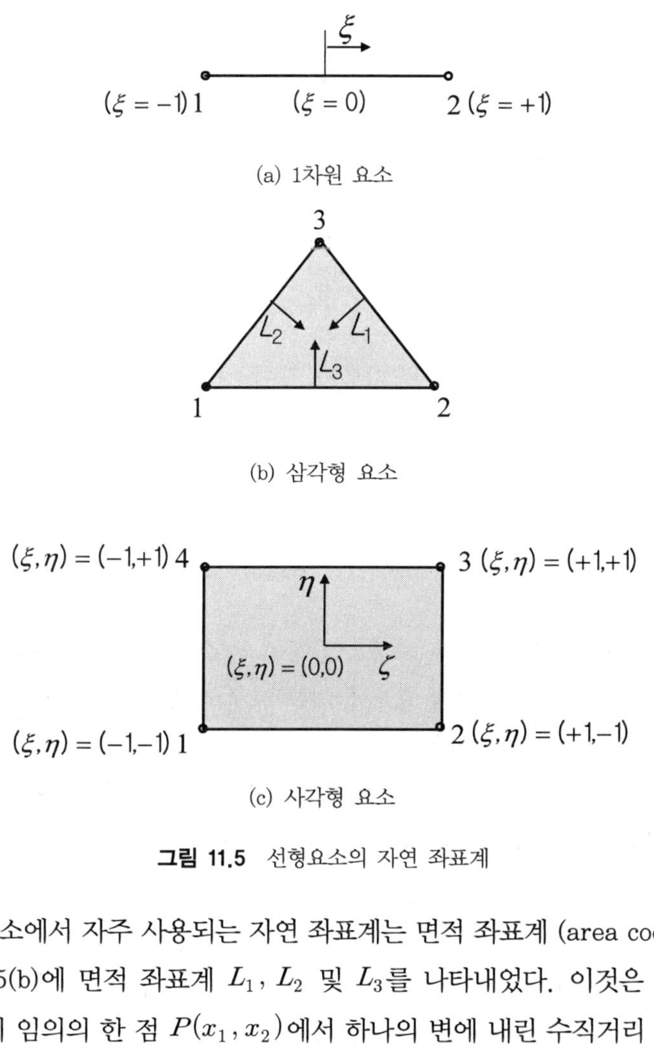

그림 11.5 선형요소의 자연 좌표계

삼각형 요소에서 자주 사용되는 자연 좌표계는 면적 좌표계 (area coordinate system)로 그림 11.5(b)에 면적 좌표계 L_1, L_2 및 L_3를 나타내었다. 이것은 그림 11.6에 나타낸 것과 같이 임의의 한 점 $P(x_1, x_2)$에서 하나의 변에 내린 수직거리 s와 그 변에서 대응하는 삼각형의 꼭짓점까지의 수직거리 h의 비 $\frac{s}{h}$ $(=L_1)$를 나타낸다. 따라서 $0 < L_1 < 1$이며 L_2, L_3에 대해서도 동일하게 정의된다. 이 L_i는 그림 11-6과 같이 전체 면적 A에 대한 부분면적 A_i의 비 $L_i = A_i/A$로도 정의될 수 있기 때문에 삼각형 요소에서의 자연

좌표계를 통상 면적 좌표계라고 한다.

즉, 삼각형 123의 전체면적 A는 다음 식으로 정의된다.

$$A = \frac{1}{2}\left|\{(x_{21}-x_{11})\boldsymbol{e}_1 + (x_{22}-x_{12})\boldsymbol{e}_2\} \times \{(x_{31}-x_{11})\boldsymbol{e}_1 + (x_{32}-x_{12})\boldsymbol{e}_2\}\right| \quad (11.13a)$$

또한 한 점 P에 대해 부분면적(subarea) A_1은 삼각형 23P를 나타내고 이 삼각형 두 변의 벡터 곱, $\frac{1}{2}(\overrightarrow{P2} \times \overrightarrow{P3})$,으로부터 다음과 같이 계산된다.

$$A_1 = \frac{1}{2}\left|\{(x_{21}-x_1)\boldsymbol{e}_1 + (x_{22}-x_2)\boldsymbol{e}_2\} \times \{(x_{31}-x_1)\boldsymbol{e}_1 + (x_{32}-x_2)\boldsymbol{e}_2\}\right| \quad (11.13b)$$

또는 다음의 행렬식으로부터 구할 수 있다.

$$2A = \det\begin{bmatrix} 1 & x_1 & x_2 \\ 1 & x_{21} & x_{22} \\ 1 & x_{31} & x_{32} \end{bmatrix} \quad (11.14a)$$

위 식들로부터 자연 좌표계 L_1은 다음과 같이 나타내진다.

$$\begin{aligned} L_1 &= \frac{A_1}{A} \\ &= \frac{1}{2A}\{(x_{21}x_{32} - x_{22}x_{31}) + (x_{22}-x_{32})x_1 + (x_{31}-x_{21})x_2\} \end{aligned} \quad (11.14b)$$

이 식을 식 (11.8)과 비교하면 $\phi_1 = L_1$ 인 것을 알 수 있고 마찬가지로 $\phi_2 = L_2$, $\phi_3 = L_3$를 정의할 수 있다. 즉, 삼각형 요소에 대한 전체 좌표계에서의 형상함수는 면적 좌표계로 정의될 수 있음을 나타낸다.

그런데 $A_1 + A_2 + A_3 = A$ 이므로 면적 좌표계 L_i는 다음의 관계를 가지므로 형상함수가 만족하여야하는 조건 식 (11.11)을 만족한다.

$$L_1 + L_2 + L_3 = 1 \quad (11.14c)$$

따라서 L_1, L_2 와 L_3는 서로 독립이 아니므로 삼각형 내의 임의의 점의 위치는 L_1, L_2와 L_3 중에서 2개의 좌표로써 완전히 결정된다.

한편 전체 좌표계와 자연 좌표계는 1:1 대응관계에 있으므로 전체 좌표계에서의 물리량들은 자연 좌표계에서의 값으로 변환시킬 수 있다.

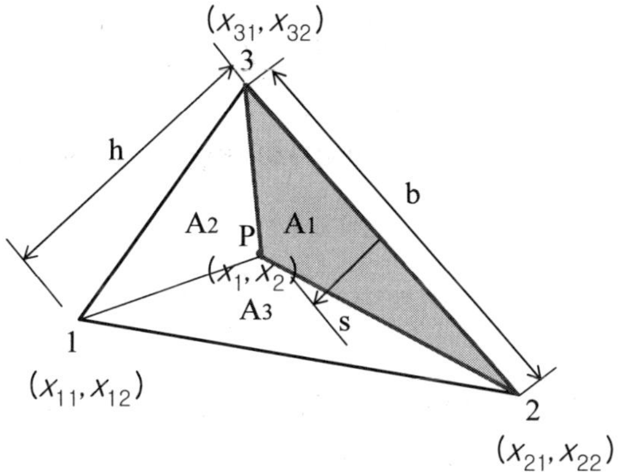

그림 11.6 삼각형 선형요소의 면적좌표계

통상 요소의 변위분포를 가정하기 위해 사용하는 형상함수가 요소의 기하학적인 형태를 정의하는 데도 동일하게 사용된다. 즉, 그림 11.3과 같은 삼각형 선형요소가 변형할 때 요소 내부 임의 점 (x_1, x_2)의 위치는 식 (11.7d)와 식 (11.7e)에서와 같이 동일한 형상함수 ϕ_N에 의해서 다음과 같이 행렬 표시로 나타내진다.

$$\begin{Bmatrix} x_1 \\ x_2 \end{Bmatrix} = \begin{bmatrix} \phi_1 & 0 & \phi_2 & 0 & \phi_3 & 0 \\ 0 & \phi_1 & 0 & \phi_2 & 0 & \phi_3 \end{bmatrix} \begin{Bmatrix} x_{11} \\ x_{12} \\ x_{21} \\ x_{22} \\ x_{31} \\ x_{32} \end{Bmatrix} \tag{11.15a}$$

즉,

$$\{x\} = [\phi]\{x_N\} \tag{11.15b}$$

이렇게 함으로써 변위의 적합성이 만족되고 변형 전후 요소의 기하학적인 형태를 정확히 표현할 수 있다. 이런 요소를 등매개변수 요소(isoparametric element)라고 한다.

11.3 | 가상일 원리의 유한요소해석

식 (11.2a)에서 함수값 f 대신에 변위 u를 사용하면 요소 내부의 임의의 점에서 i방향에서의 변위 u_i식 (11.7f)에서와 같이 요소의 절점 M에 있어서 변위값 u_{Mi}에 의해 다음과 같이 표시할 수 있다.

$$u_i = \phi_M u_{Mi} \quad \left(= \sum_{M=1}^{3} \phi_M u_{Mi}\right) \tag{11.16a}$$

또한 변위구배 $u_{i,j}$는 마찬가지로 절점에서의 변위값 u_{Mi} 에 의해 다음과 같이 표시할 수 있다.

$$u_{i,j} = \phi_{M,j} u_{Mi} \quad \left(= \sum_{M=1}^{3} \phi_{M,j} u_{Mi}\right) \tag{11.16b}$$

여기서는 우변의 식과 같이 동일한 첨자가 반복되는 경우에는 편의상 첨자에 대한 총합기호를 생략하고 나타내기로 한다. 윗 식에서 $u_{i,j}$은 변형의 구배이며 변형 도함수(변형에 대한 편미분) $u_{i,j} = \dfrac{\partial u_i}{\partial x_j}$로 정의되는 값이다. 즉, $u_{1,1} = \dfrac{\partial u_1}{\partial x_1}$, $u_{2,1} = \dfrac{\partial u_2}{\partial x_1}$, · · 이다.

탄성문제에 대한 유한요소 방정식을 정식화하기 위해 식 (10.38)과 부록 C에서 기술한 다음의 가상일의 원리식을 이용한다.

$$\int_V \sigma_{ij} \delta\epsilon_{ij}\, dV = \int_{S_t} P_i \delta u_i\, dS \tag{11.17a}$$

이 식은 외부로부터 힘을 받으면서 정적인 평형상태에 있는 임의의 물체에 가상 변위를 부여하였을 경우, 이 가상 변위에 의해 힘이 한 가상일(virtual work)과 물체 내부에 축적되는 가상 변형률 에너지(virtual strain energy)가 같다는 것을 의미한다. 여기서 σ_{ij}는 응력 성분을 나타내며 대칭인 특징을 갖는다. 즉, $\sigma_{11} = \sigma_{xx} = \sigma_x$, $\sigma_{22} = \sigma_{yy} = \sigma_y$, · , $\sigma_{12} = \tau_{xy} (= \sigma_{21})$, · . 또한 ϵ_{ij}는 변형률 성분을 나타내며 역시 대칭인 특징을 갖는다. 즉, $\epsilon_{11} = \epsilon_{xx} = \epsilon_x$, $\epsilon_{22} = \epsilon_{yy} = \epsilon_y$, · , $\epsilon_{12} = \dfrac{1}{2}\gamma_{xy} (= \epsilon_{21})$, · . P_i는 절점에 작용하는 외력 성분이며, δu_i는 변위경계조건을 만족하는 가상의 절점변위 성분이다.

한편 변형률 성분은 식 (5.27)에서 다음과 같이 정의된다.

$$\epsilon_{ij} = \frac{1}{2}\left(\frac{\partial u_i}{\partial x_j} + \frac{\partial u_j}{\partial x_i}\right) = \frac{1}{2}(u_{i,j} + u_{j,i}) \tag{11.17b}$$

이 관계를 행렬 표시하면 다음과 같다.

$$\begin{Bmatrix} \epsilon_{11} \\ \epsilon_{22} \\ 2\epsilon_{12} \end{Bmatrix} = \begin{Bmatrix} \dfrac{\partial u_1}{\partial x_1} \\ \dfrac{\partial u_2}{\partial x_2} \\ \dfrac{\partial u_1}{\partial x_2} + \dfrac{\partial u_2}{\partial x_1} \end{Bmatrix} \tag{11.17c}$$

여기서 요소 내부의 임의의 점에서의 변위를 절점에서의 변위로 나타내면 윗식은 식 (11.16b)을 이용하면 다시 다음과 같이 나타내진다.

$$\begin{Bmatrix} \epsilon_{11} \\ \epsilon_{22} \\ 2\epsilon_{12} \end{Bmatrix} = \begin{bmatrix} \frac{\partial}{\partial x_1} & 0 \\ 0 & \frac{\partial}{\partial x_2} \\ \frac{\partial}{\partial x_2} & \frac{\partial}{\partial x_1} \end{bmatrix} \begin{Bmatrix} u_1 \\ u_2 \end{Bmatrix} = \begin{bmatrix} \frac{\partial}{\partial x_1} & 0 \\ 0 & \frac{\partial}{\partial x_2} \\ \frac{\partial}{\partial x_2} & \frac{\partial}{\partial x_1} \end{bmatrix} \begin{bmatrix} \phi_1 & 0 & \phi_2 & 0 & \phi_3 & 0 \\ 0 & \phi_1 & 0 & \phi_2 & 0 & \phi_3 \end{bmatrix} \begin{Bmatrix} u_{11} \\ u_{12} \\ u_{21} \\ u_{22} \\ u_{31} \\ u_{32} \end{Bmatrix} \tag{11.17d}$$

이 행렬의 우변을 전개하면 다음과 같이 나타내진다.

$$\begin{Bmatrix} \epsilon_{11} \\ \epsilon_{22} \\ 2\epsilon_{12} \end{Bmatrix} = \begin{bmatrix} \phi_{1,1} & 0 & \phi_{2,1} & 0 & \phi_{3,1} & 0 \\ 0 & \phi_{1,2} & 0 & \phi_{2,2} & 0 & \phi_{3,2} \\ \phi_{1,2} & \phi_{1,1} & \phi_{2,2} & \phi_{2,1} & \phi_{3,2} & \phi_{3,1} \end{bmatrix} \begin{Bmatrix} u_{11} \\ u_{12} \\ u_{21} \\ u_{22} \\ u_{31} \\ u_{32} \end{Bmatrix} \tag{11.17e}$$

즉

$$\{\epsilon\} = [B]\{u_N\}, \ [B] = \begin{bmatrix} \phi_{1,1} & 0 & \phi_{2,1} & 0 & \phi_{3,1} & 0 \\ 0 & \phi_{1,2} & 0 & \phi_{2,2} & 0 & \phi_{3,2} \\ \phi_{1,2} & \phi_{1,1} & \phi_{2,2} & \phi_{2,1} & \phi_{3,2} & \phi_{3,1} \end{bmatrix} \tag{11.17f}$$

여기서 $\phi_{1,1} = \dfrac{\partial \phi_1}{\partial x_1}$, $\phi_{1,2} = \dfrac{\partial \phi_1}{\partial x_2}$, $\phi_{2,1} = \dfrac{\partial \phi_2}{\partial x_1}$, · 이다. $[B]$는 절점의 변위와 요소의 변형률간의 관계를 나타내는 행렬이다.

한편 식 (11.17a)는 다음과 같이 나타낼 수 있다.

$$\int_V \sigma_{ij} \frac{1}{2}(\delta u_{i,j} + \delta u_{j,i})\, dV = \int_{S_t} P_i \delta u_i \, dS \tag{11.18a}$$

또한 응력 σ_{ij}는 대칭이므로 $\sigma_{ij} = \sigma_{ji}$ 관계를 적용하면 식 (11.18a)는 다음과 같이 나타내진다.

$$\begin{aligned} \frac{1}{2}(\sigma_{ij}\delta u_{i,j} + \sigma_{ij}\delta u_{j,i}) &= \frac{1}{2}(\sigma_{ij}\delta u_{i,j} + \sigma_{ji}\delta u_{j,i}) = \frac{1}{2}(\sigma_{ij}\delta u_{i,j} + \sigma_{ml}\delta_{m,l}) \\ &= \sigma_{ij}\delta u_{i,j} \end{aligned} \tag{11.18b}$$

따라서 식 (11.18a)는 최종적으로 다음과 같이 나타내진다.

$$\int_V \sigma_{ij}\delta u_{i,j}\, dV = \int_{S_t} P_i \delta u_i \, dS \tag{11.18c}$$

식 (11.16a)로부터 $u_i (= \phi_M u_{Mi})$를 편미분하여 나타내면

$$\left.\begin{aligned} u_{i,j} &= \frac{\partial u_i}{\partial x_j} = \frac{\partial(\phi_M u_{Mi})}{\partial x_j} = \frac{\partial(\phi_M)}{\partial x_j} u_{Mi} = \phi_{M,j} u_{Mi} \\ \delta u_i &= \phi_M \delta u_{Mi}, \quad \delta u_{i,j} = \phi_{M,j} \delta u_{Mi} \end{aligned}\right\} \tag{11.18d}$$

따라서 식 (11.18d)를 식 (11.18c)에 대입하여 정리하면 다음과 같이 된다.

$$\left[\int_V \sigma_{ij} \phi_{M,j} \, dV - T_{Mi} \right] \delta u_{Mi} = 0 \tag{11.18e}$$

윗식에서 행렬 T_{Mi}는 등가 절점력 벡터(equivalent nodal force vector)로 다음 식으로 표시된다.

$$T_{Mi} = \int_{S_t} P_i \phi_M \, dS \tag{11.19}$$

이것은 표면에 분포하는 표면력 P_i를 요소의 절점값으로 치환한 것이다.

임의의 가상 절점변위 δu_{Mi}에 대해서 식 (11.18e)가 항상 성립하기 위해서는 식 (11.18e)의 좌변의 괄호 안이 영이어야 하므로 다음의 관계가 만족하여야 한다.

$$\int_V \sigma_{ij} \phi_{M,j} \, dV = T_{Mi} \tag{11.20}$$

위 식은 유한요소의 절점변위 u_i와 절점력 T_{Mi}의 관계를 지배하는 방정식으로 유한요소 방정식이라고 불리고 구성식의 형태에 관계없이 항상 성립한다. 따라서 식 (11.20)의 응력 σ_{ij}에 재료의 특성을 나타내는 적당한 구성관계식을 도입하는 것에 의해 각종 경계값 문제에 대한 유한요소 방정식을 정식화할 수 있다.

이하에서는 삼각형 선형요소를 이용한 유한요소 모델링을 대상으로 하여 유한요소방정식을 유도하는 과정을 설명하기로 한다. 그림 11-3과 같은 삼각형 요소 내에서는 함수값 f와 마찬가지로 임의의 점의 (x_1, x_2)좌표가 절점에서의 좌표값에 의해 선형적으로 나타낼 수 있다면 (x_1, x_2)좌표와 형상함수로 정의되는 면적 좌표 (L_1, L_2, L_3)간에는 다음 관계가 존재한다.

$$\begin{aligned} x_1 &= L_1 x_{11} + L_2 x_{21} + L_3 x_{31} \\ x_2 &= L_1 x_{12} + L_2 x_{22} + L_3 x_{32} \end{aligned} \tag{11.21}$$

면적 좌표계와 전체 좌표계 간에는 일대일 대응관계가 존재하므로 x_1, x_2는

$$x_1 = x_1(L_1, L_2, L_3)$$
$$x_2 = x_2(L_1, L_2, L_3) \tag{11.22}$$

으로 나타낼 수 있다.

식 (11.16b) 및 식 (11.20)의 유한요소 방정식에는 피적분 항이 형상함수에 대한 도함수 $\phi_{M,j}\left(= \dfrac{\partial \phi_M}{\partial x_j}\right)$를 포함하고 있으므로 이 값은 다음의 $\dfrac{\partial \phi_M}{\partial L_k}$ 대한 식의 역변환을 통해 정의할 수 있다. 즉, $\dfrac{\partial \phi_M}{\partial L_k}$는 체인법칙으로 다음과 같이 나타낼 수 있다.

$$\frac{\partial \phi_M}{\partial L_k} = \frac{\partial \phi_M}{\partial x_j}\frac{\partial x_j}{\partial L_k} \tag{11.23a}$$

또한

$$\frac{\partial \phi_M}{\partial L_1} = \frac{\partial \phi_M}{\partial x_j}\frac{\partial x_j}{\partial L_1} = \frac{\partial \phi_M}{\partial x_1}\frac{\partial x_1}{\partial L_1} + \frac{\partial \phi_M}{\partial x_2}\frac{\partial x_2}{\partial L_1}$$
$$\frac{\partial \phi_M}{\partial L_2} = \frac{\partial \phi_M}{\partial x_j}\frac{\partial x_j}{\partial L_2} = \frac{\partial \phi_M}{\partial x_1}\frac{\partial x_1}{\partial L_2} + \frac{\partial \phi_M}{\partial x_2}\frac{\partial x_2}{\partial L_2} \tag{11.23b}$$

이 식을 행렬로 표시하면 다음과 같이 나타내진다.

$$\begin{Bmatrix} \dfrac{\partial \phi_M}{\partial L_1} \\ \dfrac{\partial \phi_M}{\partial L_2} \end{Bmatrix} = \begin{bmatrix} \dfrac{\partial x_1}{\partial L_1} & \dfrac{\partial x_2}{\partial L_1} \\ \dfrac{\partial x_1}{\partial L_2} & \dfrac{\partial x_2}{\partial L_2} \end{bmatrix} \begin{Bmatrix} \dfrac{\partial \phi_M}{\partial x_1} \\ \dfrac{\partial \phi_M}{\partial x_2} \end{Bmatrix} = [J] \begin{Bmatrix} \dfrac{\partial \phi_M}{\partial x_1} \\ \dfrac{\partial \phi_M}{\partial x_2} \end{Bmatrix} \tag{11.24}$$

여기서 $[J]\left(= J(L_1, L_2) = \dfrac{\partial(x, y)}{\partial(L_1, L_2)}\right)$는 다음 식으로 정의되는 야코비안 행렬(Jacobian matrix)이다.

$$[J] = \begin{bmatrix} \dfrac{\partial x_1}{\partial L_1} & \dfrac{\partial x_2}{\partial L_1} \\ \dfrac{\partial x_1}{\partial L_2} & \dfrac{\partial x_2}{\partial L_2} \end{bmatrix} \tag{11.25}$$

야코비안 행렬의 각 성분은 식 (11.14c), $L_3 - 1 - L_1 - L_2$, 와 식 (11.21)의 관계를 이용하여 다음과 같이 구해진다.

$$\frac{\partial x_1}{\partial L_1} = \frac{\partial}{\partial L_1}\{L_1(x_{11}-x_{31})+L_2(x_{21}-x_{31})+x_{31}\} = x_{11}-x_{31}$$

$$\frac{\partial x_1}{\partial L_2} = x_{21}-x_{31}$$

$$\frac{\partial x_2}{\partial L_1} = \frac{\partial}{\partial L_1}\{L_1(x_{12}-x_{32})+L_2(x_{22}-x_{32})+x_{32}\} = x_{12}-x_{32} \tag{11.26}$$

$$\frac{\partial x_2}{\partial L_2} = x_{22}-x_{32}$$

결국 식 (11.25)의 $[J]$ 행렬은 절점의 좌표로 다음과 같이 나타내진다.

$$[J] = \begin{bmatrix} x_{11}-x_{31} & x_{12}-x_{32} \\ x_{21}-x_{31} & x_{22}-x_{32} \end{bmatrix} \tag{11.27}$$

여기서 $X_{ij} = x_{i1}-x_{j1}$, $Y_{ij} = x_{i2}-x_{j2}$로 정의하면 $[J]$는 다음과 같이 나타내진다.

$$[J] = \begin{bmatrix} X_{13} & Y_{13} \\ X_{23} & Y_{23} \end{bmatrix} \tag{11.28}$$

그러므로 $\phi_{M,j}$은 식 (11.23a)에서 다음과 같이 구해진다.

$$\frac{\partial \phi_M}{\partial x_j} = \left(\frac{\partial x_j}{\partial L_k}\right)^{-1} \frac{\partial \phi_M}{\partial L_k} \tag{11.29}$$

이 식을 행렬로 표시하면 다음과 같이 나타내진다.

$$\begin{Bmatrix} \dfrac{\partial \phi_M}{\partial x_1} \\ \dfrac{\partial \phi_M}{\partial x_2} \end{Bmatrix} = [J]^{-1} \begin{Bmatrix} \dfrac{\partial \phi_M}{\partial L_1} \\ \dfrac{\partial \phi_M}{\partial L_2} \end{Bmatrix} \tag{11.30}$$

여기서

$$[J]^{-1} = \frac{1}{|J|}\begin{bmatrix} Y_{23} & -Y_{13} \\ -X_{23} & X_{13} \end{bmatrix} \tag{11.31}$$

여기서 $[J]$는 야코비안의 행렬식으로 $[J] = \det(J) = X_{13}Y_{23} - Y_{13}X_{23}$ 이고 이 값은 식 (11.13a)에서 정의된 삼각형 요소의 면적 A의 2배와 같다는 것을 알 수 있다. 즉, $[J] = 2A$ 이다. 식 (11.30)에서 우변 열벡터의 각 성분은 $L_3 = 1 - L_1 - L_2$ 인 관계를 이

용하면 다음과 같이 나타낼 수 있다.

$$\begin{aligned}\frac{\partial \phi_M}{\partial L_1} &= \frac{\partial \phi_M}{\partial L_1}\frac{\partial L_1}{\partial L_1} + \frac{\partial \phi_M}{\partial L_2}\frac{\partial L_2}{\partial L_1} + \frac{\partial \phi_M}{\partial L_3}\frac{\partial L_3}{\partial L_1} \\ &= \frac{\partial \phi_M}{\partial L_1} - \frac{\partial \phi_M}{\partial L_3}\end{aligned} \tag{11.32a}$$

마찬가지 방법으로

$$\frac{\partial \phi_M}{\partial L_2} = \frac{\partial \phi_M}{\partial L_2} - \frac{\partial \phi_M}{\partial L_3} \tag{11.32b}$$

위 식에서 왼쪽의 항들은 ϕ_M이 독립변수 L_1과 L_2만의 함수로 정의되었을 때 ϕ_M의 도함수이고, 오른쪽의 항들은 ϕ_M이 L_1, L_2와 L_3의 함수로 되어있을 때 즉 L_1, L_2와 L_3가 모두 독립으로 간주하였을 때 ϕ_M의 도함수이다.

식 (11.32a)와 식 (11.32b)를 각 절점에서 평가하면 삼각형 선형요소의 경우에 $\phi_i = L_i$이므로 M=1, M=2에 대해서 다음과 같이 되고

$$\begin{aligned}&\frac{\partial \phi_1}{\partial L_1} = \frac{\partial \phi_1}{\partial L_1} - \frac{\partial \phi_1}{\partial L_3} = 1 \\ &\frac{\partial \phi_1}{\partial L_2} = \frac{\partial \phi_1}{\partial L_2} - \frac{\partial \phi_1}{\partial L_3} = 0 \\ &\frac{\partial \phi_2}{\partial L_1} = 0, \qquad \frac{\partial \phi_2}{\partial L_2} = 1\end{aligned} \tag{11.33}$$

따라서 식 (11.30)은 최종적으로 다음과 같이 나타내진다.

$$\begin{Bmatrix} \dfrac{\partial \phi_1}{\partial x_1} \\ \dfrac{\partial \phi_1}{\partial x_2} \end{Bmatrix} = \begin{Bmatrix} \phi_{1,1} \\ \phi_{1,2} \end{Bmatrix} = \frac{1}{|J|}\begin{Bmatrix} Y_{23} & -Y_{13} \\ -X_{23} & X_{13} \end{Bmatrix}\begin{Bmatrix} \dfrac{\partial \phi_1}{\partial L_1} \\ \dfrac{\partial \phi_1}{\partial L_2} \end{Bmatrix} = \frac{1}{|J|}\begin{Bmatrix} Y_{23} \\ X_{32} \end{Bmatrix} \tag{11.34a}$$

$$\begin{Bmatrix} \dfrac{\partial \phi_2}{\partial x_1} \\ \dfrac{\partial \phi_2}{\partial x_2} \end{Bmatrix} = \begin{Bmatrix} \phi_{2,1} \\ \phi_{2,2} \end{Bmatrix} = \frac{1}{|J|}\begin{Bmatrix} Y_{23} & -Y_{13} \\ -X_{23} & X_{13} \end{Bmatrix}\begin{Bmatrix} \dfrac{\partial \phi_2}{\partial L_1} \\ \dfrac{\partial \phi_2}{\partial L_2} \end{Bmatrix} = \frac{1}{|J|}\begin{Bmatrix} Y_{31} \\ X_{13} \end{Bmatrix} \tag{11.34b}$$

단, X_{ij} 및 Y_{ij}의 정의로부터 $Y_{31} =- Y_{13}$, $X_{32} =- X_{23}$이고, 또한 $Y_{12} = Y_{13} - Y_{23}$가 성립한다.

11.4 | 탄성문제의 유한요소 방정식

선형 탄성체에 대한 경계값 문제에서 텐서 형식(tensorial notation)으로 표현한 구성 관계식(또는 간단히 구성식)은 다음과 같이 나타낼 수 있다.

$$\sigma_{ij} = D_{ijkl}\epsilon_{kl} \tag{11.35a}$$

구체적으로 성분 별로 나타내면 다음과 같다.

$$\begin{aligned} \sigma_{11} &= D_{1111}\epsilon_{11} + D_{1122}\epsilon_{22} + \cdot\ D_{1112}\epsilon_{12} + D_{1121}\epsilon_{21} + \cdot \\ \sigma_{22} &= D_{2211}\epsilon_{11} + D_{2222}\epsilon_{22} + \cdot\ D_{2212}\epsilon_{12} + D_{2221}\epsilon_{21} + \cdot \\ &\cdot \\ \sigma_{12} &= D_{1211}\epsilon_{11} + D_{1222}\epsilon_{22} + \cdot\ D_{1212}\epsilon_{12} + D_{1221}\epsilon_{21} + \cdot \\ &\cdot \\ &\cdot \end{aligned} \tag{11.35b}$$

이 관계를 행렬 표시로 나타내면 다음과 같다.

$$\begin{Bmatrix} \sigma_{11} \\ \sigma_{22} \\ \sigma_{12} \\ \cdot \\ \cdot \end{Bmatrix} = \begin{bmatrix} D_{1111} & D_{1122} & D_{1112} & D_{1121} & \cdot \\ D_{2211} & D_{2222} & D_{2212} & D_{2221} & \cdot \\ D_{1211} & D_{1222} & D_{1212} & D_{1221} & \cdot \\ \cdot & \cdot & \cdot & \cdot & \cdot \end{bmatrix} \begin{Bmatrix} \epsilon_{11} \\ \epsilon_{22} \\ \epsilon_{12} \\ \epsilon_{21} \\ \cdot \end{Bmatrix} = \begin{bmatrix} D_{11} & D_{12} & D_{13} & D_{14} & \cdot \\ D_{21} & D_{22} & D_{23} & D_{24} & \cdot \\ D_{31} & D_{32} & D_{33} & D_{34} & \cdot \\ \cdot & \cdot & \cdot & \cdot & \cdot \end{bmatrix} \begin{Bmatrix} \epsilon_{11} \\ \epsilon_{22} \\ \epsilon_{12} \\ \epsilon_{21} \\ \cdot \end{Bmatrix} \tag{11.35c}$$

즉,

$$\{\sigma\} = [D]\{\epsilon\} \tag{11.35d}$$

여기서 $D_{11} = D_{1111}$, $D_{12} = D_{1122}$, $D_{13} = D_{1112}$, $D_{31} = D_{1211}$, ·, · 이다.
한편 요소 내의 응력 σ_{ij}을 절점변위로 나타내면 다음과 같이 된다.

$$\begin{aligned} \sigma_{ij} &= D_{ijkl}\epsilon_{kl} = \frac{1}{2}D_{ijkl}(u_{k,l} + u_{l,k}) = D_{ijkl}u_{k,l} \\ &= D_{ijkl}\phi_{N,l}\,u_{Nk} \end{aligned} \tag{11.35e}$$

여기서 D_{ijkl}은 후크의 법칙(Hooke law)에 따라 탄성 재료의 응력과 변형률 관계를 지어주는 구성관계식의 탄성계수(elastic moduli) 성분이다. 따라서 행렬 $[D]$는 변형률과 응력간의 선형관계를 나타내는 탄성계수행렬이라고 불린다.

대칭텐서인 응력과 변형률은 각각 다음과 같이 3×3 행렬로 나타내진다.

$$[\sigma] = \begin{bmatrix} \sigma_{11} \, \sigma_{12} \, \sigma_{13} \\ \sigma_{21} \, \sigma_{22} \, \sigma_{23} \\ \sigma_{31} \, \sigma_{32} \, \sigma_{33} \end{bmatrix}, \qquad [\epsilon] = \begin{bmatrix} \epsilon_{11} \, \epsilon_{12} \, \epsilon_{13} \\ \epsilon_{21} \, \epsilon_{22} \, \epsilon_{23} \\ \epsilon_{31} \, \epsilon_{32} \, \epsilon_{33} \end{bmatrix} \tag{11.35f}$$

유한요소해석을 위한 수치알고리즘의 개발을 위해서는 응력과 변형률을 다음과 같이 1차원 열행렬(column matrix)로 나타내는 것이 편리하다.

$$\{\sigma\} = \begin{Bmatrix} \sigma_{11} \\ \sigma_{22} \\ \sigma_{33} \\ \sigma_{12} \\ \sigma_{23} \\ \sigma_{13} \end{Bmatrix}, \qquad \{\epsilon\} = \begin{Bmatrix} \epsilon_{11} \\ \epsilon_{22} \\ \epsilon_{33} \\ 2\epsilon_{12} \\ 2\epsilon_{23} \\ 2\epsilon_{13} \end{Bmatrix} = \begin{Bmatrix} \epsilon_{11} \\ \epsilon_{22} \\ \epsilon_{33} \\ \gamma_{12} \\ \gamma_{23} \\ \gamma_{13} \end{Bmatrix} \tag{11.35g}$$

식 (11.35d)와 식 (11.17f) 관계를 이용하면 응력 $\{\sigma\}$는 요소의 각 절점에서의 변위 $\{u_N\}$으로부터 다음과 같이 나타낼 수 있다.

$$\{\sigma\} = [D]\{\epsilon\} = [D][B]\{u_N\} \tag{11.35h}$$

식 (11.35e)를 식 (11.20)에 대입하면 다음의 시이 얻어진다.

$$K_{MiNk}\, u_{Nk} = T_{Mi} \tag{11.36a}$$

식 (11.36a)에서 행렬 K_{MiNk}은 다음과 같이 나타내지는 값이다.

$$K_{MiNk} = \int_V D_{ijkl}\phi_{M,j}\phi_{N,l}\, dV \tag{11.36b}$$

이 행렬 K_{MiNk} 를 요소의 강성행렬(element stiffness matrix)라고 부른다. 이 행렬의 성분 K_{MiNk}은 절점 N의 k방향에 단위변위를 가했을 때 절점 M의 i방향에 생긴 절점력을 나타낸다.

이 식은 예로서 2차원 선형 삼각형 요소에 대해서 행렬표시하면

$$\begin{bmatrix} K_{1111} & K_{1112} & K_{1121} & K_{1122} & K_{1131} & K_{1132} \\ K_{1211} & K_{1212} & K_{1221} & K_{1222} & K_{1231} & K_{1232} \\ K_{2111} & K_{2112} & K_{2121} & K_{2122} & K_{2131} & K_{2132} \\ K_{2211} & K_{2212} & K_{2221} & K_{2222} & K_{2231} & K_{2232} \\ K_{3111} & K_{3112} & K_{3121} & K_{3122} & K_{3131} & K_{3132} \\ K_{3211} & K_{3212} & K_{3221} & K_{3222} & K_{3231} & K_{3232} \end{bmatrix} \begin{Bmatrix} u_{11} \\ u_{12} \\ u_{21} \\ u_{22} \\ u_{31} \\ u_{32} \end{Bmatrix} = \begin{Bmatrix} T_{11} \\ T_{12} \\ T_{21} \\ T_{22} \\ T_{31} \\ T_{32} \end{Bmatrix} \tag{11.37a}$$

여기서 첨자들을 간단히 11→1, 12→2, 21→3, 22→4, 23→5, 33→6으로 나타내면 윗식은 다시 다음과 같이 나타내진다.

$$\begin{bmatrix} K_{11} & K_{12} & K_{13} & K_{14} & K_{15} & K_{16} \\ K_{21} & K_{22} & K_{23} & K_{24} & K_{25} & K_{26} \\ K_{31} & K_{32} & K_{33} & K_{34} & K_{35} & K_{36} \\ K_{41} & K_{42} & K_{43} & K_{44} & K_{45} & K_{46} \\ K_{51} & K_{52} & K_{53} & K_{54} & K_{55} & K_{56} \\ K_{61} & K_{62} & K_{63} & K_{64} & K_{65} & K_{66} \end{bmatrix} \begin{Bmatrix} u_1 \\ u_2 \\ u_3 \\ u_4 \\ u_5 \\ u_6 \end{Bmatrix} = \begin{Bmatrix} T_1 \\ T_2 \\ T_3 \\ T_4 \\ T_5 \\ T_6 \end{Bmatrix} \tag{11.37b}$$

즉,

$$[K]\{u\} = \{T\} \tag{11.37c}$$

이것을 요소의 유한요소 방정식 또는 강성방정식(stiffness equation)이라고 한다.

한편 요소의 유한요소 방정식 (11.36a)는 그 요소에 대해 다음과 같은 퍼텐셜 에너지(범함수)가 존재한다고 가정할 때 이 퍼텐셜 에너지를 절점변위에 대해 최소화하는 것(최소 퍼텐셜의 원리라고 함)에 의해 구할 수도 있다.

$$\begin{aligned} I &= \frac{1}{2}\int_V \sigma_{ij}\epsilon_{ij}\,dV - \int_{S_t} P_i u_i\,dS \quad (\ \sigma_{ij} = D_{ijkl}\epsilon_{kl}) \\ &= \frac{1}{2}\int_V D_{ijkl}\epsilon_{kl}\epsilon_{ij}\,dV - \int_{S_t} P_i u_i\,dS \end{aligned} \tag{11.38a}$$

식 (11.38a)에 식 (11.16a), (11.16b), (11.18d), (11.35a)의 관계를 대입하는 것에 의해 하나의 요소에 대한 퍼텐셜 에너지를 다음과 같이 나타낼 수 있다.

$$I_e = \frac{1}{2}K_{MiNk}u_{Nk}u_{Mi} - T_{Mi}u_{Mi} \tag{11.38b}$$

I_e를 최소화하는 조건은 절점변위 u_{Mi}에 대해 제1변분(1st variation) δI_e가 0이어야 한다. 즉,

$$\delta I_e = \frac{\partial I_e}{\partial u_{Mi}}\delta u_{Mi} = 0 \tag{11.39}$$

여기서 δu_{Mi}는 임의의 절점변위의 변분(variation)이다.

즉,

$$\delta I_e = \frac{\partial I_e}{\partial u_{Mi}}\delta u_{Mi}$$

$$= \frac{\partial}{\partial u_{Mi}}\left\{\frac{1}{2}K_{MiNk}u_{nK}u_{Mi} - T_{Mi}u_{Mi}\right\}\delta u_{Mi} \tag{11.40a}$$

$$= 0$$

따라서 변분 δu_{Mi}에 대해서 위 식이 항상 성립하기 위해서는 다음 식이 만족되어야 한다.

$$\frac{\partial I_e}{\partial u_{Mi}} = K_{MiNk}\,u_{Nk} - T_{Mi} = 0 \tag{11.40b}$$

이 식은 식 (11.36a)의 유한요소 방정식과 일치한다. 이와 같이 계의 범함수를 최소화하여 유한요소 방정식과 해를 구하는 방법을 레이-릿츠방법 (Rayleigh-Ritz's method)라고 한다.

함수 $y(x)$에 대한 변분 δy는 제10장에서 설명한 것과 같이 주어진 변수 x 값에서 진해(true solution) y와 가상의 해(virtual solution) $y+\delta y$의 차이를 의미한다. 이것은 변수 x의 변화 dx에 따른 함수 y의 변화 dy로부터 정의되는 미분(differentiation)과는 다른 의미임에 주의해야 한다. 본 교재에서는 δ는 변분연산자(variational operator), d는 미분연산자(differential operator)로 구분한다.

한편 N_e개의 요소로 구성된 전체 영역에 대한 퍼텐셜 에너지는 각 요소의 퍼텐셜 에너지의 중첩에 의해 나타낼 수 있으므로 이것에 제1변분을 취하면 다음과 같이 된다.

$$I = \sum_{1}^{Ne} I_e \tag{11.41}$$

$$\delta I = \delta\left(\sum_{1}^{Ne} I_e\right) = \sum_{1}^{Ne} \delta I_e = 0 \tag{11.42}$$

따라서 이 식은 식 (11.39)로부터 다음과 같이 나타내진다.

$$\delta I = \sum_{1}^{Ne} \frac{\partial I_e}{\partial u_{Mi}}\delta u_{Mi} = 0 \tag{11.43a}$$

임의의 δu_{Mi}에 대해서 다음 식이 성립하고

$$\sum_{1}^{Ne}\left(\frac{\partial I_e}{\partial u_{Mi}}\right) = \sum_{1}^{Ne} K_{MiNk}\,u_{Nk} - \sum_{1}^{Ne} T_{Mi} = 0 \tag{11.43b}$$

즉, 최소 퍼텔샬 에너지의 원리에서 구해지는 식 (11.43b)는 가상일의 원리식에서 구해지

는 식 (11.36a)와 같다는 것을 알 수 있다. 이 관계식은 실제 유한요소해석 프로그램에서는 행렬 관계로 나타내진다. 즉, 식 (11.19)의 T_M, 식 (11.36b)의 K를 이용하여 식 (11.36a)의 유한요소방정식을 행렬 관계로 나타내면 다음과 같은 유한요소방정식이 얻어진다.

$$\int [B]^T[D][B]\{u_N\}\,dV - \int [\phi]^T\{P\}\,dS = 0 \tag{11.43c}$$

이 식을 다시 다음과 같이 나타낼 수 있다.

$$\begin{aligned} &[K]^e\{u_N\}^e = \{T\}^e \\ &[K]^e = \int_V [B]^T[D][B]\,dV \\ &\{T\}^e = \int_{S_t} [\phi]^T\{P\}\,dS \end{aligned} \tag{11.44a}$$

여기서 $[K]^e$는 요소의 강성행렬(element stiffness matrix), $\{T\}^e$는 등가 절점력 벡터(equivalent nodal force vector) 그리고 $\{u_N\}^e$는 요소의 절점변위 벡터(nodal displacement vector)이다.

$\sigma_{33} = \sigma_{13} = \sigma_{23} = 0$인 평면응력 문제(plane stress problem)의 경우에 행렬 $[D]$는 다음과 같이 정의되는 값이다. 평면응력 문제의 경우에 ϵ_{33}는 영이 아닌 것에 주의하여야 한다.

$$\begin{Bmatrix} \sigma_{11} \\ \sigma_{22} \\ \sigma_{12} \end{Bmatrix} = \frac{E}{1-\nu^2}\begin{bmatrix} 1 & \nu & 0 \\ \nu & 1 & 0 \\ 0 & 0 & \dfrac{1-\nu}{2} \end{bmatrix}\begin{Bmatrix} \epsilon_{11} \\ \epsilon_{22} \\ 2\epsilon_{12} \end{Bmatrix} \tag{11.44b}$$

$$[D] = \frac{E}{1-\nu^2}\begin{bmatrix} 1 & \nu & 0 \\ \nu & 1 & 0 \\ 0 & 0 & \dfrac{1-\nu}{2} \end{bmatrix} = \begin{bmatrix} D_{11} & D_{12} & D_{13} \\ & D_{22} & D_{23} \\ \text{대칭} & & D_{33} \end{bmatrix} \tag{11.44c}$$

또한 $\epsilon_{33} = \epsilon_{13} = \epsilon_{23} = 0$인 평면변형 문제의 경우에 행렬 $[D]$는 다음과 같이 정의되는 값이다.

$$\begin{Bmatrix} \sigma_{11} \\ \sigma_{22} \\ \sigma_{12} \end{Bmatrix} = \frac{E}{(1+\nu)(1-2\nu)} \begin{bmatrix} 1-\nu & \nu & 0 \\ \nu & 1-\nu & 0 \\ 0 & 0 & \frac{1}{2}-\nu \end{bmatrix} \begin{Bmatrix} \epsilon_{11} \\ \epsilon_{22} \\ 2\epsilon_{12} \end{Bmatrix} \tag{11.44d}$$

$$[D] = \frac{E}{(1+\nu)(1-2\nu)} \begin{bmatrix} 1-\nu & \nu & 0 \\ \nu & 1-\nu & 0 \\ 0 & 0 & \frac{1}{2}-\nu \end{bmatrix} = \begin{bmatrix} D_{11} & D_{12} & D_{13} \\ & D_{22} & D_{23} \\ \text{대칭} & & D_{33} \end{bmatrix} \tag{11.44e}$$

평면변형 문제의 경우에 σ_{33}는 영이 아닌 것이 주의해야 한다. 이 경우에 σ_{33}는 ϵ_{11}과 ϵ_{22}에 의해 다음 식에 의해 구해진다.

$$\sigma_{33} = \frac{E\nu}{(1+\nu)(1-2\nu)}(\epsilon_{11} + \epsilon_{22}) \tag{11.44f}$$

즉, 앞에서 구한 하나의 요소(individual element)에 대한 유한요소 방정식을 중첩과정(assembly process)을 거쳐 전체 요소(overall element)에 대해 중첩시켜 전체 요소에 대한 유한요소 방정식을 유도한다. 이 전체 유한요소 방정식은 미지 절점값(절점변위 및 절점력)에 대한 다원 연립방정식이 되고 여기에 주어진 경계조건을 도입하여 연립방정식의 해를 구하면 모든 요소의 절점에서의 미지 절점변위와 절점력이 구해진다. 만일 요소 내부에서의 변위 값을 구하고자 할 때에는 식 (11.16a)을 이용하면 된다.

11.5 | 적분의 평가

식 (11.36b)의 유한요소 방정식의 계산에 있어서 요소의 강성행렬 K_{MiNk}의 값을 구하기 위해서는 적분계산을 수행하여야 한다. 앞에서 논한 바와 같이 전체 좌표계를 사용하는 대신 자연 좌표계를 이용하여 피적분 항을 표시하면 이 적분계산이 간단해지는 장점이 있다.

일정한 두께 t를 갖는 삼각형 선형요소를 이용한 2차원 유한요소해석 문제에 있어서 식 (11.44a)의 강성행렬 $[K]^e$에 대한 적분은 전체 좌표계와 면적 좌표계간의 변환관계로부터

$$[K]^e = \int_V [B]^T[D][B]\,dV = \int_V [B]^T[D][B]\,t\,dx_1\,dx_2 \tag{11.45a}$$

이 식은 다시 다음과 같이 나타낼 수 있다.

$$\begin{aligned}[K]^e = \int_A F(x_1, x_2)\,dx_1 dx_2 &= \int_0^1\int_0^{1-L_1} F(L_1, L_2, L_3)\det(J)\,dL_2 dL_1 \\ &= \int_0^1\int_0^{1-L_1} H(L_1, L_2, L_3)\,dL_2 dL_1\end{aligned} \tag{11.45b}$$

여기서

$$\begin{aligned}&F(x_1, x_2) = [B]^T[D][B]\,t \\ &H(L_1, L_2, L_3) = F(L_1, L_2, L_3)\det(J) \\ &dx_1 dx_2 = \det(J)\;dL_1\,dL_2\end{aligned} \tag{11.45c}$$

함수 $H(L_1, L_2, L_3)$를 요소 전체의 영역에 걸쳐 적분하는 것은 일반적으로 복잡하고 계산 효율상 바람직하지 않기 때문에 특수한 경우를 제외하고 보통 Gauss의 수치적분방법(Gauss integration method)이 자주 이용된다. 이 방법은 함수의 적분값을 구하는데 있어서 특정한 점, 가우스 적분점(Gauss integration point)이라고 함, 에서의 함수값을 이용하여 평가하는 방법이다. 이 가우스 수치적분방법을 이용하면 삼각형 선형요소를 사용하는 경우에 식 (11.45b)에서 함수 $H(L_1, L_2, L_3)$의 적분은 다음 식으로 근사적으로 평가된다.

$$[K]^e \fallingdotseq \sum_{i=1}^{N_G} W_i H(L_{1i}, L_{2i}, L_{3i}) \tag{11.46}$$

여기서 N_G는 피적분항을 평가하는 점 즉, 가우스 적분점의 총수를 나타내고 W_i는 가중계수(weighting coefficient)이다. 삼각형 선형요소인 경우에는 $W_i = \dfrac{1}{2}$이고 $L_{1i} = L_{2i} = L_{3i} = \dfrac{1}{3}$으로 주어진다. 그러나 삼각형 요소를 사용하는 경우에 요소의 크기가 너무 크지 않으면 대부분의 경우에 식 (11.45a)에 대한 적분은 요소의 면적을 A라고 하면 다음 식으로 근사적으로 평가할 수 있다.

$$[K]^e = \int_V [B]^T[D][B]t\,dx_1 dx_2 \fallingdotseq [B]^T[D][B]t\,A \tag{11.47}$$

한편 1차원 요소를 사용하는 경우에 영역 $-1 \le \xi \le 1$에서 정의된 함수 H(ξ)의 적분은 다음 식으로 근사적으로 나타낼 수 있다.

$$\int_{-1}^{1} H(\xi)\,d\xi \fallingdotseq \sum_{i=1}^{N_G} W_i H(\xi_i) \tag{11.48a}$$

또한, 사각형 요소를 사용하는 경우는 영역 $-1 \le \xi \le 1$, $-1 \le \eta \le 1$에서 정의된 함수 $H(\eta,\ \xi)$의 적분은 다음 식으로 평가된다.

$$\int_{-1}^{1}\int_{-1}^{1} H(\eta,\ \xi)\,d\eta\,d\xi \fallingdotseq \sum_{i=1}^{N_G}\sum_{j=1}^{N_G} W_i W_j H(\eta_i,\ \xi_j) \tag{11.48b}$$

한편, 축대칭 유한요소해석 문제에 있어서 식 (11.44a)의 강성행렬 $[K]^e$에 대한 적분은 다음과 같이 나타내진다.

$$[K]^e = \int_V [B]^T[D][B]dV \fallingdotseq 2\pi\int_{S_e}[B]^T[D][B]x\,dx_1dx_2 \tag{11.49a}$$

여기서 S_e는 그림 11.7에 나타낸 y축 주위로 회전하여 생성된 링 요소의 단면적을 나타낸다.

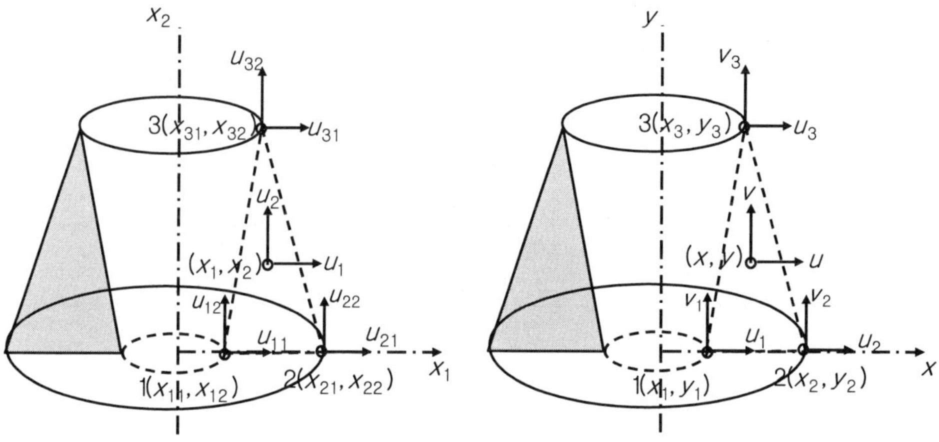

그림 11.7 축대칭 요소

이 식은 다시 면적 좌표계를 이용하면 다음과 같이 표시된다.

$$\begin{aligned}[K] &= \int_A F(x_1, x_2)dx_1dx_2 = \int_0^1\int_0^{1-L_1} F(L_1, L_2, L_3)\det(J)\,dL_2dL_1 \\ &= \int_0^1\int_0^{1-L_1} H(L_1, L_2, L_3)dL_2dL_1\end{aligned} \tag{11.49b}$$

여기서

$$F(x_1, x_2) = 2\pi x_1 [B]^T [D][B], \quad H(L_1, L_2, L_3) = F(L_1, L_2, L_3)\det(J) \quad (11.49c)$$

한편 축대칭 링 요소를 사용하는 경우에 삼각형 요소가 너무 크지 않을 때에는 식 (11.49a)에 대응하는 근사식은 다음 식으로 나타낼 수 있다.

$$[K]^e = 2\pi \int_{S_e} [B]^T [D][B] x_1 \, dx_1 \, dx_2 \doteqdot [B]^T [D][B] 2\pi x_m A \quad (11.49d)$$

여기서 $x_m = (x_{11} + x_{21} + x_{31})/3$은 링 요소의 단면의 도심까지의 거리이다.

이와 같은 가우스 적분법을 이용하면 1차원 요소를 이용하는 경우에 피적분항 $H(\xi)$가 ξ의 $(2N_G-1)$차 다항식까지 완전하게 적분된다. 또한 사각형 요소를 이용하고 η, ξ-방향에 동일하게 N_G개의 적분점을 갖는 경우에 $H(\eta, \xi)$는 η, ξ의 $(2N_G-1)$차 다항식까지 완전하게 적분된다.

표 11.1에 1차원 요소 및 2차원 사각형 요소에 대한 가우스 적분점의 위치 및 가중계수 값을 나타내었고, 이들 적분점 및 가중계수의 기하학적 의미를 그림 11.8에 나타내었다.

표 11.1 가우스 적분점의 위치와 가중계수

적분점의 수 N_G	적분점의 위치, $\xi_i(\eta_i)$	가중계수, $W_i(\omega_j)$
1	0	2.00000000
2	±0.57735027	1.00000000
3	±0.77459667 0.00000000	0.55555556 0.88888889
4	±0.86113631 ±0.33998104	0.34785485 0.65214515

$$\int_{-1}^{1} f(\xi)\, d\xi \cong \sum_{i=1}^{N_G} W_i f(\xi_i)$$

$$\int_{-1}^{1}\int_{-1}^{1} f(\eta, \xi)\, d\eta\, d\xi \cong \sum_{i=1}^{N_G}\sum_{j=1}^{N_G} W_i W_j f(\eta_i, \xi_j) \quad (11.49e)$$

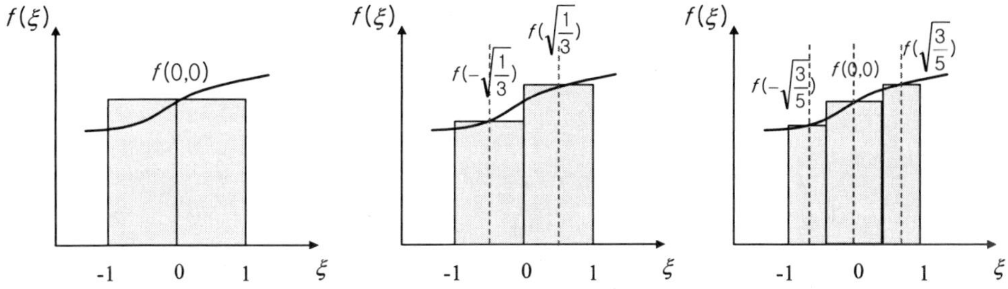

(a) $N_G=1$ (b) $N_G=2$ (c) $N_G=3$

그림 11.8 가우스 적분점 및 가중계수 값

식 (11.44a)를 전 요소에 대해 중첩하여 구해지는 유한요소방정식을 이용하여 경계값 문제에 대한 해를 구하는데 있어서 만일 강성행렬의 모든 성분이 영이 아닌 값을 갖는다면(full matrix) 수치해석적으로 연립방정식의 해를 정도 좋게 구하는 것이 불가능하다. 그러나 강성행렬의 대각선상의 일정한 폭(밴드폭 : bandwidth)에 영이 아닌 성분들이 집중하도록 하면(banded matrix) 수치해의 오차가 줄어들고 계산효율이 향상된다. 강성행렬의 밴드폭의 크기는 절점의 부여방법 또는 요소번호의 부여방법에 따라 달라지기 때문에 가능한 한 밴드폭을 작게 하여 계산효율을 향상시키기 위해서는 인접한 절점 간의 번호차이가 최소가 되도록 하는 것이 좋다.

그림 11.9(a)는 1차원 선형요소를 사용한 경우에 절점번호의 부여방법의 차이에 따른 밴드폭의 차이를 나타낸다. 여기서 강성행렬의 밴드폭은, 자유도×(한 요소 내의 최대 절점번호의 차이+1), 으로 계산된다. 또한 그림 11.9(b)는 요소번호의 부여방법의 차이에 따른 밴드폭의 차이를 나타낸다. 특히 이 경우 밴드폭은 파면(wavefront)라고 한다. 유한요소해석에 대한 해의 정밀도를 높이기 위해서는 적절한 요소의 선정과 최적 요소분할에 대한 검토가 또한 필요하다.

질점번호의 부여

o——o——o——o——o   o——o——o——o——o

1 2 3 4 5   1 5 3 2 4

$$\begin{vmatrix} k_{11} & k_{12} & 0 & 0 & 0 \\ k_{21} & k_{22} & k_{23} & 0 & 0 \\ 0 & k_{32} & k_{33} & k_{34} & 0 \\ 0 & 0 & k_{43} & k_{44} & k_{45} \\ 0 & 0 & 0 & k_{54} & k_{55} \end{vmatrix} \begin{pmatrix} u_1 \\ u_2 \\ u_3 \\ u_4 \\ u_5 \end{pmatrix} \qquad \begin{vmatrix} k_{11} & 0 & 0 & 0 & k_{15} \\ 0 & k_{22} & k_{23} & k_{24} & 0 \\ 0 & k_{32} & k_{33} & 0 & k_{35} \\ 0 & k_{42} & 0 & k_{44} & 0 \\ k_{51} & 0 & k_{53} & 0 & k_{55} \end{vmatrix} \begin{pmatrix} u_1 \\ u_2 \\ u_3 \\ u_4 \\ u_5 \end{pmatrix}$$

밴드폭 : 2   밴드폭 : 5

그림 11.9(a) 강성행렬의 밴드폭

요소번호의 부여

1 2 3 4 5 — ① ② ③ ④

$$\begin{vmatrix} k_{11} & k_{12} & 0 & 0 & 0 \\ k_{21} & k_{22} & k_{23} & 0 & 0 \\ 0 & k_{32} & k_{33} & k_{34} & 0 \\ 0 & 0 & k_{43} & k_{44} & k_{45} \\ 0 & 0 & 0 & k_{54} & k_{55} \end{vmatrix} \begin{pmatrix} u_1 \\ u_2 \\ u_3 \\ u_4 \\ u_5 \end{pmatrix}$$

파면 : 2

1 2 3 4 5 — ① ④ ③ ②

$$\begin{vmatrix} k_{11} & k_{12} & 0 & 0 & 0 \\ k_{21} & k_{22} & 0 & 0 & k_{25} \\ 0 & 0 & k_{33} & k_{34} & k_{35} \\ 0 & 0 & k_{43} & k_{44} & 0 \\ 0 & k_{52} & k_{53} & 0 & k_{55} \end{vmatrix} \begin{pmatrix} u_1 \\ u_2 \\ u_3 \\ u_4 \\ u_5 \end{pmatrix}$$

파면 : 4

그림 11.9 강성행렬의 파면

11.6 | 유한요소해석 예

여기서는 앞 절에서 이미 설명한 유한요소해석 방법을 몇몇 예제에 적용하는 것에 의해 유한요소해석 기술에 대한 독자들의 이해를 돕도록 하였다.

예제 11-1

그림 11.10에 나타낸 것과 같이 길이가 L이고 일정한 단면적 A를 갖는 탄성 봉에 대해서 왼쪽 단을 고정하고($u_o = 0$) 오른쪽 단에 축 방향 하중 T가 작용할 때 봉의 변형, 변형률 및 응력을 구하는 문제를 검토한다. 여기서 물체력은 작용하중과 비교하여 작은 것으로 하여 무시하였다.

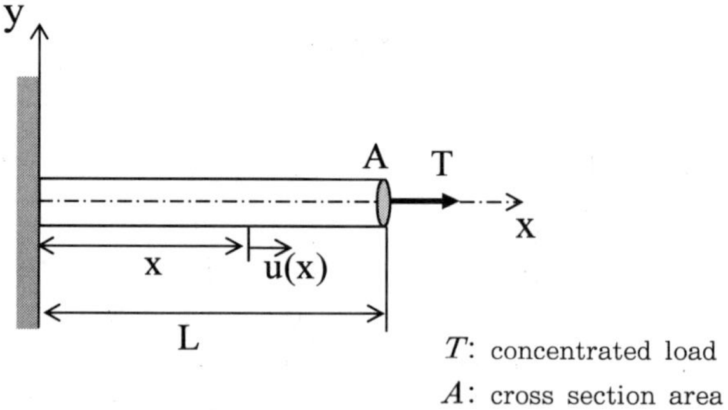

그림 11.10 축하중을 받는 원형단면 탄성 봉

(1) 변분법에 의한 해석

이 문제에 대한 유한요소해석은 선형탄성체에 대한 다음의 퍼텐셜 에너지를 최소화하는 것으로 수행될 수 있다. 즉,

$$I = \frac{1}{2}\int_V \sigma_{ij}\,\epsilon_{ij}\,A dx - \int_S P_i u_i dS \tag{11.50a}$$

그런데 유한요소해석을 위해 탄성 봉을 그림 11-11과 같이 1차원 선형요소로 분할하였을 때 경계조건으로 끝 절점에서 x 축방향으로 하중 T가 주어지고 있으므로 윗 식은 다시 아래의 식으로 나타낼 수 있다.

$$I = \frac{1}{2}\int_1 \sigma_x\,\epsilon_x\,A\,dx - Tu_{x=L} \tag{11.50b}$$

한편 단축변형에 대해 변형률–변위 관계식 (11.17b) $\epsilon_x = \frac{du}{dx}$와 탄성변형에 대한 응력–변형률 관계식 (11.35a) $\sigma_x = E\epsilon_x$가 성립하므로 식 (11.50a)는 다음과 같이 나타내진다.

$$\begin{aligned} I &= \frac{1}{2}\int_0^L A\,E\epsilon_x^2\,dx - Tu_{x=L} \\ &= \frac{1}{2}\left[\int_0^L AE\left(\frac{du}{dx}\right)^2 dx\right] - Tu_{x=L} \\ &= \frac{1}{2}\left[\int_0^{L/2} AE\left(\frac{du}{dx}\right)^2 dx + \int_{L/2}^{L} AE\left(\frac{du}{dx}\right)^2 dx\right] - Tu_{x=L} \end{aligned} \tag{11.50c}$$

위의 퍼텐셜 에너지 I를 최소화하는 문제는 평형방정식 $\frac{d\sigma_x}{dx} = 0$, 변형률–변위 관계식 $\epsilon_x = \frac{du}{dx}$ 그리고 응력–변형률 관계식 $\sigma_x = E\epsilon_x$에 의해 유도되는 다음의 미분방정식(differential equation)을 경계조건 하에서 푸는 문제와 등가임을 알 수 있다(연습문제 10을 참조),

$$AE\,\frac{d^2u}{dx^2} = 0, \qquad (0 < x < L) \tag{11.51}$$

본 예제의 변위 및 외력에 대한 경계조건은 다음과 같다.

$$\begin{aligned} u &= 0, &\quad x = 0\text{에서} \\ A\sigma_x &= T, &\quad x = L\text{에서} \end{aligned} \tag{11.52}$$

경계조건으로 물성값이 0으로 주어지는 경우를 균질 경계조건(homogeneous boundary

condition), 영이 아닌 값으로 주어지는 경우를 비균질 경계조건(nonhomogeneous boundary condition)이라고 부른다.

유한요소해석을 위해 탄성 봉을 2개의 1차원 선형요소로 분할하고 왼쪽 단에서부터 순서대로 절점을 0, 1, 2로 부여한다(그림 11.11). 즉 절점 0, 1에 의해 이루어진 영역 (0, $L/2$)를 요소 1이라고 하고, 절점 1, 2에 의해 이루어진 영역 ($L/2$, L)을 요소 2라고 정의한다.

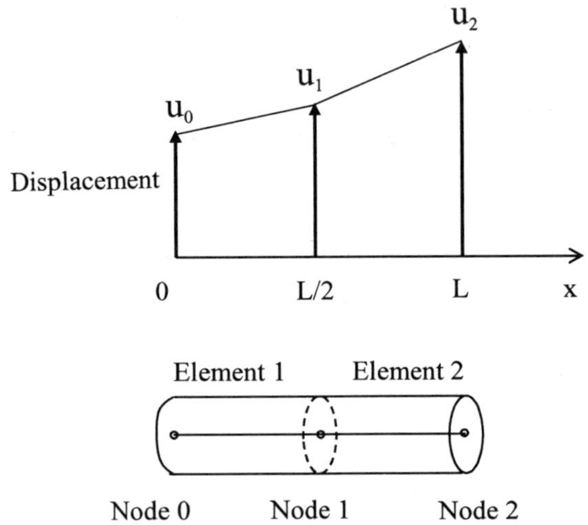

그림 11.11a 탄성봉의 1차원 유한요소분할

한편 각 요소 내에서는 변위 u가 선형적으로 변하고 있으므로 변위는 다음과 같이 나타낼 수 있다.

$$u = a_0 + a_1 x \tag{11.53}$$

절점 0, 1, 2에서의 변위를 각각 u_0, u_1, u_2라고 하면 식 (11.53)의 변위 u는 각 절점에서의 변위 u_i와 형상함수 ϕ_N으로 다음과 같이 나타낼 수 있다.

$$\begin{aligned} &u = \phi_0 u_0 + \phi_1 u_1, \qquad (0 < x < L/2) \\ &\phi_0 = \frac{L/2 - x}{L/2}, \quad \phi_1 = \frac{x}{L/2} \end{aligned} \tag{11.54}$$

$$\begin{aligned} &u = \phi_1 u_1 + \phi_2 u_2, \qquad (L/2 < x < L) \\ &\phi_1 = \frac{L - x}{L/2}, \quad \phi_2 = \frac{x - L/2}{L/2} \end{aligned} \tag{11.55}$$

다음에 윗 식의 변위 u를 이용하여 퍼텐셜 에너지 I를 나타낸다. 그런데 변위 u가 요소마다 절점변위의 함수로 표시되어 있으므로 적분영역도 요소마다 분할하여 평가하는 것으로 한다. 따라서 식 (11.50c)을 다음과 같이 나타낼 수 있다.

$$I = I_1 + I_2 \tag{11.56}$$

여기서

$$\begin{aligned} I_1 &= \frac{1}{2}\int_0^{L/2} AE\left(\frac{du}{dx}\right)^2 dx \qquad (0 < x < L/2) \\ I_2 &= \frac{1}{2}\int_{L/2}^{L} AE\left(\frac{du}{dx}\right)^2 dx - T u_{x=L} \qquad (L/2 < x < L) \end{aligned} \tag{11.57}$$

단, 외부하중 T는 요소 2에 작용하는 것으로 I_2에 하중 T에 의한 일량의 기여를 고려한다. 따라서 요소 1의 퍼텐셜 에너지 I_1은 요소 1내에서 변위 식 (11.54)와 다음의 변형률-변위 관계식을 이용하여 절점에서의 변위들의 함수로 나타낼 수 있다.

$$\epsilon_x = \frac{du}{dx} = \frac{d}{dx}\left(\frac{L/2 - x}{L/2}\right) + \frac{d}{dx}\left(\frac{x}{L/2}\right) = \frac{u_1 - u_0}{L/2} \tag{11.58}$$

따라서

$$\begin{aligned} I_1 &= \frac{1}{2}\int_0^{L/2} AE \frac{1}{(L/2)^2}(u_1 - u_0)^2\, dx \\ &= \frac{1}{2}\frac{AE}{(L/2)}(u_1 - u_0)^2 \end{aligned} \tag{11.59a}$$

또한 요소 2의 퍼텐셜 에너지는 요소 2에서 변위 식 (11.55)를 이용하여 동일한 방법으로 계산하면 다음과 같이 된다.

$$I_2 = \frac{1}{2}\frac{AE}{(L/2)}(u_2 - u_1)^2 - Tu_2 \tag{11.59b}$$

여기서 $u_{(x=L)} = u_2$이다. 따라서 전체 요소에 대한 퍼텐셜 에너지 I는 다음과 같이 된다.

$$I = I_1 + I_2 = \frac{1}{2}\frac{AE}{L/2}(u_1 - u_0)^2 + \frac{1}{2}\frac{AE}{(L/2)}(u_2 - u_1)^2 - Tu_2 \tag{11.60}$$

위 식은 퍼텐셜 에너지 식 (11.50a)를 유한요소로 표시한 것으로 오른쪽 항은 각 요소의 미지 절점변위에 의해 표시되었음을 알 수 있다.

따라서 퍼텐셜 에너지의 정류원리에 의해서 I를 최소로 하는 절점변위를 구하면 이것이 본 예제의 해가 된다. 퍼텐셜 에너지는 절점변위 $\{u_N\}^T = (u_0, u_1, u_2)$의 함수이므로 이들에 대해 I를 최소화하면 된다. 즉, 변분원리에 의해 다음 식이 성립한다.

$$\delta I = 0 \tag{11.61}$$

즉,

$$\begin{aligned} \delta I &= \frac{\partial I}{\partial u_N}\delta u_N \\ &= \frac{\partial I}{\partial u_0}\delta u_0 + \frac{\partial I}{\partial u_1}\delta u_1 + \frac{\partial I}{\partial u_2}\delta u_2 \\ &= 0 \end{aligned} \tag{11.62}$$

윗식은 최종적으로 u_0, u_1, u_2에 대해서 다음 식을 만족시킨다.

$$\delta I = \frac{\partial I}{\partial u_0}\delta u_0 + \frac{\partial I}{\partial u_1}\delta u_1 + \frac{\partial I}{\partial u_2}\delta u_2 = 0 \tag{11.63a}$$

즉,

$$\begin{aligned} \frac{\partial I}{\partial u_0} &= \frac{AE}{(L/2)}(u_0 - u_1) = 0 \\ \frac{\partial I}{\partial u_1} &= \frac{AE}{(L/2)}(-u_0 + 2u_1 - u_2) = 0 \\ \frac{\partial I}{\partial u_2} &= \frac{AE}{(L/2)}(-u_1 + u_2) - T = 0 \end{aligned} \tag{11.63b}$$

이 연립 1차방정식을 행렬로 표시하면 다음과 같다.

$$\begin{bmatrix} k & -k & 0 \\ -k & 2k & -k \\ 0 & -k & k \end{bmatrix} \begin{Bmatrix} u_0 \\ u_1 \\ u_2 \end{Bmatrix} = \begin{Bmatrix} 0 \\ 0 \\ T \end{Bmatrix} \tag{11.64a}$$

이것이 문제에 대한 유한요소방정식이다. 여기서 $k = \dfrac{2AE}{L}$ 이다.

이 식은 식 (11.62)를 각각의 요소에 대한 퍼텐샬에너지를 최소화하는 문제로 간주하여 다음과 같이 유도할 수도 있다.

$$\delta I = \frac{\partial I}{\partial u_N}\delta u_N = \frac{\partial I_1}{\partial u_N}\delta u_N + \frac{\partial I_2}{\partial u_N}\delta u_N = 0 \tag{11.64b}$$

따라서 요소 1에 대해서는 $\dfrac{\partial I_1}{\partial u_N} = 0 \quad (i = 0, 1)$가 만족하여 다음 관계가 성립한다.

$$\begin{aligned} \frac{\partial I_1}{\partial u_0} &= \frac{AE}{L/2}(u_0 - u_1) = 0 \\ \frac{\partial I_1}{\partial u_1} &= -\frac{AE}{L/2}(u_0 - u_1) = 0 \end{aligned} \tag{11.64c}$$

한편 요소 2에 대해서는 $\dfrac{\partial I_2}{\partial u_N} = 0 \quad (i = 1, 2)$가 만족하여 다음 관계가 성립한다.

$$\begin{aligned} \frac{\partial I_2}{\partial u_1} &= -\frac{AE}{L/2}(u_2 - u_1) = 0 \\ \frac{\partial I_2}{\partial u_2} &= \frac{AE}{L/2}(u_2 - u_1) - T = 0 \end{aligned} \tag{11.64d}$$

이들 식으로부터 각 요소에 대해서 유한요소방정식을 구성하면 다음과 같다. 요소 1의 경우는 식 (11.64c)로부터 다음과 같이 나타내진다.

$$\frac{AE}{(L/2)}\begin{bmatrix} 1 & -1 \\ -1 & 1 \end{bmatrix}\begin{Bmatrix} u_0 \\ u_1 \end{Bmatrix} = \begin{Bmatrix} 0 \\ 0 \end{Bmatrix} \tag{11.64e}$$

즉,

$$\begin{bmatrix} k & -k & 0 \\ -k & k & 0 \\ 0 & 0 & 0 \end{bmatrix}\begin{Bmatrix} u_0 \\ u_1 \\ u_2 \end{Bmatrix} = \begin{Bmatrix} 0 \\ 0 \\ 0 \end{Bmatrix} \tag{11.64f}$$

요소 2의 경우는 식 (11.64d)로부터 다음과 같이 나타내진다.

$$\frac{AE}{(L/2)}\begin{bmatrix} 1 & -1 \\ -1 & 1 \end{bmatrix}\begin{Bmatrix} u_1 \\ u_2 \end{Bmatrix} = \begin{Bmatrix} 0 \\ T \end{Bmatrix} \tag{11.64g}$$

즉,

$$\begin{bmatrix} 0 & 0 & 0 \\ 0 & k & -k \\ 0 & -k & k \end{bmatrix}\begin{Bmatrix} u_0 \\ u_1 \\ u_2 \end{Bmatrix} = \begin{Bmatrix} 0 \\ 0 \\ T \end{Bmatrix} \tag{11.64h}$$

따라서 두 요소에 대한 각각의 유한요소방정식, 식 (11.64f)와 식 (11.64h)을 중첩하여 전체 요소에 대한 유한요소방정식을 나타내면 식 (11.64a)와 같은 결과를 얻을 수 있다.

식 (11.44a)에서 $[K]$는 전체요소에 대한 강성행렬이며 본 예제의 경우는 대칭행렬이다.

$$[K]=\begin{bmatrix} k_{11} & k_{12} & k_{13} \\ k_{21} & k_{22} & k_{23} \\ k_{31} & k_{32} & k_{33} \end{bmatrix}=\begin{bmatrix} k & -k & 0 \\ -k & 2k & -k \\ 0 & -k & k \end{bmatrix} \tag{11.65a}$$

식 (11.64a)에 변위 경계조건을 도입하는 방법에는 정적 축약법(static condensation method), 직접 대입법, 페널티법(penalty method) 등 여러 방법이 있다.

먼저 정적 축약법에서는 유한요소 방정식을 변위가 알려진 절점(E-절점으로 명명)과 변위가 미지(未知)이고 변위값을 구해야 하는 절점(F-절점으로 명명)에 대한 방정식으로 분할한다. 따라서 식 (11.64a)는 다음과 같이 분할표현 할 수 있다.

$$\left[\begin{array}{c|cc} k & -k & 0 \\ \hline -k & 2k & -k \\ 0 & -k & k \end{array}\right]\begin{Bmatrix} u_0 \\ \hline u_1 \\ u_2 \end{Bmatrix}=\begin{Bmatrix} 0 \\ \hline 0 \\ T \end{Bmatrix} \tag{11.65b}$$

또는

$$\begin{bmatrix} K_E & K_{EF} \\ K_{EF}^T & K_F \end{bmatrix}\begin{Bmatrix} d_E \\ d_F \end{Bmatrix}=\begin{Bmatrix} f_E \\ f_F \end{Bmatrix} \tag{11.65c}$$

여기서 d_E는 기지(既知)의 절점 변위, d_F는 미지의 절점 변위를 나타낸다. 이 유한요소 방정식에서 미지의 절점 변위 d_F와 미지의 반력 f_E는 각각 다음과 같이 구해진다.

$$d_F= K_F^{-1}(f_F- K_{EF}^T d_E) \tag{11.65d}$$

$$f_E= K_E d_E+ K_{EF} d_F \tag{11.65e}$$

따라서 식 (11.65d)를 구체적으로 나타내면 다음과 같다.

$$\begin{Bmatrix} u_1 \\ u_2 \end{Bmatrix}=\begin{bmatrix} 2k & -k \\ -k & k \end{bmatrix}^{-1}\left(\begin{Bmatrix} 0 \\ T \end{Bmatrix}-\begin{Bmatrix} -k \\ 0 \end{Bmatrix} u_o\right) \tag{11.65f}$$

$u_0=0$인 경계 조건으로부터 u_1, u_2는 다음과 같이 계산된다.

$$u_0= 0$$

$$u_1= \frac{TL}{2AE} \tag{11.66a}$$

$$u_2= \frac{TL}{AE}$$

한편 직접 대입법에서는 변위 경계조건이 주어진 절점에 대응하는 행렬값을 0으로 하여 푸는 방법이다. 이 경우에 유한요소 방정식은 다음과 같이 나타내진다.

$$\begin{bmatrix} 1 & 0 & 0 \\ 0 & 2k & -k \\ 0 & -k & k \end{bmatrix} \begin{Bmatrix} u_0 \\ u_1 \\ u_2 \end{Bmatrix} = \begin{Bmatrix} 0 \\ 0 \\ T \end{Bmatrix} \tag{11.66b}$$

여기서 $k = 2AE/L$ 이다. 따라서 직접대입법의 경우에는 강성행렬이 다음과 같이 나타내진다.

$$[K] = \begin{bmatrix} k_{11} & k_{12} & k_{13} \\ k_{21} & k_{22} & k_{23} \\ k_{31} & k_{32} & k_{33} \end{bmatrix} = \begin{bmatrix} 1 & 0 & 0 \\ 0 & 2k & -k \\ 0 & -k & k \end{bmatrix} \tag{11.66c}$$

경계조건으로 절점 0에서 u_0는 0으로 주어지고 있으므로 이 경계조건 하에서 위 식을 연립하여 풀면 미지의 절점변위 u_0, u_1, u_2가 식 (11.66a)와 동일한 값으로 주어진다.

식 (11.66a)의 미지의 변위값은 식 (11.64a)에 $u_o = 0$인 경계조건을 대입하여 구해졌으나 유한요소해석에서 일반적으로 경계조건을 도입하는 방법으로는 벌칙함수방법(penalty function method)이 자주 사용된다. 즉, 본 문제에서와 같이 절점 0에서 변위 u_0가 지정되어 있는 경우($U_0 = 0$)는 대응하는 강성행렬에 매우 큰 값의 벌칙인수(penalty parameter) ψ, 통상 $\psi = Max(k_{ij}) \times 10^4$ ($\approx 10^{13} \sim 10^{15}$ 정도), 를 곱하여 ψk_{11}으로 하고 또한 대응하는 하중에 $\psi k_{11} U_0$을 더하여 유한요소방정식을 다음과 같이 수정한다.

$$\begin{bmatrix} \psi k_{11} & k_{12} & k_{13} \\ & k_{22} & k_{23} \\ \text{대칭} & & k_{33} \end{bmatrix} \begin{Bmatrix} u_0 \\ u_1 \\ u_2 \end{Bmatrix} = \begin{Bmatrix} 0 + \psi k_{11} U_0 \\ 0 \\ T \end{Bmatrix} \tag{11.67}$$

따라서 전개한 형태로

$$\psi k_{11} u_0 + k_{12} u_1 + k_{13} u_2 = 0 + \psi k_{11} U_0 \tag{11.68}$$

을 얻고 여기서 u_0를 구하면 다음과 같이 나타내진다.

$$u_0 = \frac{\psi k_{11} U_0 - \{k_{12} u_1 - k_{13} u_2\}}{\psi k_{11}} \tag{11.69}$$

그런데 이 식에서 분자의 ψk_{11}항은 분모의 괄호안의 기타 항보다 매우 크므로 근사적으로 $u_0 \fallingdotseq 0$ 가 성립하는 것이 된다.

위에서는 유한요소방정식에 경계조건(구속조건)을 도입하는 방법으로 강성행렬 k_{11}에 벌칙인수를 직접 곱하는 방법을 택하였다. 또 다른 방법으로 절점이 u_o으로 구속된 위치에서 매우 큰 벌칙인수 ψ(스프링의 강성과 등가)를 갖는 스프링(spring)이 존재한다고 가정하고 스프링의 처짐량 U_o에 의한 다음의 탄성에너지가 계에 추가된다고 가정하는 방법이 있다.

$$I_k = \frac{1}{2}\psi(u_o - U_o)^2 \tag{11.70a}$$

이 경우에 본 예제의 문제는 식 (11.50c)에 스프링에 의한 에너지가 추가된 다음의 보조함수 I_p (augmented function)를 최소화하는 문제로 귀착된다.

$$\begin{aligned} I_p &= \frac{1}{2}\int_0^L AE\,\epsilon_x^2\,dx - Tu_2 + \frac{1}{2}\psi(u_0 - U_0)^2 \\ &= \frac{1}{2}\int_0^L AE\,\epsilon_x^2\,dx + \frac{\psi}{2}\{u_0^2 - 2u_0U_0 + U_0^2\} - Tu_2 \end{aligned} \tag{11.70b}$$

여기서 매우 큰 벌칙인수 ψ에 구속조건의 제곱을 곱한 함수형태, $\frac{1}{2}\psi(u_o - U_o)^2$,를 벌칙함수(penalty function)라고 부른다. 따라서 식 (11.70b)로 부터 $\frac{\partial I_p}{\partial u_i} = 0\ \ (i = 0, 1, 2)$를 구하여 행렬표시하면 최종적으로 다음 식이 얻어진다.

$$\begin{bmatrix} k_{11}+\psi & k_{12} & k_{13} \\ & k_{22} & k_{23} \\ \text{대칭} & & k_{33} \end{bmatrix}\begin{Bmatrix} u_0 \\ u_1 \\ u_2 \end{Bmatrix} = \begin{Bmatrix} 0+\psi U_0 \\ 0 \\ T \end{Bmatrix} \tag{11.71}$$

따라서 이 식을 전개한 형태로 부터

$$(k_{11}+\psi)u_0 + k_{12}u_1 + k_{13}u_3 = 0 + \psi U_0 \tag{11.72a}$$

즉

$$\frac{k_{11}+\psi}{\psi}u_0 + \frac{k_{12}}{\psi}u_1 + \frac{k_{13}}{\psi}u_3 = \frac{0+\psi U_0}{\psi} \tag{11.72b}$$

매우 큰 값의 벌칙인수 ψ에 대해서 결국 $u_0 \fallingdotseq U_o(=0)$가 되어 앞의 방법과 동일한 결과가 얻어짐을 알 수 있다.

이상에서 절점변위가 구해졌으므로 요소 내의 변위는 식 (11.54)와 식 (11.55)에 의해 다음과 같이 나타낼 수 있다.

$$u = \phi_0 u_0 + \phi_1 u_1 = \left(\frac{L/2 - x}{L/2}\right) \times 0 + \left(\frac{x}{L/2}\right) \times \frac{TL}{2AE}$$
$$= \frac{1}{AE} Tx, \qquad (0 < x < L/2) \tag{11.73}$$

$$u = \phi_1 u_1 + \phi_2 u_2 = \left(\frac{L - x}{L/2}\right) \times \frac{TL}{2AE} + \left(\frac{x - L/2}{L/2}\right) \times \frac{TL}{AE}$$
$$= \frac{1}{AE} Tx, \qquad (L/2 < x < L) \tag{11.74}$$

따라서 변형률은 $\epsilon_x = \dfrac{du}{dx}$ 관계로부터 다음과 같이 나타내진다.

$$\epsilon_x = \frac{T}{AE}, \qquad (0 < x < L/2) \tag{11.75a}$$

$$\epsilon_x = \frac{T}{AE}, \qquad (L/2 < x < L) \tag{11.75b}$$

또한 응력은 $\sigma_x = E\epsilon_x$의 관계로부터 다음과 같이 나타내진다.

$$\sigma_x = \frac{T}{A}, \qquad (0 < x < L/2) \tag{11.76a}$$

$$\sigma_x = \frac{T}{A}, \qquad (L/2 < x < L) \tag{11.76b}$$

이상의 유한요소해석에서 식 (11.73)~식 (11.76b)으로 구한 u, ϵ_x, σ_x는 미분방정식 (11.51)을 경계조건 식 (11.52) 하에서 해석적으로 구한 결과와 일치하고 있음을 알 수 있다.

(2) 직접강성법 의한 해석

위에서는 변분법에 기초하여 유한요소방정식을 유도하였다. 이 문제는 직접강성법을 이용하여 아래와 같이 해석할 수도 있다. 즉, 탄성 봉을 두 개의 선형요소로 분할하였을 때 각 요소의 끝 단에 작용하는 힘과 변위를 다음과 같이 나타낼 수 있다.

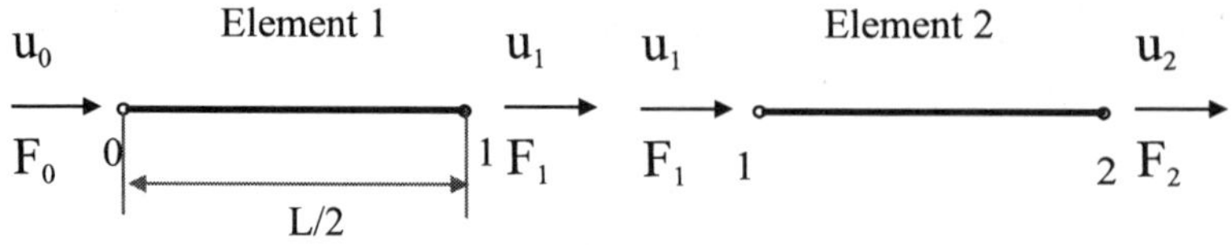

$$\sigma = E\varepsilon \quad , \quad \frac{F_o}{A} = E\frac{u_1 - u_0}{L/2}$$

$$F_o = \frac{AE}{L/2}(u_0 - u_1) = k(u_0 - u_1) \qquad (= -F_1)$$

$$F_1 = \frac{AE}{L/2}(u_1 - u_0) = k(u_1 - u_0)$$

그림 11.11(b) 탄성 봉의 유한요소분할

이 경우에 각각의 요소에 대한 유한요소방정식은 다음과 같이 나타내진다.

$$\begin{bmatrix} k & -k \\ -k & k \end{bmatrix} \begin{Bmatrix} u_0 \\ u_1 \end{Bmatrix} = \begin{Bmatrix} F_0 \\ F_1 \end{Bmatrix}, \ (\text{요소1}) \tag{11.77a}$$

$$\begin{bmatrix} k & -k \\ -k & k \end{bmatrix} \begin{Bmatrix} u_1 \\ u_2 \end{Bmatrix} = \begin{Bmatrix} F_1 \\ F_2 \end{Bmatrix}, \ (\text{요소 2}) \tag{11.77b}$$

따라서 전체 요소에 대한 유한요소방정식을 중첩하여 나타내면 다음과 같다.

$$\begin{bmatrix} k & -k & 0 \\ -k & 2k & -k \\ 0 & -k & k \end{bmatrix} \begin{Bmatrix} u_o \\ u_1 \\ u_2 \end{Bmatrix} = \begin{Bmatrix} F_0 \\ F_1 \\ F_2 \end{Bmatrix} \tag{11.78a}$$

경계조건으로 절점 0에서 변위 u_0는 0으로 주어지고 있고, 절점 2에서 하중 F_2는 T로 주어지고 있으므로 이 경계조건하에서 위 식을 정적축약법을 이용하여 풀면 미지의 절점 변위 u_1, u_2가 식 (11.66a)와 동일한 값이 된다는 것을 알 수 있다.

$$\begin{bmatrix} k & -k & 0 \\ -k & 2k & -k \\ 0 & -k & k \end{bmatrix} \begin{Bmatrix} 0 \\ u_1 \\ u_2 \end{Bmatrix} = \begin{Bmatrix} F_0 \\ F_1 \\ T \end{Bmatrix} \tag{11.78b}$$

한편 절점 0에서 반력 F_0는 식 (11.78b)로부터 다음과 같이 구해진다.

$$F_0 = k \times u_o + (-k) \times u_1 + 0 \times u_2 = -T \tag{11.78c}$$

이상에서와 같이 간단한 문제의 트러스(truss) 구조물이나 스프링 구조물과 같이 간단한 1차원 구조물의 경우에는 직접강성법을 이용하여 문제를 풀 수도 있다.

예제 11-2

앞의 예제에서는 탄성 봉을 2개의 1차원 선형요소로 분할하여 전체의 퍼텐샬에너지를 최소화하는 방법에 의해 응력과 변형률을 구하였으나 여기서는 탄성 봉을 하나의 고차요소로 간주하고 가상일의 원리에 의해 얻어지는 유한요소방정식, 식 (11.44a)를 직접 이용하여 해를 구하는 경우에 대해서 설명한다.

먼저 탄성 봉을 그림 11-12와 같이 하나의 1차원 고차(2차)요소로 간주하면 임의의 위치 x에서 변위 u는 다음과 같이 나타낼 수 있다.

$$u = a_0 + a_1 x + a_2 x^2 \tag{11.79}$$

따라서 각 절점에서 변위 u_i와 형상함수 ϕ_i에 의해 다음과 같이 표시된다.

$$u = \phi_0 u_0 + \phi_1 u_1 + \phi_2 u_2 = [\phi_0\ \phi_1\ \phi_2]\begin{Bmatrix} u_0 \\ u_1 \\ u_2 \end{Bmatrix} = [\phi]\{u_N\} \tag{11.80}$$

여기서

$$\begin{aligned} \phi_0 &= \left(1 - \frac{2x}{L}\right)\left(1 - \frac{x}{L}\right) \\ \phi_1 &= \frac{4x}{L}\left(1 - \frac{x}{L}\right) \\ \phi_2 &= -\frac{x}{L}\left(1 - \frac{2x}{L}\right) \end{aligned} \tag{11.81}$$

한편 절점에서 변위 요소의 변형률을 관계지어주는 [B] 행렬과 강성행렬 [K]는 각각 다음과 같이 나타내진다.

$$\begin{aligned} [B] &= \frac{\partial[\phi(x)]}{\partial x} \\ &= \left[\left(-\frac{3}{L} + \frac{4x^2}{L^2}\right)\left(\frac{4}{L} - \frac{8x}{L^2}\right)\left(-\frac{1}{L} + \frac{4x}{L^2}\right)\right] \end{aligned} \tag{11.82}$$

$$[K] = \int_0^L AE[B(x)]^T[B(x)]dx \tag{11.83}$$

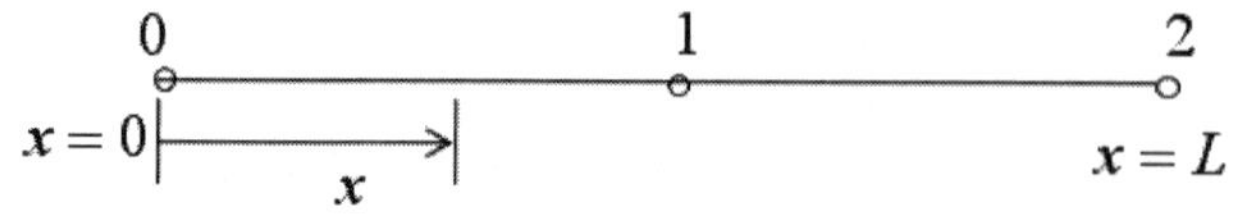

그림 11.12 탄성 봉의 2차요소 분할

식 (11.83)은 앞의 예제에서와 같이 직접적분이 가능하나 여기서는 식 (11.47)으로 정의되는 가우스 적분을 이용하기로 한다. 한편 가우스 적분을 이용하기 위해서는 전체 좌표계 x와 자연 좌표계 ξ의 관계

$$x = \frac{1}{2}(L-0)\xi + \frac{1}{2}(L+0) = 0.5L\,\xi + 0.5$$
$$dx = 0.5L\,d\xi, \qquad -1 \leqq \xi \leqq 1 \tag{11.84}$$

를 이용하면 식 (11.83)은 다음과 같이 나타낼 수 있다.

$$\begin{aligned}[K] &= \int_{-1}^{1} AE[B(\xi)]^T[B(\xi)]0.5L\,d\xi \\ &= \int_{-1}^{1} H(\xi)d\xi\end{aligned} \tag{11.85}$$

$$H(\xi) = 0.5LAE[B(\xi)]^T[B(\xi)]$$

여기서 가우스 적분점을 $N_G = 3$으로 하면 표 11.1의 ξ_i, W_i값을 이용하여 식 (11.85)는 다음과 같이 평가된다.

$$[K] = \sum_{i=1}^{3} H(\xi_i)\,W_i \tag{11.86}$$

$$\xi_1 = -0.77459, \qquad W_1 = 0.5555$$
$$\xi_2 = 0.0, \qquad W_2 = 0.8888$$
$$\xi_3 = 0.77459, \qquad W_3 = 0.5555$$

따라서 식 (11.86)의 강성행렬의 구체적인 값은 다음과 같다.

$$[K] = \sum_{i=1}^{3} 0.5LAE\,W_i \begin{bmatrix} k_{11} & k_{12} & k_{13} \\ & k_{22} & k_{23} \\ \text{대 칭} & & k_{33} \end{bmatrix} \tag{11.87}$$

여기서

$$
\begin{aligned}
k_{11} &= \left(-\frac{3}{L}+\frac{4x^2}{L^2}\right)^2, \qquad k_{12} = \left(-\frac{3}{L}+\frac{4x^2}{L^2}\right)\left(\frac{4}{L}-\frac{8x}{L^2}\right) \\
k_{13} &= \left(-\frac{3}{L}+\frac{4x^2}{L^2}\right)\left(-\frac{4}{L}+\frac{4x}{L^2}\right) \\
k_{22} &= \left(\frac{4}{L}-\frac{8x}{L^2}\right)^2, \qquad k_{12} = \left(\frac{4}{L}-\frac{8x}{L^2}\right)\left(-\frac{1}{L}+\frac{4x}{L^2}\right) \\
k_{33} &= \left(-\frac{1}{L}+\frac{4x}{L^2}\right)^2
\end{aligned}
\tag{11.88}
$$

또한 $x = 0.5L\xi_i + 0.5$이다.

상기 강성행렬 $[K]$의 구체적인 값을 구하기 위해 계산 편의상 $L = 1$을 가정하면 최종적으로 다음 값이 얻어진다.

$$
[K] = 0.5AE\begin{bmatrix} 8.3999146 & -5.332708 & -6.999574 \\ & 10.66542 & -5.332708 \\ & \text{대칭} & 4.666154 \end{bmatrix} \tag{11.89}
$$

따라서 앞에서 논한 바와 같이 이 강성행렬을 이용하여 경계조건, $u_0=0$, 하에서 다음의 유한요소방정식을

$$
\begin{bmatrix} 8.3999146 & -5.332708 & -6.999574 \\ & 10.66542 & -5.332708 \\ & \text{대칭} & 4.666154 \end{bmatrix}\begin{Bmatrix} u_0 \\ u_1 \\ u_2 \end{Bmatrix} = \begin{Bmatrix} 0+\psi U_0 \\ 0 \\ T \end{Bmatrix} \tag{11.90}
$$

풀면 각 절점에서의 변위가 다음과 같이 구해진다.

$$
\begin{aligned}
u_0 &= 0 \\
u_1 &= \frac{T}{2.000402AE} \\
u_2 &= \frac{T}{0.9997994AE}
\end{aligned}
\tag{11.91}
$$

따라서 요소 내의 변위는 식 (11.80)과 식 (11.91)로부터 다음 식으로 나타내지고

$$
\begin{aligned}
u &= \phi_0 u_0 + \phi_1 u_1 + \phi_2 u_2 \\
&= 0 + \left(\frac{4xL - 4x^2}{L^2}\right)u_1 - \left(\frac{Lx - 2x^2}{L^2}\right)u_2 \\
&= 0 + (4x - 4x^2)u_1 - (x - 2x^2)u_2 \qquad (L = 1)
\end{aligned} \tag{11.92}
$$

변형률은 정의에 따라서 다음과 같이 나타내진다.

$$
\begin{aligned}
\epsilon_x = \frac{du}{dx} &= \left(\frac{4L - 8x}{L^2}\right)u_1 - \left(\frac{L - 4x}{L^2}\right)u_2 \\
&= (4 - 8x)u_1 - (1 - 4x)u_2 \qquad (L = 1)
\end{aligned} \tag{11.93}
$$

이 된다. 또한 응력은 $\sigma_x = E\epsilon_x$의 관계로부터 다음과 같이 나타내진다.

$$
\begin{aligned}
\sigma_x &= E\left\{\left(\frac{4L - 8x}{L^2}\right)u_1 - \left(\frac{L - 4x}{L^2}\right)u_2\right\} \\
&= E\{(4 - 8x)u_1 - (1 - 4x)u_2\} \qquad (L = 1)
\end{aligned} \tag{11.94}
$$

본 예제 11-2에서와 같이 고차요소를 사용하는 경우는 선형요소를 사용하는 예제 11-1의 경우와는 달리 변형률과 응력은 식 (11.93)과 식 (11.94)에서 알 수 있듯이 요소 내에서 위치에 따라서 선형적으로 변화하고 있음을 알 수 있다. 참고로 $x = L = 1$ 및 $x = L/2 = 1/2$에서 응력은 다음과 같이 나타내진다.

$$
\begin{aligned}
\sigma_x &= 1.00020064\frac{T}{A}, \qquad x = \frac{L}{2} = \frac{1}{2} \\
\sigma_x &= 1.00100384\frac{T}{A}, \qquad x = L = 1
\end{aligned} \tag{11.95}
$$

예제 11-3

여기서는 그림 11-13에 나타낸것과 같이 간단한 형상의 구조물을 2개의 삼각형 선형요소로 유한요소 분할하여 절점의 변위와 구조물에 작용하는 응력을 구하는 문제를 검토한다. 구조물은 평면응력 상태 하에 있는 것으로 하고 물체력은 작용하중과 비교하여 작은 것으로 하여 무시한다. 또한 절점 3과 절점 4 에서는 x방향과 y방향의 변위가 구속되어 있고, 절점 1에서는 y방향의 변위가 구속되어 있다고 가정한다. 또한 재료의 두께는 0.5in, 영률은 $30 \times 10^6\,\psi$, 포아송비는 0.25로 가정한다.

이 문제에 대한 유한요소방정식, 식 (11.44a)를 풀어서 미지 절점변위 $\{u_N\}$을 구하기 위해서는 먼저 절점의 변위와 변형률을 나타내는 행렬 $[B]$와 변형률과 응력의 관계를 나타내는 탄성계수행렬 $[D]$를 구해야 한다.

이하에서는 절점 1, 2, · · N의 변위를 나타내는 변위벡터 $\{u_N\}$의 표기를 다음과 같이 나타내기로 한다.

$$\begin{aligned}\{u_N\}^T &= (u_{11}, u_{12}, u_{21}, u_{22}, \cdot, \cdot, u_{N1}, u_{n2}) \\ &= (u_1, u_2, u_3, u_4, \cdot, \cdot, u_{2N-1}, u_{2N})\end{aligned} \tag{11.96a}$$

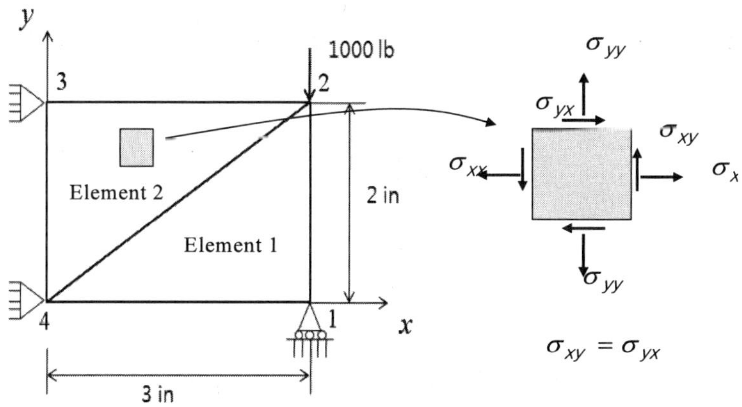

그림 11.13 평면응력 하에 있는 구조물의 유한요소분할

행렬 $[B]$는 식 (11.17f)의 정의에 따라

$$[B] = \begin{bmatrix} \phi_{1,1} & 0 & \phi_{2,1} & 0 & \phi_{3,1} & 0 \\ 0 & \phi_{1,2} & 0 & \phi_{2,2} & 0 & \phi_{3,2} \\ \phi_{1,2} & \phi_{1,1} & \phi_{2,2} & \phi_{2,1} & \phi_{3,2} & \phi_{3,1} \end{bmatrix} \tag{11.96b}$$

으로 주어지고 여기에 식 (11.34a) 와 식 (11.34b)를 이용하여 계산하면 행렬 $[B]$는 다음과 같이 나타내진다.

$$[B] = \frac{1}{|J|} \begin{bmatrix} Y_{23} & 0 & Y_{31} & 0 & Y_{12} & 0 \\ 0 & X_{32} & 0 & X_{13} & 0 & X_{21} \\ X_{32} & Y_{23} & X_{13} & Y_{31} & X_{21} & Y_{12} \end{bmatrix} \tag{11.97}$$

따라서 요소 1에 대한 행렬 $[B]^{e1}$는 다음과 같이 구해진다.

$$[B]^{e1} = \frac{1}{6}\begin{bmatrix} 2 & 0 & 0 & 0 & -2 & 0 \\ 0 & -3 & 0 & 3 & 0 & 0 \\ -3 & 2 & 3 & 0 & 0 & -2 \end{bmatrix} \tag{11.98}$$

여기서 $|J| = X_{13}Y_{23} - Y_{13}X_{23} = 3\times 2 - 0\times 3 = 6$ 이다. 요소 2에 대한 행렬 $[B]^{e2}$ 도 동일한 방법으로 구해진다. 즉,

$$[B]^{e2} = \frac{1}{6}\begin{bmatrix} -2 & 0 & 0 & 0 & 2 & 0 \\ 0 & 3 & 0 & -3 & 0 & 0 \\ 3 & -2 & -3 & 0 & 0 & 2 \end{bmatrix} \tag{11.99}$$

한편 평면응력문제에서 변형률 $\{\epsilon\} = (\epsilon_x, \epsilon_y, 2\epsilon_{xy})^T$ 과 응력 $\{\sigma\} = (\sigma_x, \sigma_y, \tau_{xy})^T$ 의 관계를 나타내는 식 (11.44c)의 탄성계수행렬 $[D]$는 다음과 같이 나타내진다.

$$\begin{aligned}[D] &= \frac{E}{1-\nu^2}\begin{bmatrix} 1 & \nu & 0 \\ \nu & 1 & 0 \\ 0 & 0 & \frac{1-\nu}{2} \end{bmatrix} \\ &= 10^7 \times \begin{bmatrix} 3.2 & 0.8 & 0 \\ 0.8 & 3.2 & 0 \\ 0 & 0 & 1.2 \end{bmatrix}\end{aligned} \tag{11.100}$$

하나의 삼각형 요소 내의 절점번호 1, 2, 3을 국부절점번호(local node number)라고 하면 이들은 전체 요소에 대한 전체절점번호(global node number)와 다음의 대응관계를 갖고 있다.

element	local node number 1　2　3	
	global node number	nod(1,1)=1 nod(1,2)=2 nod(1,3)=4
1	1　2　4	nod(2,1)=3
2	3　4　2	nod(2,2)=4 nod(2,3)=2

이 관계는 각 요소의 강성행렬을 이용하여 전체 요소에 대한 강성행렬을 구성하는데 이용된다. 식 (11.44a)로 정의되는 요소의 강성행렬은 삼각형 선형요소의 경우에 간단히 식 (11.47)과 같이 근사적으로 나타낼 수 있으므로 식 (11.47)에 식 (11.98)과 식 (11.100)을 대입하면 요소 1에 대한 강성행렬이 다음과 같이 구해진다.

$$[K]^{e1} = ([B]^T[D][B]tA)_{요소1}$$

$$= 10^7 \times \begin{array}{c} \begin{array}{cccccc} 1 & 2 & 3 & 4 & 7 & 8 \end{array} \\ \left[\begin{array}{cccccc} 0.983 & -0.5 & -0.45 & 0.2 & -0.533 & 0.3 \\ & 1.4 & 0.3 & -1.2 & 0.2 & -0.2 \\ & & 0.45 & 0 & 0 & -0.3 \\ & & & 1.2 & -0.2 & 0 \\ & \text{대 칭} & & & 0.533 & 0 \\ & & & & & 0.2 \end{array}\right] \end{array} \begin{array}{c} 1 \\ 2 \\ 3 \\ 4 \\ 7 \\ 8 \end{array} \qquad (11.101)$$

또한 식 (11.47)에 식 (11.98)과 식 (11.99)을 대입하면 요소 2에 대한 강성행렬이 다음과 같이 구해진다.

$$[K]^{e2} = ([B]^T[D][B]tA)_{요소2}$$

$$= 10^7 \times \begin{array}{c} \begin{array}{cccccc} 5 & 6 & 7 & 8 & 3 & 4 \end{array} \\ \left[\begin{array}{cccccc} 0.983 & -0.5 & -0.45 & 0.2 & -0.533 & 0.3 \\ & 1.4 & 0.3 & -1.2 & 0.2 & -0.2 \\ & & 0.45 & 0 & 0 & -0.3 \\ & & & 1.2 & -0.2 & 0 \\ & \text{대 칭} & & & 0.533 & 0 \\ & & & & & 0.2 \end{array}\right] \end{array} \begin{array}{c} 5 \\ 6 \\ 7 \\ 8 \\ 3 \\ 4 \end{array} \qquad (11.102)$$

위의 1, 2 요소에 대한 강성행렬 $[K]^{e1}$과 $[K]^{e2}$를 중첩시켜 전체 요소에 대한 강성행렬을 구하면 다음과 같이 된다.

$$[K] = 10^7 \times \begin{array}{c} \begin{array}{cccccccc} 1 & 2 & 3 & 4 & 5 & 6 & 7 & 8 \end{array} \\ \left[\begin{array}{cccccccc} 0.983 & -0.5 & -0.45 & 0.2 & 0 & 0 & -0.533 & 0.3 \\ & 1.4 & 0.3 & -1.2 & 0 & 0 & 0.2 & -0.2 \\ & & 0.983 & 0 & -0.533 & 0.2 & 0 & -0.5 \\ & & & 1.4 & 0.3 & -0.2 & -0.5 & 0 \\ & & & & 0.983 & -0.5 & -0.45 & 0.2 \\ & & & & & 1.4 & 0.3 & 0.2 \\ & \text{대 칭} & & & & & 0.983 & -1.2 \\ & & & & & & & 1.4 \end{array}\right] \end{array} \begin{array}{c} 1 \\ 2 \\ 3 \\ 4 \\ 5 \\ 6 \\ 7 \\ 8 \end{array} \qquad (11.103)$$

이상과 같이 전체 강성행렬이 구해졌으므로 절점 1, 3, 4에서의 변위경계조건 $u_2 = 0$, $u_5 = u_6 = u_7 = u_8 = 0$과 하중경계조건 $T_4 = -1000$, $T_3 = 0$, $T_1 = 0$하에서 다음의

전체 요소에 대한 유한요소방정식을 풀면 미지의 절점변위 u_1, u_3, u_4를 구할 수 있다.

$$10^7 \times \begin{bmatrix} 0.983 & -0.5 & -0.45 & 0.2 & 0 & 0 & -0.533 & 0.3 \\ & 1.4 & 0.3 & -1.2 & 0 & 0 & 0.2 & -0.2 \\ & & 0.983 & 0 & -0.533 & 0.2 & 0 & -0.5 \\ & & & 1.4 & 0.3 & -0.2 & -0.5 & 0 \\ & & & & 0.983 & -0.5 & -0.45 & 0.2 \\ & & & & & 1.4 & 0.3 & 0.2 \\ & \text{대 칭} & & & & & 0.983 & -1.2 \\ & & & & & & & 1.4 \end{bmatrix} \begin{bmatrix} u_1 \\ u_2 \\ u_3 \\ u_4 \\ u_5 \\ u_6 \\ u_7 \\ u_8 \end{bmatrix} \begin{bmatrix} T_1 \\ T_2 \\ T_3 \\ T_4 \\ T_5 \\ T_6 \\ T_7 \\ T_8 \end{bmatrix} \tag{11.104a}$$

$$10^7 \times \begin{bmatrix} 0.983 & -0.5 & -0.45 & 0.2 & 0 & 0 & -0.533 & 0.3 \\ & 1.4 & 0.3 & -1.2 & 0 & 0 & 0.2 & -0.2 \\ & & 0.983 & 0 & -0.533 & 0.2 & 0 & -0.5 \\ & & & 1.4 & 0.3 & -0.2 & -0.5 & 0 \\ & & & & 0.983 & -0.5 & -0.45 & 0.2 \\ & & & & & 1.4 & 0.3 & 0.2 \\ & \text{대 칭} & & & & & 0.983 & -1.2 \\ & & & & & & & 1.4 \end{bmatrix} \begin{bmatrix} u_1 \\ 0 \\ u_3 \\ u_4 \\ 0 \\ 0 \\ 0 \\ 0 \end{bmatrix} \begin{bmatrix} 0 \\ T_2 \\ 0 \\ -1000 \\ T_5 \\ T_6 \\ T_7 \\ T_8 \end{bmatrix} \tag{11.104b}$$

이 행렬 방정식을 직접 푸는 것은 많은 시간과 수고가 요구되기 때문에 변위경계조건이 0으로 주어지는 행과 열을 제외한 행렬방정식을 푸는 방법(partitioning method)을 도입한다.

$$10^7 \times \begin{bmatrix} 0.983 & -0.45 & 0.2 \\ -0.45 & 0.983 & 0 \\ 0.2 & 0 & 1.4 \end{bmatrix} \begin{Bmatrix} u_1 \\ u_3 \\ u_4 \end{Bmatrix} = \begin{Bmatrix} 0 \\ 0 \\ -1000 \end{Bmatrix} \tag{11.104c}$$

이 방정식을 풀면 미지의 절점변위 u_1, u_3, u_4를 다음과 같이 구할 수 있다.

$$u_1 = 1.913 \times 10^{-5}\,(\mathrm{in})$$

$$u_3 = 0.875 \times 10^{-5}\,(\mathrm{in}) \tag{11.105}$$

$$u_4 = -7.436 \times 10^{-5}\,(\mathrm{in})$$

따라서 요소 1에 대한 절점변위벡터 $\{u_N\}^{e1}$는 다음과 같이 구해진다.

$$\{u_N\}^{e1} = 10^{-5} \times \{1.913,\ 0,\ 0.875,\ -7.436,\ 0,\ 0\}^T(\text{in}) \tag{11.106}$$

요소 1의 응력은 식 (11.44b)에 식 (11.98)의 $[B]^{e1}$와 식 (11.106)의 $\{u_N\}^{e1}$를 대입하는 것에 의해 다음과 같이 구해진다.

$$\begin{aligned} \{\sigma\}^{e1} &= [D][B]^1\{u_N\}^{e1} \\ &= \{-93.3,\ -1138.7,\ -62.3\}^T(\text{psi}) \end{aligned} \tag{11.107}$$

마찬가지로 요소 2에 대한 절점변위벡터 $\{u_N\}^{e2}$ 와 응력 $\{\sigma\}^{e2}$ 은 각각 다음과 같이 구해진다.

$$\{u_N\}^{e2} = 10^{-5} \times \{0, 0, 0, 0, 0.895, -7.436\}^T(\text{in}) \tag{11.108}$$

$$\{\sigma\}^{e2} = \{93.3,\ 23.4,\ -297.4\}^T \quad (\text{psi}) \tag{11.109}$$

예제 11-4

그림 11.14와 같은 1차원 단면의 온도분포를 구하는 문제를 검토하자.

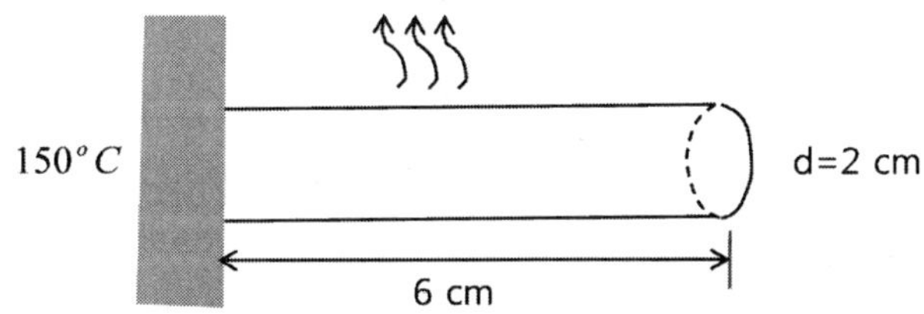

핀 주위의 온도 : $\theta_\infty = 40^{\circ}C$

전도율 : $k = 72W/cm-^{o}K$

핀 주위의 대류계수 : $h = 10W/cm^2-^{o}K$

그림 11.14 봉에서의 열전달 문제

일반적으로 정상 열전도 문제에 대한 유한요소 방정식은 식 (10.57)로 주어지는 범함수를 절점에서의 온도 $\{\theta_N\}$으로 나타내고 변분원리를 적용하는 것으로부터 구해진다. 여기서는 물체 내에서 열 발생이 없는 것, $\gamma = 0$으로 가정하면 범함수는

$$I = \int_V \left(\frac{1}{2} \theta_{,i} \kappa \theta_{,i} \right) dV + \int_s \frac{1}{2} h \{ \theta^2 - 2\theta \theta_\infty + \theta_\infty^2 \} ds \qquad (11.110)$$

으로 나타내진다.

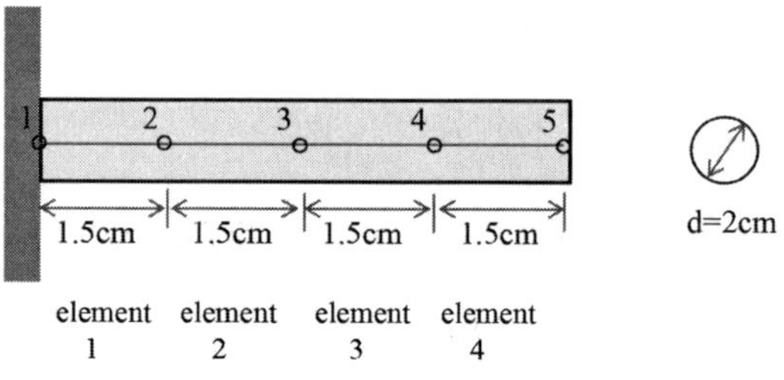

그림 11.15 봉의 1차원 요소분할

유한요소 방정식을 구하기 위해 먼저 핀을 3개의 1차원 선형요소로 분할하고(그림 11.15) 각 요소는 국부절점좌표 1, 2를 갖는다고 할 때 각 요소에서의 온도함수(분포) θ는 자연 좌표 $\xi(-1 \le \xi \le 1)$에 의해 다음 식으로 나타내진다.

$$\theta = \phi_1 \theta_1 + \phi_2 \theta_2 = [\phi_1\ \phi_2] \begin{Bmatrix} \theta_1 \\ \theta_2 \end{Bmatrix} = [\phi]\{\theta_N\} \qquad (11.111)$$

여기서

$$\phi_1 = \frac{1-\xi}{2}, \qquad \phi_2 = \frac{1+\xi}{2} \qquad (11.112)$$

따라서 도함수 $\theta_{,i} = \dfrac{\partial \theta}{\partial x}$는

$$\begin{aligned} \frac{\partial \theta}{\partial x} &= \frac{\partial \theta}{\partial \xi} \frac{\partial \xi}{\partial x} \\ &= \frac{2}{x_2 - x_1} \frac{\partial [\phi]}{\partial \xi} \{\theta_N\} \\ &= \frac{1}{L} [-1\ 1] \{\theta_N\} \end{aligned} \qquad (11.113)$$

또는

$$\frac{\partial\theta}{\partial x} = [B]\{\theta_N\}$$
$$[B] = \frac{1}{L}[-1\ 1] \tag{11.114}$$

으로 나타내진다. 여기서 $\xi = \dfrac{2(x-x_1)}{(x_2-x_1)} - 1$, $d\xi = \dfrac{2}{(x_2-x_1)}dx = \dfrac{2}{L}dx$ 이다. 식 (11.111)과 식 (11.114)를 열전도 문제에 대한 범함수 식 (11.110)에 대입하면 범함수 I는

$$\begin{aligned} I &= \int_V \left(\frac{1}{2}\theta_{,i}\, k\theta_{,i}\right) dV + \int_s \frac{1}{2} h\{\theta^2 - 2\theta\theta_\infty + \theta_\infty^2\} ds \\ &= \int_V \frac{1}{2}\{\theta_N\}^T [B]^T k [B]\{\theta_N\} dV + \int_s \frac{h}{2}\{\theta_N\}^T[\phi]^T[\phi]\{\theta_N\} ds \\ &\quad - \int_s h\theta_\infty \{\theta_N\}^T[\phi]^T ds + \int_s \frac{1}{2} h\theta_\infty^2 ds \end{aligned} \tag{11.115}$$

으로 나타내진다. 따라서 변분원리에 의해 δI는 $\delta I = [\partial I/\partial\{\theta_N\}]\delta\{\theta_N\}$ 으로부터 식 (11.115)의 오른쪽의 마지막 항의 변분은 0이므로

$$\begin{aligned} \delta I = \delta\{\theta_N\}^T \Big[&\{ \int_V [B]^T k [B] dV + \int_s h[\phi]^T[\phi] ds \}\ \{\theta_N\} \\ &- \int_s h\theta_\infty [\phi]^T ds \Big] = 0 \end{aligned} \tag{11.116}$$

이 된다. 따라서 임의의 허용온도의 변분 $\delta\{\theta_N\}^T$에 대해 식 (11.116)으로부터 다음의 유한요소 방정식이 얻어진다.

$$\left\{\int_V [B]^T k[B]\, dV + \int_s h[\phi]^T[\phi] ds\right\}\{\theta_N\} = \int_s h\theta_\infty [\phi]^T ds \tag{11.117}$$

즉,

$$[K]^e\{\theta_N\}^e = \{Q\}^e \tag{11.118}$$

$$[K]^e = \int_V [B]^T k [B] dV + \int_s h[\phi]^T[\phi] ds = [K_b]^e + [K_h]^e \tag{11.119}$$

$$[K_b]^e = \int_V [B]^T k [B] dV,$$
$$[K_h]^e = \int_s h[\phi]^T[\phi] ds \tag{11.120}$$

$$\{Q\}^e = \int_s h\theta_\infty [\phi]^T ds \tag{11.121}$$

윗 식에서 $[K]^e$를 요소의 전도행렬(element conductivity matrix), $[Q]^e$을 요소의 열률벡터(element heat rate vector)라고 한다. 식 (11.111)의 $[\phi]$ 및 식 (11.114)의 $[B]$를 식 (11.120)과 (11.121)에 대입하면 1차원 선형요소에 대해 구체적으로 다음과 같이 구해진다.

$$\begin{aligned}[K]^e &= \int_v [B]^T k [B] dV + \int_s h[\phi]^T[\phi] ds \\ &= \frac{Ak}{L}\begin{bmatrix} 1 & -1 \\ -1 & 1 \end{bmatrix} + \frac{hpL}{6}\begin{bmatrix} 2 & 1 \\ 1 & 2 \end{bmatrix}\end{aligned} \tag{11.122}$$

$$\{Q\}^e = \int_s h\theta_\infty [\phi]^T ds = \frac{h\theta_\infty pL}{2}\begin{Bmatrix} 1 \\ 1 \end{Bmatrix} \tag{11.123}$$

여기서 dV는 단면적이 A인 봉의 미소 체적으로 $dV = (AL/2)d\xi$으로 나타내지고, ds는 대류가 일어나고 있는 표면에서의 미소 면적으로 $ds = pdx = (pL/2)d\xi$이다. 한편, p는 대류가 일어나고 있는 영역의 둘레길이(perimeter)이다.

본 예제에서와 같이 1차원 선 요소를 사용한 경우에 어떤 요소의 한쪽 절점(본 예제에서는 국부절점번호 2), 즉 봉의 한쪽 단면에서 대류가 일어나 열손실이 있는 경우에는 식 (11.120) 및 식 (11.121)에서 면적적분은 봉의 이 단면에 대해서도 행해져야 한다. 즉, $\int_s h[\phi]^T[\phi]\,ds \doteqdot h[\phi]^T[\phi]A$와 $\int_S h\theta_\infty[\phi]^T ds \doteqdot h\theta_\infty[\phi]^T A$를 각각 식 (11.122)과 식 (11.123)에 추가하여야 한다. 이 값은 구체적으로 다음과 같이 나타내어진다.

$$[K]^{e+} = hA\begin{bmatrix} 0 & 0 \\ 0 & 1 \end{bmatrix} = \pi\begin{bmatrix} 0 & 0 \\ 0 & 10 \end{bmatrix} \tag{11.124}$$

$$\{Q\}^{e+} = hA\theta_\infty\begin{Bmatrix} 0 \\ 1 \end{Bmatrix} = \pi\begin{Bmatrix} 0 \\ 400 \end{Bmatrix} \tag{11.125}$$

이상의 식들을 본 문제에 적용하면 $A = \pi \cdot (1)^2$, $p = 2 \cdot \pi \cdot 1$이므로 다음과 같이 각 요소에서의 전도행렬 $[K]^e$과 열률벡터 $\{Q\}^e$가 구해진다.

$$\begin{aligned}&[K]^1 = \pi\begin{bmatrix} 58 & -43 \\ -43 & 58 \end{bmatrix} \qquad [K]^2 = \pi\begin{bmatrix} 58 & -43 \\ -43 & 58 \end{bmatrix} \\ &[K]^3 = \pi\begin{bmatrix} 58 & -43 \\ -43 & 58 \end{bmatrix} \qquad [K]^4 = \pi\begin{bmatrix} 58 & -43 \\ -43 & 58 \end{bmatrix}\end{aligned} \tag{11.126}$$

$$\{Q\}^1 = \pi\begin{Bmatrix}600\\600\end{Bmatrix} \qquad \{Q\}^2 = \pi\begin{Bmatrix}600\\600\end{Bmatrix}$$
$$\{Q\}^3 = \pi\begin{Bmatrix}600\\600\end{Bmatrix} \qquad \{Q\}^4 = \pi\begin{Bmatrix}600\\600\end{Bmatrix} \tag{11.127}$$

절점 5에서 앞에서 논한 바와 같이 대류에 의한 열손실을 고려하여야 하므로 위의 요소 4에 대한 전도행렬은

$$[K]^4 = \pi\begin{bmatrix}58 & -43\\-43 & 58\end{bmatrix} + \pi\begin{bmatrix}0 & 0\\0 & 10\end{bmatrix} = \pi\begin{bmatrix}58 & -43\\-43 & 68\end{bmatrix} \tag{11.128}$$

이 되고 마찬가지로 열률벡터는

$$\{Q\}^4 = \pi\begin{Bmatrix}600\\600\end{Bmatrix} + \pi\begin{Bmatrix}0\\400\end{Bmatrix} = \pi\begin{Bmatrix}600\\1000\end{Bmatrix} \tag{11.129}$$

가 된다. 따라서 전체 요소에 대한 유한요소 방정식은 다음과 같이 나타내진다.

$$\begin{bmatrix}58 & -43 & 0 & 0 & 0\\-43 & 116 & -43 & 0 & 0\\0 & -43 & 116 & -43 & 0\\0 & 0 & -43 & 116 & -43\\0 & 0 & 0 & -43 & 68\end{bmatrix}\begin{Bmatrix}\theta_1\\\theta_2\\\theta_3\\\theta_4\\\theta_5\end{Bmatrix} = \begin{Bmatrix}600\\1200\\1200\\1200\\1000\end{Bmatrix} \tag{11.130}$$

따라서 온도경계조건 $\theta_1 = 150℃$ 하에서 윗 식을 풀면 온도분포가 다음과 같이 구해진다.

$$\{\theta_N\}^T = \{150,\ 88.98,\ 62.13,\ 50.71,\ 46.77\}^T \tag{11.131}$$

예제 11-5

그림 11.16과 같은 온도 경계조건 하에서 사각단면의 온도분포를 구하는 문제를 검토하자. 사각단면은 상하면에서 동일한 온도 경계조건을 가지므로 대칭축인 x축에 대해서 상부 1/2만을 해석의 대상으로 하고 이 부분을 그림 11.17과 같이 3개의 선형 삼각형 요소로 분할한다. 이 경우 대칭축에서는 단열로 간주할 수 있다. 각 요소의 국부 절점번호와 전체 절점번호와의 대응관계는 다음과 같다.

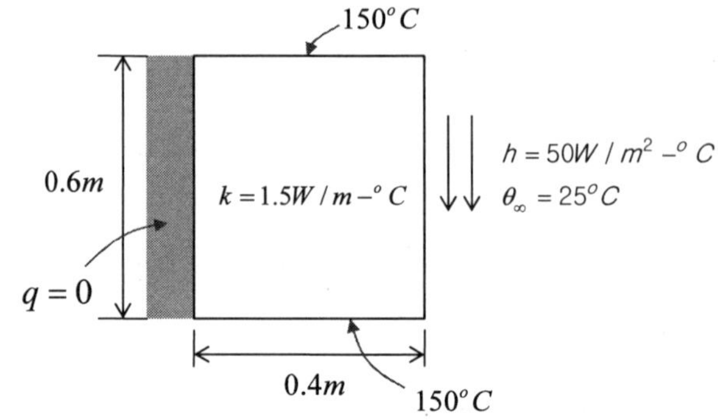

그림 11.16 사각단면의 온도 경계조건

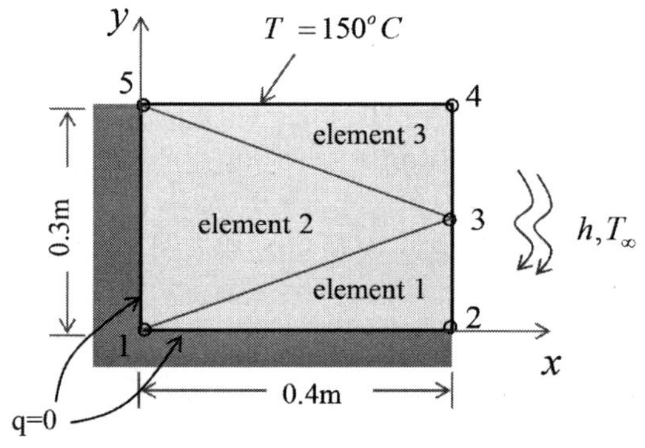

그림 11.17 사각단면의 요소분할

요소	국부 절점번호 1 2 3
	전체 절점번호
1	1 2 3
2	5 1 3
3	5 3 4

여기서 선형 삼각요소에 대한 $[B]$행렬을 구하면 열전도 문제에서는 절점에서 미지 함수값이 온도이므로 식 (11.97)의 제1행과 제2행을 이용하는 것에 의해

$$[B] = \frac{1}{|J|}\begin{bmatrix} Y_{23} & Y_{31} & Y_{12} \\ X_{32} & X_{13} & X_{21} \end{bmatrix} \tag{11.131}$$

으로 주어진다. 따라서 각 요소에 대한 $[B]^1$, $[B]^2$, $[B]^3$는 각각 다음과 같이 구해진다.

$$[B]^1 = \frac{1}{0.06}\begin{bmatrix} -0.15 & 0.15 & 0 \\ 0 & -0.4 & 0.4 \end{bmatrix}$$
$$[B]^2 = \frac{1}{0.12}\begin{bmatrix} -0.15 & -0.15 & 0.3 \\ 0.4 & -0.4 & 0 \end{bmatrix} \quad (11.132)$$
$$[B]^3 = \frac{1}{0.06}\begin{bmatrix} -0.15 & 0 & 0.15 \\ 0 & -0.4 & 0.4 \end{bmatrix}$$

따라서 식 (11.120)으로 나타내지는 요소의 전도행렬 중에서 $[K_b]^e = \int_v [B]^T k[B]dV \fallingdotseq [B]^T k[B]At$으로 정의되므로 단위 두께($t=1$)의 요소를 가정하면 각 요소에 대한 $[K_b]^1$, $[K_b]^2$, $[K_b]^3$은 각각

$$[K_b]^1 = \begin{matrix} 1 & 2 & 3 & \\ \end{matrix}\begin{bmatrix} 0.28125 & -0.28125 & 0 \\ -0.28125 & 2.28125 & -2.0 \\ 0 & -2.0 & 2.0 \end{bmatrix}\begin{matrix} 1 \\ 2 \\ 3 \end{matrix}$$

$$[K_b]^2 = \begin{matrix} 5 & 1 & 3 & \\ \end{matrix}\begin{bmatrix} 1.14 & -0.86 & -0.28125 \\ -0.86 & 1.14 & -0.28125 \\ -0.28125 & -0.28125 & 0.5625 \end{bmatrix}\begin{matrix} 5 \\ 1 \\ 3 \end{matrix} \quad (11.133)$$

$$[K_b]^3 = \begin{matrix} 5 & 3 & 4 & \\ \end{matrix}\begin{bmatrix} 0.28125 & 0 & -0.28125 \\ 0 & 2.0 & -2.0 \\ -0.28125 & -2.0 & 2.28125 \end{bmatrix}\begin{matrix} 5 \\ 3 \\ 4 \end{matrix}$$

으로 구해진다.

한편 전도행렬 중에서 $[K_h]^e$는 대류가 일어나는 면(요소 1과 3의 국부 절점번호 2, 3에 대응하는 면)에서만 고려되므로 이 항은 다음 식으로 주어진다.

$$[K_h]^e = \int_s h[\phi]^T[\phi]dS = \frac{hLt}{6}\begin{bmatrix} 0 & 0 & 0 \\ 0 & 2 & 1 \\ 0 & 1 & 2 \end{bmatrix} \quad (11.134)$$

따라서 요소 1, 3에 대해 이 항은 각각 다음과 같이 계산된다.

$$[K_h]^1 = \begin{matrix} 1 & 2 & 3 & \\ \end{matrix}\begin{bmatrix} 0 & 0 & 0 \\ 0 & 2.5 & 1.25 \\ 0 & 1.25 & 2.5 \end{bmatrix}\begin{matrix} 1 \\ 2 \\ 3 \end{matrix}$$

$$[K_h]^3 = \begin{matrix} 5 & 3 & 4 & \\ \end{matrix}\begin{bmatrix} 0 & 0 & 0 \\ 0 & 2.5 & 1.25 \\ 0 & 1.25 & 2.5 \end{bmatrix}\begin{matrix} 5 \\ 3 \\ 4 \end{matrix} \quad (11.135)$$

식 (11.135)의 $[K_h]^e$와 식 (11.133)의 $[K_b]^e$를 더하면 각 요소의 전도행렬 $[K]^e$가 다음과 같이 구해진다.

$$
\begin{array}{l}
[K]^1 = \begin{array}{c} \begin{array}{ccc} 1 & 2 & 3 \end{array} \\ \begin{bmatrix} 0.28125 & -0.28125 & 0 \\ -0.28125 & 4.78125 & -0.75 \\ 0 & -0.75 & 4.5 \end{bmatrix} \end{array} \begin{array}{c} \\ 1 \\ 2 \\ 3 \end{array} \\
[K]^2 = \begin{array}{c} \begin{array}{ccc} 5 & 1 & 3 \end{array} \\ \begin{bmatrix} 1.14 & -0.86 & -0.28125 \\ -0.86 & 1.14 & -0.28125 \\ -0.28125 & -0.28125 & 0.5625 \end{bmatrix} \end{array} \begin{array}{c} \\ 5 \\ 1 \\ 3 \end{array} \\
[K]^3 = \begin{array}{c} \begin{array}{ccc} 5 & 3 & 4 \end{array} \\ \begin{bmatrix} 0.28125 & 0 & -0.28125 \\ 0 & 4.5 & -0.75 \\ -0.28125 & -0.75 & 4.78125 \end{bmatrix} \end{array} \begin{array}{c} \\ 5 \\ 3 \\ 4 \end{array}
\end{array}
\tag{11.136}
$$

따라서 각 요소에 대한 전도행렬을 중첩시켜 전체 요소에 대한 전도행렬 $[K]$를 구하면

$$
[K] = \begin{bmatrix} 1.42125 & -0.28125 & -0.28125 & 0 & -0.86 \\ -0.28125 & 4.78125 & -0.75 & 0 & 0 \\ -0.28125 & -0.75 & 9.5625 & -0.75 & -0.28125 \\ 0 & 0 & -0.75 & 4.78125 & -0.28125 \\ -0.86 & 0 & -0.28125 & -0.28125 & 1.42125 \end{bmatrix} \tag{11.137}
$$

가 얻어진다. 한편, 열률벡터 $\{Q\}$는 식 (11.123)에서

$$
\{Q\}^e = \int_s h\theta_\infty [\phi]^T ds = \frac{h\theta_\infty tL}{2} \begin{Bmatrix} 0 \\ 1 \\ 1 \end{Bmatrix} \tag{11.138}
$$

으로 주어지므로 각 요소에 대해서 이 항은 다음과 같이 계산된다.

$$
\begin{array}{l}
\{Q\}^1 = \begin{Bmatrix} 0 \\ 93.75 \\ 93.75 \end{Bmatrix} \begin{array}{c} 1 \\ 2 \\ 3 \end{array} \\
\{Q\}^3 = \begin{Bmatrix} 0 \\ 93.75 \\ 93.75 \end{Bmatrix} \begin{array}{c} 5 \\ 3 \\ 4 \end{array}
\end{array}
\tag{11.139}
$$

따라서 전체 요소의 열률벡터 $\{Q\}$는

$$\{Q\} = \begin{Bmatrix} 0 \\ 93.75 \\ 187.5 \\ 93.75 \\ 0 \end{Bmatrix} \begin{matrix} 1 \\ 2 \\ 3 \\ 4 \\ 5 \end{matrix} \tag{11.140}$$

으로 주어진다. 이상의 식들로부터 전체 요소에 대한 열전도 유한요소 방정식은 다음과 같이 나타내진다.

$$\begin{bmatrix} 1.42125 & -0.28125 & -0.28125 & 0 & -0.86 \\ -0.28125 & 4.78125 & -0.75 & 0 & 0 \\ -0.28125 & -0.75 & 9.5625 & -0.75 & -0.28125 \\ 0 & 0 & -0.75 & 4.78125 & -0.28125 \\ -0.86 & 0 & -0.28125 & -0.28125 & 1.42125 \end{bmatrix} \begin{Bmatrix} \theta_1 \\ \theta_2 \\ \theta_3 \\ \theta_4 \\ \theta_5 \end{Bmatrix} = \begin{Bmatrix} 0 \\ 93.75 \\ 187.5 \\ 93.75 \\ 0 \end{Bmatrix} \tag{11.141}$$

따라서 이 식을 온도 경계조건 $\theta_4 = \theta_5 = 150$℃ 하에서 풀면 온도분포가 다음과 같이 구해진다.

$$\{\theta_N\}^T = (105.3,\ 32.3,\ 41.4,\ 150,\ 150)(℃) \tag{11.142}$$

이상에서는 요소수가 작은 1차원 및 2차원 경계값 문제에 대한 유한요소해석 예를 통하여 유한요소법이 적용되는 과정에 대해서 간단히 설명하였다. 물론 독자들은 3차원 경계값 문제에 대해서도 유사한 접근방법으로 유한요소해를 구할 수 있다. 실제 3차원의 복잡한 형상의 물체에 여러 경계조건이 작용하는 경계값 문제에 유한요소해석을 적용하여 정밀도가 높은 해를 얻고자 하는 경우에는 통상 물체에 대한 요소 분할수가 많아진다. 따라서 풀어야하는 연립방정식의 강성행렬의 크기가 매우 커지므로 계산기 용량, 계산시간, 계산오차 등을 고려하여 해를 효율 좋게 구하기 위해서 Gauss 소거법(Gauss's elimination method), Gauss-Siedel의 반복법(Gauss-Siedel iteration method), Cholesky의 LU 분해법(Cholesky's LU decomposition method) 및 0인 성분을 제거하고 남은 밴드행렬만을 이용한 변형 Cholesky법(deformed Cholesky method) 등의 수치해석적 방법이 자주 이용되고 있다.

부록 VI에 대규모 선형 연립방정식의 해를 구하는 데 널리 이용되고 있는 Cholesky의 LU 분해법과 변형 Cholesky법에 대해서 설명하였다.

연습문제

1 For the one-dimensional linear element shown in Figure 11.18, the interpolating polynomial in the global coordinate system is given by the following equation.

$$v = a_0 + a_1 x \tag{11.143}$$

Show that the shape function of this element is represented by the following equation.

$$\begin{aligned} \phi_1 &= \left(1 - \frac{x}{L}\right) \\ \phi_2 &= \frac{x}{L} \end{aligned} \tag{11.144}$$

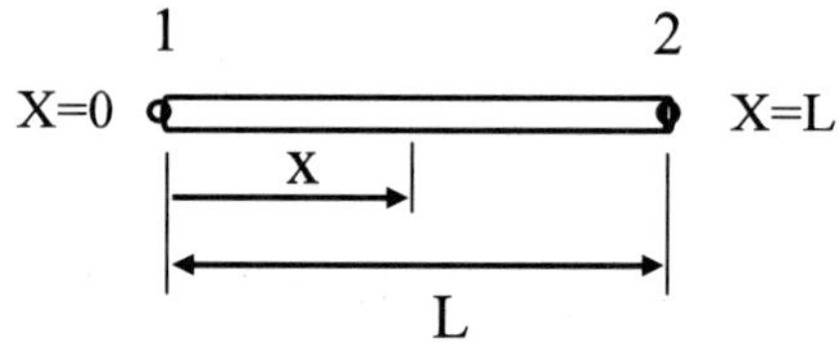

Fig. 11.18 Global coordinate of 1 dimensional linear element

2 If the ξ coordinate is introduced as a natural coordinate system for the one-dimensional linear element shown in Figure 11.5 (a), the following relation holds between the global coordinate system x and the natural coordinate system ξ.

$$\xi = \frac{2}{L}\left(x - \frac{L}{2}\right) \tag{11.145}$$

The shape function of this element can be expressed as a function of ξ as follows.

$$\begin{aligned} \phi_1 &= \frac{1}{2}(1-\xi) \\ \phi_2 &= \frac{1}{2}(1+\xi) \end{aligned} \tag{11.146}$$

3 For a one-dimensional element, the interpolating polynomial for a quadratic element such as Figure 11.19 is given by

$$v = a_0 + a_1 x + a_2 x^2 \tag{11.147}$$

Show that the shape function is given by

$$\begin{aligned} \phi_1 &= \left(1 - \frac{2x}{L}\right)\left(1 - \frac{x}{L}\right) \\ \phi_2 &= \frac{4x}{L}\left(1 - \frac{x}{L}\right) \\ \phi_3 &= -\frac{x}{L}\left(1 - \frac{2x}{L}\right) \end{aligned} \tag{11.148}$$

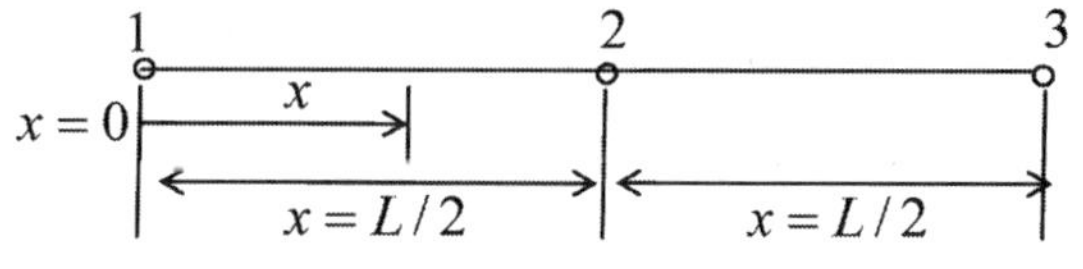

Fig. 11.19 One dimensional quadratic element

4 Find the values of the following integration for one-dimensional linear elements using the global coordinate system and the natural coordinate system, respectively, and examine the results.

$$\int_0^L \left(1 - \frac{x}{L}\right)^2 dx$$

5 The simplest element of a bilinear rectangular element (or called bilinear quadrilateral element (Q4)) is the rectangular linear element shown in Figure 11.20. The interpolating polynomial of this element in the global coordinate system is expressed as follows.

$$v = a_0 + a_1 x + a_2 y + a_3 xy \tag{11.149a}$$

This interpolation function has the form of the product of two linear polynomials, that is,

$$f = (c_1 + c_2 x)(c_3 + c_4 y) \tag{11.149b}$$

Show that the shape function is given by

$$\phi_1 = \frac{1}{4ab}(a-x)(b-y)$$

$$\phi_2 = \frac{1}{4ab}(a+x)(b-y)$$

$$\phi_3 = \frac{1}{4ab}(a+x)(b+y) \qquad (11.150)$$

$$\phi_4 = \frac{1}{4ab}(a-x)(b+y)$$

where $-1 \le x/a \le 1$, $-1 \le y/b \le 1$.

Also, discuss the Q4 element cannot exactly denote a cantilever beam (be careful this does not mean beam element) deformation under transverse force acting on the edge, where axial strain varies linear with x.

[Hint] Considering element strain field ϵ_x, ϵ_y, ϵ_{xy}

6 Show that the shape function is expressed by the following equation if we introduce a natural coordinate system defined by $\xi = x/a$, $\eta = y/b$ for a rectangular linear element as shown in Figure 11.20,

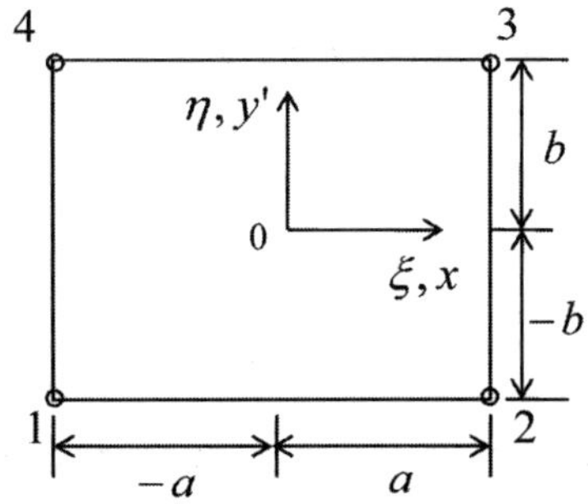

Fig. 11.20 Natural coordinate system of a 2-dimensinal rectangular linear element

$$\phi_1 = \frac{1}{4}(1-\xi)(1-\eta)$$

$$\phi_2 = \frac{1}{4}(1+\xi)(1-\eta)$$

$$\phi_3 = \frac{1}{4}(1+\xi)(1+\eta) \qquad (11.151)$$

$$\phi_4 = \frac{1}{4}(1-\xi)(1+\eta)$$

Here, $-1 \leq \xi \leq 1,\ -1 \leq \eta \leq 1$.

7 Show that strains of the linear triangle element in Figure 11.4(a) do not vary within the element, hence named "constant strain triangle (CST) element". Also show that the strain field can vary linearly within the quadratic triangle element in Figure 11.4(b), hence named "linear strain triangle (LST) element".

[Hint] Considering element strain field ϵ_x, ϵ_y, ϵ_{xy} for each element

8 Determine the displacement at nodes 2 and 3 and the force at nodes 1 and 4 for the following spring system as shown in Figure 11.21. The nodes 1 and 4 are fixed and axial forces of 10kN and 20kN are applied at node 2 and 3 respectively as shown.

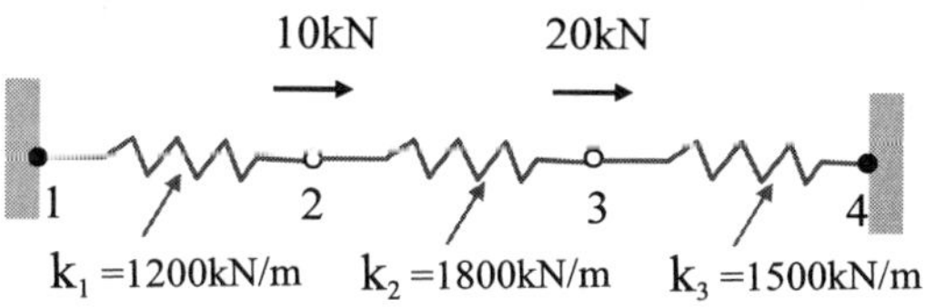

Fig. 11.21 Spring under axial loading

[Sol]

$u_2 = 0.0103603m,\ u_3 = 0.0117117m,\ F_1 = -12.432kN,\ F_4 = -17.567kN$

9 Determine the deformation, strain and stress of the thin cantilever beam subjected to vertical load P using finite element analysis and compare the result with analytic solution when the left end is fixed to the elastic rod with the length L and the constant cross-sectional area A as shown in Figure 11.22. Assume that the beam deforms in the state of plane stress.

[Hint] The displacement field for the thin beam is expressed by

$$\left.\begin{aligned} u(x,y) &= \frac{P}{EI}\left(Lx - \frac{x^2}{2}\right)y - \frac{\nu P}{6EI}y^3 \\ v(x,y) &= \frac{-\nu P}{2EI}(L-x)y^3 - \frac{P}{EI}\left(\frac{Lx^3}{2} - \frac{x^3}{6}\right) \end{aligned}\right\} \tag{11.152}$$

where I is the area moment of inertia about the bending axis, E is a Young's modulus, and ν is a Poisson's ratio.

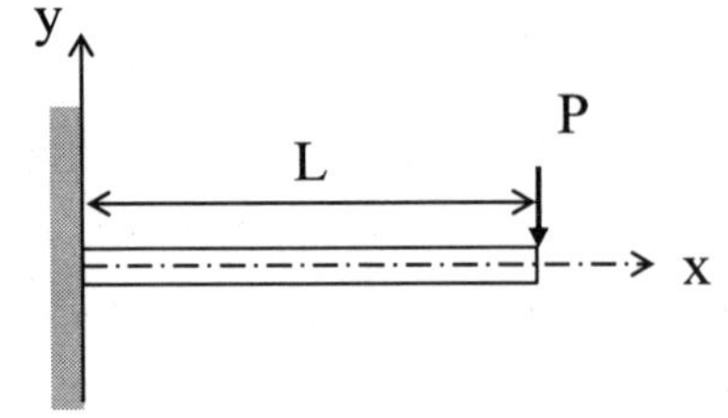

Fig. 11.22 Cantilever beam under axial loading

10 Determine the deformation, strain and stress of the rod when the left end is fixed to the elastic rod with the length L and the constant cross-sectional area A. The axial load T and the distribution load q per unit length are applied to the right end as shown in Figure 11.23. Assume that the rod is divided with two linear finite elements of bar.

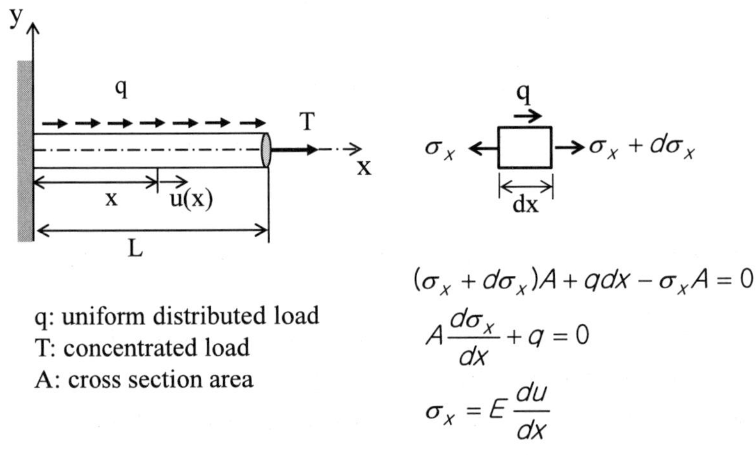

Fig. 11.23 Elastic rod with circular cross-section under axial loading and distributed loading

[Hint] The potential energy of the system is expressed by

$$I = \int_0^L \frac{1}{2} A E \epsilon_x^2 dx - \int_0^L q u(x) dx - T u_{x=L} \tag{11.153}$$

[Sol]

$$\left.\begin{aligned} u &= \frac{1}{AE}\left(\frac{3}{4}qL + T\right)x && (0 < x < \frac{L}{2}) \\ u &= \frac{1}{AE}\left[(\frac{1}{4}qL + T)x + \frac{1}{4}qL^2\right] && (\frac{L}{2} < x < L) \end{aligned}\right\} \tag{11.154}$$

11 When the vertical pressure p acts on one side ij of the linear element as shown in Figure 11.24, Show that the equivalent nodal force is expressed by the following equation.

$$\begin{Bmatrix} T_{2i-1} \\ T_{2i} \\ T_{2j-1} \\ T_{2j} \end{Bmatrix} = \begin{Bmatrix} T_{x_i} \\ T_{y_i} \\ T_{x_j} \\ T_{y_j} \end{Bmatrix} = \frac{-pLt}{2} \begin{Bmatrix} \sin\theta \\ \cos\theta \\ \sin\theta \\ \cos\theta \end{Bmatrix} \qquad (11.155)$$

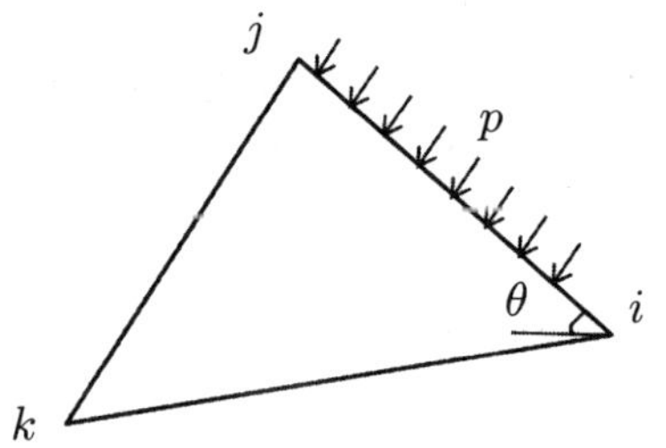

Fig. 11.24 Pressure load uniformly acting on one side

In case of $\theta = 90^o$, only the equivalent nodal force in the horizontal direction acts on the i and j joints.

$$\begin{Bmatrix} T_{2i-1} \\ T_{2i} \\ T_{2j-1} \\ T_{2j} \end{Bmatrix} = \begin{Bmatrix} T_{ix} \\ T_{iy} \\ T_{jx} \\ T_{jy} \end{Bmatrix} = -\frac{pLt}{2} \begin{Bmatrix} \sin\theta \\ 0 \\ \sin\theta \\ 0 \end{Bmatrix} \qquad (11.156)$$

12 When the structure shown in Figure 11.25 is divided into two triangular linear isoparametric finite elements and the distribution load ($p = 20MPa$) as shown in the figure is applied to the right side, find the strain and stress of each element of the structure.

[Sol] $\{\epsilon\}^1 = \frac{p}{100}\{1, -0.333, 0\}^T = \{\epsilon\}^2$, $\{\sigma\}^1 = \{p, 0, 0\}^T = \{\sigma\}^2$

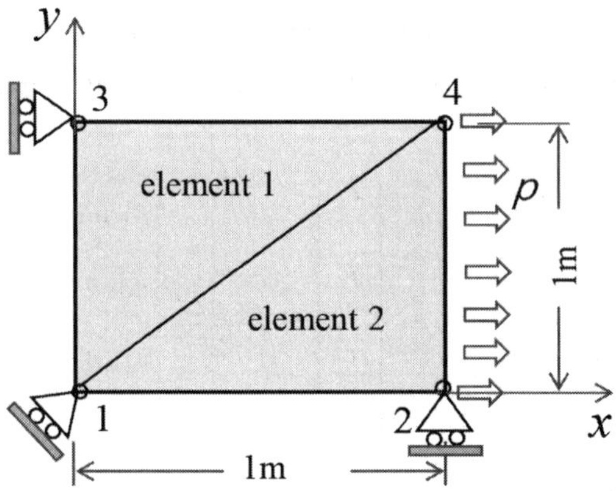

$t = 1mm,\ E = 100GPa,\ \nu = 0.33$

Fig. 11.25 Finite elements of structure under plane stress condition with uniformly distributed loading on ends

13 Show that the following equation holds true.

$$\{T\}^{e} = \int_{V} [B]^{T}\{\sigma\}\,dV \tag{11.157}$$

14 For the structure subjected to as static force as shown in Figure 11.26 calculate the stress and strain at the integration point and also the reaction forces at each node. Assume that the structure is discretized as a single two-dimensional four-noded isoparametic element and is under plane strain deformation.

[해]

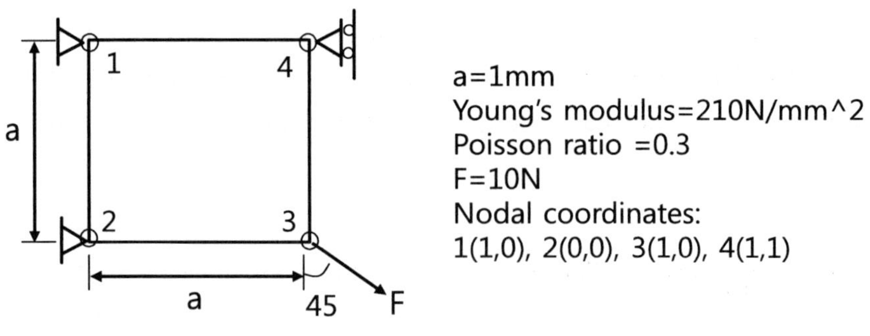

Fig. 11.26 Structure under concentrated loading

$$\{\epsilon\} = \begin{Bmatrix} 0.021045 \\ 0.021045 \\ -0.08418 \end{Bmatrix}, \quad \{\sigma\} = \begin{Bmatrix} 7.071068 \\ 7.071068 \\ -7.071068 \end{Bmatrix}$$

$$\{T\} = \begin{Bmatrix} T_{11} \\ T_{12} \\ T_{21} \\ T_{22} \\ T_{31} \\ T_{32} \\ T_{41} \\ T_{42} \end{Bmatrix} = \begin{Bmatrix} -7.071068 \\ 7.071068 \\ 0 \\ 0 \\ 7.071068 \\ -7.071068 \\ 0 \\ 0 \end{Bmatrix} \quad [N]$$

15 When the displacement or load of the n−th node is constrained on the inclined surface as shown in Figure 11.27, derive the following finite element equation

$$\begin{bmatrix} K_{11} & K_{12} & \cdot\ \cdot & K_{1n}\lambda\ \cdot \\ K_{21} & K_{22} & \cdot\ \cdot & K_{2n}\lambda\ \cdot \\ & & \cdot\ \cdot & \\ & & \cdot\ \cdot & \\ \lambda^T K_{n1} & \lambda^T K_{n2} & \cdot\ \cdot & \lambda^T K_{nn}\lambda\ \cdot \end{bmatrix} \begin{Bmatrix} \{u_1\} \\ \{u_2\} \\ \cdot \\ \cdot \\ \{u'_n\} \end{Bmatrix} = \begin{Bmatrix} \{T_1\} \\ \{T_2\} \\ \cdot \\ \cdot \\ \{T'_n\} \end{Bmatrix} \tag{11.123a}$$

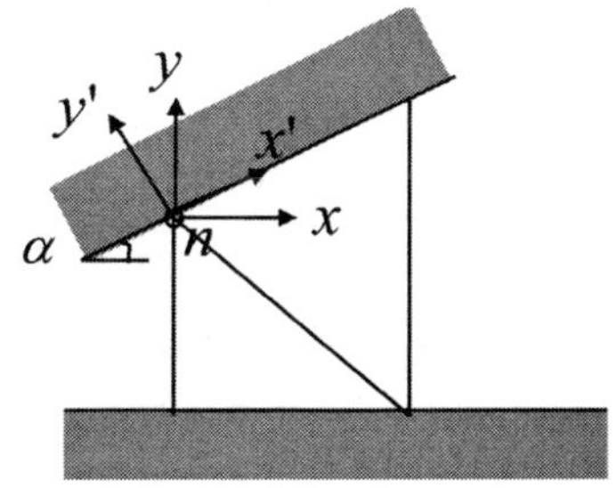

Fig. 11.27 Boundary condition on arbitrary direction

Where $[K]$ is the stiffness matrix of the element expressed by the following equation.

$$[K_{ij}] = \begin{bmatrix} K_{2i-1\ 2j-1} & K_{2i-1\ 2j} \\ K_{2i\ 2j-1} & K_{2i\ 2j} \end{bmatrix} \tag{11.159}$$

The following relations hold between x, y−directional node displacement $\{u_n\}^T = (u_{2n-1}, u_{2n})$ and node force $\{T_n\}^T = (T_{2n-1}, T_{2n})$, and between x', y'

$-$directional node displacement $\{u'_n\}^T = (u'_{2n-1}, u'_{2n})$ and node force $\{T'_n\}^T = (T'_{2n-1}, T'_{2n})$.

$$\begin{Bmatrix} u_{2n-1} \\ u_{2n} \end{Bmatrix} = \begin{bmatrix} \cos\alpha & -\sin\alpha \\ \sin\alpha & \cos\alpha \end{bmatrix} \begin{Bmatrix} u'_{2n-1} \\ u'_{2n} \end{Bmatrix}, \quad \{u_n\} = [\lambda]\{u'_n\} \tag{11.160}$$

$$\begin{Bmatrix} T_{2n-1} \\ T_{2n} \end{Bmatrix} = \begin{bmatrix} \cos\alpha & -\sin\alpha \\ \sin\alpha & \cos\alpha \end{bmatrix} \begin{Bmatrix} T'_{2n-1} \\ T'_{2n} \end{Bmatrix}, \quad \{T_n\} = [\lambda]\{T'_n\} \tag{11.161}$$

$$[\lambda] = \begin{bmatrix} \cos\alpha - \sin\alpha \\ \sin\alpha \quad \cos\alpha \end{bmatrix} \tag{11.162}$$

Here, $[\lambda]$ is an orthogonal matrix and thus the relationship of $[\lambda]^{-1} = [\lambda]^T$ holds. At this time, since $[\lambda]$ is an orthogonal matrix, a relationship of $[\lambda]^{-1} = [\lambda]^T$ is established.

[Hint]

$$\begin{aligned} \{T'_n\} &= [\lambda]^T\{T_n\} \\ &= [\lambda]^T([K_{n1}]\{u_1\} + [K_{n2}]\{u_2\} + \cdot\cdot\ [K_{nn}]\{u_n\}) \\ &= [\lambda]^T([K_{n1}]\{u_1\} + [K_{n2}]\{u_2\} + \cdot\cdot\ [K_{nn}][\lambda]\{u'_n\}) \end{aligned}$$

16 The admissible function $u(x)$ satisfying the boundary condition of the previous equation (10.100) with $l=1$ can be expressed as follows. Apply the Rayleigh-Ritz method using each of these admissible functions to obtain a solution that minimizes the generalized function I, and compare it with the theoretical solution $u(x) = \dfrac{\sin(x)}{\sin(l)} - x$.

$$u(x) = \alpha_1 x(x-l) \qquad \textit{one parameter} \tag{11.163}$$

$$u(x) = (\alpha_1 + \alpha_2 x)\{x(x-l)\} \qquad \textit{two parameters} \tag{11.164}$$

17 Find the elastic modulus matrix for the plane strain problem.

부록 I

I.1 | gradient f(∇f, grad f)

$f(\boldsymbol{x})$가 위치벡터 $\boldsymbol{x}$의 스칼라 함수라고 할 때, $\boldsymbol{x}$ 위치에서 ∇f는 다음 식으로 정의되는 벡터이다.

$$
\begin{aligned}
&df = f(\boldsymbol{x} + d\boldsymbol{x}) - f(\boldsymbol{x}) = \nabla f \cdot d\boldsymbol{x} \\
&\nabla f = (\nabla f)_1 \boldsymbol{e}_1 + (\nabla f)_2 \boldsymbol{e}_2 + (\nabla f)_3 \boldsymbol{e}_3 \\
&\nabla = \frac{\partial}{\partial x_1}\boldsymbol{e}_1 + \frac{\partial}{\partial x_2}\boldsymbol{e}_2 + \frac{\partial}{\partial x_3}\boldsymbol{e}_3
\end{aligned}
\qquad (I.1)
$$

따라서

$$
\begin{aligned}
df &= \{(\nabla f)_1 \boldsymbol{e}_1 + (\nabla f)_2 \boldsymbol{e}_2 + (\nabla f)_3 \boldsymbol{e}_3\} \cdot \{dx_1 \boldsymbol{e}_1 + dx_2 \boldsymbol{e}_2 + dx_3 \boldsymbol{e}_3\} \\
&= (\nabla f)_1 dx_1 + (\nabla f)_2 dx_2 + (\nabla f)_3 dx_3
\end{aligned}
\qquad (I.2)
$$

$d\boldsymbol{x}$는 $d\boldsymbol{x}$ 방향의 단위벡터 $\boldsymbol{e}$와 그 크기 dx에 의해 $d\boldsymbol{x} = \boldsymbol{e}\,dx$으로 정의되므로 식 (I.1)에서

$$
\frac{df}{dx} = \nabla f \cdot \boldsymbol{e} \qquad (I.3)
$$

가 얻어진다. 즉, ∇f의 $\boldsymbol{e}$ 방향에서의 값은 그 방향에서의 f의 변화를 나타내는 것을 의미한다. 따라서 f 변화에 대한 각 방향성분은

$$
\left(\frac{df}{dx}\right)_{j-direction} = \frac{\partial f}{\partial x_j} = \nabla f \cdot \boldsymbol{e}_j = (\nabla f)_j \qquad (I.4)
$$

이 되는 것을 알 수 있다. 따라서 식 (I.4)를 식 (I.1)에 대입하면 ∇f는 다음 식으로 나타

낼 수 있다.

$$\nabla f = (\nabla f)_1 \boldsymbol{e}_1 + (\nabla f)_2 \boldsymbol{e}_2 + (\nabla f)_3 \boldsymbol{e}_3$$
$$= \frac{\partial f}{\partial x_1}\boldsymbol{e}_1 + \frac{\partial f}{\partial x_2}\boldsymbol{e}_2 + \frac{\partial f}{\partial x_3}\boldsymbol{e}_3 \qquad (I.5)$$
$$= \frac{\partial f}{\partial x_i}\boldsymbol{e}_i$$

∇f는 공학에서 자주 이용되고 있는 물리적으로 매우 중요한 것으로 이것에 대한 기하학적인 의미는 f가 일정한 곡면, 즉 $df = 0$에서 그 곡면에 접선방향을 향하고 있는 $d\boldsymbol{x}$에 대해 식 (I.1)에서 $df = 0 = \nabla f \cdot d\boldsymbol{x}$가 만족하기 때문에 ∇f가 $f =$일정(constant)인 곡면의 법선방향을 향하고 있음을 의미한다. 따라서 df가 최댓값을 갖는 것은 $d\boldsymbol{x}$가 $f =$일정인 곡면의 법선방향으로 향할 때이다.

I.2 | divergence a($\nabla \cdot a$, $div\ a$)

변위, 속도, 가속도 등과 같은 벡터장 $\boldsymbol{a}(\boldsymbol{x})$에 대해 $grad\ \boldsymbol{a}\ (= \nabla \boldsymbol{a})$는 다음 식으로 정의된다.

$$\left.\begin{aligned} \boldsymbol{a} &= a_1\boldsymbol{e}_1 + a_2\boldsymbol{e}_2 + a_3\boldsymbol{e}_3 = a_i\boldsymbol{e}_i \\ d\boldsymbol{a} &= \boldsymbol{a}(x + dx) - \boldsymbol{a}(x) = (\nabla \boldsymbol{a})d\boldsymbol{x} \end{aligned}\right\} \qquad (I.6)$$

$\boldsymbol{a}$의 변화에 대한 각 방향성분은

$$\left(\frac{d\boldsymbol{a}}{dx}\right)_{j-direction} = \frac{\partial \boldsymbol{a}}{\partial x_j} = (\nabla \boldsymbol{a})\boldsymbol{e}_j \qquad (I.7)$$

으로 나타내지고, 또한 $\boldsymbol{a}$의 성분 a_i의 변화는 윗 식으로부터

$$\boldsymbol{e}_i \cdot (\nabla \boldsymbol{a})\boldsymbol{e}_j = \boldsymbol{e}_i \cdot \frac{\partial \boldsymbol{a}}{\partial x_j} = \frac{\partial}{\partial x_j}(\boldsymbol{e}_i \cdot \boldsymbol{a}) = \frac{\partial a_i}{\partial x_j} \qquad (I.8)$$

가 된다. 따라서 좌변을 $\boldsymbol{e}_i \cdot (\nabla \boldsymbol{a})\boldsymbol{e}_j = (\nabla \boldsymbol{a})_{ij}$로 표시하면

$$(\nabla \boldsymbol{a})_{ij} = \frac{\partial a_i}{\partial x_j} \qquad (I.9)$$

가 되고 식 (I.6), 식 (I.7)로부터

$$(\nabla \boldsymbol{a})\boldsymbol{e}_j = \frac{\partial \boldsymbol{a}}{\partial x_j} = \frac{\partial}{\partial x_j}(a_i \boldsymbol{e}_i) = \frac{\partial a_i}{\partial x_j}\boldsymbol{e}_i = (\nabla \boldsymbol{a})_{ij}\boldsymbol{e}_i \tag{I.10}$$

인 관계가 만족한다. 한편, 벡터장 $\boldsymbol{a}$의 $div\ \boldsymbol{a}\ (= \nabla \cdot \boldsymbol{a})$는 $grad\ \boldsymbol{a}$의 궤적으로 정의되는 스칼라이다.

$$\nabla \cdot \boldsymbol{a} = tr\ (\nabla \boldsymbol{a}) = \frac{\partial a_1}{\partial x_1} + \frac{\partial a_2}{\partial x_2} + \frac{\partial a_3}{\partial x_3} = \frac{\partial a_i}{\partial x_i} \tag{I.11}$$

부록 II

II.1 | 극좌표(polar coordinate)에 의한 물리량의 표시

우리는 공학문제를 다룰 때 자주 직교 Cartesian 좌표계가 아닌 직교곡선 좌표계(orthogonal curvilinear coordinate)를 필요로 하는 경우가 있다. 대표적인 예가 비틀림을 받는 원통의 변형해석이나 유체 내에 잠겨 있는 원형 구 주위의 유동해석에서 극좌표계가 자주 사용된다. 여기서는 여러 물리량의 극좌표 표시에 대해서 설명한다.

그림 II.1에 나타낸 원통형 극좌표 (r, ϕ, z)는 직교좌표 $(x_1, x_2, x_3) = (x, y, z)$와 다음 관계가 있다.

$$\left.\begin{aligned} &x_1 = r\cos\phi, \quad x_2 = r\sin\phi, \quad x_3 = z \\ &r^2 = x_1^2 + x_2^2, \quad \phi = \tan^{-1}\frac{x_2}{x_1}, \quad z = x_3 \end{aligned}\right\} \tag{II.1}$$

$$\left.\begin{aligned} &\frac{\partial r}{\partial x_1} = \frac{x_1}{r} = \cos\phi, \quad \frac{\partial r}{\partial x_2} = \frac{x_2}{r} = \sin\phi \\ &\frac{\partial \phi}{\partial x_1} = -\frac{x_2}{r^2} = -\frac{\sin\phi}{r}, \quad \frac{\partial \phi}{\partial x_2} = \frac{x_1}{r^2} = \frac{\cos\phi}{r} \\ &\frac{\partial z}{\partial x_3} = 1 \end{aligned}\right\} \tag{II.2}$$

간단히 하기 위해 z방향에 대해서는 고려하지 않고 r, ϕ만의 함수로 표시되는 어떤 물리량의 x_1, x_2에 대한 도함수는 다음과 같이 나타낼 수 있다.

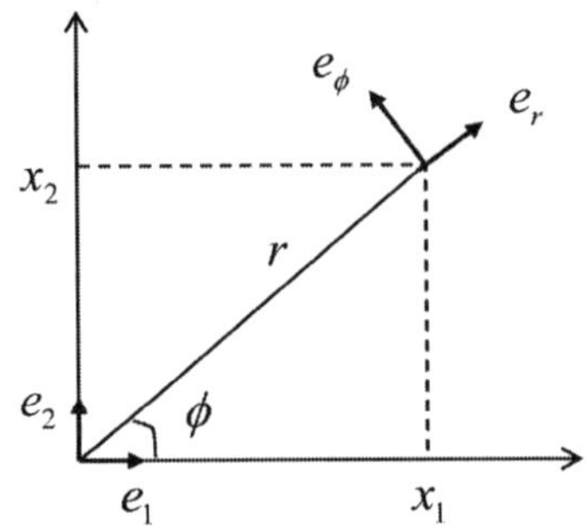

그림 Ⅱ.1 원통형 극좌표
$(r,\ \phi,\ z)$

$$\left.\begin{aligned}\frac{\partial}{\partial x_1}&=\frac{\partial r}{\partial x_1}\frac{\partial}{\partial r}+\frac{\partial \phi}{\partial x_1}\frac{\partial}{\partial \phi}=\cos\phi\frac{\partial}{\partial r}-\frac{\sin\phi}{r}\frac{\partial}{\partial \phi}\\ \frac{\partial}{\partial x_2}&=\frac{\partial r}{\partial x_2}\frac{\partial}{\partial r}+\frac{\partial \phi}{\partial x_2}\frac{\partial}{\partial \phi}=\sin\phi\frac{\partial}{\partial r}+\frac{\cos\phi}{r}\frac{\partial}{\partial \phi}\end{aligned}\right\}\tag{II.3}$$

한편, 극좌표에서의 기본벡터 $\boldsymbol{e}_r$, $\boldsymbol{e}_\phi$를 직교 Cartesian 좌표계에서의 기본벡터 $\boldsymbol{e}_1$, $\boldsymbol{e}_2$로 나타내면

$$\left.\begin{aligned}\boldsymbol{e}_r&=\cos\phi\boldsymbol{e}_1+\sin\phi\boldsymbol{e}_2\\ \boldsymbol{e}_\phi&=-\sin\phi\boldsymbol{e}_1+\cos\phi\boldsymbol{e}_2\end{aligned}\right\}\tag{II.4}$$

또는 역관계

$$\left.\begin{aligned}\boldsymbol{e}_1&=\cos\phi\boldsymbol{e}_r-\sin\phi\boldsymbol{e}_\phi\\ \boldsymbol{e}_2&=\sin\phi\boldsymbol{e}_r+\cos\phi\boldsymbol{e}_\phi\end{aligned}\right\}\tag{II.5}$$

으로 주어진다. 이 식들은 식 (3.16)에서와 같이 x_1, x_2 좌표축의 정규회전에 의해 얻어지는 x'_1, x'_2 좌표축을 각각 r, ϕ 축에 일치시킨 경우와 같다. 식 (II.4), (II.5)로부터

$$\left.\begin{aligned}d\boldsymbol{e}_r&=d\phi\,\boldsymbol{e}_\phi\\ d\boldsymbol{e}_\phi&=-d\phi\,\boldsymbol{e}_r\end{aligned}\right\}\tag{II.6}$$

및 $\boldsymbol{r}=r\,\boldsymbol{e}_r$로부터

$$\begin{aligned}d\boldsymbol{r}&=dr\boldsymbol{e}_r+r\,d\boldsymbol{e}_r\\ &=dr\boldsymbol{e}_r+r\,d\phi\,\boldsymbol{e}_\phi\end{aligned}\tag{II.7}$$

관계가 얻어진다.

Ⅱ.2 | 극좌표에 의한 ∇f의 표시

$f(r, \phi)$를 스칼라 함수라고 하면 식 (I.1)와 같이 정의되는 grad $f(=\nabla f)$는

$$\begin{aligned} df &= \nabla f \cdot d\boldsymbol{r} = [(\nabla f)_r \boldsymbol{e}_r + (\nabla f)_\phi \boldsymbol{e}_\phi] \cdot [d r \boldsymbol{e}_r + r\, d\phi\, \boldsymbol{e}_\phi] \\ &= (\nabla f)_r\, dr + (\nabla f)_\phi\, r\, d\phi \end{aligned} \tag{II.8}$$

이 되고 df는

$$df = \frac{\partial f}{\partial r} dr + \frac{\partial f}{\partial \phi} d\phi \tag{II.9}$$

표시된다. 식 (II.9)는 식 (II.8)과 동등이므로 ∇f는

$$\nabla f = (\nabla f)_r \boldsymbol{e}_r + (\nabla f)_\phi \boldsymbol{e}_\phi = \frac{\partial f}{\partial r} \boldsymbol{e}_r + \frac{1}{r} \frac{\partial f}{\partial \phi} \boldsymbol{e}_\phi \tag{II.10}$$

따라서 극좌표계에서 ∇는

$$\nabla = \frac{\partial}{\partial r} \boldsymbol{e}_r + \frac{1}{r} \frac{\partial}{\partial \phi} \boldsymbol{e}_\phi$$

으로 나타내진다.

Ⅱ.3 | 극좌표에 의한 $\nabla \cdot \boldsymbol{a}$의 표시

벡터장 $\boldsymbol{a}(r, \phi)$에 대해 grad a $(= \nabla \boldsymbol{a})$는 식 (II.6)에서와 같이

$$\left.\begin{aligned} &\boldsymbol{a}(r,\phi) = a_r(r,\phi)\boldsymbol{e}_r + a_\phi(r,\phi)\boldsymbol{e}_\phi \\ &d\boldsymbol{a} = (\nabla \boldsymbol{a})\, d\boldsymbol{r} = (\nabla \boldsymbol{a})(dr\boldsymbol{e}_r + r d\phi \boldsymbol{e}_\phi) = dr(\nabla \boldsymbol{a})\boldsymbol{e}_r + r d\phi(\nabla \boldsymbol{a})\boldsymbol{e}_\phi \end{aligned}\right\} \tag{II.11}$$

이 정의된다. 식 (II.10)의 관계로부터

$$\left.\begin{aligned}(\nabla \boldsymbol{a})\boldsymbol{e}_r &= (\nabla \boldsymbol{a})_{rr}\boldsymbol{e}_r + (\nabla \boldsymbol{a})_{\phi r}\boldsymbol{e}_\phi \\ (\nabla \boldsymbol{a})\boldsymbol{e}_\phi &= (\nabla \boldsymbol{a})_{r\phi}\boldsymbol{e}_r + (\nabla \boldsymbol{a})_{\phi\phi}\boldsymbol{e}_\phi\end{aligned}\right\} \tag{Ⅱ.12}$$

으로 나타낼 수 있다. 따라서 $d\boldsymbol{a}$ 는

$$\begin{aligned}d\boldsymbol{a} &= dr(\nabla \boldsymbol{a})\boldsymbol{e}_r + rd\phi(\nabla \boldsymbol{a})\boldsymbol{e}_\phi \\ &= [(\nabla \boldsymbol{a})_{rr}dr + (\nabla \boldsymbol{a})_{r\phi}rd\phi]\boldsymbol{e}_r + [(\nabla \boldsymbol{a})_{\phi r}dr + (\nabla \boldsymbol{a})_{\phi\phi}rd\phi]\boldsymbol{e}_\phi\end{aligned} \tag{Ⅱ.13}$$

또한, 식 (II.11)에서

$$\begin{aligned}d\boldsymbol{a} &= da_r\boldsymbol{e}_r + a_r d\boldsymbol{e}_r + da_\phi\boldsymbol{e}_\phi + a_\phi d\boldsymbol{e}_\phi \\ &= (da_r - a_\phi d\phi)\boldsymbol{e}_r + (da_\phi + a_r d\phi)\boldsymbol{e}_\phi\end{aligned} \tag{II.14}$$

이 성립한다. 이 식에 다음의 관계를 대입하면

$$\left.\begin{aligned}da_r &= \frac{\partial a_r}{\partial r}dr + \frac{\partial a_r}{\partial \phi}d\phi \\ da_\phi &= \frac{\partial a_\phi}{\partial r}dr + \frac{\partial a_\phi}{\partial \phi}d\phi\end{aligned}\right\}$$

식 (II.14)의 $d\boldsymbol{a}$는

$$d\boldsymbol{a} = \left[\frac{\partial a_r}{\partial r}dr + \left(\frac{\partial a_r}{\partial \phi} - a_\phi\right)d\phi\right]\boldsymbol{e}_r + \left[\frac{\partial a_\phi}{\partial r}dr + \left(\frac{\partial a_\phi}{\partial \phi} + a_r\right)d\phi\right]\boldsymbol{e}_\phi \tag{II.15}$$

이 된다. 따라서 식 (II.13)과 식 (II.15)를 비교하면

$$\begin{aligned}&(\nabla \boldsymbol{a})_{rr} = \frac{\partial a_r}{\partial r}, \qquad (\nabla \boldsymbol{a})_{\phi r} = \frac{\partial a_\phi}{\partial r} \\ &(\nabla \boldsymbol{a})_{r\phi} = \frac{1}{r}\left(\frac{\partial a_r}{\partial \phi} - a_\phi\right), \\ &(\nabla \boldsymbol{a})_{\phi\phi} = \frac{1}{r}\left(\frac{\partial a_\phi}{\partial \phi} + a_r\right)\end{aligned} \tag{II.16}$$

이 된다. 따라서 $\nabla \cdot \boldsymbol{a}$는

$$\begin{aligned}\nabla \cdot \boldsymbol{a} &= tr\ (\nabla \boldsymbol{a}) = (\nabla \boldsymbol{a})_{rr} + (\nabla \boldsymbol{a})_{\phi\phi} \\ &= \frac{\partial a_r}{\partial r} + \frac{1}{r}\left(\frac{\partial a_\phi}{\partial \phi} + a_r\right)\end{aligned} \tag{II.17}$$

으로 정의된다.

식 (11.16)과 식 (11.17)은 각각 극좌표계에 대한 ∇ 의 정의와 식 (II.6)을 이용하여 다음과 같이 직접 유도할 수도 있다. 즉,

$$\begin{aligned}
\nabla \boldsymbol{a} &= \left(\frac{\partial}{\partial r}\boldsymbol{e}_r + \frac{1}{r}\frac{\partial}{\partial \phi}\boldsymbol{e}_\phi\right)(a_r\boldsymbol{e}_r + a_\phi \boldsymbol{e}_\phi) \\
&= \left(\frac{\partial a_r}{\partial r}\boldsymbol{e}_r + \frac{\partial a_\phi}{\partial r}\boldsymbol{e}_\psi\right)\boldsymbol{e}_r + \frac{1}{r}\left(\frac{\partial a_r}{\partial \phi}\boldsymbol{e}_r + \frac{\partial a_\phi}{\partial \phi}\boldsymbol{c}_\phi + a_r\boldsymbol{c}_\phi \quad a_\phi \boldsymbol{e}_r\right)\boldsymbol{e}_\phi \qquad \text{(II.18)} \\
&= \frac{\partial a_r}{\partial r}\boldsymbol{e}_r\boldsymbol{e}_r + \frac{1}{r}\left(\frac{\partial a_\phi}{\partial \phi} + a_r\right)\boldsymbol{e}_\phi\boldsymbol{e}_\phi + \frac{\partial a_\phi}{\partial r}\boldsymbol{e}_r\boldsymbol{e}_\phi + \frac{1}{r}\left(\frac{\partial a_r}{\partial \phi} - a_\phi\right)\boldsymbol{e}_\phi\boldsymbol{e}_r \\
&= (\nabla \boldsymbol{a})_{rr}\boldsymbol{e}_r\boldsymbol{e}_r + (\nabla \boldsymbol{a})_{\phi\phi}\boldsymbol{e}_\phi\boldsymbol{e}_\phi + (\nabla \boldsymbol{a})_{\phi r}\boldsymbol{e}_r\boldsymbol{e}_\phi + (\nabla \boldsymbol{a})_{r\phi}\boldsymbol{e}_\phi\boldsymbol{e}_r
\end{aligned}$$

또한, $\boldsymbol{e}_\phi \cdot \boldsymbol{e}_r = 0$, $\boldsymbol{e}_\phi \cdot \boldsymbol{e}_\phi = 1$, $\boldsymbol{e}_r \cdot \boldsymbol{e}_r = 1$ 이므로

$$\begin{aligned}
\nabla \cdot \boldsymbol{a} &= \left(\frac{\partial}{\partial r}\boldsymbol{e}_r + \frac{1}{r}\frac{\partial}{\partial \phi}\boldsymbol{e}_\phi\right) \cdot (a_r\boldsymbol{e}_r + a_\phi \boldsymbol{e}_\phi) \\
&= \frac{\partial a_r}{\partial r} + \frac{1}{r}a_r + \frac{1}{r}\frac{\partial a_\phi}{\partial \phi}
\end{aligned} \qquad \text{(II.19)}$$

부록 Ⅲ

Ⅲ.1 극좌표에 의한 변형률 텐서의 표시

(r, ϕ) 좌표계에서 미소 변형률 텐서는 2계 텐서에 대한 좌표변환의 식 (4.5), 식 (5.37)에 의해

$$\epsilon'_{pq}(=\epsilon_{r\phi}) = Q_{pi}Q_{qj}\epsilon_{ij} \tag{III.1}$$

으로 표시할 수 있다. 성분별로 표시하면

$$\left.\begin{aligned} \epsilon_{rr} &= \epsilon_{xx}\cos^2\phi + \epsilon_{yy}\sin^2\phi + 2\epsilon_{xy}\sin\phi\cos\phi \\ \epsilon_{\phi\phi} &= \epsilon_{xx}\sin^2\phi + \epsilon_{yy}\cos^2\phi - 2\epsilon_{xy}\sin\phi\cos\phi \\ \epsilon_{r\phi} &= (-\epsilon_{xx} + \epsilon_{yy})\sin\phi\cos\phi + \epsilon_{xy}(\cos^2\phi - \sin^2\phi) \end{aligned}\right\} \tag{III.2}$$

이 된다. 한편, 극좌표와 직교 Cartesian 좌표 간의 관계식 (II.3), (II.5)와 식 (5.29)에서 $\epsilon_{xx}, \epsilon_{yy}, \epsilon_{xy}$에 대한 정의에 의해

$$\left.\begin{aligned} \epsilon_{xx} &= \frac{\partial u_x}{\partial x} = \left(\cos\phi\frac{\partial}{\partial r} - \frac{\sin\phi}{r}\frac{\partial}{\partial\phi}\right)(u_r\cos\phi - u_\phi\sin\phi) \\ \epsilon_{yy} &= \frac{\partial u_y}{\partial y} = \left(\sin\phi\frac{\partial}{\partial r} + \frac{\cos\phi}{r}\frac{\partial}{\partial\phi}\right)(u_r\sin\phi + u_\phi\cos\phi) \end{aligned}\right\} \tag{III.3}$$

$$\epsilon_{xy} = \frac{1}{2}\left(\frac{\partial u_x}{\partial y} + \frac{\partial u_y}{\partial x}\right)$$

$$= \frac{1}{2}[(\sin\phi\frac{\partial}{\partial r} + \frac{\cos\phi}{r}\frac{\partial}{\partial\phi})(u_r\sin\phi - u_\phi\cos\phi)$$

$$+ (\cos\phi\frac{\partial}{\partial r} - \frac{\sin\phi}{r}\frac{\partial}{\partial\phi})(u_r\sin\phi + u_\phi\cos\phi)]$$

으로 주어진다. 따라서 식 (III.3)을 식 (III.2)에 대입하면 극좌표계에서 미소 변형률 텐서는 다음 식으로 주어진다.

$$\left.\begin{aligned} \epsilon_{rr} &= \frac{\partial u_r}{\partial r} \\ \epsilon_{\phi\phi} &= \frac{1}{r}\left(\frac{\partial u_\phi}{\partial\phi} + u_r\right) \\ \epsilon_{r\phi} &= \frac{1}{2}\left(\frac{1}{r}\frac{\partial u_r}{\partial\phi} + \frac{\partial u_\phi}{\partial r} - \frac{u_\phi}{r}\right) \end{aligned}\right\} \tag{III.4}$$

윗 식은 부록 II의 결과를 이용하여 직접 구할 수도 있다. 즉, 미소 변형률 텐서 식 (5.27)은 2계 텐서의 정의 식 (4.1b)에 의해

$$\left.\begin{aligned} &\epsilon_{ij} = \frac{1}{2}(u_{j,i} + u_{i,j}), \qquad (i,j = r,\ \phi) \\ &\boldsymbol{\epsilon} = \epsilon_{ij}\boldsymbol{e}_i\boldsymbol{e}_j = \frac{1}{2}(u_{j,i}\boldsymbol{e}_i\boldsymbol{e}_j + u_{i,j}\boldsymbol{e}_i\boldsymbol{e}_j) = \frac{1}{2}(\nabla\boldsymbol{u} + (\nabla\boldsymbol{u})^T) \end{aligned}\right\} \tag{III.5}$$

으로 표기할 수 있으므로 식 (III.5)에 식 (II.18)을 대입하면 식 (III.4)가 얻어지는 것을 알 수 있다.

Ⅲ.2 | 극좌표에 의한 평형방정식의 표시

$(r,\ \phi)$ 좌표계에서 평형방정식은 식 (6.20)으로부터

$$\nabla \cdot \boldsymbol{\sigma} + \rho f_i = 0 \tag{III.6}$$

으로 표시할 수 있다. 따라서 식 (6.4a)의 응력벡터 $\boldsymbol{t}^i$와 2계 응력텐서 σ_{ij}의 정의를 이용하면

$$\left.\begin{aligned}\boldsymbol{\sigma} &= \sigma_{ij}\boldsymbol{e}_i\boldsymbol{e}_j = \boldsymbol{t}^i\boldsymbol{e}_i, \qquad (i,\ j = r,\ \phi) \\ \boldsymbol{t}^i &= \sigma_{ij}\boldsymbol{e}_j\end{aligned}\right\} \tag{III.7}$$

간단히 하기 위하여 $\sigma_{zz} = 0$인 평면응력 문제에 대해서 간주하고 이 식을 성분별로 표시하면

$$\left.\begin{aligned}\boldsymbol{t}^r &= \sigma_{rr}\boldsymbol{e}_r + \sigma_{r\phi}\boldsymbol{e}_\phi \\ \boldsymbol{t}^\phi &= \sigma_{\phi r}\boldsymbol{e}_r + \sigma_{\phi\phi}\boldsymbol{e}_\phi\end{aligned}\right\} \tag{III.8}$$

이 된다. 극좌표계에서 $\nabla \cdot \boldsymbol{\sigma}$는 식 (Ⅱ.19)로부터 다음과 같이 나타낼 수 있으므로

$$\nabla \cdot \boldsymbol{\sigma} = \frac{\partial \boldsymbol{t}^r}{\partial r} + \frac{1}{r}\boldsymbol{t}^r + \frac{1}{r}\frac{\partial \boldsymbol{t}^\phi}{\partial \phi} \tag{Ⅲ.9}$$

식 (Ⅲ.9)에 식 (Ⅲ.8)을 대입하면

$$\begin{aligned}\nabla \cdot \boldsymbol{\sigma} &= \frac{\partial \sigma_{rr}}{\partial r}\boldsymbol{e}_r + \frac{\partial \sigma_{r\phi}}{\partial r}\boldsymbol{e}_\phi + \frac{1}{r}(\sigma_{rr}\boldsymbol{e}_r + \sigma_{r\phi}\boldsymbol{e}_\phi) \\ &\quad + \frac{1}{r}\left(\frac{\partial \sigma_{\phi r}}{\partial \phi}\boldsymbol{e}_r + \sigma_{\phi r}\boldsymbol{e}_\phi + \frac{\partial \sigma_{\phi\phi}}{\partial \phi}\boldsymbol{e}_\phi - \sigma_{\phi\phi}\boldsymbol{e}_r\right)\end{aligned} \tag{III.10}$$

이 된다. 이 식으로부터 r 방향과 ϕ 방향에서의 평형방정식을 나타내면

$$\left.\begin{aligned}&\frac{\partial \sigma_{rr}}{\partial r} + \frac{1}{r}\frac{\partial \sigma_{\phi r}}{\partial \phi} + \frac{1}{r}(\sigma_{rr} - \sigma_{\phi\phi}) + \rho f_i = 0 \\ &\frac{\partial \sigma_{r\phi}}{\partial r} + \frac{1}{r}\frac{\partial \sigma_{\phi\phi}}{\partial \phi} + \frac{2}{r}\sigma_{r\phi} + \rho f_\phi = 0\end{aligned}\right\} \tag{III.11}$$

가 된다.

부록 Ⅳ

Ⅳ.1 유한요소 방정식의 행렬표시

여기서는 제11장에서 열거한 유한요소 방정식들을 여러 유한요소해석에 대한 교과서들에서 우리가 자주 접하는 행렬표시로 나타낸다. 설명을 간단히 하기 위하여 2차원 평면응력 문제에 대해서 삼각형 선형요소를 사용하는 경우를 예로 하여 설명하기로 한다.

식 (11.16a)과 같이 요소 내부의 변위 $u_i = (u_1,\ u_2)$는 절점에서의 변위 u_{Ni}와 형상함수 ϕ_N을 이용하여 다음 식으로 표시되므로

$$u_i = \phi_N u_{Ni} \tag{IV.1}$$

이 식을 3절점 삼각형 요소에 대하여 행렬표시하면

$$\begin{Bmatrix} u_1 \\ u_2 \end{Bmatrix} = \begin{bmatrix} \phi_1 & 0 & \phi_2 & 0 & \phi_3 & 0 \\ 0 & \phi_1 & 0 & \phi_2 & 0 & \phi_3 \end{bmatrix} \begin{Bmatrix} u_{11} \\ u_{12} \\ u_{21} \\ u_{22} \\ u_{31} \\ u_{32} \end{Bmatrix} \tag{IV.2}$$

$$\{u\} = [\phi]\{u_N\} \tag{IV.3}$$

가 된다. 한편 평면응력과 평면변형문제의 경우 변형률 ϵ_{ij} 중에서 $\epsilon_{13} = \epsilon_{23} = 0$이므로 0이 아닌 변형률 성분 $(\epsilon_{11},\ \epsilon_{22},\ 2\epsilon_{12})$은 식 (5.27)의 정의에 의해

$$\epsilon_{ij} = \frac{1}{2}\left(\frac{\partial u_i}{\partial x_j} + \frac{\partial u_j}{\partial x_i}\right) = \frac{1}{2}(u_{i,j} + u_{j,i}) \tag{IV.4}$$

$$\begin{Bmatrix} \epsilon_{11} \\ \epsilon_{22} \\ 2\epsilon_{12} \end{Bmatrix} = \begin{Bmatrix} u_{1,1} \\ u_{2,2} \\ u_{1,2} + u_{2,1} \end{Bmatrix} \tag{IV.5}$$

으로 표시된다. 따라서 윗 식의 변위 u에 식 (IV.2)의 행렬을 대입하면

$$\begin{Bmatrix} \epsilon_{11} \\ \epsilon_{22} \\ 2\epsilon_{12} \end{Bmatrix} = \begin{bmatrix} \phi_{1,1} & 0 & \phi_{2,1} & 0 & \phi_{3,1} & 0 \\ 0 & \phi_{1,2} & 0 & \phi_{2,2} & 0 & \phi_{2,3} \\ \phi_{1,2} & \phi_{1,1} & \phi_{2,2} & \phi_{2,1} & \phi_{3,2} & \phi_{3,1} \end{bmatrix} \begin{Bmatrix} u_{11} \\ u_{12} \\ u_{21} \\ u_{22} \\ u_{31} \\ u_{32} \end{Bmatrix} \tag{IV.6}$$

$$\{\epsilon\} = [B]\{u_N\} \tag{IV.7}$$

이 된다.

$\sigma_{33} = 0$, $\sigma_{13} = \sigma_{23} = 0$인 평면응력 문제의 경우에 응력성분 ($\sigma_{11}$, σ_{22}, σ_{12})은 식 (8.27b)로부터

$$\begin{aligned} \begin{Bmatrix} \sigma_{11} \\ \sigma_{22} \\ \sigma_{12} \end{Bmatrix} &= \frac{E}{1-\nu^2} \begin{bmatrix} 1 & \nu & 0 \\ \nu & 1 & 0 \\ 0 & 0 & \frac{1-\nu}{2} \end{bmatrix} \begin{Bmatrix} \epsilon_{11} \\ \epsilon_{22} \\ 2\epsilon_{12} \end{Bmatrix} \\ &= \begin{bmatrix} D_{11} & D_{12} & D_{13} \\ & D_{22} & D_{23} \\ \text{대칭} & & D_{33} \end{bmatrix} \begin{Bmatrix} \epsilon_{11} \\ \epsilon_{22} \\ 2\epsilon_{12} \end{Bmatrix} \end{aligned} \tag{IV.8}$$

$$\{\sigma\} = [D]\{\epsilon\} \tag{IV.9}$$

으로 주어진다. 또한, $\epsilon_{33}=0$, $\epsilon_{13}=\epsilon_{23}=0$인 평면변형 문제의 경우에는 식 (8.28b)로부터

$$\begin{Bmatrix}\sigma_{11}\\ \sigma_{22}\\ \sigma_{12}\end{Bmatrix}=\frac{E}{(1+\nu)(1-2\nu)}\begin{bmatrix}1-\nu & \nu & 0\\ \nu & 1-\nu & 0\\ 0 & 0 & \frac{(1-\nu)}{2}\end{bmatrix}\begin{Bmatrix}\epsilon_{11}\\ \epsilon_{22}\\ 2\epsilon_{12}\end{Bmatrix} \tag{IV.10}$$

으로, 그리고 축대칭 변형의 경우는

$$\begin{Bmatrix}\sigma_{11}\\ \sigma_{22}\\ \sigma_{12}\\ \sigma_{33}\end{Bmatrix}=\frac{E}{(1+\nu)(1-2\nu)}\begin{bmatrix}1-\nu & \nu & 0 & \nu\\ \nu & 1-\nu & 0 & \nu\\ 0 & 0 & \frac{(1-\nu)}{2} & 0\\ \nu & \nu & 0 & 1-\nu\end{bmatrix}\begin{Bmatrix}\epsilon_{11}\\ \epsilon_{22}\\ 2\epsilon_{12}\end{Bmatrix} \tag{IV.11}$$

으로 나타내진다. 축대칭 문제에서 첨자 1, 2, 3은 각각 r, θ, z를 의미한다.

이들 식에 식 (IV.7)을 대입하면 결국 응력은 요소의 각 절점에서의 변위로 다음과 같이 나타낼 수 있다.

$$\{\sigma\}=[D][B]\{u_N\} \tag{IV.12}$$

이 식은 식 (11.35h)를 행렬로 표시한 것과 같다.

다음에 가상일의 원리 식 (10.38)을 행렬표시하고 식 (IV.3)과 식 (IV.12)를 대입하면

$$\int_V\{\delta\epsilon\}^T\{\sigma\}\,dV=\int_{S_t}\{\delta u\}^T\{P\}\,dS \tag{IV.13}$$

$$\{\delta u_N\}^T\left(\int_V[B]^T[D][B]\,dV\{u_N\}-\int_{S_t}[\phi]^T\{P\}\,dS\right)=0 \tag{IV.14}$$

이 식은 다시

$$\{\delta u_N\}^T([K]\{u_N\}-\{T\})=0 \tag{IV.15}$$

으로 나타낼 수 있고 여기서

$$[K]^e=\int_V[B]^T[D][B]\,dV \tag{IV.16}$$

$$\{T\}^e = \int_{S_t} [\phi]^T \{P\}\, dS \tag{IV.17}$$

이며 $[K]^e$는 요소의 강성행렬(element stiffness matrix), $\{T\}^e$는 등가 절점력 벡터(equivalent nodal force vector)이다. 식 (IV.15)가 임의의 절점변위의 변분 $\{\delta u_N\}$에 대해 항상 성립하기 위해서는 다음 식이 만족하여야 한다.

$$[K]^e \{u_N\}^e = \{T\}^e \tag{IV.18}$$

이 식은 식 (11.36a)에 대응하는 하나의 요소에 대한 유한요소 방정식에 대한 행렬표시이다. 따라서 전체 요소에 대한 유한요소 방정식은 각 요소에 대한 유한요소 방정식을 중첩시켜서 구해진다.

부록 V

V.1 | Lagrangian 보간함수(Lagrangian interpolation function)

Lagrange는 m개의 구간을 갖는 영역에서 함수 f를 각 절점 $x_i\,(i=1,\ 2,\ 3,\ \cdots,\ m+1)$에서의 함수값 f_i에 의해 다음의 m차 다항식으로 정의하였다.

$$f(x)=\sum_{i=1}^{m+1} L_i(x)\,f_i \tag{V.1}$$

$$\begin{aligned} L_i(x) &= \prod_{j=1,j\neq i}^{m+1}\frac{(x-x_j)}{(x_i-x_j)} \qquad : \quad \textit{Lagrangian}\ \text{보간함수} \\ &= \frac{(x-x_1)(x-x_2)\cdots(x-x_{m+1})}{(x_i-x_1)(x_i-x_2)\cdots(x_i-x_{m+1})} \end{aligned} \tag{V.2}$$

Lagrangian 보간함수는 그림 V.1에서 알 수 있듯이 i번째 절점$(x=x_i)$에서 Lagrangian 함수가 1을 가지며 $(L_i=1)$, 나머지 절점 $(x\neq x_i)$에서는 0의 값을 갖는 $(L_i=0)$ 특징이 있다.

Lagrangian 보간함수를 형상함수로 사용하면 $(\phi_i=L_i)$, 1차원 2절점 요소의 경우는 식 (V.2)에서 $x_1=0$, $x_2=L$을 대입하면

$$\left.\begin{aligned} \phi_1 &= \frac{x-x_2}{x_2-x_1}=\frac{x-L}{L} \\ \phi_2 &= \frac{x-x_1}{x_2-x_1}=\frac{x}{L} \end{aligned}\right\} \tag{V.3}$$

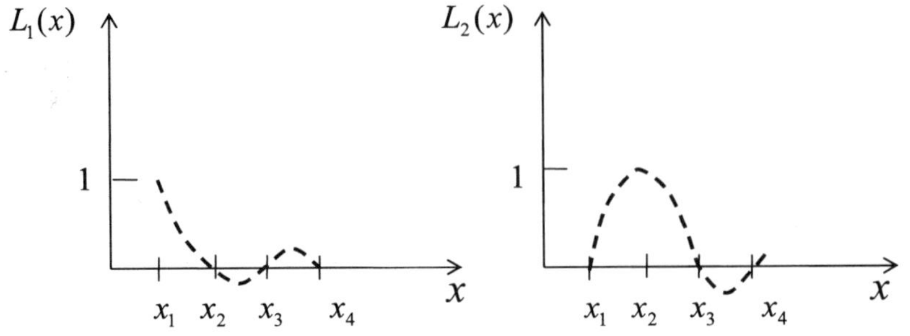

그림 V.1 Lagrangian 형상함수의 특성

또한, 1차원 3절점 요소의 경우는 식 (V.2)에 $x_1=0$, $x_2=L/2$, $x_3=L$을 대입하면

$$\left.\begin{aligned}\phi_1&=\frac{(x-x_2)(x-x_3)}{(x_1-x_2)(x_1-x_3)}=\frac{-(2x-L)(x-L)}{L^2}\\ \phi_2&=\frac{(x-x_1)(x-x_3)}{(x_2-x_1)(x_2-x_3)}=\frac{-4x(x-L)}{L^2}\\ \phi_3&=\frac{(x-x_1)(x-x_2)}{(x_3-x_1)(x_3-x_2)}=\frac{x(2x-L)}{L}\end{aligned}\right\}\qquad (V.4)$$

으로 표현된다.

한편, x축 방향으로 n개, y축 방향으로 m개의 절점을 갖는 2차원 사각형 요소의 형상함수는 두 방향의 Lagrangian 함수의 곱으로 정의된다.

$$\left.\begin{aligned}\phi_{ij}(x,y)&=L_i^n(x)\,L_j^m(y)\\ L_i^n(x)&=\prod_{j=1,j\neq i}^{n+1}\frac{(x-x_j)}{(x_i-x_j)}\\ L_j^m(y)&=\prod_{i=1,i\neq j}^{m+1}\frac{(y-y_i)}{(y_j-y_i)}\end{aligned}\right\}\qquad (V.5)$$

부록 Ⅵ

Ⅵ.1 | Cholesky의 LU 분해법(Cholesky's LU decomposition method)

다음의 N계의 선형 연립방정식의 해를 구하는 방법에 대해서 검토해 보자.

$$[A]\{x\} - \{y\} \tag{VI.1}$$

여기서 $[A]$는 $[A]=(A_{ij})$인 $n \times n$의 대칭인 계수행렬(coefficient matrix)이고 $\{x\}$, $\{y\}$는 $\{x\}^T = (x_1,\ x_2, \cdots,\ x_n)$과 $\{y\}^T = (y_1,\ y_2, \cdots,\ y_n)$인 열행렬이다. 먼저 정방행렬 $[A]$를 하부 산가행렬 $[L]$ (lower triangle matrix)과 상부 삼각행렬 $[U]$(upper triangle matrix)로 분해한다. 그러면 $[A]$행렬은

$$[A] = [L][U] \tag{VI.2}$$

$$\begin{bmatrix} A_{11} & A_{12} & A_{13} & \cdot \\ A_{21} & A_{22} & A_{23} & \cdot \\ A_{31} & A_{32} & A_{33} & \cdot \\ \cdot & \cdot & \cdot & \cdot \end{bmatrix} = \begin{bmatrix} L_{11} & 0 & 0 & \cdot \\ L_{21} & L_{22} & 0 & \cdot \\ L_{31} & L_{32} & L_{33} & \cdot \\ \cdot & \cdot & \cdot & \cdot \end{bmatrix} \begin{bmatrix} 1 & U_{12} & U_{13} & U_{14} & \cdot \\ 0 & 1 & U_{23} & U_{24} & \cdot \\ 0 & 0 & 1 & U_{34} & \cdot \\ \cdot & \cdot & \cdot & \cdot & \cdot \end{bmatrix} \tag{VI.3}$$

그리고 전개한 형태로는

$$A_{ij} = L_{i1}U_{1j} + L_{i2}U_{2j} + \cdots + L_{ij}(1), \qquad i \geq j \tag{VI.4a}$$

$$A_{ij} = L_{i1}U_{1j} + L_{i2}U_{2j} + \cdots + L_{ii}U_{ij}, \qquad i < j \tag{VI.4b}$$

이 된다. 따라서 식 (VI.1)은

$$[L][U]\{x\} = \{y\} \tag{VI.5}$$

으로 표시된다. 여기서 $[L]$, $[U]$의 각 성분은 식 (VI.3)의 관계로부터

$$\left.\begin{aligned} L_{i1} &= A_{i1} & &: i = 1,\ 2,\ \cdots,\ n \\ U_{1j} &= \frac{A_{1j}}{L_{11}} & &: j = 2,\ 3,\ \cdots,\ n \end{aligned}\right\} \qquad \text{(VI.6a)}$$

이 된다. 한편, 식 (VI.4a)로부터

$$L_{ij} = A_{ij} - \sum_{s=1}^{i-1} L_{is} U_{sj} \qquad : j = 1,\ 2,\ \cdots,\ i\ (i \geq 2) \qquad \text{(VI.6b)}$$

또한, 식 (VI.4b)로부터

$$U_{ij} = \frac{1}{L_{ii}}\left(A_{ij} - \sum_{s=1}^{i+1} L_{is} U_{sj}\right) \qquad : j = i+1,\ i+2,\ \cdots,\ n\ (i \geq 2) \qquad \text{(VI.6c)}$$

의 관계가 성립한다. 그러면 식 (VI.1)의 해를 구하는 것은 다음 식을 순차적으로 푸는 것과 같다.

$$[L]\{z\} = \{y\} \qquad \text{(VI.7)}$$

$$[U]\{x\} = \{z\} \qquad \text{(VI.8)}$$

즉, 식 (VI.7)에서 전진대입(forward substitution)에 의해 $\{z\}$를 구하고

$$\left.\begin{aligned} z_1 &= \frac{y_1}{L_{11}} \\ z_i &= \frac{1}{L_{ii}}\left(y_i - \sum_{s=1}^{i-1} L_{is} z_s\right) & &: i = 2,\ 3,\ \cdots,\ n \end{aligned}\right\} \qquad \text{(VI.9)}$$

이 결과를 이용하여 식 (VI.8)에 후진대입(backward substitution)하여 미지변수 $\{x\}$를 다음 식으로 구할 수 있다.

$$\left.\begin{aligned} x_i &= z_i \\ x_i &= z_i - \sum_{s=1+1}^{n} L_{is} x_s & &: i = n-1,\ n-2,\ \cdots,\ 1 \end{aligned}\right\} \qquad \text{(VI.10)}$$

이 방법을 Crout의 방법이라고 한다. 한편, 행렬 $[A]$가 대칭이고 양수한정행렬(positive definite matrix : $x \neq 0$에 대해 $x^T A x > 0$이 성립함)이라면 $[U] = [L]^T$으로 취할 수 있으므로 $[A] = [L][L]^T$으로 분해하면 식 (VI.5)에서 $[L][L]^T\{x\} = \{y\}$ 또는

$[U]^T[U]\{x\} = \{y\}$가 되고 앞에서 설명한 방법에 따라서 해를 구할 수 있다. 이 경우 컴퓨터에 하부 삼각행렬 $[L]$과 상부 삼각행렬 $[U]$를 함께 저장할 필요없이 $[L]$만 저장하면 되는 이점이 있다. 따라서 $[L]$의 성분은

$$
\begin{aligned}
L_{11} &= \sqrt{A_{11}} \\
L_{ii} &= \sqrt{A_{ii} - \sum_{s=1}^{i-1} L_{si}^2} && : i = 2,\ 3,\ \cdots,\ n \\
L_{1j} &= \frac{A_{1j}}{L_{11}} && : j = 2,\ 3,\ \cdots,\ n \\
L_{ij} &= \frac{1}{L_{ii}}\left(A_{ij} - \sum_{s=1}^{i-1} L_{si}L_{sj}\right) && : \begin{matrix} i = 2,\ 3,\ \cdots,\ n-1 \\ j = i+1,\ i+2,\ \cdots,\ n \end{matrix}
\end{aligned}
\tag{VI.11}
$$

으로 구해진다. 이 방법을 Cholesky LU 분해법 또는 Cholesky의 제곱근방법(square-root method)이라고 한다.

한편, 계수행렬 $[A]$가 대칭인 경우는

$$[A] = [L]^T[D][L] \tag{VI.12}$$

$$[D] = \begin{bmatrix} D_{11} & 0 & 0 \\ 0 & D_{22} & 0 \\ 0 & 0 & D_{33} \end{bmatrix}$$

로 분해할 수 있다. 여기서 $[D]$는 대각행렬로 대각성분은 다음과 같이 구해진다.

$$
\left.
\begin{aligned}
D_{11} &= A_{11} \\
L_{1j} &= \frac{A_{1j}}{D_{11}} && : j = 2,\ 3,\ \cdots,\ n \\
D_{ii} &= A_{ii} - \sum_{s=1}^{i-1} L_{si}^2 D_{ss} && : i = 2,\ 3,\ \cdots,\ n \\
L_{ij} &= \frac{1}{D_{ii}}\left(A_{ij} - \sum_{s=1}^{i-1} L_{sj}D_{ss}L_{si}\right) && : \begin{matrix} i = 2,\ 3,\ \cdots,\ n-1 \\ j = i+1,\ i+2,\ \cdots,\ n \end{matrix}
\end{aligned}
\right\}
\tag{VI.13}
$$

따라서

$$[D][L]\{x\} = \{z\} \tag{VI.14}$$

$$[L]^T\{z\} = \{y\} \tag{VI.15}$$

를 순차적으로 풀어서 $\{z\}$ 및 $\{x\}$를 구한다. $\{z\}$는

$$\left.\begin{aligned} z_1 &= y_1 \\ z_i &= y_i - \sum_{s=1}^{i-1} L_{si} z_s \qquad : i = 2,\ 3,\ \cdots,\ n \end{aligned}\right\} \tag{VI.16}$$

으로, $\{x\}$는

$$\left.\begin{aligned} x_i &= \frac{z_i}{D_{ii}} \\ x_i &= \frac{z_i}{D_{ii}} - \sum_{s=i+1}^{n} L_{is} x_s \qquad : i = n-1,\ n-2,\ \cdots,\ 2,\ 1 \end{aligned}\right\} \tag{VI.17}$$

으로 주어진다. 이 방법을 변형 Cholesky 방법이라고 한다.

다음의 선형연립방정식의 해를 Cholesky 방법으로 구해 보자.

$$\begin{bmatrix} 4 & 2 & 14 \\ 2 & 17 & -5 \\ 14 & -5 & 83 \end{bmatrix} \begin{Bmatrix} x_1 \\ x_2 \\ x_3 \end{Bmatrix} = \begin{Bmatrix} 14 \\ -101 \\ 155 \end{Bmatrix}$$

여기서 대칭인 계수행렬 $[A]$를 $[A]=[L][L]^T$으로 분해하였을 때 하부 삼각행렬 $[L]$의 성분은 식 (VI.11)로부터

$$L_{11} = \sqrt{A_{11}} = 2$$

$$L_{12} = A_{12}/L_{11} = 2/2 = 1$$

$$L_{13} = A_{13}/L_{11} = 14/2 = 7$$

$$L_{22} = \sqrt{A_{22} - L_{12}^2} = \sqrt{17-1} = 4$$

$$L_{23} = \frac{1}{L_{22}}(A_{23} - L_{12}L_{13}) = \frac{1}{4}(-5-(1)(7)) = -3$$

$$L_{33} = \sqrt{A_{33} - L_{13}^2 - L_{23}^2} = \sqrt{83 - 7^2 - (-3)^2} = 5$$

따라서 식 (VI.7)로부터

$$\begin{bmatrix} 2 & 0 & 0 \\ 1 & 4 & 0 \\ 7 & -3 & 5 \end{bmatrix} \begin{Bmatrix} z_1 \\ z_2 \\ z_3 \end{Bmatrix} = \begin{Bmatrix} 14 \\ -101 \\ 155 \end{Bmatrix}$$

에서 $\{z\}^T = (7, -27, 5)$가 구해지고, $[U] = [L]^T$인 경우에 식 (VI.8)로부터

$$\begin{bmatrix} 2 & 1 & 7 \\ 0 & 4 & -3 \\ 0 & 0 & 5 \end{bmatrix} \begin{Bmatrix} z_1 \\ z_2 \\ z_3 \end{Bmatrix} = \begin{Bmatrix} 7 \\ -27 \\ 5 \end{Bmatrix}$$

에서 $\{x\}^T = (3, -6, 1)$이 구해진다.

부록 VII

VII.1 | 일반 좌표계에서 텐서

예를 들면 실린더에 내압이 걸리는 문제의 경우는 원통 좌표를 사용하는 것이 편리하며 얇은 판의 굽힘이나 변형을 해석하는 경우는 직교 Cartesian 좌표계를 사용하는 것보다 곡선 좌표계를 사용하는 것이 물리적 의미를 보다 명확하게 하고, 또한 문제의 정식화가 간단해 진다. 연속체의 응력이나 변형을 논하는 문제의 경우에 이 곡선 좌표계는 원래 직교인 Cartesian 좌표계를 물체의 내부에 심어 놓고 재료의 변형과 함께 좌표계가 변형하는 좌표계, 즉 삽입 좌표계(embedded coordinate)라고 생각하면 이해가 쉽다. 이하에서는 3차원 유클리드 공간(Euclidean space)에서 정의되는 일반 좌표계에서의 텐서를 기술한다.

VII.2 | 공변 및 반변 기저 벡터

일반 좌표계에서 직교 기저 벡터 $\boldsymbol{e}_i$ 대신에 다음 식으로 정의되는 공변기저(共變基底) 벡터(covariant base vector) $\boldsymbol{g}_i$를 이용하여 벡터 $\boldsymbol{r}$과 증분 벡터 $d\boldsymbol{r}$을 나타내면

$$\left.\begin{aligned} \boldsymbol{r} &= x^1 \boldsymbol{g}_1 + x^2 \boldsymbol{g}_2 + x^3 \boldsymbol{g}_3 = x^i \boldsymbol{g}_i \\ d\boldsymbol{r} &= \frac{\partial \boldsymbol{r}}{\partial x^i} dx^i = \boldsymbol{g}_i \, dx^i , \quad \boldsymbol{g}_i = \frac{\partial \boldsymbol{r}}{\partial x^i} \end{aligned}\right\} \tag{VII.1}$$

여기서 $\boldsymbol{g}_i$는 그림 VII.1에 나타낸 것과 같이 곡선 좌표 x^i에 접한 기저 벡터이다. 공변 기저 벡터는 자주 자연 기저 벡터(natural base vector)라고 불리기도 한다. 물론, 벡터 $\boldsymbol{r}$을 Cartesian 직교 좌표계에서 나타내면

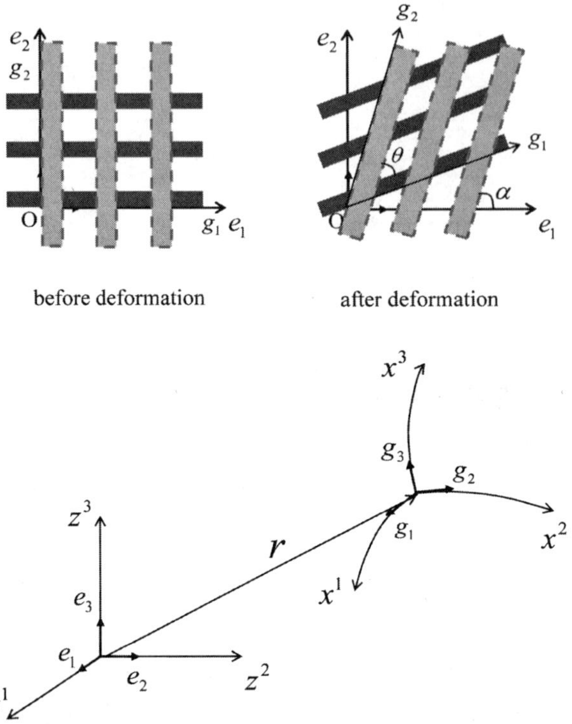

그림 Ⅶ.1 (좌) 직교 Cartesian 좌표계에서 단위 기저 벡터
(우) 일반 좌표계에서 공변 기저 벡터

$$\left.\begin{aligned} \boldsymbol{r} &= \boldsymbol{e}_j z^j = \boldsymbol{e}_1 z^1 + \boldsymbol{e}_2 z^2 + \boldsymbol{e}_3 z^3 \\ \boldsymbol{e}_i &= \frac{\partial \boldsymbol{r}}{\partial z^i} \end{aligned}\right\} \tag{VII.2a}$$

가 되므로 $\boldsymbol{g}_i$는 직교 기저 단위 벡터 $\boldsymbol{e}_i$와 다음 관계를 가진다.

$$\boldsymbol{g}_i = \frac{\partial \boldsymbol{r}}{\partial x^i} = \boldsymbol{e}_k \frac{\partial z^k}{\partial x^i} \qquad \left(\boldsymbol{e}_k = \frac{\partial \boldsymbol{r}}{\partial z^k}\right) \tag{VII.2b}$$

직교 좌표계 z^i와 일반 좌표계 x^i 사이에는 1:1의 대응관계가 성립한다. 임의 영역 내에서 변수들이 1 : 1로 대응하기 위한 충분조건은 (i) 함수가 1가 함수(single valued)이어야 하며 0계와 1계 도함수가 연속이어야 한다. 또한, (ii) 식 (5.2)와 같이 임의 점에서의 야코비안 행렬식이 영이 아니어야 한다. 즉,

$$J = \frac{\partial(z^1,\ z^2,\ z^3)}{\partial(x^1,\ x^2,\ x^3)} = \begin{vmatrix} \frac{\partial z^1}{\partial x^1} & \frac{\partial z^1}{\partial x^2} & \frac{\partial z^1}{\partial x^3} \\ \frac{\partial z^2}{\partial x^1} & \frac{\partial z^2}{\partial x^2} & \frac{\partial z^2}{\partial x^3} \\ \frac{\partial z^3}{\partial x^1} & \frac{\partial z^3}{\partial x^2} & \frac{\partial z^3}{\partial x^3} \end{vmatrix} \neq 0 \tag{VII.2c}$$

한편, 공변 기저 벡터 $\boldsymbol{g}_1$, $\boldsymbol{g}_2$, $\boldsymbol{g}_3$에 의해 만들어지는 평형 사면체의 체적을 V라고 하면

$$\boldsymbol{g}_1 \cdot (\boldsymbol{g}_2 \times \boldsymbol{g}_3) = \boldsymbol{g}_2 \cdot (\boldsymbol{g}_3 \times \boldsymbol{g}_1) = \boldsymbol{g}_3 \cdot (\boldsymbol{g}_1 \times \boldsymbol{g}_2) = V \tag{VII.3}$$

공변 기저 벡터의 역의 개념으로 반변기저(反変基底) 벡터(contravariant base vector) $\boldsymbol{g}^i$는 다음 식으로 정의되고

$$\boldsymbol{g}^1 = \frac{\boldsymbol{g}_2 \times \boldsymbol{g}_3}{V}, \quad \boldsymbol{g}^2 = \frac{\boldsymbol{g}_3 \times \boldsymbol{g}_1}{V}, \quad \boldsymbol{g}^3 = \frac{\boldsymbol{g}_1 \times \boldsymbol{g}_2}{V} \tag{VII.4}$$

다음의 관계식이 성립한다.

$$\boldsymbol{g}^1 \cdot (\boldsymbol{g}^2 \times \boldsymbol{g}^3) = \boldsymbol{g}^2 \cdot (\boldsymbol{g}^3 \times \boldsymbol{g}^1) = \boldsymbol{g}^3 \cdot (\boldsymbol{g}^1 \times \boldsymbol{g}^2) = \frac{1}{V} \tag{VII.5}$$

이들 간의 관계를 이해하기 쉽게 2차원 평면상에 기하학적으로 나타내면 그림 VII.2(좌)와 같다. 즉, 2차원 평면상에서 $\boldsymbol{g}^2$는 $\boldsymbol{g}_1$에 수직인 기저 벡터이고, $\boldsymbol{g}^1$은 $\boldsymbol{g}_2$에 수직인 기저

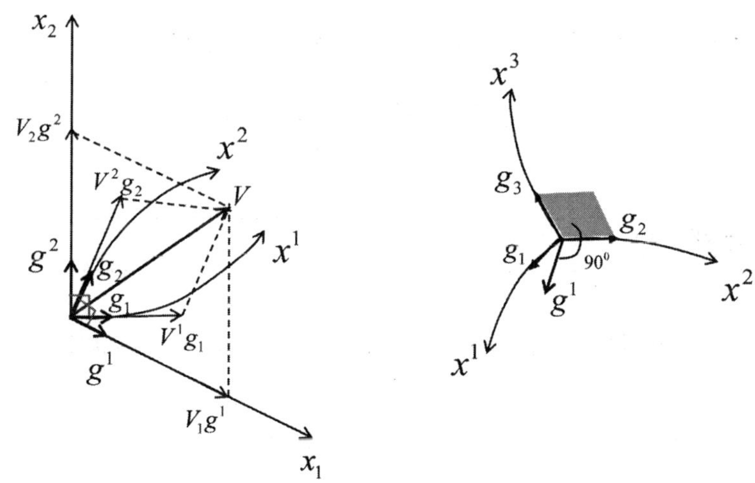

그림 Ⅶ.2 공변 기저 벡터와 반변 기저 벡터의 기하학적 관계
(좌) 2차원 평면 (우) 3차원 공간

벡터이다. 여기서 g_3는 지면에 수직한 방향으로 고정하여 g^3와 같은 방향을 나타내는 것으로 하였다. 한편, 3차원 공간상에서 g^1은 g_2와 g_3가 이루는 면에 수직인 기저 벡터로 잡는다.

따라서 공변 기저 벡터와 반변 기저 벡터의 내적은

$$g_i \cdot g^j = \delta_i^j \ , \quad g^i \cdot g_j = \delta_j^i \tag{VII.6}$$

가 되는 것을 알 수 있다.

한편, 그림 VII.2(우)와 같이 3차원 공간에서 벡터 곱의 기하학적 관계를 생각해보면 g_1는 g^1에 평행하고, g_2는 g^2에, g_3는 g^3에 평행하다는 것을 알 수 있다.

임의 벡터 v를 공변 기저 벡터와 반변 기저 벡터로 분해하면

$$v = v^i g_i = v_i g^i \tag{VII.7}$$

여기서 v의 반변 기저 벡터 g^i에 대한 성분 v_i를 v의 공변 성분(covariant component)이라고 하고, v의 공변 기저 벡터 g_i에 대한 성분 v^i를 v의 반변 성분(contravariant component)이라고 한다.

벡터의 공변 성분과 반변 성분은 벡터에 벡터의 공변 기저 벡터 또는 반변 기저 벡터를 내적하는 것으로부터 얻을 수 있다. 즉,

$$\left. \begin{aligned} v \cdot g_j &= v_i g^i \cdot g_j = v_i \delta_j^i = v_j \\ v \cdot g^j &= v^i g_i \cdot g^j = v^i \delta_i^j = v^j \end{aligned} \right\} \tag{VII.8a}$$

따라서 다음의 회복정리 (recovery theorem) 가 성립한다.

$$g^k (v \cdot g_k) = v = g_k (v \cdot g^k) \tag{VII.8b}$$

VII.3 | 계량 텐서

일반 좌표계에서 두 점의 위치 벡터를 $r\ (= g_k x^k)$과 $r + dr$이라고 하자. 미소 요소 벡터 dr은

$$dr = g_k \, dx^k \tag{VII.9}$$

으로 표시되고 따라서 곡선 상의 두 점을 연결하는 선 요소(line element) ds는 다음과

같이 나타낼 수 있다.

$$\begin{aligned} ds^2 &= d\boldsymbol{r} \cdot d\boldsymbol{r} = \boldsymbol{g}_k dx^k \cdot \boldsymbol{g}_l dx^l = \boldsymbol{g}_k \cdot \boldsymbol{g}_l \; dx^k dx^l = g_{kl} \, dx^k dx^l \\ &= \boldsymbol{g}^k dx_k \cdot \boldsymbol{g}^l dx_l = \boldsymbol{g}^k \cdot \boldsymbol{g}^l \; dx_k dx_l = g^{kl} \, dx_k dx_l \end{aligned} \tag{VII.10}$$

여기서

$$\left. \begin{aligned} g_{kl} &= \boldsymbol{g}_k \cdot \boldsymbol{g}_l = g_{lk} \\ g^{kl} &= \boldsymbol{g}^k \cdot \boldsymbol{g}^l = g^{lk} \end{aligned} \right\} \tag{VII.11}$$

식 (VII.11)의 g_{kl}를 계량 텐서(metric tensor)의 공변 성분, g^{kl}을 계량 텐서의 반변 성분이라고 한다. 이 계량 텐서는 2계 텐서로 각 성분은 3×3의 행렬로 나타내진다.

한편, Cartesian 좌표계에서 ds는 식 (VII.2a) 관계로부터 $ds = d\boldsymbol{r} \cdot d\boldsymbol{r} = dz^i dz^i$로 나타내지므로 이 식과 식 (VII.10)을 비교하면 계량 텐서는 물리량을 계산하는 데 있어서 좌표계 간의 차이를 조절해주는 역할을 하는 것임을 알 수 있다.

이 계량 텐서는 임의 계수의 텐서 성분뿐 아니라 공변 기저 벡터와 반변 기저 벡터의 지수를 올리고 내리는 중요한 도구로서 사용된다. 즉, 식 (VII.8)에서와 같이

$$\left. \begin{aligned} \boldsymbol{v} \cdot \boldsymbol{g}_j &= v^i \boldsymbol{g}_i \cdot \boldsymbol{g}_j = v^i g_{ij} \\ \boldsymbol{v} \cdot \boldsymbol{g}^j &= v_i \boldsymbol{g}^i \cdot \boldsymbol{g}^j = v_i g^{ij} \end{aligned} \right\} \tag{VII.12}$$

식 (VII.8)과 식 (VII.12)을 각각 비교하면

$$v_j = v^i g_{ij}, \quad v^j = v_i g^{ij} \tag{VII.13}$$

또한, 기저 벡터도 마찬가지로

$$\boldsymbol{g}_j = \boldsymbol{g}^i g_{ij}, \quad \boldsymbol{g}^j = \boldsymbol{g}_i g^{ij} \tag{VII.14}$$

가 성립한다.

한편, 계량 텐서의 공변 성분과 반변 성분은 식 (VII.6)과 윗 식을 이용하는 것에 의해

$$\delta_i^j = \boldsymbol{g}_i \cdot \boldsymbol{g}^j = g_{ik} \boldsymbol{g}^k \cdot \boldsymbol{g}^j = g_{ik} \, g^{kj} \tag{VII.15}$$

따라서

$$[\, g^{ij} \,] = [\, g_{ij} \,]^{-1} \tag{VII.16}$$

인 관계를 가진다.

식 (VII.3)의 체적 V는 계량 텐서의 행렬값 $g=\det(g_{ij})$와

$$V=\sqrt{g} \tag{VII.17}$$

인 관계를 가진다. 왜냐하면 식 (VII.2b)와 식 (VII.3)의 정의로부터

$$\begin{aligned} \boldsymbol{g}_i \cdot (\boldsymbol{g}_j \times \boldsymbol{g}_k) &= \boldsymbol{e}_l \frac{\partial z^l}{\partial x^i} \cdot \left(\boldsymbol{e}_m \frac{\partial z^m}{\partial x^j} \times \boldsymbol{e}_n \frac{\partial z^n}{\partial x^k}\right) \\ &= \boldsymbol{e}_l \cdot (\boldsymbol{e}_m \times \boldsymbol{e}_n) \frac{\partial z^l}{\partial x^i} \frac{\partial z^m}{\partial x^j} \frac{\partial z^n}{\partial x^k} \\ &= \boldsymbol{e}_l \cdot \boldsymbol{e}_r \, \epsilon_{rmn} \frac{\partial z^l}{\partial x^i} \frac{\partial z^m}{\partial x^j} \frac{\partial z^n}{\partial x^k} = \epsilon_{lmn} \frac{\partial z^l}{\partial x^i} \frac{\partial z^m}{\partial x^j} \frac{\partial z^n}{\partial x^k} \end{aligned} \tag{VII.18}$$

이 식은 $\det\left(\frac{\partial z^i}{\partial x^j}\right)$의 정의식이다.

한편,

$$\begin{aligned} g_{ij} = \boldsymbol{g}_i \cdot \boldsymbol{g}_j = \boldsymbol{e}_k \frac{\partial z^k}{\partial x^i} \cdot \boldsymbol{e}_l \frac{\partial z^l}{\partial x^j} = \delta_{kl} \frac{\partial z^k}{\partial x^i} \cdot \frac{\partial z^l}{\partial x^j} \\ = \frac{\partial z^k}{\partial x^i} \cdot \frac{\partial z^k}{\partial x^j} \end{aligned} \tag{VII.19}$$

이므로

$$g=\det(g_{ij})=\det\left(\frac{\partial z^k}{\partial x^i} \cdot \frac{\partial z^k}{\partial x^j}\right)=\left[\det\left(\frac{\partial z^i}{\partial x^j}\right)\right]^2 \tag{VII.20}$$

따라서 식 (VII.18)과 식 (VII.20)으로부터 $V=\sqrt{g}$ 관계가 성립한다.

한편, 기저 벡터 $\boldsymbol{g}_r$과 $\boldsymbol{g}^r$은 일반적으로 단위 벡터가 아니다. 즉,

$$|\boldsymbol{g}_r| \neq 1, \ |\boldsymbol{g}^r| \neq 1. \tag{VII.21}$$

이들의 크기는 다음과 같다.

$$|\boldsymbol{g}_r| = \sqrt{\boldsymbol{g}_r \cdot \boldsymbol{g}_r} = \sqrt{g_{rr}}, \ |\boldsymbol{g}^r| = \sqrt{\boldsymbol{g}^r \cdot \boldsymbol{g}^r} = \sqrt{g^{rr}} \tag{VII.21}$$

식 (VII.5)는 식 (VII.18)과 유사하게 식 (VII.14)의 $\boldsymbol{g}^j = \boldsymbol{g}_i g^{ij}$ 관계를 이용하는 것에 의해 유도할 수 있다.

Ⅶ.4 | 텐서의 공변성분, 반변성분

식 (4.1a)에서와 같이 2개의 벡터 a, b의 2중 곱$a \otimes b$를 고려해 보자. 두 벡터는 기저 벡터에 의해 각각 분해되므로 $a = a_i g^i = a^i g_i$, $b = b_j g^i = b^j g_j$ 2계 텐서 A는 다음과 같이 나타낼 수 있다.

$$\left.\begin{aligned} A &= a \otimes b = a_i b_j g^i \otimes g^j = A_{ij}\, g^i \otimes g^j = A_{ij}\, g^i g^j \\ A &= a \otimes b = a^i b_j g_i \otimes g^j = A_j^{\,i}\, g_i \otimes g^j = A_j^{\,i}\, g_i g^j \\ A &= a \otimes b = a^i b^j g_i \otimes g_j = A^{ij}\, g_i \otimes g_j = A^{ij}\, g_i g_j \\ A &= a \otimes b = a_i b^j g^i \otimes g_j = A_i^{\,j}\, g^i \otimes g_j = A_i^{\,j}\, g^i g_j \end{aligned}\right\} \qquad \text{(VII.22)}$$

여기서 A_{ij}는 2계 텐서 A의 공변성분, A^{ij}는 반변성분, $A_i^{\,j}$, $A_j^{\,i}$는 혼합성분이다.

Ⅶ.5 | Christoffel 기호와 공변 도함수

직교 데카르트 좌표계에서 기저 단위 벡터 e_i는 어디에서나 일정하여 $\partial e_i/\partial x_j = 0$이지만, 일반 좌표계에서는 기저 벡터 $\boldsymbol{g}_i$ 및 $\boldsymbol{g}^i$는 좌표에 따라 변하기 때문에 $\partial \boldsymbol{g}_i/\partial x^j$, $\partial \boldsymbol{g}^i/\partial x^j$는 영이 아니다.

먼저 공변 기저 벡터 $\boldsymbol{g}_i$에 대한 편미분 $\partial \boldsymbol{g}_i/\partial x^j$를 구해 보자. 식 (VII.2b)를 이용하면

$$\frac{\partial \boldsymbol{g}_i}{\partial x^j} = \frac{\partial}{\partial x^j}\left\{\boldsymbol{e}_k \frac{\partial z^k}{\partial x^i}\right\} = \frac{\partial^2 z^k}{\partial x^j \partial x^i}\boldsymbol{e}_k \qquad \text{(VII.23)}$$

이 식에 식 (VII.2b)의 역관계 $\boldsymbol{e}_k = \boldsymbol{g}_l \dfrac{\partial x^l}{\partial z^k}$를 대입하면

$$\frac{\partial \boldsymbol{g}_i}{\partial x^j} = \frac{\partial^2 z^k}{\partial x^i \partial x^j}\frac{\partial x^l}{\partial z^k}\boldsymbol{g}_l = \Gamma^l_{ij}\,\boldsymbol{g}_l \qquad \text{(VII.24)}$$

단,

$$\Gamma_{ij}^{l} = \frac{\partial^2 z^k}{\partial x^i \partial x^j}\frac{\partial x^l}{\partial z^k} \quad (= \Gamma_{ji}^{l}) \tag{VII.25}$$

이것을 제2종 크리스토펠 기호(Christoffel symbol of the second kind)라고 한다.

한편 제1종 크리스토펠 기호(Christoffel symbol of the first kind)는 다음과 같이 정의된다.

$$\Gamma_{ijm} = g_{ml}\Gamma_{ij}^{l} \tag{VII.26}$$

여기서 식 (VII.26)과 식 (VII.14) 관계식을 식 (VII.24)에 적용하면

$$\frac{\partial \boldsymbol{g}_i}{\partial x^j} = \Gamma_{ij}^{l}\,\boldsymbol{g}_l = \Gamma_{ij}^{l}\,\boldsymbol{g}^m\,\boldsymbol{g}_{ml} = \Gamma_{ijm}\,\boldsymbol{g}^m \tag{VII.27}$$

인 관계가 얻어진다.

한편 계량 텐서 g_{kl}을 편미분하고 이 식에 식 (VII.24) 관계를 대입하면

$$\begin{aligned}\frac{\partial g_{lk}}{\partial x^j} &= \frac{\partial(\boldsymbol{g_l}\cdot\boldsymbol{g_k})}{\partial x^j} = \frac{\partial \boldsymbol{g_l}}{\partial x^j}\cdot\boldsymbol{g_k} + \frac{\partial \boldsymbol{g_k}}{\partial x^j}\cdot\boldsymbol{g_l} \\ &= (\Gamma_{lj}^{m}\boldsymbol{g_m})\cdot\boldsymbol{g_k} + (\Gamma_{kj}^{m}\boldsymbol{g_m})\cdot\boldsymbol{g_l}\end{aligned} \tag{VII.28}$$

이 식에 식 (VII.26) 관계를 적용하면

$$\frac{\partial g_{lk}}{\partial x^j} = \Gamma_{lj}^{m}\boldsymbol{g_{mk}} + \Gamma_{kj}^{m}\boldsymbol{g_{ml}} = \Gamma_{ljk} + \Gamma_{kjl} \tag{VII.29}$$

유사한 방법으로 다른 성분도 구하여 정리하는 것에 의해 다음 식이 구해진다.

$$\Gamma_{ijm} = \frac{1}{2}\left(\frac{\partial g_{jm}}{\partial x^i} + \frac{\partial g_{im}}{\partial x^j} - \frac{\partial g_{ij}}{\partial x^m}\right) \tag{VII.30}$$

따라서

$$\Gamma_{ij}^{n} = g^{nm}\,\Gamma_{ijm} = \frac{1}{2}\,g^{nm}\left(\frac{\partial g_{jm}}{\partial x^i} + \frac{\partial g_{im}}{\partial x^j} - \frac{\partial g_{ij}}{\partial x^m}\right) \tag{VII.31}$$

즉, 식 (VII.30)으로부터 좌표 x^k 공간 상의 계량텐서가 알려지면 제1종 크리스토펠 기호를 계산할 수 있으며, 또한 식 (VII.31)로부터 제2종 크리스토펠 기호를 계산할 수 있다. 식 (VII.30)과 식 (VII.31)로부터 크리스토펠 기호는 본질적으로 좌표변수에 대한 곡선좌

표 기저 벡터의 편미분임을 알 수 있다.

한편, 제1종 크리스토펠 기호 Γ_{ij}^{m} 그리고 제2종 크리스토펠 기호 Γ_{ijm}는 모두 i와 j에 대해서 대칭이다. 즉, $\Gamma_{ij}^{m}=\Gamma_{ji}^{m}$, $\Gamma_{ijm}=\Gamma_{jim}$.

한편, 반변 기저 벡터 $\boldsymbol{g}^i$에 대한 편미분을 구해보면 $\boldsymbol{g}^i \cdot \boldsymbol{g}_k=\delta_k^i$로부터

$$\frac{\partial(\boldsymbol{g}^i \cdot \boldsymbol{g}_k)}{\partial x^j}=\frac{\partial \boldsymbol{g}^i}{\partial x^j} \cdot \boldsymbol{g}_k+\boldsymbol{g}^i \cdot \frac{\partial \boldsymbol{g}_k}{\partial x^j}=0 \tag{VII.32}$$

따라서

$$\frac{\partial \boldsymbol{g}^i}{\partial x^j} \cdot \boldsymbol{g}_k=-\boldsymbol{g}^i \cdot \frac{\partial \boldsymbol{g}_k}{\partial x^j}=-\boldsymbol{g}^i \cdot \Gamma_{kj}^{l} \boldsymbol{g}_l=-\Gamma_{kj}^{l} \delta_l^i=-\Gamma_{kj}^{i} \tag{VII.33}$$

$$\frac{\partial \boldsymbol{g}^i}{\partial x^j}=-\Gamma_{mj}^{i} \boldsymbol{g}^m \tag{VII.34}$$

일반 좌표계에서의 벡터 $\boldsymbol{b}=b^i \boldsymbol{g}_i$의 미분은

$$\begin{aligned}\frac{\partial \boldsymbol{b}}{\partial x^j}&=\frac{\partial b^i}{\partial x^j} \boldsymbol{g}_i+b^i \frac{\partial \boldsymbol{g}_i}{\partial x^j}=\frac{\partial b^i}{\partial x^j} \boldsymbol{g}_i+b^i \Gamma_{ij}^{k} \boldsymbol{g}_k\\&=\left(\frac{\partial b^i}{\partial x^j}+b^k \Gamma_{kj}^{i}\right) \boldsymbol{g}_i \qquad \text{(VII.35)}\\&=b^i|_j \boldsymbol{g}_i \quad , \qquad \left(b^i|_j=\frac{\partial b^i}{\partial x^j}+b^k \Gamma_{kj}^{i}\right)\end{aligned}$$

$b^i|_j$는 벡터 $\boldsymbol{b}$의 반변 성분 b^i의 x^j에 관한 공변 도함수(covariant differentiation)이다.

한편, 벡터 $\boldsymbol{b}$의 공변 성분 b_i의 공변 도함수 $b_i|_j$는

$$\begin{aligned}\frac{\partial \boldsymbol{b}}{\partial x^j}&=\frac{\partial(b_i \boldsymbol{g}^i)}{\partial x^j}=\frac{\partial b_i}{\partial x^j} \boldsymbol{g}^i+b_i \frac{\partial \boldsymbol{g}^i}{\partial x^j}=\frac{\partial b_i}{\partial x^j} \boldsymbol{g}^i-b_i \Gamma_{kj}^{i} \boldsymbol{g}^k\\&=\left(\frac{\partial b_i}{\partial x^j}-b_k \Gamma_{ij}^{k}\right) \boldsymbol{g}^i \qquad \text{(VII.36)}\\&=b_i|_j \boldsymbol{g}^i, \qquad \left(b_i|_j=\frac{\partial b_i}{\partial x^j}-b_k \Gamma_{ij}^{k}\right)\end{aligned}$$

따라서 식 (VII.35)와 식 (VII.36)으로부터 1계 텐서 $\boldsymbol{b}$에 대한 도함수는 다음과 같이 정리된다.

$$\frac{\partial \boldsymbol{b}}{\partial x^k} = b^i|_k \, \boldsymbol{g}_i = b_i|_k \, \boldsymbol{g}^i \tag{VII.37}$$

또한, 식 (VII.22)에서 정의한 연속 미분가능한 2계 텐서 $A = A^{ij}\boldsymbol{g}_i\boldsymbol{g}_j$ 를 x^k에 관해서 편미분하면

$$\begin{aligned}
\frac{\partial A}{\partial x^k} &= \frac{\partial}{\partial x^k}(A^{ij}\boldsymbol{g}_i\boldsymbol{g}_j) = \frac{\partial A^{ij}}{\partial x^k}\boldsymbol{g}_i\boldsymbol{g}_j + A^{ij}\frac{\partial \boldsymbol{g}_i}{\partial x^k}\boldsymbol{g}_j + A^{ij}\boldsymbol{g}_i\frac{\partial \boldsymbol{g}_j}{\partial x^k} \\
&= \frac{\partial A^{ij}}{\partial x^k}\boldsymbol{g}_i\boldsymbol{g}_j + A^{ij}\Gamma^m_{ik}\boldsymbol{g}_m\boldsymbol{g}_j + A^{ij}\boldsymbol{g}_i\Gamma^m_{jk}\boldsymbol{g}_m \qquad \text{(VII.38)} \\
&= \left(\frac{\partial A^{ij}}{\partial x^k} + A^{mj}\Gamma^i_{mk} + A^{im}\Gamma^j_{mk}\right)\boldsymbol{g}_i\boldsymbol{g}_j \\
&= A^{ij}|_k \, \boldsymbol{g}_i\boldsymbol{g}_j
\end{aligned}$$

여기서

$$A^{ij}|_k = \frac{\partial A^{ij}}{\partial x^k} + A^{mj}\Gamma^i_{mk} + A^{im}\Gamma^j_{mk} \tag{VII.39}$$

$A^{ij}|_k$는 x^k에 대한 A^{ij}의 공변 도함수이다.

마찬가지로

$$A_{ij}|_k = \frac{\partial A_{ij}}{\partial x^k} - A_{mj}\Gamma^m_{ik} - A_{im}\Gamma^m_{jk} \tag{VII.40}$$

또한, 2계 텐서 A에 대한 도함수에 대해서 다음 관계가 성립한다.

$$\frac{\partial A}{\partial x^k} = A^{ij}|_k \, \boldsymbol{g}_i\boldsymbol{g}_j = A^i_j|_k \, \boldsymbol{g}_i\boldsymbol{g}^j = A^j_i|_k \, \boldsymbol{g}^i\boldsymbol{g}_j = A_{ij}|_k \, \boldsymbol{g}^i\boldsymbol{g}^j \tag{VII.41}$$

만일 Cartesian 직교좌표계를 사용하는 경우에는 $g_{ij} = g^{ij} = g^j_i = \delta_{ij}$가 성립하므로 크리스토펠 기호를 포함하고 있는 상기 모든 식에서 크리스토펠 기호는 없어진다.

예제 VII-3

그림 VII.3과 같이 원통 좌표계 $(x^1, x^2, x^3) = (r, \phi, z)$와 Cartesian 직교 좌표계$(z^1, z^2, z^3)$의 상호관계를 고려하여 원통 좌표계에서의 공변 기저 벡터, 계량텐서와 제1종, 제2종 크리스토펠 기호를 계산하라. 여기서는 편의상 부록 II에서 사용한 좌표계를 바꾸어서 사용하였음에 주의하여야 한다.

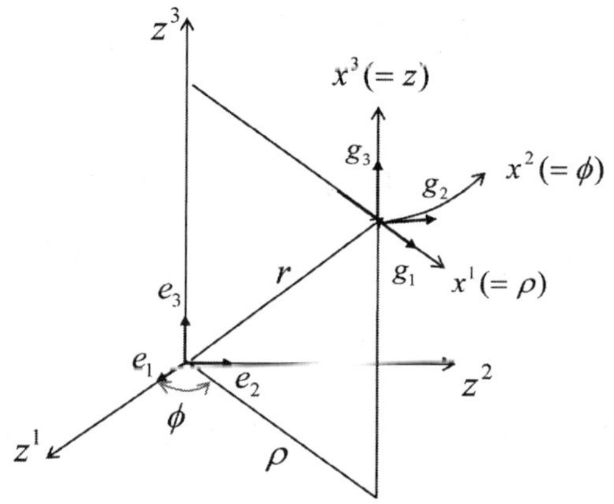

그림 VII.3 원통 좌표계$(x^1, x^2, x^3) = (\rho, \phi, z)$와 Cartesian 직교 좌표계$(z^1, z^2, z^3)$의 상호관계

직교 좌표계와 원통 좌표계 간에는 다음의 관계가 성립하고

$$z^1 = \rho\cos\phi\,(= x^1\cos x^2),\;\; z^2 = \rho\sin\phi\,(= x^1\sin x^2),\;\; z^3 = z\,(= x^3) \tag{VII.42}$$

따라서 벡터 $\boldsymbol{r}$은

$$\boldsymbol{r} = z^i\boldsymbol{e}_i = x^i\boldsymbol{g}_i \tag{VII.43}$$

관계로부터 식 (VII.2b)는

$$\left.\begin{aligned} \boldsymbol{g}_1 &= \frac{\partial \boldsymbol{r}}{\partial x^1} = \boldsymbol{e}_1\frac{\partial z^1}{\partial x^1} + \boldsymbol{e}_2\frac{\partial z^2}{\partial x^1} + \boldsymbol{e}_3\frac{\partial z^3}{\partial x^1} \\ &= \boldsymbol{e}_1\cos x_2 + \boldsymbol{e}_2\sin x_2 \\ &= \boldsymbol{e}_1\cos\phi + \boldsymbol{e}_2\sin\phi \\ \boldsymbol{g}_2 &= \frac{\partial \boldsymbol{r}}{\partial z^2} = \rho(-\boldsymbol{e}_1\sin\phi + \boldsymbol{e}_2\cos\phi) \\ \boldsymbol{g}_3 &= \frac{\partial \boldsymbol{r}}{\partial z^3} = \boldsymbol{e}_3 \end{aligned}\right\} \tag{VII.44}$$

따라서 식 (VII.11)의 계량텐서 g_{ij}는

$$\left.\begin{aligned} g_{11} &= g_1 \cdot g_1 = (e_1 \cos\phi + e_2 \sin\phi) \cdot (e_1 \cos\phi + e_2 \sin\phi) = 1 \\ g_{22} &= g_2 \cdot g_2 = \rho(-e_1 \sin\phi + e_2 \cos\phi) \cdot \rho(-e_1 \sin\phi + e_2 \cos\phi) = \rho^2 \\ g_{33} &= g_3 \cdot g_3 = (e_3) \cdot (e_3) = 1 \\ g_{12} &= g_1 \cdot g_2 = 0, \quad g_{23} = g_{13} = 0 \end{aligned}\right\} \quad \text{(VII.45)}$$

즉,

$$g_{ij} = \begin{bmatrix} g_{11} & g_{12} & g_{13} \\ g_{21} & g_{22} & g_{23} \\ g_{31} & g_{32} & g_{33} \end{bmatrix} = \begin{bmatrix} 1 & 0 & 0 \\ 0 & \rho^2 & 0 \\ 0 & 0 & 1 \end{bmatrix} \quad \text{(VII.46)}$$

따라서 이 식의 역으로부터 계량 텐서의 반변 성분 g^{ij}를 구하면

$$g^{ij} = [g_{ij}]^{-1} = \begin{bmatrix} 1 & 0 & 0 \\ 0 & \frac{1}{\rho^2} & 0 \\ 0 & 0 & 1 \end{bmatrix} \quad \text{(VII.47)}$$

따라서 제1종 크리스토펠 기호는 식 (VII.30)으로부터

$$\Gamma_{122} = \frac{1}{2}\left(\frac{\partial g_{22}}{\partial x^1} + \frac{\partial g_{12}}{\partial x^2} - \frac{\partial g_{12}}{\partial x^2}\right) = \frac{1}{2}(2\rho + 0 - 0) = \rho$$

다른 성분들도 동일한 방법을 계산하면

$$\Gamma_{212} = \rho\,, \quad \Gamma_{221} = -\rho, \text{ 그 밖의 모든 } \Gamma_{ijk} = 0$$

또한, 제2종 크리스토펠 기호는 식 (VII.31)로부터

$$\Gamma^1_{22} = g^{1m}\Gamma_{22m} = g^{11}\Gamma_{221} + g^{12}\Gamma_{222} + g^{13}\Gamma_{223} = -\rho$$

다른 성분들도 동일한 방법을 계산하면 다음 값들을 얻는다.

$$\Gamma^2_{21} = \Gamma^2_{12} = \frac{1}{2}, \text{ 그 밖의 모든 } \Gamma^m_{ij} = 0$$

예제 Ⅶ-2

함수 z^i가 다음과 같은 경우에 반변 기저 벡터 $\boldsymbol{g}^i$를 구하여라.

$$z^1 = 3x^1 - x^2 \,,\; z^2 = 2x^1 + 2x^2 \,,\; z^3 = x^3$$

풀이 공변 기저 벡터 $\boldsymbol{g}_i$는 식 (VII.2)의 정의에 따라

$$\left.\begin{aligned} \boldsymbol{g}_1 &= \boldsymbol{e}_k \frac{\partial z^k}{\partial x^1} = \boldsymbol{e}_1 \frac{\partial z^1}{\partial x^1} + \boldsymbol{e}_2 \frac{\partial z^2}{\partial x^1} + \boldsymbol{e}_3 \frac{\partial z^3}{\partial x^1} = 3\boldsymbol{e}_1 + 2\boldsymbol{e}_2 \\ \boldsymbol{g}_2 &= -\boldsymbol{e}_1 + 2\boldsymbol{e}_2 \\ \boldsymbol{g}_3 &= \boldsymbol{e}_3 \end{aligned}\right\}$$

따라서 계량 텐서의 공변 성분 g_{ij}의 각 성분은

$$g_{11} = \boldsymbol{g}_1 \cdot \boldsymbol{g}_1 = (3\boldsymbol{e}_1 + 2\boldsymbol{e}_2) \cdot (3\boldsymbol{e}_1 + 2\boldsymbol{e}_2) = 13 \,,$$

$$g_{12} = \boldsymbol{g}_1 \cdot \boldsymbol{g}_2 = (3\boldsymbol{e}_1 + 2\boldsymbol{e}_2) \cdot (-\boldsymbol{e}_1 + 2\boldsymbol{e}_2) = 1 \,,\quad g_{13} = \boldsymbol{g}_1 \cdot \boldsymbol{g}_3 = 0, \cdots$$

이 되므로

$$g_{ij} = [g_{ij}] = \begin{bmatrix} g_{11} & g_{12} & g_{13} \\ g_{21} & g_{22} & g_{23} \\ g_{31} & g_{32} & g_{33} \end{bmatrix} = \begin{bmatrix} 13 & 1 & 0 \\ 1 & 5 & 0 \\ 0 & 0 & 1 \end{bmatrix}$$

따라서 이 식의 역으로부터 계량 텐서의 반변 성분 g^{ij}를 구하면

$$g^{ij} = [g_{ij}]^{-1} = \frac{1}{64}\begin{bmatrix} 5 & -1 & 0 \\ -1 & 13 & 0 \\ 0 & 0 & 64 \end{bmatrix}$$

또한, 식 (VII.14)의 정의에 의해

$$\boldsymbol{g}^1 = \boldsymbol{g}_i g^{i1} = \boldsymbol{g}_1 g^{11} + \boldsymbol{g}_2 g^{21} + \boldsymbol{g}_3 g^{31} = \frac{5}{64}(3\boldsymbol{e}_1 + 2\boldsymbol{e}_2) + \frac{-1}{64}(-\boldsymbol{e}_1 + 2\boldsymbol{e}_2)$$

$$= \frac{1}{4}\boldsymbol{e}_1 + \frac{1}{8}\boldsymbol{e}_2$$

$$g^2 = g_i g^{i2} = g_1 g^{12} + g_2 g^{22} + g_3 g^{32} = -\frac{1}{4}e_1 + \frac{3}{8}e_2$$

$$g^3 = e_3$$

위의 관계로부터

$$g_i \cdot g^j = \begin{bmatrix} 1 & 0 & 0 \\ 0 & 1 & 0 \\ 0 & 0 & 1 \end{bmatrix} = \delta_i^j$$

가 성립한다. 한편, g^i와 g_j의 기하학적 관계를 도식하면 다음과 같다.

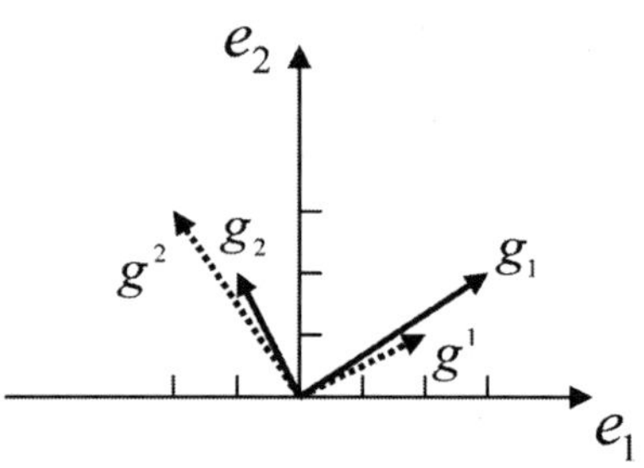

그림 Ⅶ.4 공변 기저 벡터와 반변 기저 벡터의 기하학적 관계

예제 Ⅷ-3

$g_1 = 3e_1$, $g_2 = 6e_1 + 8e_2$, $g_3 = e_3$가 주어져 있고 $V = 4e_1 + 3e_2$이다. 계량 텐서와 V를 각각 공변 성분과 반변 성분으로 나타내어라.

풀이

$$g_{ij} = [g_{ij}] = \begin{bmatrix} g_{11} & g_{12} & g_{13} \\ g_{21} & g_{22} & g_{23} \\ g_9 & g_{32} & g_{33} \end{bmatrix} = \begin{bmatrix} 9 & 18 & 0 \\ 18 & 100 & 0 \\ 0 & 0 & 1 \end{bmatrix}$$

$$g^{ij} = [g_{ij}]^{-1} = \frac{1}{576}\begin{bmatrix} 100 & -18 & 0 \\ -18 & 9 & 0 \\ 0 & 0 & 576 \end{bmatrix}$$

따라서

$$\boldsymbol{V} = V_i \boldsymbol{g}^i = (\boldsymbol{V} \cdot \boldsymbol{g}_i)\boldsymbol{g}^i = (\boldsymbol{V} \cdot \boldsymbol{g}_1)\boldsymbol{g}^1 + (\boldsymbol{V} \cdot \boldsymbol{g}_2)\boldsymbol{g}^2 + (\boldsymbol{V} \cdot \boldsymbol{g}_3)\boldsymbol{g}^3$$

$$= \{(4\boldsymbol{e}_1 + 3\boldsymbol{e}_2) \cdot 3\boldsymbol{e}_1\}\boldsymbol{g}^1 + \{(4\boldsymbol{e}_1 + 3\boldsymbol{e}_2) \cdot (6\boldsymbol{e}_1 + 8\boldsymbol{e}_2)\}\boldsymbol{g}^2 + \{(4\boldsymbol{e}_1 + 3\boldsymbol{e}_2) \cdot \boldsymbol{e}_3\}\boldsymbol{g}^3$$

$$= 12\boldsymbol{g}^1 + 48\boldsymbol{g}^2$$

또한

$$\boldsymbol{V} = V^i \boldsymbol{g}_i = (\boldsymbol{V} \cdot \boldsymbol{g}^i)\boldsymbol{g}_i = (\boldsymbol{V} \cdot \boldsymbol{g}^1)\boldsymbol{g}_1 + (\boldsymbol{V} \cdot \boldsymbol{g}^2)\boldsymbol{g}_2 + (\boldsymbol{V} \cdot \boldsymbol{g}^3)\boldsymbol{g}_3$$

$$= (4\boldsymbol{e}_1 + 3\boldsymbol{e}_2) \cdot \left(\frac{1}{3}\boldsymbol{e}_1 - \frac{1}{4}\boldsymbol{e}_2\right)\boldsymbol{g}_1 + (4\boldsymbol{e}_1 + 3\boldsymbol{e}_2) \cdot \left(\frac{1}{8}\boldsymbol{e}_2\right)\boldsymbol{g}_2 + \cdots$$

$$= \frac{7}{12}\boldsymbol{g}_1 + \frac{3}{8}\boldsymbol{g}_2$$

여기서

$$\boldsymbol{g}^1 = g^{1i}\boldsymbol{g}_j = g^{11}\boldsymbol{g}_1 + g^{12}\boldsymbol{g}_2 + g^{13}\boldsymbol{g}_3$$

$$= \frac{100}{578} \times 3\boldsymbol{e}_1 + \frac{-18}{576} \times (6\boldsymbol{e}_1 + 8\boldsymbol{e}_2)$$

$$= \frac{1}{3}\boldsymbol{e}_1 - \frac{1}{4}\boldsymbol{e}_2$$

$$\boldsymbol{g}^2 = \frac{1}{8}\boldsymbol{e}_2, \quad \boldsymbol{g}^3 = \boldsymbol{e}_3$$

연습문제

1 그림 VII.5에 나타낸 구면 좌표계$(x^1, x^2, x^3)=(R, \theta, \phi)$와 Cartesian 직교 좌표계$(z^1, z^2, z^3)$의 상호관계를 고려하여 구면 좌표계에서의 공변 기저 벡터, 계량텐서와 제1종, 제2종 크리스토펠 기호를 계산하라. 단,

$$z^1 = R\sin\theta\cos\phi, \ z^2 = R\sin\theta\sin\phi, \ z^3 = R\cos\theta \tag{VII.48}$$

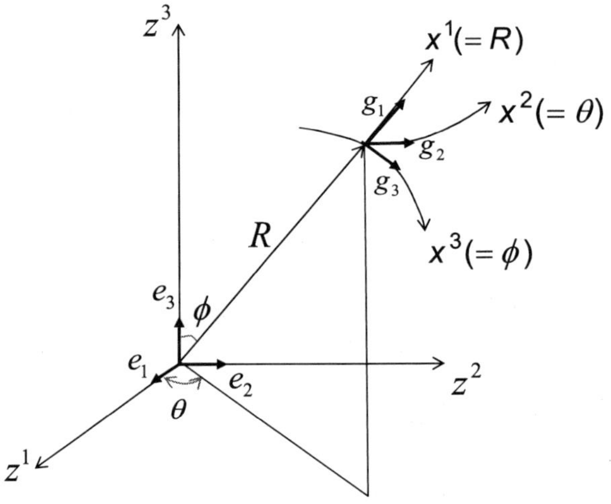

그림 VII.5 구면 좌표계$(x^1, x^2, x^3)=(R, \theta, \phi)$와 Cartesian 직교 좌표계$(z^1, z^2, z^3)$의 상호관계

2 식 (VII.6)으로부터 $\boldsymbol{g}^1 \cdot \boldsymbol{g}_1 = 1, \boldsymbol{g}^1 \cdot \boldsymbol{g}_2 = 0, \cdot\cdot\cdot, \boldsymbol{g}^1 \cdot \boldsymbol{g}_1 = 0, \cdot\cdot\cdot$ 이고 $\boldsymbol{g}^1$은 $\boldsymbol{g}_2$와 $\boldsymbol{g}_3$가 이루는 평면에 수직인 기저벡터이고, $\boldsymbol{g}^2$은 $\boldsymbol{g}_3$와 $\boldsymbol{g}_1$이 이루는 평면에 수직인 기저벡터이므로 다음 관계가 성립한다.

$$\boldsymbol{g}^1 = \alpha(\boldsymbol{g}_2 \times \boldsymbol{g}_3), \ \boldsymbol{g}^2 = \beta(\boldsymbol{g}_3 \times \boldsymbol{g}_1), \ \boldsymbol{g}^3 = \gamma(\boldsymbol{g}_1 \times \boldsymbol{g}_2) \tag{VII.49}$$

여기서 α, β, γ는 결정해야 하는 상수이다.
식 (VII.3)의 관계를 이용하여 식 (VII.4)를 유도하라.

3 식 (VII.14)와 식 (VII.16)을 이용하여 다음 관계를 유도하라.

$$\boldsymbol{g}^k = \boldsymbol{e}_i \frac{\partial x^k}{\partial z^i} \tag{VII.50}$$

부록 Ⅷ

Ⅷ.1 | 변분문제의 직접해법

제10장에서는 경계값 문제의 피적분 함수가 미지의 함수의 식으로 정의된 적분식(범함수)의 극값을 구하는 문제(변분문제)를 Euler 미분방정식을 푸는 문제로 치환하여 생각하였다. 여기서는 변분문제를 직접 푸는 방법에 대해서 설명한다. 직접해법의 종류로는 Rayleigh–Ritz 방법, Galerkin 방법, 차분법(finite difference method, FDM) 등이 있다.

Ⅷ.2 | Rayleigh–Ritz 방법

Rayleigh–Ritz 방법에서는 범함수 I의 극값을 구하는 데 있어서

$$I(y) = \int_{x1}^{x2} F(x,\ y,\ y',\ y'',\ \cdots)\,dx \tag{VIII.1}$$

주어진 경계조건을 만족하며 연속인 허용함수(admissible function, 또는 기저함수) $w_i(x)$들의 선형조합으로 함수 y를 나타낸다.

$$y = \sum_{i=1}^{n} c_i w_i(x) \tag{VIII.2}$$

여기서 c_i는 미정계수이다. 그러면 범함수 I의 극값은 미정계수 c_i가 다음 조건을 만족하는 것에 의해 결정된다.

$$\frac{\partial I}{\partial c_i} = 0 \tag{VIII.3}$$

n개의 미정계수에 대해서 식 (VIII.3)은 n개의 식이 되므로 미정계수가 유일하게 결정된다. 이 방법을 Ritz 방법이라고 부른다.

예제 VIII-1

$x=0$에서 $y=0$이고, $x=l$에서 $y=0$인 경계조건 하에서 다음의 범함수를 극값으로 하는 함수 y를 구하라.

$$I(y) = \int_0^l (l^2 y'^2 - y^2 - 2y)\,dx \tag{VIII.4}$$

풀이 상기 범함수의 제1변분을 0으로 하여 구해지는 오일러 방정식은

$$\begin{aligned}\delta I &= \int_0^l \left(\frac{\partial F}{\partial y}\delta y + \frac{\partial F}{\partial y'}\delta y'\right)dx = 2\int_0^l [\,l^2 y'\,\delta y' - (y+1)\,\delta y\,]\,dx \\ &= 2[\,l^2 y'\,\delta y\,]_0^l - 2\int_0^l l^2 y''\,\delta y\,dx - 2\int_0^l (y+1)\,\delta y\,dx \\ &= -2\int_0^l (l^2 y'' + y + 1)\,\delta y\,dx\end{aligned} \tag{VIII.5}$$

두 번째 줄의 우변 첫 번째 항은 경계조건을 만족하므로 0이 되기 때문에 오일러 방정식은 다음과 같이 된다.

$$l^2 y'' + y + 1 = 0 \tag{VIII.6}$$

이 미분방정식의 일반해는

$$y = A\sin\frac{x}{l} + B\cos\frac{x}{l} - 1 \tag{VIII.7}$$

$x=0$에서 $y=0$이고, $x=l$에서 $y=0$인 경계조건을 만족하도록 A, B를 구하면 윗 식으로부터 해석해가 다음과 같이 나타내진다.

$$y = \frac{\cos\left(\frac{1}{2} - \frac{x}{l}\right)}{\cos\frac{1}{2}} - 1 \tag{VIII.8}$$

한편, Rayleigh-Ritz 방법에 의해 근사해를 구해 보자. 경계조건을 만족하는 허용함수로 다음 식을 이용한다.

$$y = (x-0)(x-l)(c_1 + c_2 x) \tag{VIII.9}$$

이 식을 범함수의 식 (VIII.4)에 대입하여 적분하면

$$I = \frac{3}{10} l^5 c_1^2 + \frac{3}{10} l^6 c_1 c_2 + \frac{13}{105} l^7 c_2^2 - \frac{1}{3} l^3 c_1 - \frac{1}{6} l^4 c_2 \tag{VIII.10}$$

범함수 I는 c_1, c_2의 함수이다. 이 범함수가 극값을 갖기 위해서는 $\frac{\partial I}{\partial c_1} = 0$, $\frac{\partial I}{\partial c_2} = 0$가 성립해야 하므로

$$18 l^2 c_1 + 9 l^3 c_2 = 10,\ 63 l^2 c_1 + 52 l^3 c_2 = 35 \tag{VIII.11}$$

따라서

$$c_1 = \frac{5}{9 l^2},\ c_2 = 0 \tag{VIII.12}$$

가 얻어진다. 이 값을 식 (VIII.9)에 적용하면 구하고자 하는 근사해는 다음과 같다.

$$y = \frac{5}{9} \cdot \frac{x}{l} (1 - \frac{x}{l}) \tag{VIII.13}$$

표 VIII.1에 해석해(엄밀해)와 근사해를 비교하였다. 근사해는 해석해에 매우 근접하다는 것을 알 수 있다.

표 Ⅷ.1 해석해와 근사해의 비교

위 치	해석해(엄밀해)	근사해	오차(%)
$x = l/8$	0.06031	0.06076	0.746
$x = l/4$	0.10407	0.10417	0.096
$x = l/2$	0.13949	0.13889	0.430

예제 Ⅷ-2

그림 Ⅷ.1에 나타낸 것과 같이 길이가 l인 양단 단순 지지 보에 등분포하중 q가 작용할 때 보의 처짐량 y를 구하라.

풀이 먼저 해석해를 구해 보자. 재료역학에서 배운 것과 같이 보의 처짐량 y를 굽힘 모멘트 M으로 나타내면

$$\frac{d^2y}{dx^2} = -\frac{M}{EI} \tag{VIII.14}$$

여기서 EI를 보의 굽힘강성, E는 탄성계수, I는 단면 2차 모멘트이다.

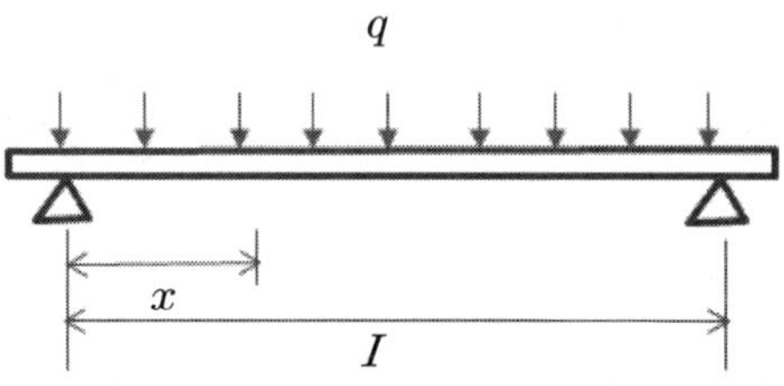

그림 Ⅷ.1 등분포하중이 작용하는 양단 단순 지지 보

한편, 굽힘 모멘트 M과 분포 하중 $q(x)$의 관계는

$$\frac{d^2M}{dx^2} = -q(x) \tag{VIII.15}$$

이므로 보의 굽힘에 대한 기본 방정식은 다음과 같이 나타내진다.

$$\frac{d^4y}{dx^4} = \frac{q(x)}{EI} \tag{VIII.16}$$

경계조건은 양단에서 처짐량이 영이므로

$$x = 0\text{에서 } y = 0 \text{ 그리고 } x = l\text{에서 } y = 0 \tag{VIII.17}$$

또한, 양단에서 굽힘 모멘트가 영이기 때문에

$$x = 0\text{에서 } y'' = 0 \text{ 그리고 } x = l\text{에서 } y'' = 0 \tag{VIII.18}$$

인 경계 조건이 성립한다.

식 (VIII.16)의 일반해는

$$y = \frac{q}{12EI}x^4 + c_1x^3 + c_2x^2 + c_3x + c_4 \tag{VIII.19}$$

이며 식 (VIII.17)과 식 (VIII.18)의 경계조건을 적용하면 적분상수들은 다음 값으로 나타내진다.

$$c_1 = -\frac{ql}{12EI},\ c_3 = \frac{ql^3}{24EI},\ c_2 = c_4 = 0 \tag{VIII.20}$$

따라서 처짐량 y의 해석해는 다음과 같다.

$$y = \frac{q}{24EI}x(l-x)(l^2+lx-x^2) \tag{VIII.21}$$

다음에 Rayleigh–Ritz 방법에 의해 근사해를 구해 보자.

보의 처짐문제에 대한 오일러 방정식 (VIII.14)에 대응하는 범함수는 (총 퍼텐셜 에너지에 상당) 보의 단위 길이당 탄성에너지 $\frac{EI}{2}\left(\frac{d^2y}{dx^2}\right)^2$와 외력이 행하는 일 $-q(x)y$의 합으로 다음과 같이 나타내진다.

$$I(y) - \int_0^l \left\{\frac{EI}{2}\left(\frac{d^2y}{dx^2}\right)^2 - qy\right\}dx \tag{VIII.22}$$

경계조건을 만족하는 허용함수로 다음 식을 이용한다.

$$y = \frac{q}{24EI}x(l-x)(l^2+lx\quad x^2)(c_1+c_2x) \tag{VIII.23}$$

이 식을 식 (VIII.22)에 대입하여 적분하면

$$I = EI\left\{\frac{12}{5}l^5c_1^2 + \frac{12}{5}l^6c_1c_2 + \frac{76}{35}l^7c_2^2\right\} - q\left\{\frac{1}{5}l^5c_1 + \frac{1}{10}l^6c_2\right\} \tag{VIII.24}$$

이 범함수가 극값을 갖기 위해서는 $\frac{\partial I}{\partial c_1} = 0$, $\frac{\partial I}{\partial c_2} = 0$가 성립해야 하므로

$$24c_1 + 12lc_2 = \frac{q}{EI},\quad 168c_1 + 304lc_2 = \frac{7q}{EI} \tag{VIII.25}$$

따라서

$$c_1 = \frac{q}{24E},\ c_2 = 0 \tag{VIII.26}$$

가 얻어진다. 따라서 근사해는 다음과 같다.

$$y = \frac{q}{24EI}x(l-x)(l^2+lx-x^2) \tag{VIII.27}$$

이 식은 해석해 식 (VIII.21)과 같다.

독자들은 길이가 l인 양단 단순 지지 보에 집중하중 P가 작용할 때 보의 처짐량 y를 유사한 방법으로 구할 수 있을 것이다. 이 경우에 오일러 방정식은 $\frac{d^2y}{dx^2} = -\frac{P}{2EI}x$ $(0 \le x \le \frac{l}{2})$이며 경계조건을 만족하는 허용함수로 $y = c_1 \sin\frac{\pi x}{l}$를 이용하면 처짐량에 대한 근사해는 $y = \frac{2Pl^3}{\pi^4 EI}\sin\frac{\pi x}{l}$으로 주어진다.

VIII.3 | Galerkin 방법

가중잔차법(method of weighted residual)은 미지함수를 유한개의 기지함수의 열로 표시하고, 이때 도입한 미정계수를 평균적인 의미에서 기본방정식과 경계조건을 만족하도록 결정하여 계의 오차를 최소로 하는 근사해법이다. 가중잔차법은 변분법을 적용하기 어려운 문제에 적용하는 일반적인 방법이다.

즉, L_1을 미분연산자라고 하고 기본 미분방정식의 일반식을 다음과 같이 나타내자.

$$L_1 F(x, y, z) = f(x, y, z) \tag{VIII.28}$$

여기서 $F(x, y, z)$은 구하고자 하는 함수, $f(x, y, z)$은 기지함수이다.

경계조건은 다음 식으로 주어진다고 한다.

$$L_2 F(x, y, z) = g(x, y, z) \tag{VIII.29}$$

여기서 L_2는 임의의 미분연산자, $g(x, y, z)$은 경계 상에서 기지의 함수이다.

경계조건식 (VIII.29)를 만족하는 기지의 함수열 $F_i(i = 1 \sim n)$를 이용하여 미지함수 F를 다음 식으로 근사시킨다.

$$F(x, y, z) = \sum_{i=1}^{n} c_i F_i(x, y, z) \tag{VIII.30}$$

여기서 c_i는 미정계수, $F_i(c, y, z)$은 시도함수(trial function)라고 한다.

식 (VIII.30)을 식 (VIII.28)에 대입하여 기본방정식의 잔차(residual) $R_v(c_i, x, y, z)$를 구하면

$$R_v(c_i,\ x,\ y,\ z) = \sum_{i=1}^{n} c_i L_1 F_i(x,\ y,\ z) - f(x,\ y,\ z) \qquad \text{(VIII.31)}$$

만일 시도함수 $F_i(c,\ y,\ z)$가 식 (VIII.28)과 식 (VIII.29)를 만족시키는 해라면 잔차 $R_v(c_i,\ x,\ y,\ z)$는 영이 되고, 이때 시도함수는 엄밀해가 된다. 그러나 일반적으로 식 (VIII.28)과 식 (VIII.29)를 동시에 만족시키는 시도함수 $F_i(c,y,z)$를 선정하는 것은 매우 어렵다.

따라서 잔차 R_v를 최소로 하는 한 방법으로 가중잔차법은 잔차 R_v에 가중함수(weight function) w_k를 곱하여 정의영역 내에서 적분한 값을 영으로 하여 미지정수 c_i를 결정하는 방법이다. 즉,

$$\int_V w_k R_v(c_i,\ x,\ y,\ z)\,dV = 0 \qquad (k = 1 \sim n) \qquad \text{(VIII.32)}$$

n개의 독립된 가중함수 w_k를 이용하면 윗 식은 미정계수 c_i에 대한 n개의 연립 1차방정식이 된다.

이것을 행렬로 표시하면

$$[B]\{c\} = \{E\} \qquad \text{(VIII.33)}$$

단, $\{c\}$는 c_k를 성분으로 하는 열 벡터, $[B]$와 $[E]$는 각각 다음을 성분으로 하는 계수 행렬 및 열 벡터이다.

$$B_{ki} = \int_V w_k L_1 F_i(x,\ y,\ z)\,dV \qquad (k,\ i = 1 \sim n) \qquad \text{(VIII.34)}$$

$$E_k = \int_V w_k f(x,\ y,\ z)\,dV \qquad (k = 1 \sim n) \qquad \text{(VIII.35)}$$

식 (VIII.33)의 n계 연립 1차방정식을 풀면 미지정수 c_k가 결정되고 이것을 식 (VIII.30)에 대입하는 것에 의해 미지함수 F의 근사해가 얻어진다.

가중잔차법을 이용하여 문제를 해석할 때에 중요한 인자는 시도함수와 가중함수를 어떻게 선택할 것인가이다.

시도함수 F_i를 선택하는 방법으로는 기본 미분방정식은 만족하지 않지만 경계조건을 만족하는 시도함수를 택하는 방법(내부법, internal method)과 경계조건을 만족하지 않지만 기본 미분방정식을 만족하도록 시도함수를 택하는 방법(경계법, boundary method) 그리고 기본 미분방정식도 경계조건도 만족하지 않는 시도함수를 택하는 방법(혼합법,

mixed mehtod) 등이 있다.

한편, 가중함수 w_k를 선택하는 방법으로는 Dirac delta 함수 $\delta(x-x_k)$를 가중함수로 택하는 방법(선점법), 시도함수를 가중함수로 택하는 방법(Galerkin method), 영역 V를 미소의 부분영역 A_k로 나누고 미소 영역 내에서만 가중함수가 1의 값을 갖도록 하는 방법(부분영역법) 등이 있다.

Galerkin 방법은 가중함수 w_k를 시도함수 F_i와 동일한 함수로 취하는 방법이다. 즉,

$$w_k = F_k \tag{VIII.36}$$

따라서 식 (VIII.36)을 식 (VIII.32)에 적용하면 다음 식이 얻어진다.

$$\int_V F_k R_v(c_i,\ x,\ y,\ z)\, dV = 0 \qquad (k = 1 \sim n) \tag{VIII.37}$$

n개의 독립한 가중함수 F_k를 이용하면 윗 식은 미정계수 c_i에 대해서 n개의 연립 1차방정식이 되고 이 식을 풀면 근사해가 구해진다.

예제 Ⅷ-3

예제 Ⅷ-1에서 기본 미분방정식과 경계조건은 다음과 같다.

$$\left.\begin{aligned} & l^2 \frac{d^2y}{dx^2} + y + 1 = 0 \\ & y = 0 \quad (x = 0\,,\ x = l\,) \end{aligned}\right\} \tag{VIII.38}$$

이 경계값 문제의 해석해는 다음 식으로 주어진다.

$$y = \frac{\cos\left(\dfrac{1}{2} - \dfrac{x}{l}\right)}{\cos\dfrac{1}{2}} - 1 \tag{VIII.39}$$

가중잔차법의 시도함수로서 내부법을 적용하면 경계조건을 만족하는 시도함수는 다음과 같이 나타낼 수 있다.

$$y = x(l-x)(c_1 + c_2 x) = c_1\, x(l-x) + c_2\, x^2(l-x) \tag{VIII.40}$$

따라서 기본방정식의 잔차 R_v를 구하면

$$R_v(c_1, c_2, x) = (l^2 y'' + y + 1) - 0$$
$$= c_1(-2l^2 + xl - x^2) + c_2(2l^3 - 6l^2 x + lx^2 - x^3) + 1 \qquad \text{(VIII.41)}$$

Galerkin 방법을 이용하여 근사해를 구하라.

풀이 가중함수 w_k를 시도함수 F_i와 동일하게 하고

$$\left. \begin{aligned} w_1 &= c_1 x(l-x) \\ w_2 &= x^2(l-x) \end{aligned} \right\} \qquad \text{(VIII.42)}$$

이 식을 식 (VIII.37)에 대입하면

$$\int_0^l w_1 R_v(c_1, c_2, x)\, dx$$
$$= \int_0^l x(l-x)\{c_1(-2l^2 + xl - x^2) + c_2(2l^3 - 6l^2 x + lx^2 - x^3) + 1\} \qquad \text{(VIII.43)}$$
$$= -\frac{3}{10} l^6 c_1 - \frac{3}{20} l^6 c_2 + \frac{1}{6} l^3 = 0$$

$$\int_0^l w_2 R_v(c_1, c_2, x)\, dx$$
$$= \int_0^l x^2(l-x)\{c_1(-2l^2 + xl - x^2) + c_2(2l^3 - 6l^2 x + lx^2 - x^3) + 1\} \qquad \text{(VIII.44)}$$
$$= -\frac{3}{20} l^6 c_1 - \frac{13}{105} l^7 c_2 + \frac{1}{6} l^4 = 0$$

따라서 이 연립방정식을 풀면

$$c_1 = \frac{5}{9l^2}, \quad c_2 = 0 \qquad \text{(VIII.45)}$$

이 식을 식 (VIII.40)에 대입하면 근사해가 다음과 같이 구해진다.

$$y = \frac{5}{9} \cdot \frac{x}{l}\left(1 - \frac{x}{l}\right) \qquad \text{(VIII.46)}$$

Ⅷ.4 | 차분법

경계값 문제의 근사해석법의 하나인 차분법은 기본 미분방정식과 경계조건식을 해석 대상인 영역 내에서 적당히 선정한 이산적인 유한개의 대표점(차분격자점)에 관한 대수방정식으로 근사시켜 이 대수방정식으로부터 대표점에서의 근사해를 구하는 방법이다.

Ⅷ.4.1 영역 내에서의 차분 표시

그림 VIII.2에서와 같이 변수 x의 임의 함수 $f(x)$의 1계 미분 df/dx의 차분 표시는 각각 다음과 같이 나타낼 수 있다.

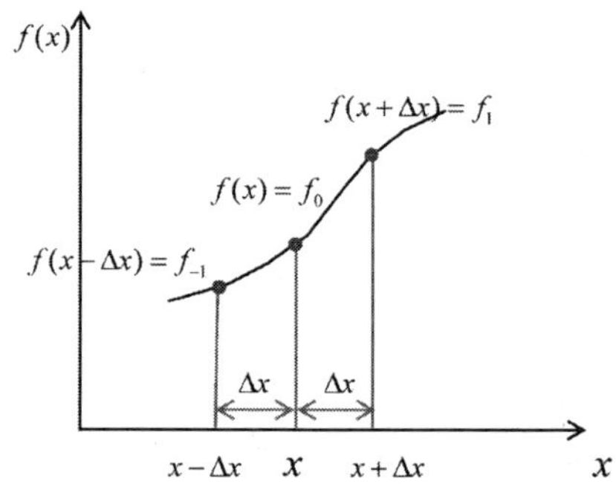

그림 Ⅷ.2 함수의 차분 표시

$$\frac{df(x)}{dx} = \lim_{\Delta \to 0} \frac{f(x+\Delta x) - f(x)}{\Delta x} \fallingdotseq \frac{f_1 - f_0}{\Delta x} + O\{(\Delta x)\} \qquad \text{(VIII.47)}$$

$$\frac{df(x)}{dx} = \lim_{\Delta \to 0} \frac{f(x) - f(x-\Delta x)}{\Delta x} \fallingdotseq \frac{f_0 - f_{-1}}{\Delta x} + O\{(\Delta x)\} \qquad \text{(VIII.48)}$$

$$\frac{df(x)}{dx} \fallingdotseq \frac{f_1 - f_{-1}}{\Delta x} + O\{(\Delta x)^2\} \qquad \text{(VIII.49)}$$

여기서 $f_1 = f(x+\Delta x)$, $f_0 = f(x)$, $f_1 = f(x-\Delta x)$ 이다.

식 (VIII.47)을 전방차분, 식 (VIII.48)을 후방차분, 식 (VIII.49)를 중앙차분이라고 부른다. 1계 미분의 값으로 윗 식 중에 어느 것을 사용해도 되나 차분 근사에 있어서 오차(error)의 정도가 다른 것에 유의해야 한다. 오차의 관점에서는 중앙차분이 가장 오차가 작다는 것을 알 수 있다.

또한, $f(x)$의 2계 미분 d^2f/dx^2의 차분 표시는 다음과 같이 나타낼 수 있다. 먼저 함

수 $f(x+\Delta x)$와 $f(x-\Delta x)$를 $f(x)$의 근방에서 테일러 급수전개하면

$$f(x+\Delta x) = f(x) + \frac{df(x)}{dx}\Delta x + \frac{d^2 f(x)}{dx^2}\frac{(\Delta x)^2}{2!} + \frac{d^3 f(x)}{dx^3}\frac{(\Delta x)^3}{3!} + \cdots \quad \text{(VIII.50)}$$

$$f(x-\Delta x) = f(x) - \frac{df(x)}{dx}\Delta x + \frac{d^2 f(x)}{dx^2}\frac{(\Delta x)^2}{2!} - \frac{d^3 f(x)}{dx^3}\frac{(\Delta x)^3}{3!} + \cdots \quad \text{(VIII.51)}$$

식 (VIII.50)과 식 (VIII.51)의 합을 구하면

$$f(x+\Delta x) + f(x-\Delta x) = 2f(x) + 2\frac{d^2 f}{dx^2}\frac{(\Delta x)^2}{2!} + O\{(\Delta x)^4\} \qquad \text{(VIII.52)}$$

따라서

$$\frac{d^2 f(x)}{dx^2} = \frac{f_1 - 2f_0 + f_{-1}}{(\Delta x)^2} + O\{(\Delta x)^2\} \qquad \text{(VIII.53)}$$

이 식이 2계 미분 $d^2 f/dx^2$의 차분표시이며 오차의 정도는 $O\{(\Delta x)^2\}$이다.

한편, 식 (VIII.50)과 식 (VIII.51)의 차를 구하면

$$f(x+\Delta x) - f(x-\Delta x) = 2\frac{df(x)}{dx}\Delta x + 2\frac{d^3 f}{dx^3}\frac{(\Delta x)^3}{3!} + O\{(\Delta x)^5\} \quad \text{(VIII.54)}$$

윗 식에서 Δx를 $2\Delta x$로 치환하면

$$f(x+2\Delta x) - f(x-2\Delta x) = 4\frac{df(x)}{dx}\Delta x + 16\frac{d^3 f}{dx^3}\frac{(\Delta x)^3}{3!} + O\{(\Delta x)^5\} \quad \text{(VIII.55)}$$

식 (VIII.53)과 식 (VIII.54)에서 $df(x)/dx$를 소거하고 $d^3 f(x)/dx^3$을 구하면

$$\frac{d^3 f(x)}{dx^3} = \frac{f_2 - 2f_1 + 2f_{-1} - f_{-2}}{2(\Delta x)^3} + O\{(\Delta x)^2\} \qquad \text{(VIII.56)}$$

마찬가지로 $d^4 f(x)/dx^4$을 다음과 같이 구할 수 있다.

$$\frac{d^4 f(x)}{dx^4} = \frac{f_2 - 4f_1 + 6f_0 - 4f_{-1} + f_{-2}}{2(\Delta x)^4} + O\{(\Delta x)^2\} \qquad \text{(VIII.57)}$$

위의 고찰을 2차원 문제에 확장하여 2변수 x, y의 임의 함수 $f(x, y)$의 편미분 $\partial f/\partial x$, $\partial f/\partial y$, $\partial^2 f/dx^2$, $\cdots$의 차분값을 구해 보자.

그림 VIII.3에 나타낸 영역 내부의 대표점 $(x_i,\ y_i)$에서 함수값 $f(x_i,\ y_i)$를 $f_{i,j}$라고 하고 함수 $f(x+\Delta x, y+\Delta y)$를 $f(x, y)$ 근방에서 테일러 급수전개하면

$$
\begin{aligned}
f(x+\Delta x, y+\Delta y) &= f(x,y) + \left(\Delta x \frac{\partial f}{\partial x} + \Delta y \frac{\partial f}{\partial y}\right) \\
&+ \frac{1}{2!}\left\{(\Delta x)^2 \frac{\partial^2 f}{\partial x^2} + 2\Delta x \Delta y \frac{\partial^2 f}{\partial x \partial y} + (\Delta y)^2 \frac{\partial^2 f}{\partial y^2}\right\} + \\
&+ \frac{1}{3!}\left\{(\Delta x)^3 \frac{\partial^3 f}{\partial x^3} + 3(\Delta x)^2 \Delta y \frac{\partial^3 f}{\partial x^2 \partial y} + 3\Delta x (\Delta y)^2 \frac{\partial^3 f}{\partial x \partial y^2} + (\Delta y)^3 \frac{\partial^3 f}{\partial y^3}\right\} \\
&+ \cdots
\end{aligned} \tag{VIII.58}
$$

따라서 이 식에서 Δx 혹은 Δy를 영으로 하면 앞의 1변수 함수의 경우와 같이 차분표시는 다음과 같이 주어진다.

$$
\begin{aligned}
\left(\frac{\partial f}{\partial x}\right)_{i,j} &= \frac{f_{i+1,j} - f_{i-1,j}}{2\Delta x} + O\{(\Delta x)^2\} \\
\left(\frac{\partial^2 f}{\partial x^2}\right)_{i,j} &= \frac{f_{i+1,j} - 2f_{i,j} + f_{i-1,j}}{(\Delta x)^2} + O\{(\Delta x)^2\} \\
&\cdots
\end{aligned} \tag{VIII.59}
$$

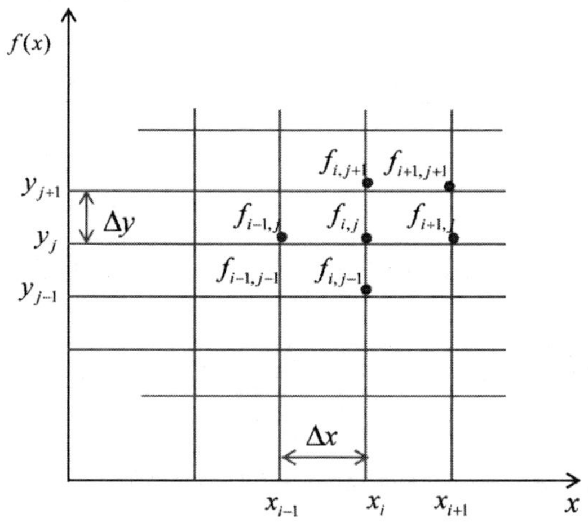

그림 Ⅷ.3 2차원 차분 격자

$$\left(\frac{\partial f}{\partial y}\right)_{i,j} = \frac{f_{i,j+1} - f_{i,j-1}}{2\Delta y} + O\{(\Delta y)^2\}$$

$$\left(\frac{\partial^2 f}{\partial y^2}\right)_{i,j} = \frac{f_{i,j+1} - 2f_{i,j} + f_{i,j-1}}{(\Delta y)^2} + O\{(\Delta y)^2\} \tag{VIII.60}$$

$\cdots$

여기서 $f_{i+1,j} = f(x+\Delta x, y)$, $f_{i,j} = f(x, y)$, $f_{i-1,j} = f(x-\Delta x, y)$ $f_{i,j+1} = f(x, y+\Delta y), \cdots$ 이다.

또한, $f(x+\Delta x,\ y-\Delta y)$, $f(x-\Delta x,\ y+\Delta y)$, $f(x-\Delta x,\ y-\Delta y)$을 구하여 $f(x+\Delta x,\ y+\Delta y) - f(x+\Delta x,\ y-\Delta y) - f(x-\Delta x,\ y+\Delta y) +$ $f(x-\Delta x, y-\Delta y)$을 정리하면

$$\left\{\frac{\partial^2 f}{\partial x \partial y}\right\}_{i,j} = \frac{f_{i+1,j+1} - f_{i+1,j-1} - f_{i-1,j+1} + f_{i-1,j-1}}{4\Delta x \Delta y} + O\{(\Delta x)^2, (\Delta y)^2\} \tag{VIII.61}$$

마찬가지로
$f(x+\Delta x,\ y) + f(x-\Delta x,\ y) + f(x,\ y+\Delta y) + f(x,\ y-\Delta y)$을 정리하면 다음 관계가 구해진다.

$$\{(\Delta x)^2 \frac{\partial^2 f}{\partial x^2} + (\Delta y)^2 \frac{\partial^2 f}{\partial y^2}\}_{i,j} = f_{i+1,j} + f_{i-1,j} + f_{i,j+1} + f_{i,j-1} - 4f_{i,j} + O\{(\Delta x)^4,\ (\Delta y)^4\} \tag{VIII.62}$$

VIII.4.2 경계면 및 경계근방에서의 차분 표시

그림 VIII.4의 좌측 그림과 같이 경계조건으로 경계 S상에서 함수 $f(x,\ y)$가 주어지는 경우(Dirichlet problem)도 있지만 많은 경우에 경계면에 수직방향의 값, $\partial f/\partial n$, $\partial^2 f/\partial n^2$이 주어지거나(Neumann problem) 혹은 이들이 혼합하여 주어진다(mixed problem). 이 경우는 앞에서와 같이 영역 내에서 정의되는 식 (VIII.49), 식 (VIII.53)을 직접 사용할 수 없다.

그림 VIII.4의 우측 그림과 같이 경계 S가 x축에 수직인 경우에 경계상에서 함수값 $f_{i,j}$가 주어지면 경계의 안쪽에 있는 각 격자점의 함수값은 순차적으로 $f_{i-1,j}$, $f_{i-2,j}$, $\cdots$으로 나타낼 수 있다. 이때 $(\partial f/\partial x)_{i,j}$는 후방차분에 의해

$$\left(\frac{\partial f}{\partial x}\right)_{i,j} = \frac{f_{i,j} - f_{i-1,j}}{\Delta x} + O\{(\Delta x)\} \qquad \text{(VIII.63)}$$

으로 나타내진다. 그런데 이 식은 $O\{(\Delta x)\}$의 오차를 포함하고 있어 해석 정도가 나쁘다. 따라서 식 (VIII.51)과 같이 $f(x-\Delta x)$와 $f(x-2\Delta x)$에 대한 테일러 급수전개로부터 $\partial^2 f/\partial x^2$을 소거하면 $O\{(\Delta x)^2\}$의 오차를 갖는 다음 식이 얻어진다.

$$\left(\frac{\partial f}{\partial x}\right)_{i,j} = \frac{1}{2\Delta x}\{3f_{i,j} - 4f_{i-1,j} + f_{i-2,j}\} + O\{(\Delta x)^2\} \qquad \text{(VIII.64)}$$

동일한 방법으로 경계상에서 $\partial^2 f/\partial x^2$의 차분 표시를 구하면 다음과 같다.

$$\left(\frac{\partial^2 f}{\partial x^2}\right)_{i,j} = \frac{1}{(\Delta x)^2}\{f_{i,j} - 2f_{i-1,j} + f_{i-2,j}\} + O\{(\Delta x)\} \qquad \text{(VIII.65)}$$

또는

$$\left(\frac{\partial^2 f}{\partial x^2}\right)_{i,j} = \frac{1}{(\Delta x)^2}\{2f_{i,j} - 5f_{i-1,j} + 4f_{i-2,j} - f_{i-3,j}\} + O\{(\Delta x)^2\} \qquad \text{(VIII.66)}$$

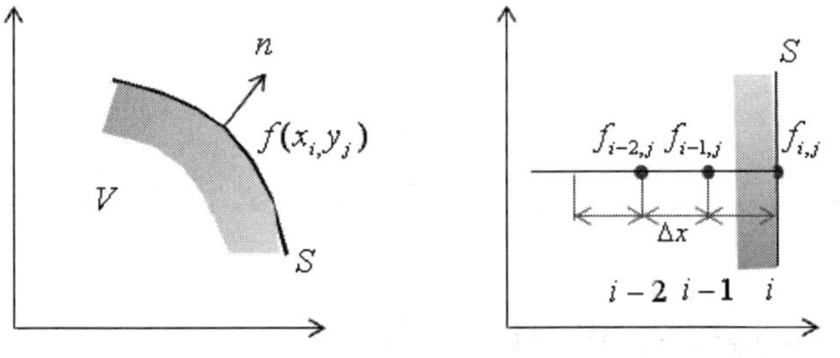

그림 Ⅷ.4 경계 근방의 차분 격자

즉, 식 (VIII.66)이 식 (VIII.65)보다 고정도의 차분 표시임을 알 수 있다.

예제 Ⅷ-3

한 변이 12 cm인 사각 평판의 각 변에서의 온도가 그림 Ⅷ.5에 나타낸 것과 주어지고 있다. 차분격자의 간격이 4 cm일 때 각 격자점에서의 정상상태(steady state)에서의 온도는 얼마인가?

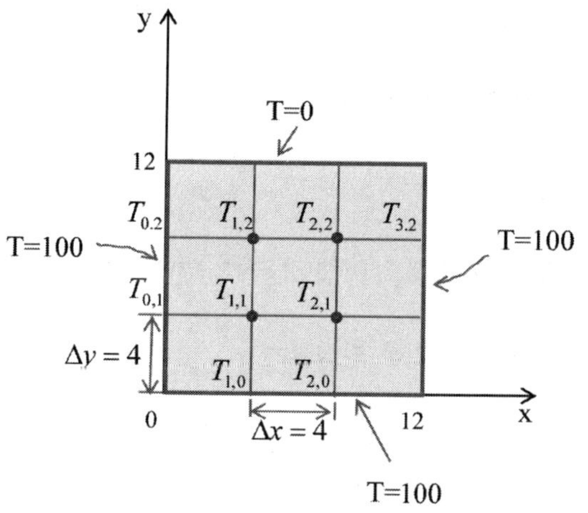

그림 Ⅷ.5 정상상태에서의 온도 분포를 구하기 위한 격자점

풀이 물체 내부에서의 열발생률 γ가 없다면 정상상태에서의 열전도 방정식은 식 (9.43b)로부터 $kT_{jj}=0$이므로 이 식은 다음과 같으며

$$\frac{\partial^2 T}{\partial x^2}+\frac{\partial^2 T}{\partial y^2}=0 \tag{VIII.67}$$

따라서 식 차분방정식 (VIII.62)를 적용할 수 있다.

즉, $0=T_{i+1,j}+T_{i-1,j}+T_{i,j+1}+T_{i,j-1}-4T_{i,j}$의 식을 그림 Ⅶ.5의 내부의 각 격자점의 위치에 적용해보면

$$\begin{aligned}
i=1,\ j=1\ \ &;\ 0=T_{2,1}+T_{0,1}+T_{1,2}+T_{1,0}-4T_{1,1}\\
&;\ T_{2,1}+T_{1,2}-4T_{1,1}=-200\\
i=1,\ j=2\ \ &;\ T_{1,1}-4T_{1,2}+T_{2,2}=-100\\
i=2,\ j=1\ \ &;\ T_{1,1}-4T_{2,1}+T_{2,2}=-200\\
i=2,\ j=2\ \ &;\ T_{1.2}-4T_{2.2}+T_{2.1}=-100
\end{aligned}$$

이 연립방정식을 가우스 소거법(Gauss elimination)으로 풀면 $T_{1,1}=T_{2,1}=87.5$℃와 $T_{1,2}=T_{2,2}=62.5$℃가 구해진다. 실제 fourier 급수해로 구한 해석해는 각각 88.1℃와 61.9℃이다.

예제 Ⅷ-4

그림 Ⅷ.6에 나타낸 것과 같이 길이가 l인 양단 단순 지지 보에 등분포하중 q가 작용할 때 보의 처짐량 y를 구하라.

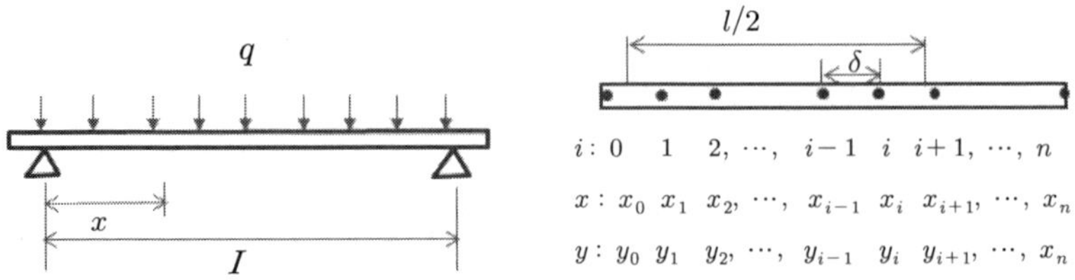

그림 Ⅷ.6 등분포하중이 작용하는 양단 단순 지지 보

풀이 보의 처짐 문제에 대한 기본 방정식은

$$\frac{d^2y}{dx^2} = -\frac{M}{EI} \tag{VIII.68}$$

한편, 보의 임의 단면에 작용하는 굽힘 모멘트 M은

$$M = \frac{1}{2}qx(l-x) \tag{VIII.69}$$

이므로 식 (VIII.69)는 다음과 같이 나타내진다.

$$\frac{d^2y}{dx^2} = -\frac{q}{2EI}x(l-x) \tag{VIII.70}$$

해석 영역을 $0 \le x \le l/2$로 하면 경계조건은 다음과 같다.

$$x=0\ ;\ y=0,\quad x=l/2\ ;\ y'=0 \tag{VIII.71}$$

그림 VIII.5에서와 같이 보의 반을 n등분하여 차분격자를 만들고 격자점의 좌표및 처짐을 좌측으로부터 각각 x_i, $y_i\,(i=0\sim n)$라고 하면 격자간격 δ, 격자점의 좌표 x_i는

$$\delta = \frac{l}{2n},\quad x_i = i\delta\quad (i=0\sim n) \tag{VIII.72}$$

식 (VIII.53)을 (VIII.70)에 적용하면

$$\begin{gathered}\frac{y_{i+1}-2y_i+y_{i-1}}{(\delta)^2} = -\frac{q}{2EI}i\delta(l-i\delta)\ ,\quad \left(\delta=\frac{l}{2n}\right)\\ y_{i+1}-2y_i+y_{i-1} = -\frac{ql^4}{EI}\cdot\frac{i(2n-i)}{32n^4}\end{gathered} \tag{VIII.73}$$

마찬가지로 경계조건 식 (VIII.71)에 식 (VIII.63)을 적용하면

$$i = 0\,;\quad y_i = 0$$
$$i = n\,;\quad 3y_i - 4y_{i-1} + y_{i-2} = 0 \qquad \text{(VIII.74)}$$

따라서 식 (VIII.73)과 식 (VIII.74)로 나타내지는 n계 연립방정식으로부터 n개의 미지수 $y_i(i = 1 \sim n)$를 유일하게 결정할 수 있다.

이 문제의 해석해는 식 (VIII.21)에서 주어진 것과 같다.

$$y = \frac{q}{24EI}x(l-x)(l^2 + lx - x^2) \qquad \text{(VIII.75)}$$

표 VIII.2에 보의 각 점($x/l = 1/8,\ 2/8,\ 3/8,\ 4/8$)에서의 처짐값을 격자 크기에 따라 나타내었다.

표 Ⅷ.2 등분포하중이 작용하는 양단 단순 지지보의 처짐 해석

x/l	1/8	2/8	3/8	4/8
해석해	0.00506	0.00928	0.01205	0.01302
수치해($n=4$)	0.00507	0.00928	0.01202	0.01294
수치해($n=8$)	0.00507	0.00929	0.01207	0.01303
수치해($n=16$)	0.00506	0.00928	0.01206	0.01303
수치해($n=32$)	0.00506	0.00928	0.01206	0.01303
수치해($n=64$)	0.00506	0.00928	0.01206	0.01303
수치해($n=128$)	0.00506	0.00928	0.01206	0.01303

Ⅷ.5 | 공학단위로 많이 사용되는 그리스 문자기호 및 발음표기

참고문헌

본서는 대학의 학부 및 대학원의 공학계 학생들과 산업현장의 연구자들을 대상으로 한 텐서와 연속체 역학의 입문서로서 이해하기 쉽게 쓰여진 것이기 때문에 본문에 참고문헌의 열거는 생략하였으나 본서의 집필에 있어서 직·간접적으로 다음의 교과서들을 참고로 하였음을 밝혀둔다.

(1) Y.C.Fung, A First Course In Continuum Mechanics, (1977), Prentice-Hall International Eds.

(2) A.J.M.Spencer, Continuum Mechanics, (1980), Longman Group Limited.

(3) W.M.Lai, D.Rubin, and E.Krempl, Introduction to Continuum Mechanics, (1974), Pergamon Press, Inc.

(4) A.K.Mal and S.J.Singh, Deformation of Elastic Solids, (1991), Prentice-Hall International Eds.

(5) G.A.Hawkins, Multilinear Analysis for Students in Engineering and Science, (1963), John Wiley and Sons, Inc.

(6) W.Flugge, Tensor Analysis and Continuum Mechanics, (1972), Springer.

(7) L.E.Malvern, Introduction to the Mechanic of a Continuous Medium, (1969), Prentice-Hall International Eds.

(8) D.C.Leigh, Nonlinear Continuum Mechanics, (1968), McGraw-Hill.

(9) Y.C.Fung, Foundations of Solid Mechanics, (1965), Prentice-Hall International Eds.

(10) 일본재료학회, 고체역학의 기초, (1981), 일간공업신문사.

(11) O.C.Zienkiewcicz, Finite Element Method in Engineering Science, (1977), McGraw-Hill.

(12) K.Washizu, Variational Methods in Elasticity and Plasticity, (1975), Pergamon Press.

(13) J.W.Dettman, Mathematical Methods in Physics and Engineering, (1962), McGraw-Hill.

(14) F.Hilderbrand, Method of Applied Mathematics, (1965), Prentice-Hall Inc.

(15) J.N.Reddy, and M.L.Rasmussen, Advanced Engineering Analysis, (1992), Joh Wiley & Sons, Inc.

(16) A.C.Ugural and S.K.Fenster, Advanced Strength and Applied Elasticity, (1981), Elsvier North Holland.

(17) D.L. Logan, A First Course in the Finite Element Method, (1992), PWS Publishing Co.
(18) G.B. Arfken, H.-J. Weber, and F.E.Harris, Mathematical Method for Physicists, 7th Ed., (2011), Academic Press.
(19) J.N.Reedy, An Introduction to Continuum Mechanics with Applications, (2008), Cambridge University Press.
(20) 최창근, 유한요소해석, (1992), 집문당.
(21) 임상전, 곽병만, 이주성, 유한요소법입문, (1993), 동명사.
(22) Y. Tomita, 연속체 역학의 기초, (1989), Kobe University.
(23) 홍성인, 연속체역학, (2002), 문운당.
(24) 이장우, 정우혁, 텐서와 레올로지, (2009), 사이플러스.
(25) 최덕기, 연속체역학 입문, (2007), 인터비젼.
(26) 김영석, 연속체역학, (1997), 반도출판사

찾아보기

[저자약력]

김영석

Kobe 대학 공학박사
(현) 경북대학교 기계공학부 교수

박준영

Purdue Univ. 공학박사
(현) 금오공과대학 기계공학부 교수

정가 25,000원

텐서와 연속체 역학 [개정판]

2014년 2월 20일 초 판 인쇄
2020년 10월 20일 개정판 발행
저 자 : 김영석 · 박준영
발행자 : 송 준
발행처 : 홍릉과학출판사
주 소 : 서울시 강북구 인수봉로 50길 10
01093
등 록 : 1976년 10월 21일 제5-66호
전 화 : (02) 999-2274~5, 903-7037
팩 스 : (02) 905-6729
e-mail: hongpub@hongpub.co.kr
http://www.hongpub.co.kr
ISBN: 997-11-5600-631-2

저자와의 협의하에 인지생략